液压传动与采掘机械

主　编　沈　刚　王启广
副主编　汤　裕　李　翔

中国矿业大学出版社
·徐州·

内 容 提 要

本书介绍了液压传动的基本知识和煤矿井下采掘机械与支护设备的结构组成、工作原理、主要性能参数、选型原则、配套关系和使用维护。全书共分四篇,第一篇液压传动,第二篇采煤机械,第三篇采煤工作面支护设备,第四篇掘进设备。本书的取材力图反映国内外液压传动、采掘机械与支护设备的新技术、新成果和发展趋势,采用最新标准规范,注意理论与实践相结合、基础知识与实用技术相结合。

本书可作为高等学校采矿工程专业学习液压传动和采掘机械的教材,也可作为成人高等教育和高职高专院校相关专业学习该课程的教学用书,还可供煤矿相关工程技术和管理人员参考。

图书在版编目(CIP)数据

液压传动与采掘机械/沈刚,王启广主编.—徐州:中国矿业大学出版社,2023.2

ISBN 978-7-5646-5723-9

Ⅰ.①液… Ⅱ.①沈… ②王… Ⅲ.①液压传动②采掘机 Ⅳ.①TH137②TD421.5

中国国家版本馆CIP数据核字(2023)第028203号

书　　名 液压传动与采掘机械
主　　编 沈　刚　王启广
责任编辑 何　戈
出版发行 中国矿业大学出版社有限责任公司
(江苏省徐州市解放南路　邮编 221008)
营销热线 (0516)83885370　83884103
出版服务 (0516)83995789　83884920
网　　址 http://www.cumtp.com　**E-mail**:cumtpvip@cumtp.com
印　　刷 徐州中矿大印发科技有限公司
开　　本 787 mm×1092 mm　1/16　**印张** 19.25　**字数** 480千字
版次印次 2023年2月第1版　2023年2月第1次印刷
定　　价 38.00元

前　言

煤炭是我国的主体能源，支撑着国民经济的持续快速发展，保障了国家能源安全。我国的资源赋存特点，决定了在未来较长时期内煤炭仍将是我国的主要能源。煤炭开采是煤炭工业的主体，煤炭开采装备技术是煤炭安全高效开采的根本保障。我国自20世纪70年代开始大规模引进、消化、吸收国外综采成套技术装备，发展综合机械化采煤，经过近半个世纪的发展，我国煤炭工业发生了巨大的变化，由当年以人力开采为主的小煤矿，发展到以大型矿井安全高效开采为主的现代化煤炭工业，从完全依赖进口综采装备到高端装备国产化并占领国际市场。我国已成为世界第一产煤大国和第一大煤机生产国。

随着煤炭行业供给侧结构性改革的不断深入，高质量发展的不断推进和“四个革命、一个合作”能源安全新战略的不断实施，发展智慧煤矿已成为煤炭工业发展的必由之路，是煤炭工业高质量发展的核心技术支撑。

本书的取材力图反映国内外采掘机械与支护设备的新技术、新成果和发展趋势，结合作者长期的教学和科研实践，采用最新标准规范，力求理论与实践相结合、基础知识与实用技术相结合，注重课程体系和专业特点，加强基础知识，有助于深入理解和掌握，便于教学和自学。对于不同类型专业和教学对象，可选取各自侧重的内容组织教学。

本书介绍了液压传动的基本知识和煤矿井下采掘机械与支护设备的结构组成、工作原理、主要性能参数、选型原则、配套关系和使用维护，并附有复习思考题。绪论、第二篇由中国矿业大学王启广编写，第一篇由安徽理工大学沈刚编写，第三篇由中国矿业大学汤裕编写，第四篇由中国矿业大学李翔编写。全书由沈刚、王启广负责统稿。

本书在编写过程中，得到了江苏省杰出青年基金项目（编号：BK20200029）的资助以及相关科研院所、煤矿机械制造公司等单位的大力支持和帮助，也参考了诸多教材和论著，谨在此一并表示感谢。

由于水平所限及时间仓促，书中难免存在不足及错漏之处，敬请同行专家和读者批评指正。

编　者

2022年12月

目　录

第二篇　采煤机械

第三篇　采煤工作面支护设备

第四篇　掘进设备

绪　论

第一节　我国机械化采煤发展历史

在石油、天然气、水力发电和核动力获得巨大发展的今天，煤炭仍是我国一次能源的主体。采掘机械化是煤炭工业增加产量、提高劳动生产率、改善生产条件、保障安全生产的必要技术手段，也是煤炭生产过程中节约能源、人力和降低原材料消耗的有效技术措施。

中华人民共和国成立以来，我国煤矿采掘机械化从无到有，不断发展，日趋完善。生产技术从过去的手镐落煤，人力拉筐、背筐的生产方式发展为普通机械化采煤和综合机械化采煤。我国采掘机械化与世界各主要产煤国家采掘机械化的发展过程是相似的，虽然起步较晚，但也大致经历了以下几个发展阶段。

20 世纪 50 年代是机械化采煤的初级阶段。采煤工作面使用截煤机和康拜因及模锻链刮板输送机，主要用木支柱支护顶板。掘进工作面使用ЭПМ-1 型后卸式铲斗装岩机或 C-153 型装煤机。

20 世纪 60 年代，采煤机械化得到初步发展，先后研制成功 MLQ-64、MLQ-80 型单滚筒采煤机，MLS_1、MLS_2 型双滚筒采煤机以及 MBJ-1、MBJ-2 型刨煤机，与圆环链可弯曲刮板输送机配套，采用金属摩擦支柱和金属铰接顶梁进行支护，形成普通机械化采煤工作面。掘进工作面推广使用耙斗装载机。

20 世纪 70 年代是采煤机械化的大发展时期。一方面，生产采煤机、刮板输送机、金属支柱等，实现普通机械化采煤成套设备配套；另一方面，研制综合机械化采煤设备。1974 年，北京煤矿机械厂、郑州煤矿机械厂试制垛式液压支架，张家口煤矿机械厂、西北煤矿机械厂试制配套刮板输送机。1978 年，相关部门组织专业化生产，重点发展三机（采煤机、输送机、掘进机）、一架（液压支架）、一装备（煤矿安全仪器及装备）及单体液压支柱。70 年代末期，开始为煤矿提供成套中、厚煤层综合机械化采煤设备。

1974 年，从英国、西德、法国、波兰、苏联引进 43 套综采设备装备重点煤矿。1978 年，从西德、英国、日本引进 100 套综采设备，同时引进部分关键元部件的制造技术。此外，从美国、英国、日本、奥地利等国引进 100 台煤巷、煤岩巷掘进机。

20 世纪 80 年代是采掘机械化的全面发展时期。以技贸结合方式引进 AM500 型采煤机、AM50 型掘进机、S100 型掘进机技术。国内采煤机形成 MG、MXA、AM 三大系列，总功率达 750 kW，理论生产能力达 800 t/h；工作面输送机以 SGZ730 和 SGZ764 机型为主，装机功率 264～400 kW，运输能力达 700～1 000 t/h；液压支架主要有掩护式支架（ZY 系列，6 个类型）和支撑掩护式支架（ZZ 系列，3 个类型），针对厚煤层分层开采开发铺网液压支架。

20 世纪 90 年代初，采煤装备基本立足国内，形成比较完整的研究、设计、制造、测试、检修体系。一是在完善中强调综采的整体配套性，完成“八五”国家攻关项目“日产 7 000 t 综采成套设备的研制”。二是对工作面主要生产设备进行改造提高和更新换代。采煤机向大功率、电牵引、多电动机横向布置、大截深、快速牵引，以及实现微机工况监测和故障诊断方向发展。工作面输送机向提高运输能力、实现交叉侧卸、采用封底溜槽和可控驱动装置方向发展。液压支架向优化架型设计、增大工作阻力、提高移架速度方向发展，开发成功手动快速移架系统和大流量供液系统，邻架智能和程序控制的电液系统完成工业性试验。三是完善系统配套和提高可靠性，开展综采工作面和采区地质保障系统、高效辅助运输系统、开采设备工况监测和故障诊断系统、安全保障系统、采区供电系统以及煤巷快速掘进和锚杆支护等攻关并取得进展。

20 世纪 90 年代我国综采发展中最具影响的创新成果是综采放顶煤技术的试验成功。80 年代初，我国引进了单输送机高位放顶煤液压支架和双输送机中位放顶煤液压支架进行综放开采。在高位放顶煤和中位放顶煤开采实践的基础上，我国创新研制了低位放顶煤液压支架，为实现综放工作面的安全高效开采、高采出率开采提供了保障。

进入 21 世纪以来，受益于国家振兴装备制造业的产业政策，高效开采装备技术受到了越来越广泛的关注。国家“十五”“十一五”“十二五”“十三五”规划对综采装备技术发展给予重点支持，开展了一系列技术攻关，先后成功研制年产 6 Mt 综采放顶煤成套技术与装备、年产 6 Mt 综采成套技术与装备、年产千万吨大采高综采成套技术与装备、特厚煤层大采高综放成套技术与装备和特大采高综采成套技术与装备等一大批重要技术与装备，达到国际先进或领先水平，推动了煤炭工业技术进步，为安全高效现代化矿井建设提供了保障。

随着煤炭行业供给侧结构性改革的不断深入、高质量发展的不断推进和“四个革命、一个合作”能源安全新战略的不断实施，发展智慧煤矿已成为煤炭工业发展的必由之路，是煤炭工业高质量发展的核心技术支撑。2018 年，《煤炭工业智能化矿井设计标准》(GB/T 51272—2018)的发布，为我国煤矿智能化建设提供了宝贵经验。2020 年 2 月，国家发展改革委等 8 部委印发《关于加快煤矿智能化发展的指导意见》。煤矿智能化是煤炭工业高质量发展的核心技术支撑，它将人工智能、工业物联网、云计算、大数据、机器人、智能装备等与现代煤炭开发利用深度融合，形成全面感知、实时互联、分析决策、自主学习、动态预测、协同控制的智能系统，实现煤矿开拓、采掘(剥)、运输、通风、分选、安全保障、经营管理等过程的智能化运行，对于提升煤矿安全生产水平、保障煤炭稳定供应具有重要意义。截至 2021 年年底，煤炭行业已建成一批智能化示范煤矿，建成 800 多个智能化采掘工作面。

在煤炭开采技术与装备快速发展的同时，尚需坚持新发展理念，加快新一代信息技术与煤炭产业深度融合，推进煤炭产业高端化、智能化、绿色化转型升级，实现煤炭开采利用方式的变革，提升煤矿智能化和安全水平，促进煤炭行业高质量发展。

第二节　机械化采煤类型

目前世界各国广泛采用长壁采煤法。综合机械化采煤工作面的长度一般在 200 m 以上，推进长度也不断加大。加长工作面主要是为了减少采煤机进刀次数，相对增加工作面有效截割时间，以提高工作面单产；延长工作面走向长度则可减少设备搬家次数，增加有效生产时间，提高设备利用率。长壁工作面用可弯曲刮板输送机运煤。爆破采煤工艺(简称炮采)用爆破法落煤,人工装煤。机械化采煤工作面用采煤机械落煤和装煤。按照支护机械化程度分为:普通机械化采煤工艺(简称普采),用单体液压支柱支护;综合机械化采煤工艺(简称综采),用液压支架支护。

普通机械化采煤工作面如图 0-0-1(a)所示。若采用单滚筒采煤机,可根据煤层厚度和夹矸情况,进行单向或双向采煤。煤层厚度接近滚筒直径,且不粘顶板,可以双向采煤,每个行程都推移输送机。煤层较厚且粘顶,特别是顶板易冒落时,向工作面上方的行程中,滚筒贴着顶板截割,以便及时挂顶梁支护近煤壁顶板;向下行程中,滚筒贴着底板截割并清除浮煤,以便推移输送机。由于悬挂顶梁、架设和回收支柱费工、速度慢,普通机械化采煤工作面生产效率较低,安全性较差。普通机械化采煤工作面也可采用双滚筒采煤机。

综合机械化采煤工作面[图 0-0-1(b)]采用双滚筒采煤机,通常双向采煤。骑槽式采煤机运行的前滚筒贴着顶板截割,后滚筒贴着底板截割。爬底板采煤机则相反,前滚筒贴底、后滚筒贴顶截割。滚筒的螺旋叶片把碎落的煤炭装进可弯曲刮板输送机,再经刮板转载机和可伸缩带式输送机运出。滞后于采煤机的输送机中部槽和液压支架,可以随着向前推移。如此从工作面一端到另一端往复进行采煤。每个行程结束后,需要调换滚筒的上、下位置,如果带有挡煤板,还应将挡煤板翻转到滚筒的另一侧,以便进行相反方向的采煤行程。综合机械化采煤不仅可以增加产量和提高工效,改善劳动条件和作业环境,也利于实现矿井集中化生产,简化生产系统,提高综合经济效益。但综合机械化采煤工作面的初期投资较大。

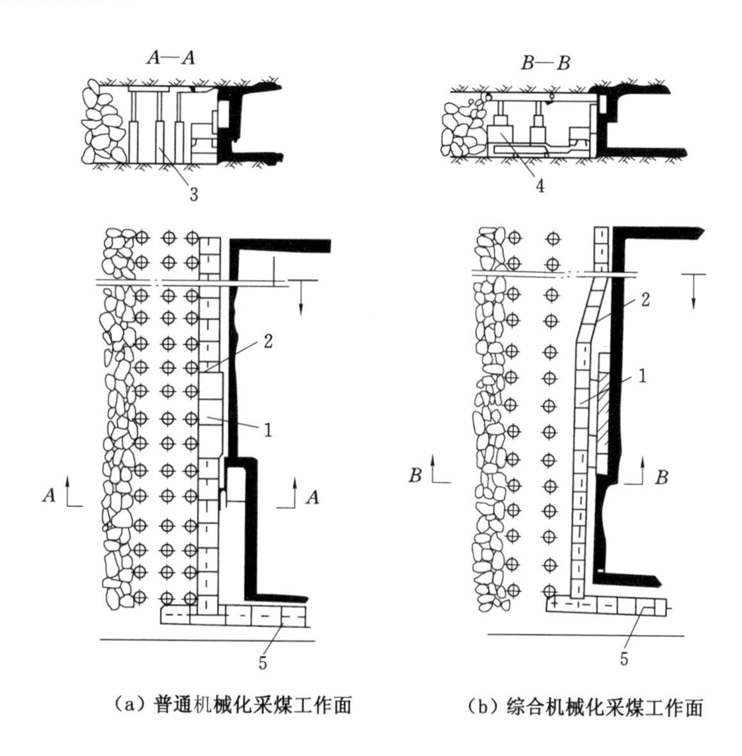

1—滚筒采煤机;2—刮板输送机;3—单体支柱;4—液压支架;5—转载机。

图 0-0-1 机械化采煤工作面

除滚筒采煤机外，也可用刨煤机实现普通机械化采煤或综合机械化采煤。刨头在每个行程中切入煤层较浅，需要较频繁地推移输送机。经过几个行程，顶板暴露相当宽度后，才能架设一排支柱（普采工作面）或推移液压支架（综采工作面）。

由于刮板输送机的电动机和减速器装在机头部，因而机头部比中部槽高。加上滚筒不对称布置和其他结构（如牵引式行走机构的圆环链张紧装置）限制，采煤机滚筒不能截割工作面的全部长度。刨煤机工作面也有类似情况。采煤机或刨煤机采不到的煤壁，需要用人工或其他设备事先采掉，工作面才能正常推进，使采煤作业持续不断。这就是在工作面两端开切口。

开切口需要消耗较多的时间和人力，是效率较低的生产环节，有时可能成为提高工作面生产率的瓶颈。切口的存在又增加了工作面端头顶板管理的难度。所以，应尽可能缩短切口，最好能不开切口。即使滚筒能够达到工作面的全部长度，但还不能超越煤壁长度时，仍需要开切口，或存在滚筒怎样切进煤壁的问题。

一般可用端部斜切进刀把滚筒斜切进入煤壁（图 0-0-2），采煤机从工作面一端牵引之前，先把输送机中部槽推移成在离采煤机大约 20 m 范围内逐渐弯曲，而其余部分则贴上煤壁[图 0-0-2(a)]。翻转挡煤板和对调两个滚筒的上下位置后牵引采煤机，输送机引导滚筒逐渐切入煤壁达一个截深[图 0-0-2(b)]，经过弯曲段时要防止滚筒截割输送机铲煤板。翻转挡煤板和对调两个滚筒的上下位置后，推直输送机中部槽并推移支架，反向牵引采煤机[图 0-0-2(c)]，直达工作面端头而结束进刀过程。翻转挡煤板和对调两个滚筒上下位置后，可以开始一个新的采煤行程[图 0-0-2(d)]。采煤机到达工作面的另一端后，用同样方法斜切进刀，进行反方向的采煤行程。

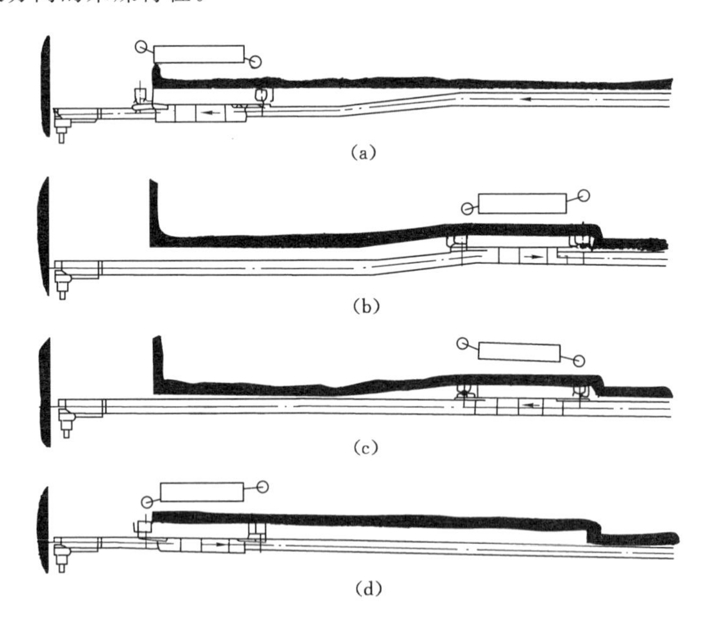

图 0-0-2　端部斜切进刀

用端部斜切进刀，采煤机要在一段相当长的距离内往返行走，故作业时间较长，效率较低，但因对机械设备没有特殊要求，故比较容易推广。如果输送机在工作面中部弯曲，就发展成为半工作面斜切进刀(图 0-0-3)。半工作面斜切进刀操作简单,节省时间,浮煤装得干净,采煤过程也连续。

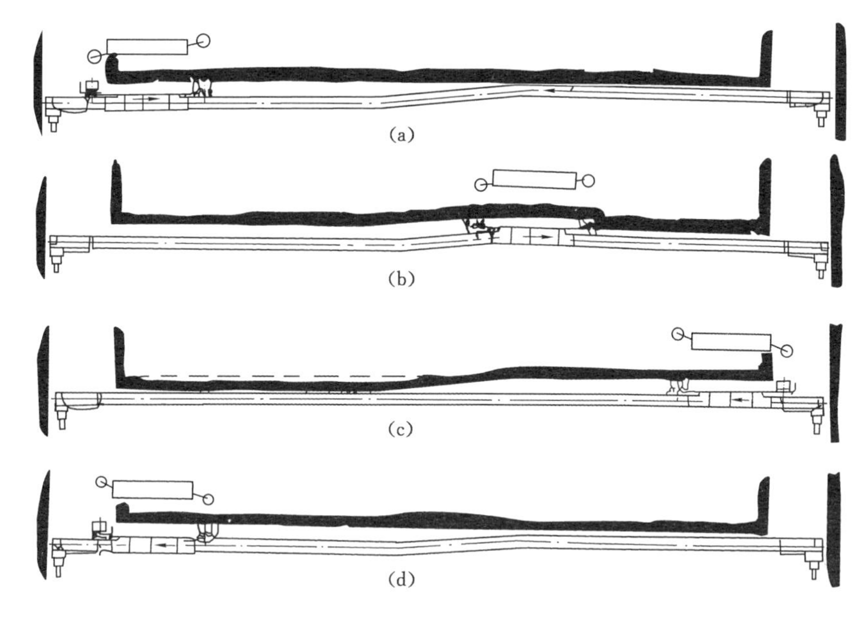

图 0-0-3　半工作面斜切进刀

用半工作面斜切进刀的每个行程开始时,采煤机停在工作面一端(如下端)[图 0-0-3(a)],把离它较远的上半个工作面的输送机中部槽推向煤壁,调整好滚筒和挡煤板位置后,快速牵引采煤机清除底煤和浮煤。到达工作面中部时[图 0-0-3(b)],降低行走速度,滚筒先斜切进刀,达整个截深后,便正常开采上半个工作面,液压支架也可随之向前推移。采煤机到达工作面上端后,把输送机中部槽推直,调整好滚筒和挡煤板位置[图 0-0-3(c)],用类似方法进行反向采煤行程。行程结束后,再推移上半个工作面的输送机中部槽[图 0-0-3(d)],准备下一个采煤行程。

如果滚筒端面装有截齿,并有排出碎煤的窗孔,输送机横向推移的力量又足够大,就可以把滚筒钻入煤壁而达到进刀目的。这时采煤机只需要在 1 m 左右的短距离内往返行走,以排出碎煤,效率比较高,但滚筒不能带挡煤板。

只有当滚筒能够超越煤壁长度时,才完全不需要开切口,进刀也很容易。等高式采煤机采煤时不需开切口,在巷道整体推进一个截深,填补了薄煤层开采领域的空白。

第三节　矿山机械中的液压传动

从 20 世纪 40 年代起,液压传动技术就用于矿山机械。1945 年,德国制造了第一台液压传动的截煤机,实现了牵引速度的无级调速和过载保护。接着,美国、英国等国家在采煤机上应用了液压传动。1954 年,英国研制成功了液压支架,出现了综合机械化采煤技术,从而扩大了液压传动在矿山机械中的应用。

由于液压传动容易实现往复运动,并且可保持恒定的输出力和转矩,因此采煤机的滚筒调高,液压支架的升降、推移、防倒、防滑和调架,单体液压支柱的升降都唯一地采用了液压传动。

随着液压技术和微电子技术的结合，液压技术已走向智能化阶段。在微型计算机或微处理器的控制下，进一步拓宽了液压技术的应用领域。无人采煤工作面的出现、喷浆机器人的研制成功，都是液压技术和微电子技术相结合的成果。可以预见，在矿山机械设备中，液压技术会得到更加广泛的应用。

液压传动与电气传动和机械传动相比，具有一系列适用于采掘机械的优点：

(1) 易于实现直线往复运动和旋转运动，在高压下可以获得很大的力和转矩。

(2) 调速性能好，易于实现无级调速，调速范围大，速比高达 1∶2 000，且可在运行过程中进行调速。

(3) 液压装置体积小、质量轻、结构紧凑、操作方便、易于控制。在同等功率下，液压马达的体积和质量只有同等功率电动机的 12%左右。

(4) 液压装置工作比较平稳。由于质量轻、惯性小、反应快，液压装置可以实现快速启动、制动和频繁换向。例如，加速一台中等功率的电动机需要 1 s 至几秒，而加速同等功率的液压马达只需 0.1 s 左右。在实现回转运动时，换向频率可达 500 次/min；在实现往复直线运动时，换向频率可达 1 000 次/min。

(5) 低速稳定性好。例如，内曲线径向柱塞式液压马达的最低稳定转速可小于 1 r/min，这是电动机达不到的。

(6) 易于实现自动化。由于液压传动可以方便地对液体的压力、流量和流动方向进行控制，所以当液压控制与电气控制、电子控制相结合时，整个传动装置能实现集中控制、遥控和程序控制，而且运动平稳、操作省力。

(7) 易于实现过载保护。液压马达和液压缸都能长期在失速状态下保证工作而不会过热。这是电气传动装置和机械传动装置无法比拟的。液压元件能自行润滑，使用寿命较长。

(8) 由于液压元件已实现了标准化、系列化和通用化，液压系统设计、制造和使用都比较方便，液压元件的布置也具有较大的灵活性。

液压传动的缺点如下：

(1) 液压传动在工作过程中有较多的能量损失(摩擦损失、泄漏损失等)，长距离输送时更是如此。

(2) 液压传动对油温变化比较敏感，它的工作稳定性易受到温度的影响，因此不宜在温度很高或很低的条件下工作。

(3) 为了减少泄漏，液压元件在制造精度上要求较高，因此它的造价较高，而且对工作介质的污染比较敏感。

(4) 液压传动系统出现故障时不易查出原因。

随着科学技术的进步、设计水平与制造工艺的提高，液压传动的应用范围将越来越广。

复习思考题

1. 我国煤矿采掘机械化的发展历史如何？各发展阶段的特点如何？
2. 机械化采煤有哪些主要类型？各有何特点？
3. 简述采煤机滚筒切入煤壁的方法。
4. 液压传动有哪些优点和不足？

第一篇 液压传动

用液体作为工作介质来进行能量传递的传动方式称为液体传动。按照其工作原理不同,液体传动可分为液压传动和液力传动。液压传动是利用液体的压力能来传递能量,而液力传动是利用液体的动能来传递能量。

液压传动相对于机械传动来说是一门新学科。如果从17世纪中叶帕斯卡提出静压传动原理、18世纪末英国制成第一台水压机算起,液压传动已有几百年的历史,只是由于早期没有成熟的液压传动技术和液压元件,才没有得到普遍应用。随着科学技术的发展,特别是第二次世界大战期间,军事工业和装备迫切需要反应迅速、动作准确、输出功率大的液压传动及控制装置,促使液压传动技术迅速发展。自20世纪40年代起,液压传动技术就应用于矿山机械。1945年,德国制造了第一台液压传动的截煤机,实现了牵引速度的无级调速和过载保护。之后,美国、英国等国家也在采煤机上应用了液压传动。1954年,英国研制成功了液压支架,从而出现了综合机械化采煤技术。

液压传动有诸多突出的优点,因此,采煤机滚筒调高、液压支架升降推移与防倒防滑等都采用了液压传动,掘进机除切割机构采用电动机驱动外,其余动作都可以由液压传动系统来实现。近年来,随着机电一体化技术的发展,与微电子、计算机技术相结合,液压传动进入了一个新的发展阶段,液压传动技术将会更加广泛地应用于矿山机械。

第一章　液压传动基本知识

第一节　液压传动工作原理

一、液压传动工作原理

液压传动是利用帕斯卡原理进行工作的。在封闭的液压传动系统中，施加于液体上的压力等值地传递到液体中的各点。

现以常见的液压千斤顶为例，说明液压传动的工作原理。图 1-1-1(a)为液压千斤顶的示意图。活塞 A_1 和泵 3、活塞 A_2 和工作缸 7 构成两个密封而又可以变化的容积。当杠杆 1 经连杆 2 将活塞 A_1 向上提起时，泵 3 中的密封容积扩大，内部压力减小而形成“真空”。这时，油箱 4 内的工作液体在大气压力作用下，推开单向阀 5 流入泵 3。单向阀 6 这时是关闭的。当杠杆向下压时，单向阀 5 关闭，泵的容积缩小，工作液体推开单向阀 6 流向工作缸 7 的密封容积中，并将活塞 A_2 向上推起，升起重量为 W 的重物。不停地摇动杠杆 1，可将工作液体不断地从油箱吸入泵，又压向工作缸内，使活塞 A_2 带动重物上升到所需的高度。当下降重物时，只要打开旁路截止阀 8，工作缸内液体即在重物和活塞 A_2 的推动下流回油箱。这就是液压千斤顶的工作过程，也是一个简单液压传动系统的工作原理。

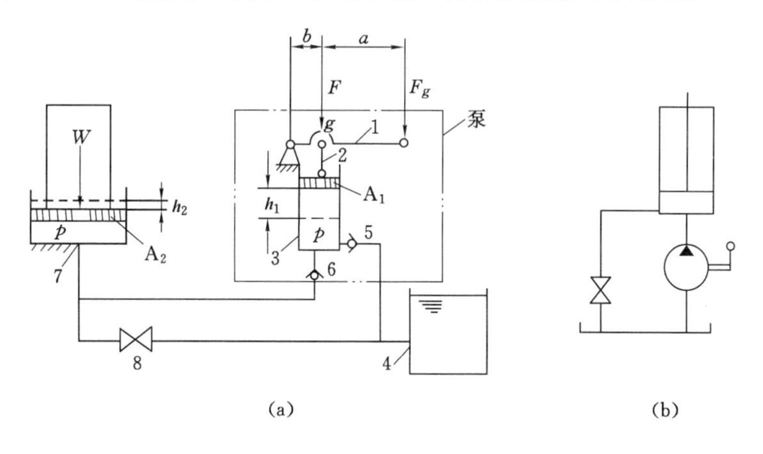

图 1-1-1　液压千斤顶原理图

由此可知，一个液压传动系统包含以下几个组成部分：

(1) 动力源元件：是将原动机提供的机械能转换成工作液体的压力能的元件，通常称为液压泵。如图 1-1-1 中泵 3 和单向阀 5、6 所组成的是一个由杠杆经连杆带动的手动液压泵。

(2) 执行元件：将液压泵所提供的工作液体的压力能转换成机械能的元件，如图 1-1-1 中的工作缸。液压传动系统中的液压缸和液压马达都是执行元件。

(3) 控制元件：对液压系统工作液体的压力、流量和流动方向进行控制调节的元件即为控制元件。液压系统中的各种阀类元件就是控制元件。

(4) 辅助元件：上述三部分以外的其他元件，如油箱、过滤器、蓄能器、冷却器、管路、接头和密封件等。它们对保证系统的正常工作起着重要作用。

(5) 工作液体：它是液压系统中必不可少的部分，既是转换、传递能量的介质，也起着润滑运动零件和冷却传动系统的作用。

液压系统主要组成部分之间的关系可用图 1-1-2 表示。

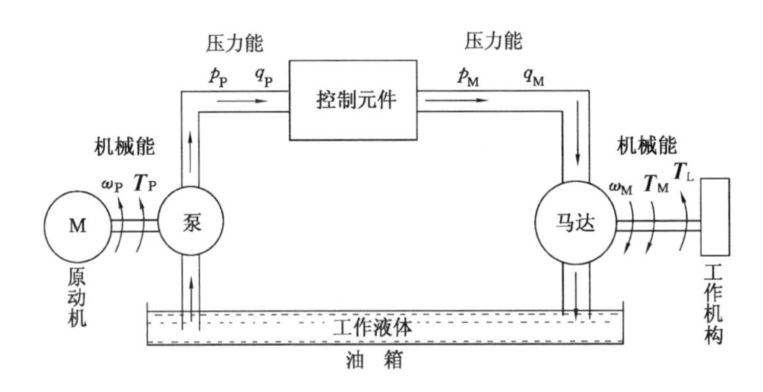

图 1-1-2　液压传动系统基本组成

二、液压系统的图形表示方法

液压系统及其组成元件可用装配图、结构原理图和图形符号三种方式表示。

(一) 装配图

装配图是依据工程制图的标准绘制的，它能准确地表示系统和元件的结构形状、几何尺寸和装配关系，但绘制复杂且不能直观地表达各元件在系统中的功能。装配图主要用于施工设计、制造、安装和维修等场合。

(二) 结构原理图

结构原理图是一种简化了的装配图，可较直观地表示出各元件的工作原理及在系统中的功能，容易理解，图 1-1-1(a)所示为液压千斤顶的结构原理。但图形仍较复杂又难以标准化，系统中元件数量多时更是如此。由于对元件的结构、几何尺寸和装配关系表示不准确，因此结构原理图不能用于施工设计。

(三) 图形符号

在液压系统中，凡功能相同(尽管结构和工作原理不同)的液压元件均可用相同的符号表示，这种符号称为液压元件的图形符号。图 1-1-1(b)就是用图形符号表示的千斤顶液压系统图。这种图示方法的图形标准，绘制和阅读方便，功能明确，常用于分析系统性能和元件功能。由于图形符号只表示系统和元件的功能，不表示元件的具体结构和参数，因而不能代替装配图。

我国制定了《流体传动系统及元件　图形符号和回路图　第 1 部分：图形符号》(GB/T 786.1—2021)。在绘制和阅读图形符号表示的液压系统时，应注意以下几点：

(1) 元件的名称、型号和参数，应标注在系统图的明细表中。

(2) 系统中元件图形符号，如元件在工作中可能处于不同的状态时，均以元件处于静止状态或零位表示。

(3) 液压系统中的图形符号应按水平或垂直方向绘制，不得倾斜。

(4) 凡标准中未规定的图形符号，可根据绘制标准元件的原则和图例进行派生。在需要说明某种元件在液压系统中的结构或动作原理时，允许局部采用结构原理图。

第二节　液压传动基本参数

通过对液压千斤顶工作原理进行分析，可以进一步了解液压传动的两个基本特点。

(一) 液压系统中力的传递依靠液体压力来实现，系统内液体压力的大小与外载有关

在千斤顶举起重物时，泵和工作缸之间相当于一个密封的连通器，如图 1-1-3 所示。由帕斯卡静压传递原理知，作用在小活塞 A_1 上的力 F 所产生的液压力 p 以等值同时传递到密封连通器各处，因而大活塞 A_2 底面也受到 p 的作用，产生向上推力 pA_2（A_2 为大活塞底面面积）举起重量为 W 的重物。重物缓慢上升时，若略去摩擦阻力，则推力 pA_2 与重物的重量相等，即

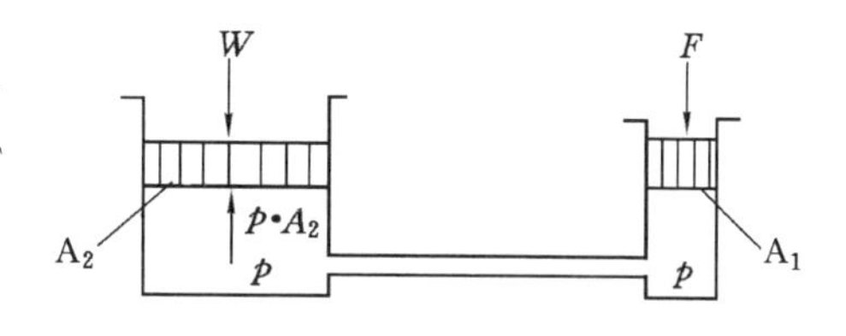

图 1-1-3　连通器示意图

$$pA_2 = W \tag{1-1-1}$$

则有

$$p = \frac{W}{A_2} \tag{1-1-2}$$

可见，封闭容器内的压力大小与外载（重量 W）的大小有关。但系统的压力也不是可以无限制地随着外载而增大的，它受到封闭容器和管路等强度的限制。为使系统工作可靠，往往在系统内设置安全阀来保护系统。

自然，千斤顶系统液体的压力来源于手压泵，能否产生足够的压力举起重物，取决于作用力 F 的大小。与式(1-1-2)相比较，有

$$\frac{W}{A_2} = \frac{F}{A_1}$$

即

$$W = \frac{A_2 F}{A_1} \tag{1-1-3}$$

由式(1-1-3)可知，当 $A_2 > A_1$ 时，有 $W > F$。可见液压传动还具有力（或转矩）的放大作用。液压千斤顶和油压机就是利用这个特点进行工作的。

(二) 运动速度的传递按容积变化相等的规律进行

在千斤顶举起重物过程中，若不计液体的泄漏，活塞 A_1 向下运动排出的液体体积应该等于使活塞 A_2 向上运动进入工作缸的液体体积（图 1-1-3），即容积变化相等，故有

$$A_1 h_1 = A_2 h_2$$

式中　A_1、A_2——小、大活塞的底面积；

h_1、h_2——活塞的行程。

将上式两端同除以时间 t，可得

$$v_2 = \frac{A_1}{A_2}v_1 = \frac{q_1}{A_2} \tag{1-1-4}$$

式中 v_1、v_2——两活塞的移动速度。

q_1——手压泵单位时间排出的液体体积,即流量。

由容积变化相等关系得出的式(1-1-4)说明,重物的运动速度取决于泵的流量。如能改变泵的流量,就可使工作缸活塞的运动速度发生变化,液压传动中的调速就是基于这种关系实现的。

由于以上两个基本特点,常常把液压传动叫作静压传动或容积式液压传动。

液压传动最基本的技术参数是工作液体的压力和流量。系统压力指液压泵出口的液体压力,其大小取决于外载,但一般都由安全阀调定。压力通常用小写字母 p 表示,其单位为 Pa,常用单位是 MPa。

压力液体流经管路或液压元件时要受到阻力,引起压力损失(即压降)。液体流经等径直管的压力损失称为沿程压力损失;流经管路接头、弯管和阀门等局部障碍时,由于产生撞击和旋涡等现象而造成的压力损失,称为局部压力损失。由理论分析和实验可知,沿程压力损失和局部压力损失都与液体流速的平方成正比。因此,为了有足够的压力来驱动执行元件工作,液压泵的出口压力应高于执行元件所需的压力。为了减少压力损失,应尽量缩短管道,减少管路的截面变化和弯曲,管道内壁力求光滑。此外,应将液体的流速加以限制,通常推荐的管道流速为:吸油管道 $v \leqslant 1 \sim 2$ m/s;压力油管道 $v \leqslant 3 \sim 6$ m/s(压力高、管路短、黏度小取大值);回油管道 $v \leqslant 1.5 \sim 2$ m/s。

流量指单位时间内流过的液体体积,常以字母 q 表示,单位是 m^3/s,工程上常用 L/min 作为流量的单位,它们之间的换算关系是

$$1\ m^3/s = 10^3\ L/s = 6 \times 10^4\ L/min$$

复习思考题

1. 何谓液压传动?液压传动的工作原理是怎样的?
2. 液压传动系统的组成及各组成部分的作用如何?
3. 液压传动的工作特点如何?基本技术参数有哪些?
4. 举例说明液压传动在生产实际中的应用。
5. 如图 1-1-4 所示的液压千斤顶,小柱塞直径 d=10 mm,行程 h=25 mm,大柱塞直径 D=50 mm,重物产生的力 F_2=50 kN,手压杠杆比 $L:l$=500:25。求:

(1) 此时密封容积中的液体压力是多少?

(2) 杠杆端施加力 F_1 为多少时才能举起重物?

(3) 杠杆上下动作一次,重物的上升高度是多少?

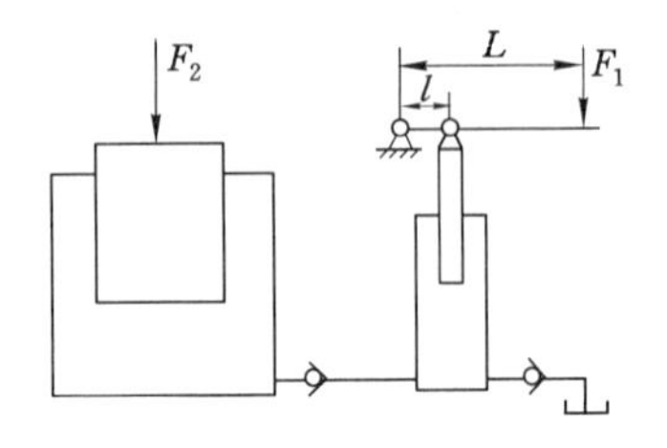

图 1-1-4 液压千斤顶原理图

第二章　工作液体

第一节　工作液体的物理性质

液压传动系统中的工作液体除了传递能量之外，还起着润滑、防止锈蚀、冲洗系统内污染物并带走热量等作用。液压系统的工作性能和可靠性与工作液体的选择、使用有关。

一、工作液体的物理性质

（一）密度

单位体积液体所具有的质量称为液体的密度，即

$$\rho = \frac{m}{V} \tag{1-2-1}$$

式中　V——液体的体积；

m——液体的质量。

液体的密度随温度上升而略有减小，随压力增加而略有增加，由于变化量较小，故一般可忽略不计。

（二）黏性

1. 黏性

液体在外力作用下流动时，液体分子间的内聚力会阻碍其分子间的相对运动，即具有一定的内摩擦力，这种性质称为液体的黏性。黏性是液体的重要物理性质，也是选择液压油的主要依据。

液体流动时，由于液体和固体壁面间的附着力以及液体本身的黏性作用，液体各层面间的速度大小不等，如图1-2-1所示。设两平板间充满液体，下平板固定不动，上平板以 u_0 速度向右平移。由于液体黏性的作用，黏附在上平板表面上的液层速度为 u_0，而中间各流层的速度则随着其与平板间的距离大小近似呈线性规律变化。

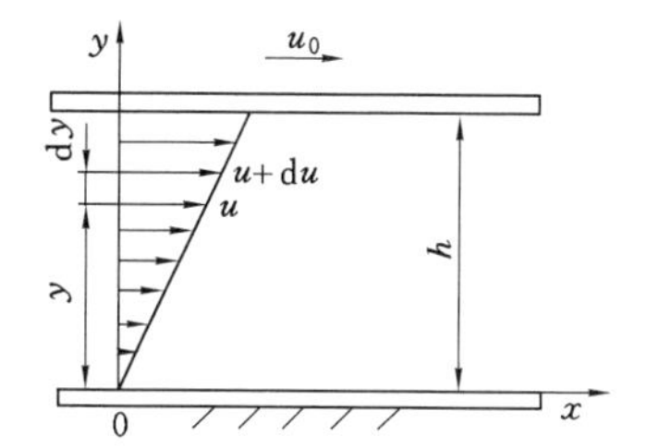

图 1-2-1　液体黏性示意图

实验证明，液体流动时相邻液层间的内摩擦力 F 与液层接触面积 A 成正比，与液层间的速度梯度 $\frac{du}{dy}$ 成正比，即

$$F = \mu A \frac{du}{dy} \tag{1-2-2}$$

式中　μ——比例系数，称为动力黏度。

若以 τ 表示液层间单位面积上的内摩擦力，则

$$\tau = \mu \frac{du}{dy} \tag{1-2-3}$$

上式称为牛顿液体内摩擦定律。由公式可知，在静止的液体中，速度梯度$\frac{du}{dy}=0$，故其内摩擦力为零。因此，静止液体不呈现黏性，液体只有在流动时才显示出黏性。

黏性的大小用黏度表示，常用的黏度有三种，即动力黏度、运动黏度和相对黏度。

（1）动力黏度μ

动力黏度又称绝对黏度。根据牛顿液体内摩擦定律，有

$$\mu = \tau \frac{dy}{du} \tag{1-2-4}$$

动力黏度的物理意义是，液体在单位速度梯度下流动时流动液层间单位面积上的内摩擦力，单位为 $N \cdot s/m^2$ 或 $Pa \cdot s$。

（2）运动黏度ν

动力黏度与该液体密度的比值称为运动黏度，即

$$\nu = \frac{\mu}{\rho} \tag{1-2-5}$$

运动黏度的单位是 m^2/s。以前沿用的单位是 St（斯）和 cSt（厘斯）。其换算关系为

$$1\ m^2/s = 10^4\ cm^2/s = 10^4\ St = 10^6\ mm^2/s = 10^6\ cSt$$

按照 ISO 的规定，采用 40 ℃时油液的运动黏度平均值来表示液压油牌号，共分为 10，15，22，32，46，68，100，150 等 8 个黏度等级。如 32 号液压油，就是指这种工作液体在 40 ℃时运动黏度平均值为 32 mm^2/s。

（3）相对黏度

相对黏度又称条件黏度，它是采用特定的黏度计在规定的条件下测量出来的黏度。由于测量条件不同，各国所用的相对黏度也不同。中国、德国和俄罗斯等国家采用恩氏黏度，美国用赛氏黏度，英国用雷氏黏度，等等。

恩氏黏度用恩氏黏度计测定，即将 200 mL 被测液体装入恩氏黏度计中，在某一温度下，测出液体经容器底部直径为 2.8 mm 小孔流尽所需的时间 t_1，与同体积的蒸馏水在 20 ℃时流过同一小孔所需的时间 t_2 的比值，便是被测液体在该温度下的恩氏黏度。

$$°E = \frac{t_1}{t_2} \tag{1-2-6}$$

恩氏黏度与运动黏度ν（m^2/s）之间的换算关系式为

$$\nu = \left(7.31°E - \frac{6.31}{°E}\right) \times 10^{-6} \tag{1-2-7}$$

（4）调和液体的黏度

选择合适黏度的工作液体，对液压系统的工作性能起着重要的作用。当工作液体的黏度不符合要求时，可把两种不同的工作液体按适当的比例混合起来使用，这就是调和液体。调和液体的黏度可用经验公式计算，即

$$°E = \frac{a°E_1 + b°E_2 - c(°E_1 - °E_2)}{100} \tag{1-2-8}$$

式中　$°E_1$、$°E_2$——混合前两种液体的黏度，取$°E_1 > °E_2$；

　　$°E$——混合后调和液体的黏度；

a、b——参与调和的两种液体所占的百分数($a+b=100$)；

c——实验系数，见表 1-2-1。

表 1-2-1　不同 a,b 值时系数 c 的数值

a	10	20	30	40	50	60	70	80	90
b	90	80	70	60	50	40	30	20	10
c	6.7	13.1	17.9	22.1	25.5	27.9	28.2	25	17

2. 黏度与压力的关系

液体所受的压力增大时，其分子间的距离将减小，内摩擦力增大，黏度亦随之增大。对于一般的液压系统，当压力在 20 MPa 以下时，压力对黏度的影响不大，可以忽略不计。当压力较高或压力变化较大时，黏度的变化则不容忽视。石油型工作液体的黏度与压力的关系可用公式表示为

$$\nu_p = \nu_0(1 + 0.003p) \tag{1-2-9}$$

式中　ν_p、ν_0——工作液体在压力为 p 时和相对压力为 0 时的运动黏度。

3. 黏度与温度的关系

液体的黏度对温度的变化极为敏感，温度升高，液体的黏度即显著降低。液体的黏度随温度变化的性质称为黏温特性。不同种类的液体有不同的黏温特性，黏温特性较好的液体，黏度随温度的变化较小，因而温度变化对液压系统性能的影响较小。

对于黏度不超过 15°E 的液压油，当温度在 30～150 ℃范围内，可用近似公式计算温度为 t 时的运动黏度。

$$\nu_t = \nu_{50}\left(\frac{50}{t}\right)^n \tag{1-2-10}$$

式中　ν_t——温度为 t ℃时的运动黏度；

ν_{50}——温度为 50 ℃时的运动黏度；

n——与油液黏度有关的特性指数，见表 1-2-2。

表 1-2-2　特性指数 n 的数值

°E	1.2	1.5	1.8	2.0	3.0	4.0	5.0	6.0	7.0	8.0	9.0	10.0	15.0
$\nu_{50}/(10^{-6}\ m^2/s)$	2.5	6.5	9.5	12	21	30	38	45	52	60	68	76	113
n	1.39	1.59	1.72	1.79	1.99	2.13	2.24	2.32	2.42	2.49	2.52	2.56	2.75

油液温度为 t 时的黏度，除用上述公式求得外，也可以从图表中直接查出。

液体的黏温特性可以用黏度指数 V.I. 来表示，V.I. 值越大，表示液体黏度随温度的变化率越小，即黏温特性越好。一般工作液体要求 V.I. 值在 90 以上，精制工作液体及加有添加剂的工作液体 V.I. 值可大于 100。

4. 气泡对黏度的影响

液体中混入直径为 0.25～0.5 mm 悬浮状态气泡时，对液体的黏度有一定影响，其值为

$$\nu_b = \nu_0(1 + 0.015b) \tag{1-2-11}$$

式中　b——混入空气的体积百分数；

ν_b——混入体积百分数为 b 的空气时的运动黏度；

ν_0——不含空气时液体的运动黏度。

（三）可压缩性

液体受压力作用而使体积减小的性质称为液体的可压缩性。体积为 V 的液体，当压力增大 Δp 时，体积减小 ΔV，则液体在单位压力变化下的体积相对变化量为

$$k = -\frac{\Delta V}{\Delta p V} \tag{1-2-12}$$

式中　k——液体的体积压缩系数。

由于压力增大时，液体的体积减小，即 Δp 与 ΔV 的符号始终相反，为保证 k 为正值，在式右边加负号。k 的倒数称为液体的体积弹性模量，以 K 表示

$$K = \frac{1}{k} = -\frac{V\Delta p}{\Delta V} \tag{1-2-13}$$

K 表示液体产生单位体积相对变化量所需要的压力增量。在常温下，纯净工作液体的体积弹性模量 $K=(1.4\sim2.0)\times10^3$ MPa，数值很大，故一般可认为液体是不可压缩的。若工作液体中混入空气，其抗压缩能力会显著下降，并将严重影响液压系统的工作性能。因此，在考虑工作液体的可压缩性时，必须综合考虑工作液体本身的可压缩性、混在工作液体中空气的可压缩性，以及盛放工作液体的封闭容器（包括管道）的容积变形等因素的影响。例如，在设计液压支架立柱和单体液压支柱时，由于柱内的压力很高（一般在 30 MPa 以上），就要考虑以上诸因素对立柱和煤层顶板的影响。

二、对工作液体的要求

在采掘机械液压系统中，工作液体的温度变化较大（40～80 ℃），工作压力一般在 12～25 MPa 之间，有的甚至在 32 MPa 以上（如液压支架），而且井下环境污染严重。因此，对工作液体有如下要求：

(1) 较好的黏温特性。使工作液体在较大的温度变化范围内黏度变化尽量小，以保持液压传动系统工作的稳定性。

(2) 良好的抗磨性能（即润滑性能）。抗磨性是指减少液压元件零部件磨损的能力。工作液体的润滑性愈好，油膜强度愈高，其抗磨性就愈好。采掘机械液压系统压力高，载荷大，而且还受冲击载荷，所以必须要用抗磨性好的液压油。

(3) 抗氧化性好。工作液体抵抗空气中氧化作用的能力，称为抗氧化性。工作液体被氧化后黏度会发生变化，酸值增加，从而使系统工作性能变坏。工作液体温度越高，越易被氧化，所以采掘机械中规定液压系统温度不超过 70 ℃，短期不超过 80 ℃。

(4) 良好的防锈性。矿物油与水接触时，延缓金属锈蚀过程的能力称为矿物油的防锈性。采掘机械工作条件潮湿，并且冷却喷雾系统的水容易进入油箱，所以必须使工作液体有良好的防锈性。

(5) 良好的抗乳化性。以矿物油为工作介质的液压系统中，当系统内进入水后，在液压元件的剧烈搅动下，就与工作液体形成乳化液，使工作液体变质，产生腐蚀性沉淀物，从而降低其润滑性、防锈性和工作寿命。矿物油与水接触时，抵抗它们生成乳化液的能力称为抗乳化性。

(6) 抗泡沫性能好。工作液体中混入空气，对液压系统工作性能影响很大。气体会使

系统动态性能变坏，产生气穴、气蚀现象。抗泡沫性就是指当液体内混入气体时，液体内不易生成微小的气泡或泡沫；即使生成了微小的气泡或泡沫，它也会迅速长大成大气泡而升出液面自行破灭。

（7）经济性好。在选用液压系统工作液体时既要符合性能要求，又要考虑价格。如在采煤工作面液压支架中的工作液体，由于使用量极大，因此一般只能采用比较廉价的乳化液作为工作液体。

第二节 工作液体的类型和选用

一、工作液体的种类

液压系统中使用的工作液体按国际标准化组织（ISO）的分类如表 1-2-3 所列。目前 90％以上的液压系统采用石油基工作液体，但在煤矿作为支护设备的液压支架和单体液压支柱中，则全部使用水包油乳化液。

表 1-2-3 液压传动工作液体种类

<table>
<tr><td rowspan="15">工作介质</td><td colspan="2">类别</td><td colspan="2">组成与特性</td><td colspan="2">代号</td></tr>
<tr><td colspan="2" rowspan="6">石油基工作液体</td><td colspan="2">无添加剂的石油基工作液体</td><td colspan="2">L-HH</td></tr>
<tr><td colspan="2">HH＋抗氧化剂、防锈剂</td><td colspan="2">L-HL</td></tr>
<tr><td colspan="2">HL＋抗磨剂</td><td colspan="2">L-HM</td></tr>
<tr><td colspan="2">HL＋增黏剂</td><td colspan="2">L-HR</td></tr>
<tr><td colspan="2">HM＋增黏剂</td><td colspan="2">L-HV</td></tr>
<tr><td colspan="2">HM＋防爬剂</td><td colspan="2">L-HG</td></tr>
<tr><td rowspan="8">难燃工作液体</td><td rowspan="4">含水工作液体</td><td rowspan="2">高含水工作液体</td><td>水包油乳化液</td><td rowspan="2">L-HFA</td><td>L-HFAE</td></tr>
<tr><td>水的化学溶液</td><td>L-HFAS</td></tr>
<tr><td colspan="2">油包水乳化液</td><td colspan="2">L-HFB</td></tr>
<tr><td colspan="2">水-乙二醇</td><td colspan="2">L-HFC</td></tr>
<tr><td rowspan="4">合成工作液体</td><td colspan="2">磷酸酯</td><td colspan="2">L-HFDR</td></tr>
<tr><td colspan="2">氯化烃</td><td colspan="2">L-HFDS</td></tr>
<tr><td colspan="2">HFDF＋HFDS</td><td colspan="2">L-HFDT</td></tr>
<tr><td colspan="2">其他合成工作液体</td><td colspan="2">L-HFDU</td></tr>
</table>

石油基工作液体由矿物原油精炼而成，以碳烃化合物为主要成分，具有良好的润滑性、防锈性、消泡性，且价格低廉，但黏温性能、抗氧化和防火性能差，适于－5～65 ℃温度下工作。常用的有机械油、汽轮机油等。为适应液压技术的发展，经精炼的矿物油中加入各种改善性能的添加剂——抗氧化、抗泡沫、抗磨损、防锈以及改进黏度指数的添加剂等，以提高其使用性能，这些工作液体又分为普通工作液体、抗磨工作液体，如 32、46 普通工作液体和 68 抗磨工作液体等。应当指出，机械油、汽轮机油和柴油机油均属机械传动中的润滑油，将润滑油用于液压传动是不合理的。

乳化液由水和矿物油混合而成，并加入乳化剂和其他添加剂，形成水、油互不相溶的乳化液。根据油和水的比例不同，又分为水包油型（O/W）乳化液和油包水型（W/O）乳化液。其中O/W型乳化液是在水中加5%～10%矿物油和其他添加剂制成的，矿物油仅是添加剂的载体，因而含量甚低。这种乳化液具有黏度小、难燃和价格低廉的特点。

二、工作液体的选用和维护

正确而合理地选用和维护工作液体，对于液压系统达到设计要求、保障工作能力、满足环境条件、延长使用寿命、提高运行可靠性、防止事故发生等方面都有重要影响。

（一）工作液体的选择

工作液体的选择包含品种和黏度两个方面。选择工作液体时要考虑的因素见表1-2-4。工作液体的选择通常包含四个基本步骤：

（1）列出液压系统对工作液体性能变化范围的要求：黏度、密度、体积模量、饱和蒸气压、空气溶解度、温度界限、压力界限、阻燃性、润滑性、相容性、污染性等。

（2）查阅产品说明书，选出符合或基本符合上述各项要求的工作液体品种。

（3）进行综合权衡，调整各方面的要求和参数。

（4）与供货厂商联系，最终决定所采用的合适工作液体。

表1-2-4　选择工作液体时考虑的因素

考虑方面	内容
系统工作环境	是否阻燃（闪点，燃点） 抑制噪声能力（空气溶解度，消泡性） 废液再生处理及环保要求
系统工作条件	压力范围（润滑性，承载能力） 温度范围（黏度，黏温特性，热稳定性，挥发度，低温流动性） 转速（气蚀，对支承面浸润能力）
工作液体品质	物理化学指标 对金属和密封件等的相容性 过滤能力，吸气情况，去垢能力 锈蚀性 抗氧化稳定性 剪切稳定性
经济性	价格及使用寿命 货源情况 维护、更换难易程度

在液压系统所有元件中，液压泵的工作条件最为严格，不但压力、转速和温度高，而且工作液体在被液压泵吸入和排出时要受到剪切作用，所以一般根据液压泵的要求来确定工作液体的黏度。

此外，在选择工作液体的黏度时，还应考虑环境温度、系统工作压力、执行元件运动类型和速度以及泄漏量等因素。当环境温度高、压力高且往复运动或旋转运动速度低时，或泄漏量大而运动速度不高时，宜采用黏度较高的工作液体，以减少系统泄漏；当环境温度低、压力低且往复运动或旋转运动速度高时，宜采用黏度低的工作液体，以减少液流功率损失。

表1-2-5列出了各种工作液体的应用场合。

表 1-2-5　工作液体的应用场合

介质	黏度等级	使用范围	应用场合
石油基工作液体 L-HL	32,46,68	7～14 MPa	室内固定设备液压系统
石油基工作液体 L-HG	22,32,46,68		液压与导轨润滑合用一种介质的系统
石油基工作液体 L-HM	32,46,68	−18～70 ℃	工程机械、车辆液压系统
石油基工作液体 L-HV	32,46,68	−25～70 ℃	工程机械、农业机械和车辆液压系统
石油基工作液体 L-HR	22,32,46		数控机床液压系统
石油基工作液体 L-HH	15,22,32,46,68	≈7 MPa	普通机床液压系统
水包油乳化液 L-HFAE			要求难燃、用量大且泄漏严重的系统，如液压支架、水压机液压系统
油包水乳化液 L-HFB			要求难燃的中压系统，如凿岩机液压系统
水-乙二醇工作液体 L-HFC			要求难燃、清洁的中低压系统，如冶炼炉、连铸机、试验机液压系统
磷酸酯工作液体 L-HFDR			要求难燃、精密的高压系统，如汽轮机调速液压系统

（二）工作液体的使用和维护

选择合适的工作液体仅是保障液压系统正常工作的先决条件，而要保持液压装置长期高效、可靠运行，则必须对工作液体进行合理的使用和正确的维护。实际上，如果使用不当，还会使工作液体的性质发生变化。

工作液体的维护关键是控制污染。实践证明，工作液体被污染是系统发生故障的主要原因，它严重影响着液压系统的可靠性及元件的寿命。

1. 污染物的种类及危害

液压系统中的污染物，是指混在工作液体中的各种杂物，如固体颗粒、水、空气、化学物质、微生物和污染能量等。工作液体被污染后，将对系统及元件产生下述不良后果：

（1）固体颗粒会加速元件磨损，堵塞缝隙及过滤器，使液压泵和阀性能下降，产生噪声。

（2）水侵入液压油会加速工作液体的氧化，并与添加剂起作用产生黏性胶质，堵塞滤芯。

（3）空气的混入会降低工作液体的体积模量，引起气蚀，降低润滑性能。

（4）溶剂、表面活性化合物等化学物质使金属腐蚀。

（5）微生物的生成使工作液体变质，降低润滑性能，加速元件腐蚀。对高水基工作液体的危害更大。

此外，不正常的热能、静电能、磁场能及放射能等也是一种对工作介质有危害的污染源。它们之中，有的使温升超过规定限度，导致工作液体黏度下降甚至变质；有的则可造成火灾。

2. 污染原因

工作液体遭受污染的原因是多方面的。可能是液压装置组装时残留下来的污染物，主要有切屑、毛刺、型砂、磨粒、焊渣、铁锈等；从周围环境混入的污染物，主要有空气、尘埃、水滴等。在工作过程中产生的污染物主要有金属微粒、锈斑、涂料和密封件的剥离片、水分、气泡以及工作液体变质后的胶状生成物等。

3. 工作液体的污染控制

控制工作液体污染的常用措施有：

(1) 严格清洗元件和系统。液压元件在加工的每道工序后都应净化，装配后再仔细清洗，以清除在加工和组装过程中残留的污染物。系统在组装前，先清洗油箱和管道，组装后再进行全面彻底的冲洗。

(2) 防止污染物从外界侵入。在储存、搬运及加工的各个阶段都应防止工作液体被污染。工作液体必须经过过滤器注入系统。设计时可在油箱呼吸孔上装设空气滤清器或采用密封油箱，防止运行时尘土、磨料和冷却物侵入系统。另外，在液压缸活塞杆端应装防尘密封，并经常检查，定期更换。

(3) 采用高性能的过滤器。这是控制工作液体污染度的重要手段，它可使系统在工作中不断滤除内部产生的和外部侵入的污染物。过滤器必须定期检查、清洗和更换滤芯。

(4) 控制工作液体的温度。工作液体的抗氧化、热稳定性决定了其工作温度的界限。因此，液压装置必须设立良好的散热条件，使工作液体长期处在低于它开始氧化的温度下工作。

(5) 保持系统所有部位良好的密封性。空气侵入系统将直接影响工作液体的物理化学性能。因此，一旦发生泄漏，应立即排除。

(6) 定期检查和更换工作液体。每隔一定时间，对系统中的工作液体进行抽样分析。如发现污染度已超过标准，必须立即更换。在更换新工作液体前，必须先清洗整个系统。

复习思考题

1. 简述工作液体的作用。工作液体有哪些类型？

2. 什么是油液的黏性和黏度？黏度过高或过低会有什么不良影响？黏度有哪几种表示方式？

3. 油液的牌号与黏度有何关系？

4. V.I.的含义是什么？液压传动工作液体的 V.I.值应为多少？

5. 对液压传动用工作液体有何要求？

6. 工作液体的污染控制有何意义？有哪些措施？

第三章　液　压　泵

液压泵是液压系统的动力元件，它是将原动机输出的机械能(输出轴上的转矩和角速度的乘积)转变为液体的压力能(液压泵的输出压力和输出流量的乘积)的能量转换装置，为系统提供一定流量和压力的油液，以推动执行元件工作。

第一节　液压泵工作原理

一、液压泵的工作原理

回顾液压千斤顶的工作原理可知，手摇泵及其工作过程体现了一般液压泵的基本组成和工作原理，即：

(1) 密封容积的变化是液压泵实现吸、排液的根本原因，因此，密封而又可以变化的容积是液压泵必须具备的基本结构，所以液压泵也称容积式液压泵。显然，液压泵所产生的流量与其密封容积的变化量和单位时间内容积变化的次数成比例。

(2) 具有隔离吸液腔和排液腔(即隔离低压和高压液体)的装置，使液压泵能连续地吸入和排出工作液体，这种装置称为配流(油)装置。配流装置的结构因液压泵的形式而异，千斤顶手摇泵的配流装置是两个单向阀，称为阀式配流装置，此外还有盘式配流装置和轴式配流装置。

(3) 油箱内的工作液体始终具有不低于一个大气压的绝对压力，这是保证液压泵能从油箱吸液的必要外部条件。因此，一般油箱的液面总是与大气相通的。

液压泵的类型按构成密封且可变化容积的零件结构形状分为齿轮式、叶片式和柱塞式三类。按其每转一转所能输出油液体积可否调节分为定量泵和变量泵。

二、液压泵的图形符号

液压泵的图形符号如图 1-3-1 所示。图(a)中只有一个黑三角形，其尖头向外，表示单向定量泵。图(b)中有两个黑三角形，代表双向定量泵。图(c)、图(d)中多一 45°斜箭头，分别表示单向变量泵和双向变量泵。

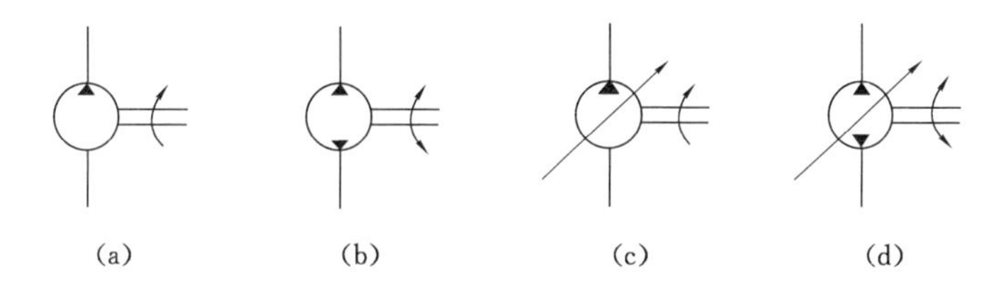

图 1-3-1　液压泵图形符号

第二节　液压泵主要性能参数

一、排量、流量和容积效率

（一）排量

液压泵主轴每旋转一周所排出的液体体积称为排量。不计泄漏（相当于泵的输出压力为零）时的排量称为理论排量，其大小取决于液压泵的工作原理和结构尺寸，用 V_t 表示，其常用单位是 mL/r。排量可以调节的液压泵称为变量泵；排量固定不变的液压泵称为定量泵。当液压泵的输出压力为某一值时，应当计及泄漏，这时的排量称为实际排量，以 V 表示。

（二）流量

液压泵单位时间内所排出的液体体积称为流量，常用单位是 L/min。不计泄漏影响的理论流量 q_t 与理论排量 V_t 的关系为

$$q_t = n_0 V_t \times 10^{-3} \quad \text{L/min} \tag{1-3-1}$$

式中　n_0——液压泵输出压力为零时的主轴转速，r/min。

计入泄漏后，液压泵的实际流量 q 与实际排量 V 的关系式为

$$q = nV \times 10^{-3} \quad \text{L/min} \tag{1-3-2}$$

式中　n——液压泵输出压力为某一值时主轴的转速，r/min。

（三）容积效率

液压泵的实际排量 V 与理论排量 V_t 之比称为容积效率，用 η_V 表示，即

$$\eta_V = \frac{V}{V_t} \tag{1-3-3}$$

上式可改写为

$$\eta_V = \frac{q/n}{q_t/n_0} = \frac{q}{q_t} \cdot \frac{n_0}{n} \tag{1-3-4}$$

若用普通交流电动机驱动，进行液压泵容积效率测试时，由于电动机存在转差率，加载时的转速会有所下降，因此必须用式(1-3-4)计算容积效率。当要精确地测定容积效率时，应当用可以调速的原动机驱动液压泵，使液压泵在不同压力下保持主轴转速不变，即 $n=n_0$。这时，容积效率的计算可简化为

$$\eta_V = \frac{q}{q_t} \tag{1-3-5}$$

当容积效率的测定不要求十分精确时，对于交流电动机驱动的液压泵，由于加载前后的转速相差不大，所以也往往以式(1-3-5)进行容积效率的近似计算。由此，可得液压泵实际流量的计算公式为

$$q = q_t \eta_V = n V_t \eta_V \times 10^{-3} \tag{1-3-6}$$

其中，n，V_t 和 η_V 均可在液压泵的技术规格中查取。

各类液压泵的容积效率以柱塞泵最高(0.85～0.98)，叶片泵次之(0.8～0.95)，齿轮泵最低(0.7～0.95)。

二、压力和转速

（一）压力

在液压泵的技术规格中通常有两种压力，即额定压力和最大压力。额定压力指液压泵在额定转速和最大排量下能连续运转的工作压力。在额定压力下，液压泵能保证规定的容积效率和寿命。最大压力系指液压泵在短时间内超载所允许的极限压力。而液压泵在工作时所达到的具体压力值，则称为实际工作压力，其大小取决于执行元件的负载。

（二）转速

液压泵的转速，有额定转速、最高转速和最低转速三种，在技术规格中有时给出其中两种，有时给出一种，其含义如下：

额定转速——液压泵在额定压力下，连续长时运转的最大转速。

最高转速——液压泵在额定压力下，允许短暂运行的最大转速。当液压泵的转速超过最高转速时，吸液腔会因流速过大而产生吸空或气穴现象，这是不允许的。

最低转速——允许液压泵正常运行的最小转速。液压泵的转速低于最低转速时，则因流量过小而使系统不能工作，也是不允许的。

因此，在一般情况下，液压泵应在额定转速下运转。常用液压泵的额定转速范围为：齿轮泵 1 000～1 800 r/min，叶片泵 1 000～1 800 r/min，轴向柱塞泵 1 000～2 200 r/min。

三、输出功率、输入功率和总效率

当液压泵输出压力为 p 的流量 q 时，其实际输出功率 P 为

$$P = pq \times 10^{-3} \quad \text{kW} \tag{1-3-7}$$

输入功率 P_i 是电动机作用在液压泵主轴上的机械功率，也称泵的传动功率，其表达式为

$$P_i = T\omega \times 10^{-3} \quad \text{kW} \tag{1-3-8}$$

式中　T——液压泵主轴上的输入转矩，N・m；

　　ω——液压泵主轴的角速度，rad/s。

由于液压泵主轴轴承及其他相对运动零件表面间的摩擦消耗，真正输入液压泵的有效功率（即转变为泵的理论输出功率 P_t），应当将输入功率 P_i 乘以泵的机械效率 η_m，即

$$P_t = P_i \eta_m \tag{1-3-9}$$

液压泵的总效率 η 等于其实际输出功率与输入功率的比值，即

$$\eta = \frac{P}{P_i} = \frac{P_t \eta_V}{P_t / \eta_m} = \eta_V \eta_m \tag{1-3-10}$$

故液压泵输出压力为 p 的流量 q 时，所需的电动机传动功率 P_i 为

$$P_i = \frac{P}{\eta} = \frac{pq}{\eta} \times 10^{-3} \quad \text{kW} \tag{1-3-11}$$

式中　p——液压泵的实际工作压力，Pa；

　　q——液压泵的实际输出流量，m^3/s。

式(1-3-11)即为液压泵选择电动机功率的依据。考虑到电动机本身的效率并使电动机容量有一定裕度，实际所选电动机的功率应当大于此计算值。

液压泵的总效率值，柱塞泵为 0.8～0.9，齿轮泵为 0.6～0.8，叶片泵为 0.75～0.85。

四、液压泵的特性曲线

液压泵的性能常用图 1-3-2 所示的性能曲线表示，曲线的横坐标为液压泵的工作压力

p，纵坐标为液压泵的容积效率 η_V（或实际流量）、机械效率 η_m、总效率 η 和输入功率 P_i。它是液压泵在特定的介质、转速和油温下通过试验作出的。

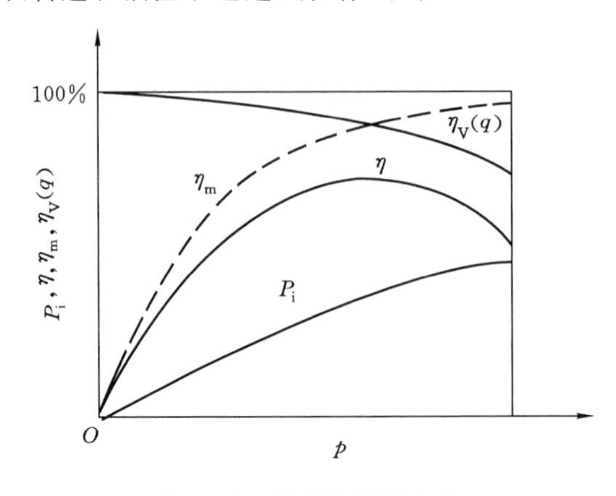

图 1-3-2　液压泵特性曲线

由图 1-3-2 所示特性曲线可看出：液压泵的容积效率 η_V（或实际流量 q）随泵的工作压力升高而降低，压力为零时容积效率 $\eta_V=100\%$，实际流量等于理论流量。液压泵的总效率 η 随泵的工作压力升高而升高，接近液压泵的额定压力时总效率 η 最高。

第三节　齿　轮　泵

齿轮泵是液压系统中常用的液压泵。在采煤机行走部闭式液压系统中的辅助泵、操纵控制系统中的供油泵也常用齿轮泵；其他机械的中、低压液压系统，也常用齿轮泵作为动力源。

在结构上齿轮泵可分为外啮合齿轮泵和内啮合齿轮泵两类。内啮合齿轮泵的工作原理和主要特点与外啮合齿轮泵类似。

一、外啮合齿轮泵

图 1-3-3 所示为外啮合齿轮泵的工作原理。在密闭的壳体中装有一对外啮合齿轮，壳体、端盖和齿轮的齿槽组成了许多密封的工作腔。齿轮啮合点 N 两侧的壳体上各开有一口，作为液压泵的吸、排液口。传动轴带动齿轮按图示方向转动时，在啮合点逐渐脱开的一侧，容积逐渐增大，形成部分真空，经吸液口由油箱吸入油液。然后，利用两齿轮的齿槽将油液带至啮合点另一侧。在另一侧因轮齿逐渐进入啮合使容积不断减小，从而将油液挤出排液口。吸油区和排油区是由相互啮合的轮齿以及泵体分隔开的。随着齿轮的不断运转，齿轮泵就连续地吸、排油液。

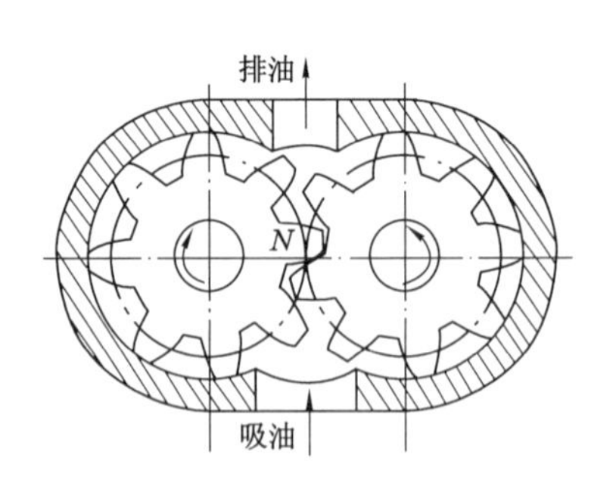

图 1-3-3　外啮合齿轮泵工作原理

由齿轮泵的工作原理可以知道，齿轮泵工作时作用在吸、排液两侧齿轮上的径向液压力是不平衡的：排液腔侧的压力高，吸液腔侧的压力低。每个齿轮从吸液腔至排液腔沿齿轮顶圆的压力分布,可近似地认为是逐渐升高的(图 1-3-4)。因此,齿轮和传动轴要多承受一个不平衡的径向液压力 p,而且压力越高,p 越大。当压力很高时,会引起齿轮轴的变形,破坏齿轮正常工作。此外,由受力分析还可证明,该不平衡的径向液压力,使齿轮泵从动齿轮轴及其轴承的负荷大大增加,以致造成该轴承提前损坏。

减小径向不平衡力的有效办法,一是缩小排液口尺寸,使液压力仅作用在一到两个齿的范围内,同时适当增加径向间隙,使齿轮在压力作用下,齿顶不能与壳体相接触;二是在泵的壳体上开设 4 条对称的压力平衡槽(图 1-3-5),使作用在齿轮上的径向力大体平衡,但这样会使高、低压区更加靠近,油液泄漏增加,容积效率降低。

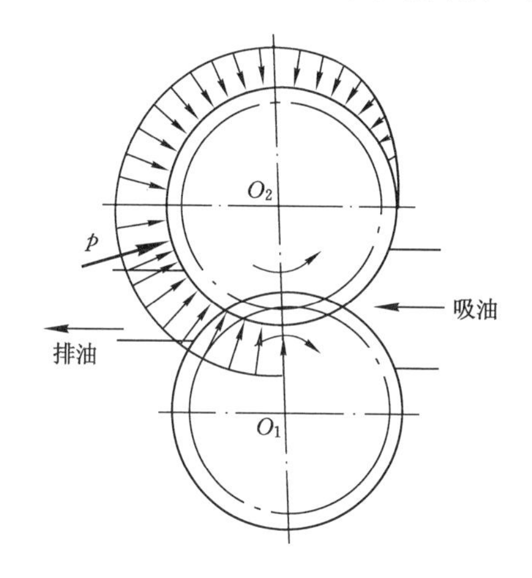

图 1-3-4 齿轮径向液压力分布

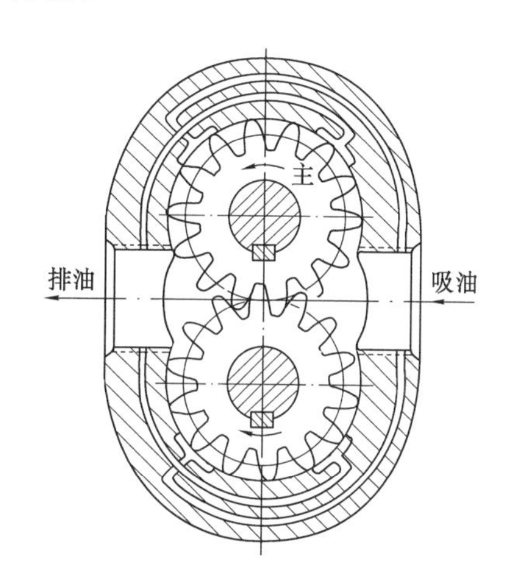

图 1-3-5 齿轮泵径向力的平衡

为使齿轮传动运转平稳,一对齿轮的啮合重合度应大于 1。对齿轮泵来说,重合度大于 1,还可以防止高、低压腔串通。但是,这样也给齿轮泵的运转带来不利的一面。因为重合度大于 1,意味着在齿轮转动中,会周期性地出现在一段时间内两对轮齿同时啮合的情况。这时,两对轮齿的啮合点之间的空间容积被封闭,与进、排液腔都不相通,称为闭死容积。而且随着齿轮的旋转,闭死容积会由大变小再变大,直到前一对轮齿脱开啮合,如图1-3-6 所示。闭死容积变小时,被包围其中的油液压力升高,从齿轮侧面挤出,因而引起发热;闭死容积扩大时,因无油液补充而出现吸空,这就是齿轮泵的困油现象。困油现象不仅浪费能量,产生噪声和振动,而且降低容积效率。结构上常常在齿轮泵侧盖或滑动轴承上开设卸荷槽,使闭死容积缩小阶段与排液腔连通,闭死容积变大时与吸液腔连通,来解决困油问题,如图 1-3-6(d)所示。

齿轮泵容积效率低的原因是,齿轮要顺利地转动,其侧面(轴向)和顶圆(径向)与泵体之间必须留有一定的间隙,这就引起齿轮泵的泄漏。尤其是它的轴向间隙处的泄漏,一般占总泄漏量的 70%～80%。齿轮泵的泄漏不能完全消除,为使泄漏的油液及时排出泵体,避免憋坏轴颈油封,同时又不致污染环境,往往在泵体内开挖通道,将泄漏的油液直接从内部引向泵的进液口。

外啮合齿轮泵的优点是结构简单、尺寸小、质量轻、制造方便、价格低廉,工作可靠、自吸能力强(容许的吸油真空度大),对油液污染不敏感,维护容易。缺点是一些构件承受不平衡径向力,磨损严重,泄漏量大,工作压力的提高受到限制。此外,它的流量脉动大,因而压力脉动和噪声都较大。

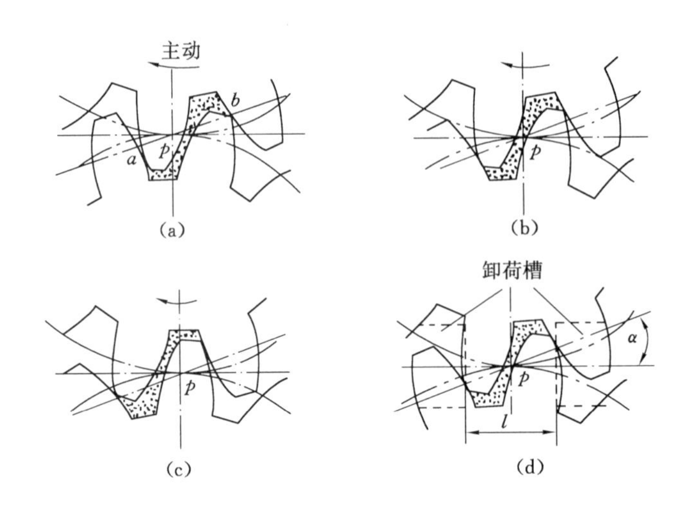

图 1-3-6　齿轮泵的困油现象

图 1-3-7 所示是采掘机械中常用的 YBC 型中高压齿轮泵的结构。如前所述，对于中高压齿轮泵，必须解决好不平衡径向液压力和轴向间隙泄漏两大问题。YBC 泵解决不平衡径向液压力的办法，是缩小出液口的尺寸。而解决轴向间隙泄漏的措施，则是采取轴向间隙可以自动补偿的浮动轴套结构。其齿轮轴是由两组滑动轴承支承的，滑动轴承的外径与齿轮顶圆相等，齿轮泵左侧的滑动轴承 3 可以在齿轮轴上轴向浮动，称作浮动轴套，右侧的滑动轴承 5 是安装在泵体内固定不动的，称作固定轴套。在浮动轴套与端盖 2 之间形成油腔 C，范围是：外围由 O 形密封圈 7 所包围，内侧以两浮动轴套的小圆柱面为界。为防止吸、排油腔连通，在吸油腔一侧安装了弓形板 8。O 形密封圈 9(其厚度大于弓形板厚度)由端盖压紧在轴套的台肩上，并使浮动轴套受一预压力靠近齿轮。弓形板将 C 腔分隔成 A、B 两腔，压力油经三角形通道 b 与 B 腔相通，A 腔则通过弓形板上的小孔与吸油腔相通。为了控制轴向间隙，保证浮动轴套始终轻轻地贴紧齿轮，作用在左侧端面上压紧浮动轴套的力必大于作用于右侧端面推开浮动轴套的力，这样的浮动轴套即使接触面受到磨损，其轴向间隙仍会在浮动轴套两边总压力差的作用下自动地得到补偿，并且不受液压泵压力的影响。

二、齿轮泵排量和流量

外啮合齿轮泵排量的精确计算应依据齿轮啮合原理来进行，近似计算时可认为排量等于两个齿轮的齿槽容积之和。

若齿轮齿数为 z、分度圆直径为 D、轮齿有效工作高度为 h、齿宽为 B、模数为 m，则齿轮泵的理论排量为

$$V_t = \pi DhB = 2\pi zm^2 B \qquad (1\text{-}3\text{-}12)$$

据此，可按式(1-3-6)计算齿轮泵的流量。应当指出，这样算得的流量是齿轮泵的平均流量。实际上齿轮泵的流量是不均匀的，具有脉动性，而且齿数愈少，流量的脉动性愈严重。设 q_{max}、q_{min} 分别表示最大、最小瞬时流量，则流量脉动率可表示为

$$\sigma = \frac{q_{max} - q_{min}}{q} \qquad (1\text{-}3\text{-}13)$$

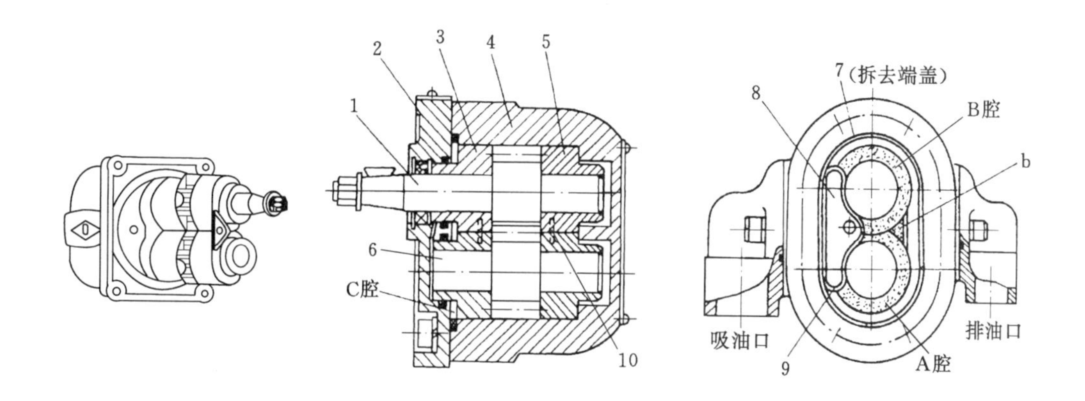

1—主动轴;2—端盖;3—浮动轴套;4—泵体;5—固定轴套;
6—从动轴;7,9—O形密封圈;8—弓形板;10—卸荷槽。

图 1-3-7 YBC型齿轮泵

第四节 叶 片 泵

叶片泵主要用于中、低压液压系统,常用作辅助泵或润滑泵,个别低压液压系统的采煤机,也有采用叶片泵作为主泵的。它在机床、工程机械、船舶和冶金设备中使用也较多。

叶片泵具有运转平稳、噪声低、流量脉动较小、体积小、质量小、流量较大等优点。其缺点是对油液污染比齿轮泵敏感,其转速因叶片甩出力、吸油速度及磨损等因素的影响而受到限制,结构较齿轮泵复杂,且对制造工艺的要求较高。

一、叶片泵工作原理

叶片泵按结构分单作用叶片泵和双作用叶片泵两类。单作用叶片泵的主轴转动一周时,各密封容积吸、排油液各一次,双作用叶片泵则吸、排油液各两次。两类叶片泵都主要由转子、叶片、定子和配流盘等零件组成,如图 1-3-8 所示。图(a)所示为单作用叶片泵,它的定子是一内圆柱面,其中心和转子的回转中心间有一偏心距;图(b)所示为双作用叶片泵,其定子呈椭圆形,转子和定子同心安装。叶片泵的转子上开有很多径向槽,槽内装入可以自由滑动的叶片。转子轴向两侧为配流盘(即侧板)。当转子旋转时,因离心力的作用,叶片从转子槽伸出而紧贴定子内表面,从而在叶片之间形成若干个密封的容积。叶片外端在定子内表面滑动的同时,随定子表面伸缩,引起密封容积变化。当叶片外伸,使密封容积增大时,就经配流盘吸油窗口从油箱吸入油液;反之,当叶片收缩使密封容积缩小时,则经配流盘排油窗口排出压力油。

单作用叶片泵的定子一般都做成可以相对于转子轴心移动的,即可改变偏心距,因此多为变量泵。双作用叶片泵都是定量泵。

叶片泵的每个密封容积从低压吸油区(低压区)转入高压排油区(高压区)或从高压区转到低压区之前,都必须有一个过渡区,在过渡区内,密封容积与吸、排油腔均不连通。对此,在结构上要求配流盘的吸、排油窗口间的距离略大于密封容积的宽度。但这样给叶片泵运转带来的问题是，密封容积从低压区进入高压区或从高压区转入低压区时，会突然产生压力冲击，而且在过渡区密封容积也会出现短时“困油”现象。所以在配流盘上叶片进入的吸、排窗口边缘处，专门开挖出两个三角槽，如图 1-3-8(b)所示，使密封容积与吸、排窗口逐步沟通，以解决液压冲击和困油问题。

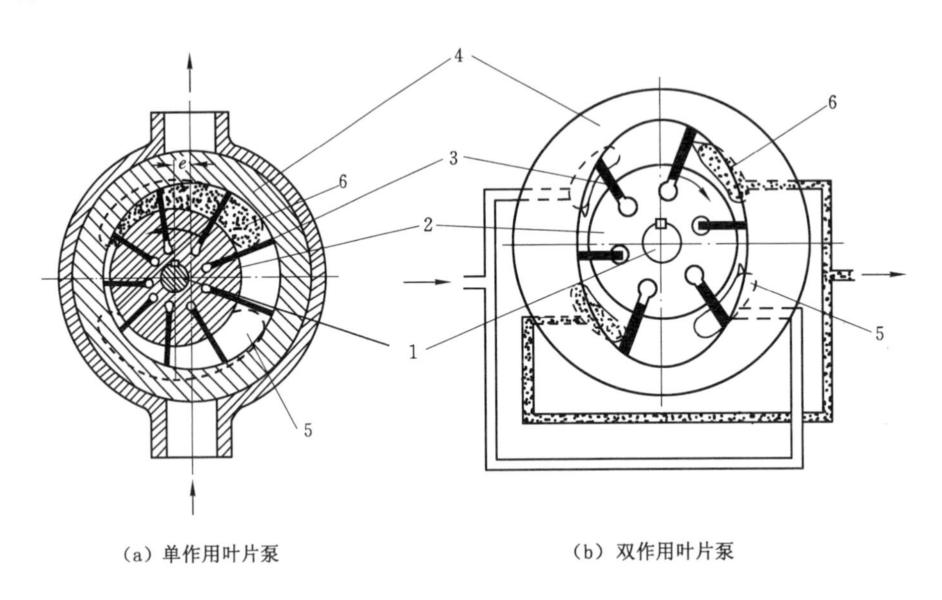

1—传动轴；2—转子；3—叶片；4—定子；5—吸油槽；6—排油槽。

图 1-3-8　叶片泵

叶片安装在转子槽内，实际都有一定的倾斜而并非完全呈径向安装。单作用叶片泵的叶片沿转子旋转方向向后倾斜一定角度安装；双作用叶片泵的叶片则顺转子旋转方向倾斜一定角度安装。两种倾斜安装的作用，都是为使叶片便于从槽中滑出，紧贴定子表面，形成可靠的密封容积。但是在高压区，仅靠离心力使叶片贴紧定子是有困难的，因为叶片靠定子的端部同时受到高压油的作用，会使叶片脱离定子表面而破坏容积的密封性。为此，常常把高压油通过侧板的环形沟槽引到转子的叶片槽底部，使叶片底部也作用压力油，保证其贴紧定子表面。

二、叶片泵排量计算

单作用叶片泵的排量 V_d 和双作用叶片泵的排量 V_s 计算公式分别为

$$V_d = 4\pi BeR \tag{1-3-14}$$

$$V_s = 2\pi B(R_1^2 - R_2^2) \tag{1-3-15}$$

式中　B——叶片宽度；

e——单作用叶片泵的偏心距；

R——单作用叶片泵的定子半径；

R_1——双作用叶片泵的定子长半径；

R_2——双作用叶片泵的定子短半径。

第五节 柱 塞 泵

柱塞泵是利用柱塞在缸体柱塞孔内的往复运动时形成的密封工作容积的变化而实现吸、排油液的。柱塞和缸孔都是圆柱面，加工比较方便，精度容易保证，可以获得很小的滑动配合间隙。和齿轮泵、叶片泵相比，柱塞泵具有工作压力高、流量大、容易实现无级变量、容积效率高、使用寿命长等优点，因此广泛应用于高压、大流量、大功率的液压系统和流量需要改变的场合。

柱塞泵根据柱塞的排列形式不同，分为轴向柱塞泵和径向柱塞泵两大类。

一、轴向柱塞泵

轴向柱塞泵是柱塞平行于缸体轴线的多柱塞泵。当缸体轴线与传动轴轴线重合时，称为斜盘式轴向柱塞泵；当缸体轴线与传动轴轴线成一个夹角时，称为斜轴式轴向柱塞泵。斜盘式轴向柱塞泵根据传动轴是否贯穿斜盘，又分为通轴式和非通轴式两种。

（一）工作原理

图 1-3-9 所示为斜盘式轴向柱塞泵工作原理。斜盘式轴向柱塞泵主要由主轴 1 及由其带动的缸体 2、配流盘 3、柱塞 4、滑靴 5、斜盘 6 和弹簧 7 等组成。缸体上沿圆周均匀分布有平行于其轴线的若干(一般为 7～11 个)柱塞孔，柱塞装入其中而形成密封空间，柱塞在弹簧的作用下通过其头部的滑靴压向斜盘。

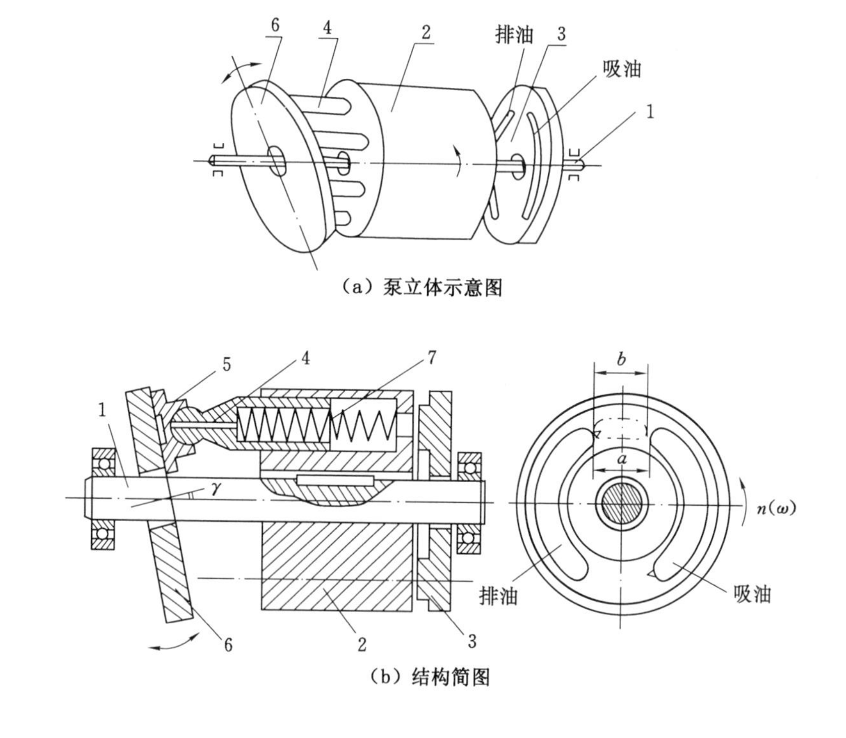

1—主轴；2—缸体；3—配流盘；4—柱塞；5—滑靴；6—斜盘；7—弹簧。

图 1-3-9 斜盘式轴向柱塞泵工作原理

主轴带动缸体按图示方向旋转时，处在最下位置（称下死点）的柱塞将随着缸体旋转的同时向外伸出，使柱塞底腔的密封容积增大，从而经底部窗口和配流盘腰形吸油槽吸入油液，直至柱塞转到最高位置（上死点）；当柱塞随缸体继续从最高位置转到最低位置时，斜盘就迫使柱塞向缸孔回缩，使密封容积减小，油液压力升高，经配流盘另一腰形排油槽挤出。缸体旋转一周，每一柱塞都经历此过程。因此，泵输出的流量更趋均匀。当柱塞位于上、下死点时，为防止缸底窗口连通配流盘的吸、排油槽，配流盘两腰形槽的间隔宽度 a 略大于缸底窗口的宽度 b。

改变斜盘倾角 γ 的大小，就能改变柱塞的行程长度，也就改变了泵的排量；如果改变斜盘倾角 γ 的方向，就能改变吸、排油液的方向，成为双向变量轴向柱塞泵。

（二）结构

1. CY14-1 型斜盘式轴向柱塞泵

CY14-1 型斜盘式轴向柱塞泵由主体和变量机构两部分组成。相同流量的泵，其主体结构相同，配以不同的变量机构便派生出多种类型。图 1-3-10 为 SCY14-1 型手动变量轴向柱塞泵的结构图。图的中部和右部为主体部分。中间泵体 1 和前缸体 8 组成泵体，传动轴 9 通过花键带动缸体 5 旋转，使轴向均匀分布在缸体上的七个柱塞 4 绕传动轴的轴线旋转。每个柱塞的头部都装有滑靴 3，滑靴与柱塞是球铰连接，可以任意转动（见图 1-3-11）。弹簧 10 的作用力通过内套 11、钢球 13 和回程盘 14 将滑靴压靠在斜盘 20 的斜面上。当缸体转动时，该作用力使柱塞完成回程吸油动作。柱塞排油行程则是由斜盘斜面通过滑靴推动的。圆柱滚子轴承 2 用以承受缸体的径向力，缸体的轴向力由配流盘 7 来承受。配流盘上开有吸油、排油窗口，分别与前泵体上的吸、排油口相通，前泵体上的吸、排油口分布在前泵体的左右两侧。

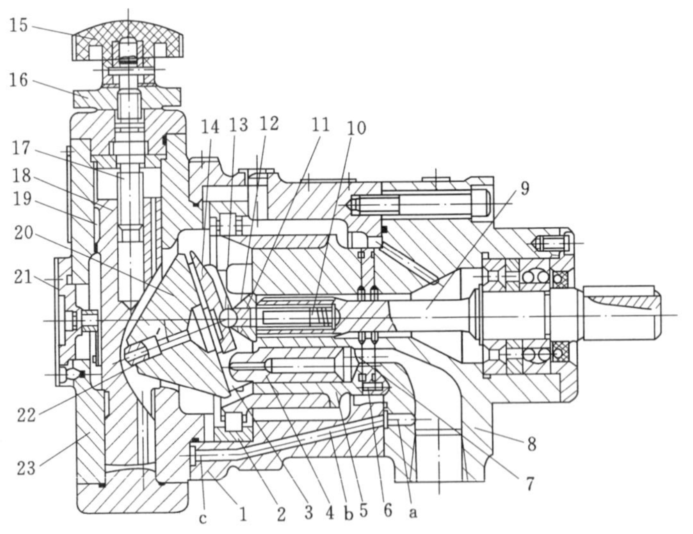

1—中间泵体；2—圆柱滚子轴承；3—滑靴；4—柱塞；5—缸体；6—定位销；
7—配流盘；8—前缸体；9—传动轴；10—弹簧；11—内套；12—外套；
13—钢球；14—回程盘；15—手轮；16—螺母；17—螺杆；18—变量活塞；
19—导向键；20—斜盘；21—刻度盘；22—销轴；23—壳体。

图 1-3-10　SCY14-1 型手动变量轴向柱塞泵结构简图

CY14-1 型变量泵主体部分的主要结构和零件有以下特点。

(1) 滑靴和斜盘

在斜盘式轴向柱塞泵中，若柱塞以球形头部直接接触斜盘滑动也能工作，但泵在工作中，由于柱塞头部与斜盘平面相接触，从理论上讲为点接触，因而接触应力大，柱塞及斜盘极易磨损，故只适用于低压。在柱塞泵的柱塞上装有滑靴，使二者之间为球面接触，而滑靴与斜盘之间又以平面接触，从而改善了柱塞工作受力状况。另外，为了减小滑靴与斜盘的滑动摩擦，利用流体力学中平面缝隙流动原理，采用静压支承结构。

图 1-3-11 为滑靴静压支承原理图。在柱塞中心有直径 d_0 的轴向阻尼孔，将柱塞压油时产生的压力油中的一小部分通过阻尼孔引入滑靴端面的油室 h，使 h 处及其周围圆环密封带上压力升高，从而产生一个垂直于滑靴端面的液压反推力 F_N，其大小与滑靴端面的尺寸 R_1 和 R_2 有关，其方向与柱塞压油时产生的柱塞对滑靴端面的压紧力 F 相反。通常取压紧系数 $M_0=F_N/F=1.05\sim1.10$。这样，液压反推力 F_N 不仅抵消了压紧力 F，而且使滑靴与斜盘之间形成油膜，将金属隔开，使相对滑动面变为液体摩擦，有利于泵在高压下工作。

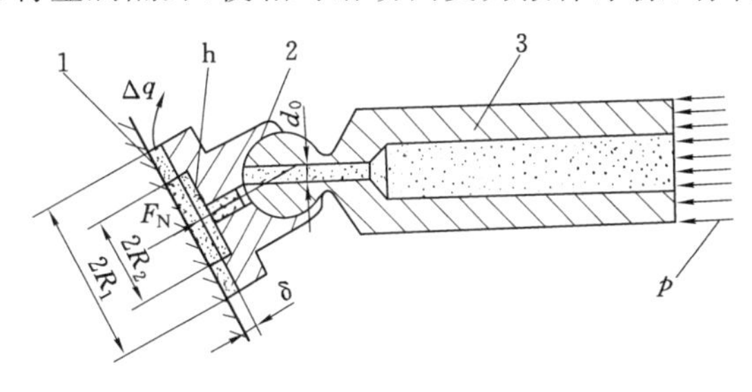

1—变量头；2—滑靴；3—柱塞。

图 1-3-11　滑靴静压支承原理图

(2) 柱塞和缸体

如图 1-3-11 所示，斜盘面通过滑靴作用给柱塞的液压反推力 F_N，可沿柱塞的轴向和径向分解成轴向力 $F_{Nx}=F_N\cos\gamma$ 和径向力 $F_{Ny}=F_N\sin\gamma$。轴向力 F_{Nx} 是柱塞压油的作用力，而径向力 F_{Ny} 则通过柱塞传给缸体，使缸体产生倾覆力矩，造成缸体的倾斜，这将使缸体和配流盘之间出现楔形间隙，密封表面局部接触，从而导致缸体与配流盘之间的表面烧伤及柱塞和缸体的磨损，影响泵的正常工作。所以，在图 1-3-10 中合理地布置了圆柱滚子轴承，使径向力 F_{Ny} 的合力作用线在圆柱滚子轴承滚子的长度范围之内，从而避免了径向力 F_{Ny} 所产生的不良后果。另外，为了减少径向力 F_{Ny}，斜盘的倾角一般不大于 20°。

2. CY14-1 型变量机构

在变量轴向柱塞泵中均设有专门的变量机构，用来改变斜盘倾角 γ 的大小以调节泵的流量。轴向柱塞泵变量机构形式是多种多样的。

(1) 手动变量机构

SCY14-1 型轴向柱塞泵为手动变量泵。如图 1-3-10 左半部所示，变量时，先松开螺母 16，然后转动手轮 15，螺杆 17 便随之转动，因导向键 19 作用，螺杆 17 的转动会使变量活塞 18 及活塞上的销轴 22 上下移动。

斜盘 20 的左右两侧用耳轴支撑在壳体 23 的两块铜瓦上（图中未画出），通过销轴 22 带动斜盘绕其耳轴中心转动，从而改变斜盘倾角 γ。γ 的变化范围一般为 0°～20°。流量调定后旋动螺母将螺杆销紧,以防止松动。手动变量机构简单,但手动操纵力较大,通常只能在停机或泵压较低的情况下才能实现变量。

(2) 手动伺服变量机构

图 1-3-12 所示为轴向柱塞泵的手动伺服变量机构。泵的出口压力油经单向阀 7 进入变量活塞 5 下腔 d,然后经活塞中的通道 b 到伺服阀阀口 a。图示伺服阀的两个阀口 a 及 e 均关闭,变量活塞 5 上腔 g 为密闭容腔。变量活塞不动,由于伺服阀套 2 与变量活塞刚性连接,因此变量活塞移动的同时也带动阀套移动。

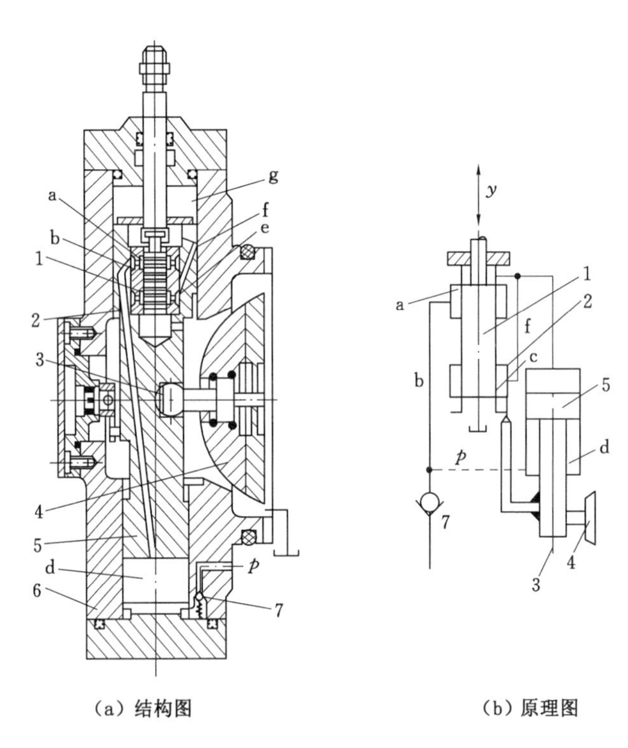

1—阀芯;2—阀套;3—球铰;4—斜盘;

5—变量活塞;6—阀体;7—单向阀。

图 1-3-12 轴向柱塞泵手动伺服变量机构

若通过控制杆向下移动阀芯 1 时,则阀口 a 开启,由于变量活塞上腔面积大于变量活塞下腔面积,活塞因之向下移动,使斜盘 4 倾角增大,同时带动阀套一起移动,最终使变量活塞两阀口恢复关闭状态,斜盘则保持一定的倾角。反之,若向上移动控制杆和阀芯,则阀口 e 开启,活塞上腔压力油经通道 f 和阀口 e 回油,变量活塞上腔 g 处压力下降,变量活塞带动阀套一起上移,最终又使阀口关闭,变量活塞停止运动,斜盘则保持在另一个倾角上。

综上所述,输入控制杆一个位移信号,变量活塞将跟随一个同方向位移,泵的斜盘随之产生相应的倾角,泵的排量随之改变。调节控制杆位移大小及方向即可控制泵排量的大小及方向。操纵控制杆的力是不大的,因而即使在泵带载工作时也可改变其排量。

(3) 恒功率变量机构

恒功率变量机构为液压随动(伺服)变量机构,又称压力补偿变量机构,其机构原理如图 1-3-13所示,其中伺服阀芯 3 与差动变量活塞 1 构成伺服滑阀。差动变量活塞 1 与变量壳(缸)体 2 构成差动液压缸。

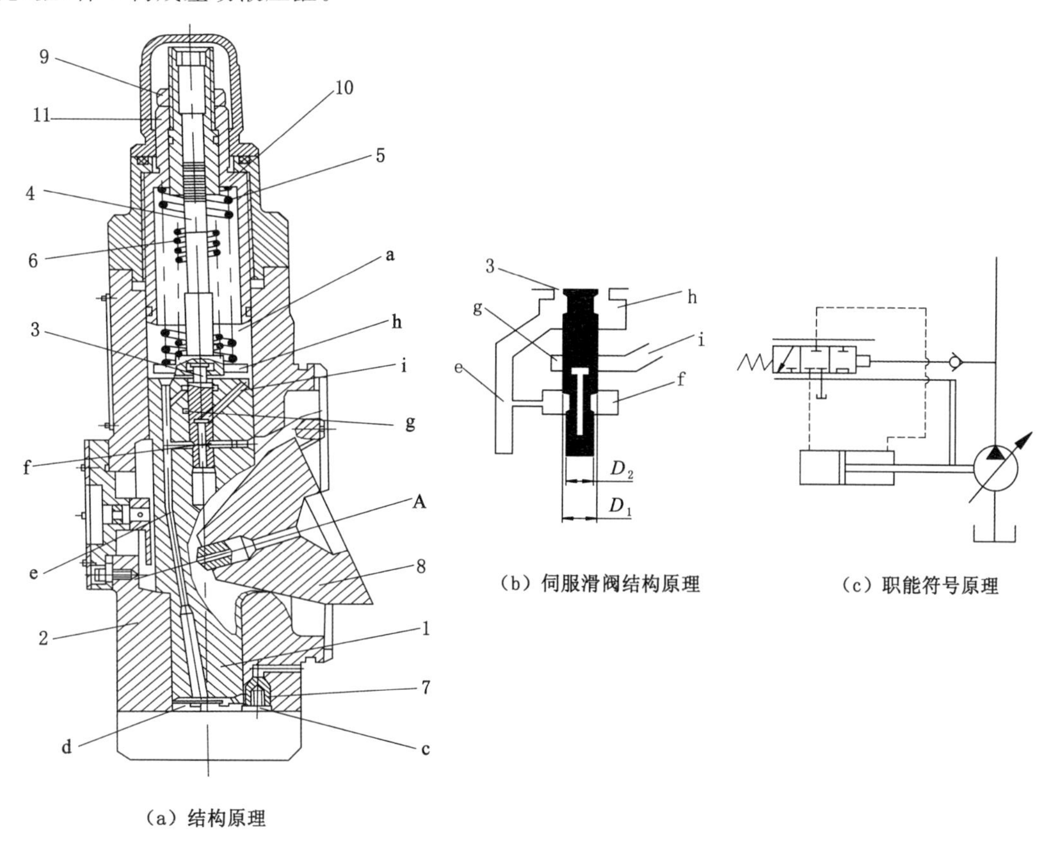

(a) 结构原理

(b) 伺服滑阀结构原理

(c) 职能符号原理

1—差动变量活塞；2—变量壳(缸)体；3—伺服阀芯；4—导杆；5—外弹簧；6—内弹簧；
7—单向阀；8—斜盘；9—调节螺钉；10—弹簧套；11—调节套。

图 1-3-13　恒功率变量机构结构原理图

恒功率伺服变量机构工作过程如下：来自柱塞泵的压力油液经过通道 c、单向阀 7、d 腔、差动变量活塞的内部通道 e 进入环形槽 f 和 h。在环形槽 f 内，由于 $D_1>D_2$，因此压力油液对伺服阀芯 3 产生了向上的作用力。当柱塞泵出口压力升高，液压作用力大于外弹簧 5 的预压紧力(调节螺钉调整)时，伺服阀芯压缩弹簧 5 而上升，将环形槽 h 封死，环形槽 g 打开，a 腔内的油液经通道 i、环形槽 g 和伺服阀芯的内部通孔泄入泵体内而流回油箱。于是差动变量活塞 1 被下部腔的压力油推动上移，斜盘倾角变小，排量变小，泵输出流量变小。直到作用在伺服阀芯 3 上的液压力与弹簧力平衡、差动变量活塞 1 上升到将环形槽封闭为止。当柱塞泵工作压力进一步升高时，同服阀芯 3 的底部液压力使之进一步上升，直到液压力与外弹簧 5 及内弹簧 6 两者的弹簧力相平衡。环形槽 g 重新被封死为止，这时柱塞泵的流量进一步变小。反之，当柱塞泵工作压力降低时，伺服阀芯 3 底部液压力小于上部弹簧力，使伺服阀芯 3 下移，将环形槽 h 打开，压力油液经环形槽 h 进入 a 腔。由于差动变量活塞上部面积大于下端面积，上部液压力及弹簧力大于底部液压力，差动变量活塞下移，使斜盘倾角变大，流量增加，直到环形槽 h 重新被封死，达到新的平衡为止。安装这种变量机构的液压泵，其输出流量随工作压力增高而减小，随压力减小而增大，可使液压泵输出功率近于不变，故称恒功率变量泵或压力补偿变量泵。

二、径向柱塞泵

径向柱塞泵是柱塞在缸体内呈径向分布的多柱塞泵，如图1-3-14所示，它由柱塞1、转子2(缸体)、轴套3、定子4和配流轴5等主要零件组成。缸体与定子系偏心安装，配流轴5固定不动，缸体与配流轴之间间隙配合。当缸体在传动轴驱动下旋转时，柱塞因离心力向外伸出，并顶靠在定子内壁上，缸体按图示箭头方向旋转时，处于水平中心线以上半周内的各柱塞继续向外伸出，柱塞底腔密封容积扩大，将油箱中的油液经配流轴上的a孔进入b腔；处于下半周内各柱塞受定子推压而收缩，密封容积变小，将c腔的油液从配流轴上的d孔排出。缸体旋转一周时，每个密封容积分别吸、排一次油液。随着缸体的不断旋转，径向柱塞泵就连续地输出流量。

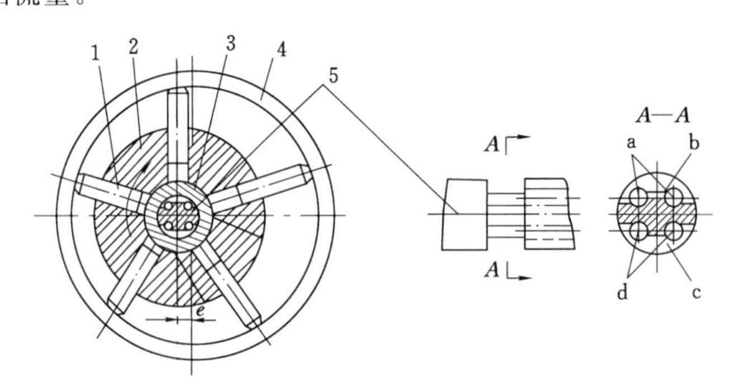

1—柱塞；2—转子；3—轴套；4—定子；5—配流轴。

图1-3-14 径向柱塞泵工作原理图

当柱塞数和直径一定时，径向柱塞泵的排量与偏心距e的大小有关。通常，径向柱塞泵的定子是可以移动的，从而可以改变偏心距大小，故多为变量泵。由工作原理可知，径向柱塞泵的配流轴作用着不平衡的径向液压力，而且压力愈高，不平衡力愈大，不但会使配流轴弯曲变形，严重时会“咬死”与缸体的配合面，因此径向柱塞泵的工作压力大多不超过20 MPa。

径向柱塞泵的径向尺寸大，结构复杂，自吸能力差，受径向不平衡液压力作用，因此配流轴做得直径较粗，以免变形过大。同时，在配流轴与轴套之间磨损后的间隙不能自动补偿，泄漏较大，限制了径向柱塞泵的转速和压力的进一步提高。

三、卧式柱塞泵

卧式柱塞泵是一种特殊形式的柱塞泵，在矿山机械中常用作液压支架的供液泵。它采用曲柄连杆机构传动和阀式配油，详见第三篇中的乳化液泵站部分内容。

四、柱塞泵排量计算

柱塞泵的排量等于柱塞面积、柱塞行程和柱塞数的乘积，各类柱塞泵的排量计算式列于表1-3-1。

表1-3-1 柱塞泵排量计算

柱塞泵类型	排量计算	
单柱塞泵	$V=\frac{\pi}{4}d^2h$	$h=2e$
三柱塞泵	$V=\frac{3\pi}{4}d^2h$	

表 1-3-1(续)

柱塞泵类型		排量计算	
轴向泵	斜盘式	$V=\frac{\pi}{4}d^2hZ$	$h=D\tan\gamma$
	斜轴式		$h=D_1\sin\gamma$
径向泵		$V=\frac{\pi}{4}d^2hZY$	$h=2e$

表中：d——柱塞直径；h——柱塞行程；e——偏心距；Z——柱塞数；D——柱塞分布圆直径；D_1——主轴盘球铰分布圆直径；Y——柱塞排数；γ——斜盘或摆缸的倾角。

复习思考题

1. 液压泵的基本工作原理如何？简述常用液压泵的类型。

2. 解释名词：单向泵、双向泵、定量泵、变量泵、单作用泵、双作用泵、排量、流量。

3. 简述各种常用液压泵可变化的密封容积的结构组成。

4. 液压泵有哪几种配流方式？各举一例说明。

5. 何谓困油现象？齿轮泵的困油现象是怎样形成的？有何危害？如何消除？其他类型液压泵是否也有困油问题？举例说明。

6. 简述齿轮泵采用浮动轴套和进、出油口大小不同的原因。

7. 简述斜盘式轴向柱塞泵的工作原理和伺服变量机构的变量原理。

8. 简要说明径向柱塞泵的工作原理和结构特点。

9. 某液压泵排量为 10 mL/r，工作压力为 10 MPa，转速为 1 500 r/min，泄漏量 $\Delta q=cp$（c 为泄漏系数，p 为工作压力），泄漏系数 $c=2.5\times10^{-6}$ mL/(Pa·s)，机械效率为 0.9。试求输出流量、容积效率、总效率、输入功率和理论输出功率。

10. 某斜盘式轴向柱塞泵柱塞分布圆半径为 300 mm，斜盘最大倾角为 18°，柱塞直径为 12 mm，柱塞数为 7，转速为 1 500 r/min，容积效率为 0.9，试求最大理论排量、最大实际流量和柱塞相对缸体的最大速度。

第四章　液压执行元件

执行元件的作用是将液压能转换成机械能，克服负载，带动机器完成所需要的动作，实现对外做功。在液压系统中，主要有两种不同类型的执行元件，即液压马达和液压缸。它们的区别在于，液压马达将液压能转换成做连续旋转运动的机械能，输出转矩和转速；液压缸则是将液压能转换成做直线往复运动的机械能，输出推力(或拉力)与直线运动速度。另有一种摆动式液压缸，它可以实现周期的、回转角小于360°的回转摆动。

第一节　液压马达

液压马达和液压泵的作用相反。从原理上讲，液压泵和液压马达是可逆的，即液压泵可以作液压马达使用；或者反过来液压马达也可以作液压泵使用。从结构上来看，二者也基本相同。但有些液压泵和液压马达为了提高其各自的性能，在结构上采取一些措施，限制了它们的可逆性。

液压马达和液压泵的主要区别是：

(1) 液压马达应当能够正转、反转，因而要求其内部结构必须对称；液压泵通常都是单向旋转的，在结构上不一定有此限制。

(2) 液压马达的转速范围需要足够大，特别对它的最低稳定转速有一定的要求；液压泵都是在高速下稳定工作的，其转速很少有变化。因此，为了保证马达在低速运转时的良好润滑状态，通常都采用滚动轴承或静压滑动轴承，而不采用动压滑动轴承。

(3) 液压马达应当具有良好的启动特性和低速稳定性，因此要尽量提高马达的启动转矩和效率，并减小其转矩脉动程度。

(4) 液压马达不必具备自吸能力，但需要一定的初始密封性，这样才能提供必要的启动转矩；液压泵通常必须具备自吸能力。

在自吸工况下，泵的吸液腔呈真空状态，需防止产生气穴和气蚀现象；马达工作时，则一般不存在这种现象。

由于存在这些差别，使得许多液压马达与液压泵尽管在结构上很相似，但不能可逆工作。

一般认为，额定转速高于500 r/min的属于高速液压马达；额定转速低于500 r/min的属于低速液压马达。高速液压马达的基本形式有齿轮式、叶片式和轴向柱塞式等。它们的主要特点是转速较高、转动惯量小、便于启动和制动、调速及换向灵敏度高。通常高速液压马达输出转矩不大，所以又称为高速小转矩液压马达。

低速液压马达的基本形式是径向柱塞式，例如单作用曲柄连杆式、静压平衡式和多作用内曲线式等。此外，在轴向柱塞式、叶片式和齿轮式液压马达中也有低速的结构形式，如常用的摆线马达。低速液压马达的主要特点是排量大、体积大、转速低，因此，可以直接与工作机构相连，不需要另设减速装置，使传动机构大大简化。通常低速液压马达的输出转矩较大，所以又称为低速大转矩液压马达。

一、液压马达主要性能参数及图形符号

（一）液压马达主要性能参数

1. 排量 V_M

液压马达的排量是指在不考虑液体在马达内的泄漏时推动其主轴每转一周所需要的工作液体体积，其单位为 mL/r。马达排量的大小只取决于马达本身的工作原理和结构尺寸，与工作条件和转速无关。

2. 输入流量 q_M 和容积效率 η_{VM}

进入马达进液口的液体流量称为输入流量，单位为 L/min。由于马达内部各运动副之间间隙的存在，不可避免地会出现泄漏现象，造成马达的容积损失。设马达的泄漏流量为 q'_M，则推动马达做功的流量为 $q_M - q'_M$，故马达的容积效率为

$$\eta_{VM} = \frac{q_M - q'_M}{q_M} \tag{1-4-1}$$

3. 马达输出转速 n_M

已知马达的排量 V_M 和容积效率 η_{VM} 以及输入流量 q_M 后，则马达的输出转速 n_M 为

$$n_M = \frac{q_M \eta_{VM}}{V_M} \times 10^3 \tag{1-4-2}$$

式中，q_M 的单位为 L/min；V_M 的单位为 mL/r。

由上式可知，通过改变输入流量 q_M 或调节马达的排量 V_M 均可以改变马达的转速。排量 V_M 可以调节的马达称为变量马达，否则为定量马达。

4. 马达输出转矩 T_M

$$T_M = \frac{\Delta p_M V_M \eta_{mM}}{2\pi} \times 10^{-6} \quad \text{N} \cdot \text{m} \tag{1-4-3}$$

式中　Δp_M——马达进、出油口压力差，Pa；

η_{mM}——马达的机械效率；

V_M——马达排量，mL/r。

5. 马达的输出功率 P_M 和总效率 η_M

$$P_M = \frac{\Delta p q_M \eta_M}{60 \times 10^6} \quad \text{kW} \tag{1-4-4}$$

式中　Δp——进、出油口压力差，Pa；

q_M——输入流量，L/min；

η_M——液压马达的总效率，$\eta_M = \eta_{VM}\eta_{mM}$。

（二）液压马达的图形符号

液压马达的图形符号如图 1-4-1 所示。图(a)中只有一个黑三角形，其尖头向内，表示单向定量马达。图(b)中有两个黑三角形，代表双向定量马达。图(c)、图(d)中多一 45°斜箭头，分别表示单向变量马达和双向变量马达。

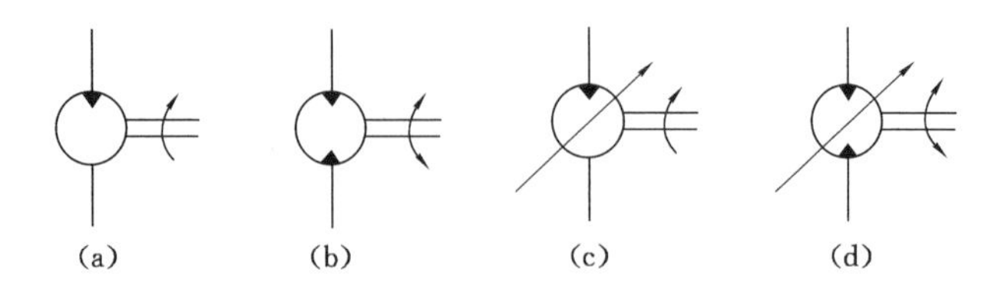

图 1-4-1　液压马达的图形符号

二、齿轮式液压马达

(一) 工作原理

齿轮马达中,有外啮合齿轮马达和内啮合摆线齿轮马达等结构形式。本节主要介绍外啮合齿轮马达的工作原理。

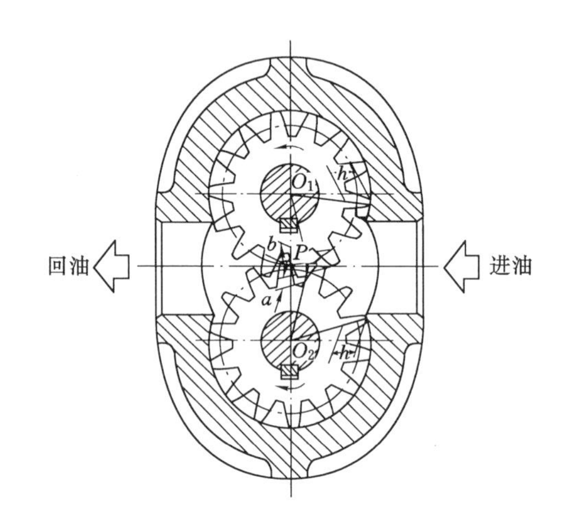

图 1-4-2　外啮合齿轮马达工作原理

外啮合齿轮马达的工作原理如图 1-4-2 所示。当压力为 p 的工作液体进入马达的工作腔时,由于齿轮啮合点 P 的存在,使得啮合中的两个齿面只有一部分处于高压腔。这样就使每个齿轮上处于高压腔中的各齿面所受的总切向液压力对各自回转中心的转矩不平衡,从而使两齿轮按图示方向旋转。同时,位于齿槽中的工作液体被带到低压腔而流回油箱。如果改变进液方向,可以使马达反向旋转。

(二) 技术参数计算

1. 排量 V_M

$$V_M = 2\pi m^2 zB \quad \text{mL/r} \tag{1-4-5}$$

2. 平均输出转速 n_M

$$n_M = \frac{q_M \eta_{VM}}{2\pi m^2 zB} \times 10^3 \quad \text{r/min} \tag{1-4-6}$$

3. 平均输出转矩 T_M

$$T_M = m^2 zB \Delta p_M \eta_{mM} \times 10^{-6} \quad \text{N·m} \tag{1-4-7}$$

式中　m——齿轮模数,cm;

B——齿轮宽度,cm;

z——齿轮齿数;

q_M——输入流量,L/min;

η_{VM}、η_{mM}——马达的容积效率、机械效率;

Δp_M——马达的进、出口压力差,Pa。

三、叶片式液压马达

叶片式液压马达在结构上也可以分为双作用式和单作用式两种。单作用叶片马达可以是变量马达,也可以是定量马达,而双作用叶片马达都是定量马达。

（一）双作用叶片马达工作原理

双作用叶片马达的工作原理如图 1-4-3 所示。当压力为 p 的工作液体从进油口进入马达两工作腔后，工作腔中的叶片 2、6 的两边所受总液压力平衡，对转子不产生转矩；而位于密封区的叶片 1、3、5、7 两边所受总液压力不平衡，使转子受到图示方向的转矩，马达因此而转动。当改变液体输入方向时，马达反向旋转。

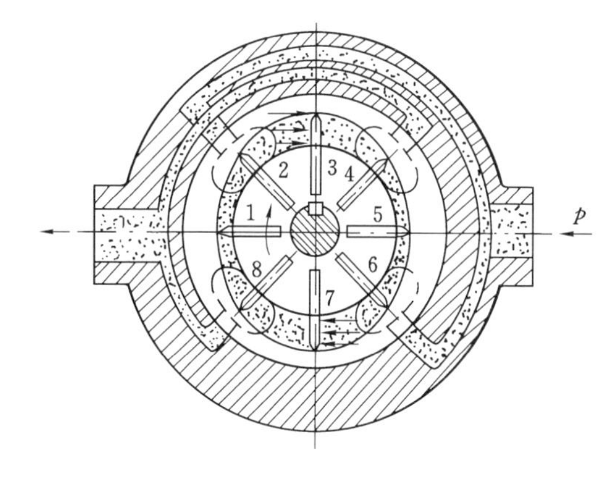

图 1-4-3　双作用叶片马达工作原理

（二）技术参数计算

1. 排量 V_M

$$V_M = 2B(R-r)[\pi(R+r)-Sz] \quad \text{mL/r} \tag{1-4-8}$$

2. 平均输出转速 n_M

$$n_M = \frac{q_M \eta_{VM} \times 10^3}{2B(R-r)[\pi(R+r)-Sz]} \quad \text{r/min} \tag{1-4-9}$$

3. 平均输出转矩 T_M

$$T_M = \Delta p_M B(R-r)[\pi(R+r)-Sz]\frac{\eta_{mM}}{\pi} \times 10^{-6} \quad \text{N}\cdot\text{m} \tag{1-4-10}$$

式中　B——转子宽度，cm；

R——定子大圆弧半径，cm；

r——定子小圆弧半径，cm；

S——叶片厚度，cm；

z——叶片数；

其他符号意义同前。

四、轴向柱塞式液压马达

轴向柱塞式液压马达（简称轴向柱塞马达）有斜盘式和斜轴式两种类型，其基本结构与同类型的柱塞泵相似。但由于轴向柱塞马达常采用定量结构，即固定斜盘或固定倾斜缸体，所以其结构比同类型的变量泵简单。

（一）工作原理

图 1-4-4 为斜盘式轴向柱塞马达的工作原理图。现通过对高压腔中一个柱塞的受力进行分析说明其工作原理。工作液体经配流盘 1 把处在高压腔位置的柱塞 2 推出，压在斜盘 3 上。假定斜盘给予柱塞的反作用力为 N，则 N 可分解为两个分力：轴向分力 N_a 和径向分力 N_t。正是力 N_t 产生转矩使缸体旋转，带动主轴 4 旋转并输出转矩。

对轴向柱塞马达而言，其输出转矩是处于高压区的所有柱塞产生的转矩的代数和，因此其瞬时转矩是脉动的，其脉动的大小与柱塞数有关。

改变斜盘倾角 γ 的大小，就可调节液压马达的排量。γ 越小，液压马达的排量就越小，当输入流量不变时，则液压马达转速就越高。斜盘倾角可调的液压马达就是变量液压马达。

（二）斜盘式轴向柱塞马达参数计算

1. 排量 V_M

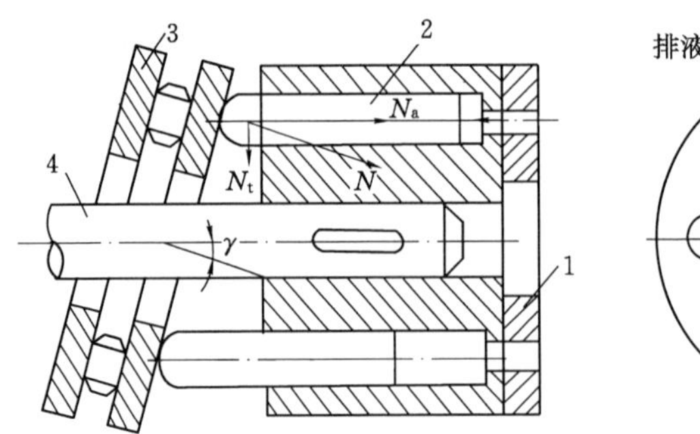

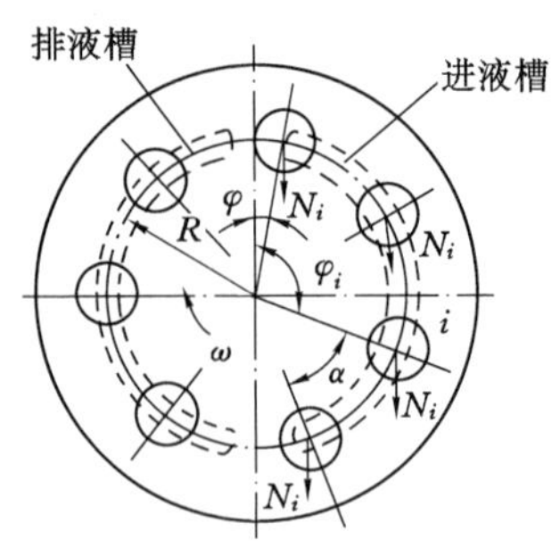

图 1-4-4　斜盘式轴向柱塞马达工作原理图

$$V_{M}=\frac{\pi}{4}d^{2}Dz\tan\gamma \quad mL/r \tag{1-4-11}$$

2. 平均输出转速 n_M

$$n_{M}=\frac{4q_{M}\eta_{VM}}{\pi d^{2}Dz\tan\gamma}\times10^{3} \quad r/min \tag{1-4-12}$$

3. 平均输出转矩 T_M

$$T_{M}=\frac{\Delta p_{M}}{8}d^{2}Dz\tan\gamma\eta_{VM} \quad N\cdot m \tag{1-4-13}$$

式中　d——柱塞直径，cm；

D——柱塞孔分布圆直径，cm；

z——柱塞个数；

γ——斜盘倾角；

其他符号意义同前。

对于斜轴式轴向柱塞马达，只需将各式的$D\tan\gamma$ 换成 $D_1\sin\gamma$（D_1 为主轴盘球铰分布圆直径）即可计算出其各主要参数（忽略连杆相对柱塞轴线的倾斜所引起的微小影响），故不再赘述。

五、内曲线多作用径向柱塞式液压马达

内曲线多作用径向柱塞式液压马达（简称内曲线马达）是一种低速大转矩马达，在工程机械、矿山机械和起重运输机械等部门中得到广泛应用。

（一）内曲线马达工作原理

如图 1-4-5 所示，内曲线马达主要由定子 1、转子 2、柱塞组 3 和配流轴 4 等部件组成。定子的内壁由若干段均匀分布且形状完全相同的曲面形成，定子曲面亦称为导轨。每一相同形状的曲面又可分为对称的两边，一边为进油区段（即工作区段），另一边为回油区段（即非工作区段）。柱塞组通常包含柱塞、横梁和滚轮等若干零件。

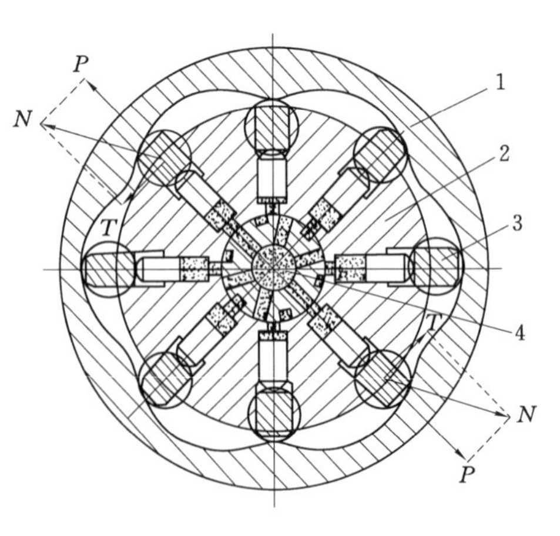

1—定子；2—转子；
3—柱塞组；4—配流轴。
图 1-4-5　内曲线马达工作原理图

在转子 2 上，沿径向均布有 Z 个柱塞孔，每个孔的底部有一配流窗口，与配流轴上的配流口相通。柱塞装在转子的柱塞孔中，并可以在孔中往复运动。

配流轴在圆周上有 $2X$ 个均匀分布的配流窗口，其中有 X 个窗口与进油口相通，另外 X 个窗口与回油口相通。这 $2X$ 个配流窗口的位置分别与 X 个导轨曲面的工作区段和非工作区段的位置严格对应。

来自液压泵的高压油首先进入配流轴，经配流窗口进入位于工作区段的各柱塞孔中，使相应的柱塞伸出并以滚轮顶在定子曲面(即导轨)上。在滚轮与曲面的接触点上，曲面就会给柱塞组一个反作用力 N，其方向垂直于导轨曲面，并通过滚轮中心。反力 N 可分解为径向力 P 和切向力 T。径向力 P 与作用在柱塞底部的液压力相平衡，而切向力 T 则通过柱塞组作用于转子而产生转矩，使转子转动。柱塞在外伸的同时随缸体一起旋转，当柱塞到达曲面的凹顶点(即外死点)时，柱塞底部的油孔被配流轴封闭，与高、低压腔都不通，但此时仍有其他柱塞位于进油区段工作，使转子转动，所以当该柱塞超过曲面的凹顶点进入回油区段时，柱塞孔便与配流轴的回油口相通。在定子曲面的作用下，柱塞向内收缩，把油从回油窗口排出。当柱塞运动到内死点时，柱塞底部油孔也被配流轴封闭，与高、低压腔都不相通。

柱塞每经过一个曲面就往复运动一次，进油与回油交换一次。当有 X 段曲面时，每个柱塞要往复运动 X 次，故 X 称为马达的作用次数，图 1-4-5 所示为 6 作用内曲线马达。

当马达的进、出油换向时，马达将反转。这种马达既有轴转结构，也有壳转结构。

(二) 技术参数计算

1. 排量 V_M

$$V_M = \frac{\pi}{4} d^2 SXYz \quad \text{mL/r} \tag{1-4-14}$$

2. 平均输出转速 n_M

$$n_M = \frac{4q_M \eta_{VM}}{\pi d^2 SXYz} \times 10^3 \quad \text{r/min} \tag{1-4-15}$$

3. 平均输出转矩 T_M

$$T_M = \frac{\Delta p_M}{8} d^2 SXYz \eta_{mM} \times 10^{-6} \quad \text{N} \cdot \text{m} \tag{1-4-16}$$

式中 S——柱塞的行程，cm；

d——柱塞直径，cm；

Y——柱塞排数；

z——每排柱塞数；

X——作用次数；

其他符号意义同前。

六、摆线液压马达

直接采用摆线转子泵当马达使用时，其内、外转子同向旋转，排量较小，因而输出转矩不大，是一种高速马达。若将这种马达的内齿圈(即外转子)固定不动，同时相应地改变配流方式，则可大大增加其排量，从而获得低速大转矩马达。现以 BM 系列摆线马达为例，说明其结构特点和工作原理。

(一) BM 型摆线马达的结构和工作原理

摆线马达分轴式配流和端面配流两种。BM 型摆线马达为端面配流，其结构如图 1-4-6

所示。转子 5 上具有 $Z_1(Z_1=8)$ 个短幅外摆线齿形的轮齿，与具有 $Z_2(Z_2=9)$ 个圆弧形齿的内齿圈（定子）4 相啮合，形成 Z_2 个密封空间。

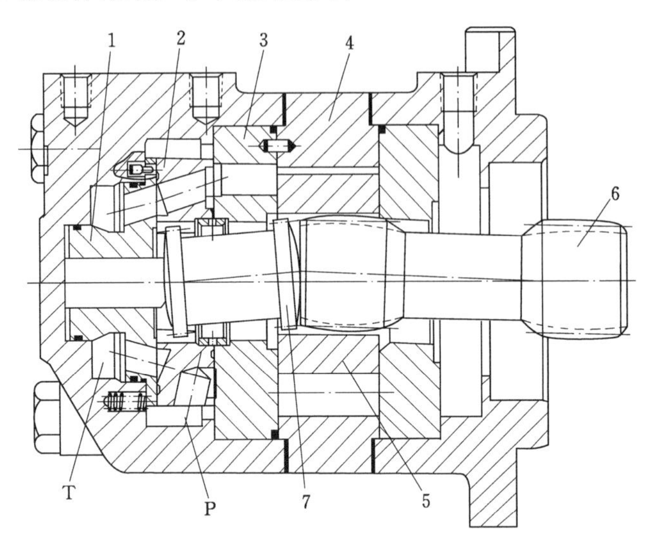

1—补偿盘；2—配流盘；3—辅助配流板；4—定子；
5—转子；6—花键轴；7—花键联轴节。

图 1-4-6 BM 型摆线马达

在固定不动的辅助配流板 3 上有 Z_2 个孔，分别与上述各密封空间相对应。固定不动的补偿盘 1 上也有 Z_2 个孔，其位置与辅助配流板相对应，但各孔恒与回液腔 T 连通。

配流盘 2 上有两组孔道 P 和 T（图 1-4-7），每组各有 Z_1 条孔道。P 组孔道直接与进液腔连通，T 组孔道则经补偿盘与回液腔连通。配流盘用图 1-4-6 中的花键联轴节 7 与转子 5 连接，并与转子同步转动。于是，其上的孔道 P、T 便轮流与辅助配流板及补偿盘上的孔道通断，实现对马达的配流。

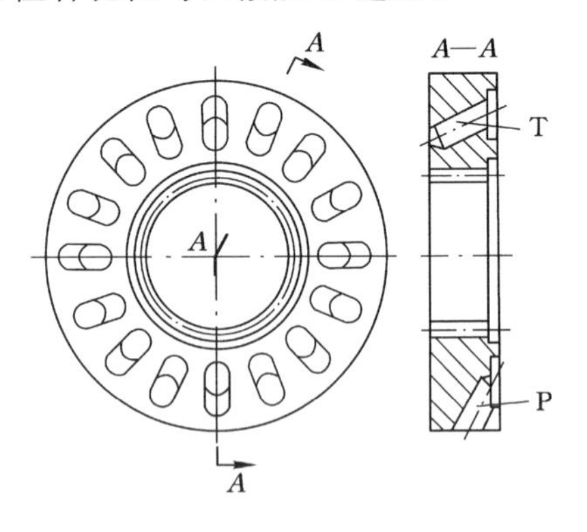

图 1-4-7 配流盘结构图

BM 型摆线马达的配流原理如图 1-4-8 所示，图中虚线孔是与各密封空间相对应的辅助配流板上的孔，而进液孔和回液孔分别由配流盘上的 P 孔和 T 孔表示。图示位置密封空间 1 位于过渡区，进、回液配流孔与虚线孔隔断；这时密封空间 6、7、8、9 与进液孔接通，密封空间 2、3、4、5 则与回液孔接通。于是转子在高压液体作用下，将按使进液密封空间容积增大的方向自转。由于与其相啮合的定子固定不动，故转子在绕自身轴线 O_1 低速自转的同时，其中心 O_1 还绕定子中心 O_2 高速反向公转（故这种马达也称行星转子式摆线马达）。在转子自转的同时，各密封空间将依次与进、回液孔 P 和 T 接通。与 P 孔接通的顺序为：6、7、8、9→7、8、9、1→8、9、1、2→…→6、7、8、9、…显然，转子公转一周（每个密封空间完成一次进、回液工作循环），它自转过一个齿。所以转子公转 Z_1 转时，才自转一周，其公转与自转的速比 $i=-Z_1$。

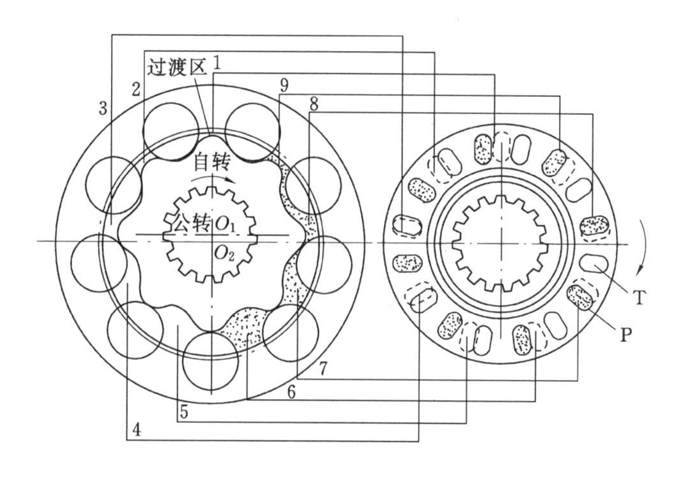

图 1-4-8　BM 型摆线马达的配流原理

图 1-4-6 中的花键轴 6 将转子的自转运动输出，以驱动工作机构。如果改变马达的进、回液方向，则马达输出轴的旋转方向也改变。

摆线马达具有结构简单、体积小、质量轻、转速范围大、低速稳定性好等优点，因此应用比较广泛。

（二）技术参数计算

1. 排量 V_M（常用近似公式计算）

$$V_M = \pi(R_e{}^2 - R_i{}^2)Bz_1 \quad \text{mL/r} \tag{1-4-17}$$

式中　R_e——转子长半径，cm；

R_i——转子短半径，cm；

B——转子宽度，cm；

z_1——转子齿数。

2. 平均输出转速 n_M

$$n_M = \frac{q\eta_{VM}}{\pi(R_e{}^2 - R_i{}^2)Bz_1} \times 10^3 \quad \text{r/min} \tag{1-4-18}$$

式中　q——马达的输入流量，L/min；

η_{VM}——马达的容积效率；

其他符号意义同前。

3. 平均输出转矩 T_M

$$T_M = \frac{1}{2}\Delta p_M(R_e{}^2 - R_i{}^2)Bz_1\eta_{mM} \times 10^{-6} \quad \text{N} \cdot \text{m} \tag{1-4-19}$$

式中　Δp_M——马达的进、出口压力差，Pa；

其他符号意义同前。

第二节　液　压　缸

液压缸在液压传动系统中作执行元件，带动工作机构实现直线往复运动。液压缸在采掘机械中的应用十分广泛，凡是用液压传动的采掘机械，几乎都有液压缸。特别是井下综采工作面的液压支架，它的立柱和各种千斤顶都是液压缸。

一、液压缸的类型和工作原理

为了满足工作机构的不同用途，液压缸有多种类型。

按供油方向可分为单作用液压缸和双作用液压缸。单作用液压缸只是向缸的一侧输入高压油，靠其他外力（如弹簧力）使活塞反向回程；双作用液压缸则分别向缸的两侧输入压力油，活塞的正反向运动均靠液压力完成。

按结构形式可分为活塞液压缸、柱塞液压缸、摆动液压缸和伸缩套筒液压缸。按活塞杆的数量可分为单活塞杆液压缸和双活塞杆液压缸。

按液压缸的特殊用途可分为串联液压缸、增压液压缸、增速液压缸、步进液压缸等。此类缸都不是一个单纯的缸筒，而是与其他缸筒和构件组合而成，所以从结构的角度看，这类液压缸又叫组合液压缸。

（一）活塞液压缸

活塞液压缸按活塞杆的形式，可分为单活塞杆液压缸和双活塞杆液压缸两类。图1-4-9所示为单活塞杆液压缸，主要由缸筒1、活塞2、活塞杆3、端盖4、活塞杆密封件5等主要部件组成。

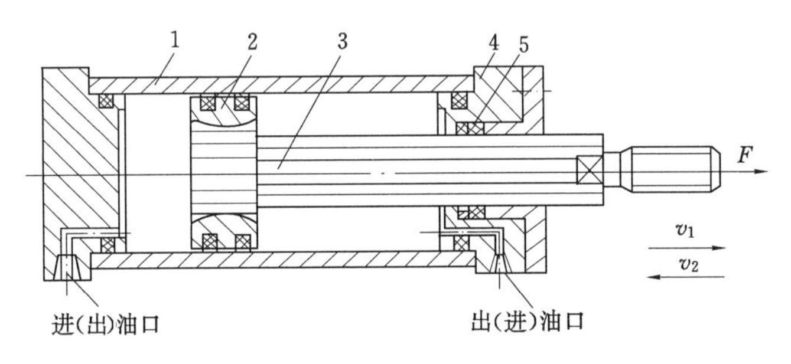

1—缸筒；2—活塞；3—活塞杆；4—端盖；5—活塞杆密封件。

图 1-4-9 单活塞杆液压缸工作原理

若缸筒固定，左腔输入压力油，当油的压力足以克服活塞杆上的负载时，活塞以速度 v_1 向右运动，活塞杆对外界做功。反之，往右腔输入压力油时，活塞以速度 v_2 向左运动，活塞杆也对外界做功。这样，完成了一个往复运动。这种液压缸叫作缸筒固定液压缸。

若活塞杆固定，左腔输入压力油时，缸筒向左运动；当往右腔输入压力油时，缸筒右移。这种液压缸叫作活塞杆固定液压缸。

本节所论及的液压缸，除特别指明外，均以缸筒固定、活塞杆运动的液压缸为例。

由此可知，输入液压缸的油必须具有压力 p 和流量 q。压力用来克服负载，流量用来形成一定的运动速度。输入液压缸的压力和流量就是给液压缸输入的液压能，活塞作用于负载的力和运动速度就是液压缸输出的机械能。

因此，液压缸输入的压力 p 和流量 q，以及输出作用力 F 和速度 v 是液压缸的主要性能参数。

1. 双活塞杆液压缸的参数计算

双活塞杆液压缸的计算简图如图 1-4-10 所示。根据流量连续性定理，进入液压缸的液体流量等于液流截

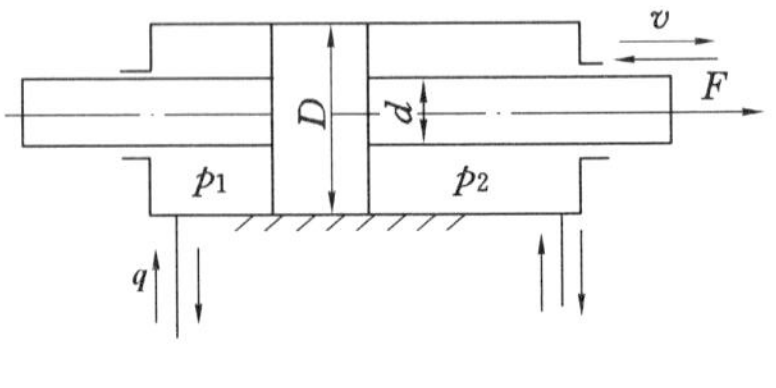

图 1-4-10 双活塞杆液压缸计算简图

面积和流速的乘积，而液压缸液流的截面积即是活塞的有效面积，液流的平均流速即是活塞的运动速度。因此

$$v=\frac{4q}{\pi(D^2-d^2)} \tag{1-4-20}$$

式中　q——进入液压缸的流量；

v——活塞杆的运动速度；

D——活塞直径，亦即缸筒内径；

d——活塞杆直径。

活塞杆上的理论输出力 F 等于活塞两侧有效面积和活塞两腔压力差的乘积。

$$F=\frac{\pi}{4}(D^2-d^2)(p_1-p_2) \tag{1-4-21}$$

式中　p_1——进油压力；

p_2——回油压力，亦即液压缸出油口的背压。

2. 单活塞杆液压缸的参数计算

单活塞杆液压缸的计算简图如图 1-4-11 所示。当压力油进入无杆腔的流量为 q_1 时，活塞移动速度为 v_1，输出力为 F_1，则

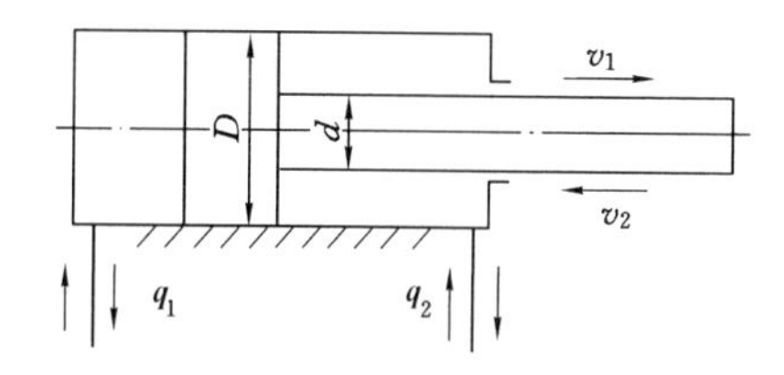

图 1-4-11　单活塞杆液压缸计算简图

$$v_1=\frac{4q_1}{\pi D^2} \tag{1-4-22}$$

$$F_1=\frac{\pi}{4}D^2(p_1-p_2)+\frac{\pi}{4}d^2p_2 \tag{1-4-23}$$

当压力油进入有杆腔的流量为 q_2 时，活塞左移速度为 v_2，输出力为 F_2，则

$$v_2=\frac{4q_2}{\pi(D^2-d^2)} \tag{1-4-24}$$

$$F_2=\frac{\pi}{4}D^2(p_1-p_2)-\frac{\pi}{4}d^2p_1 \tag{1-4-25}$$

由于 $D>d$，所以 $v_1<v_2$，$F_1>F_2$。其意义为：若分别进入液压缸两腔的流量均为 q，进口压力均为 p，则 q 进入无杆腔时，活塞的运动速度较小，而输出力较大；q 进入有杆腔时，活塞的运动速度较大，而输出力较小。故常把压力油进入无杆腔的情况作为工作行程，而把压力油进入有杆腔的情况作为空回行程。活塞两个方向上的速度比叫作液压缸的速比。

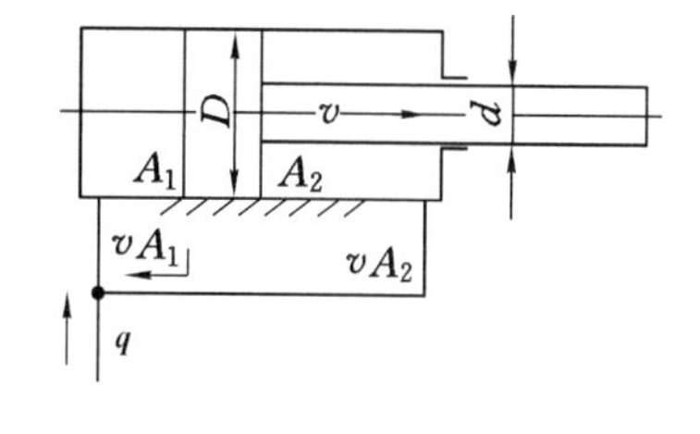

图 1-4-12　差动连接液压缸计算简图

若往单活塞杆液压缸的无杆腔中供压力油，将有杆腔排出的油再接回到无杆腔，如图 1-4-12 所示，叫作液压缸油路的差动连接或称差动连接液压缸。这时液压缸两腔的压力虽相等，但无杆腔作用面积较大，活塞仍向右运动。

活塞的运动速度 v 为

$$v = \frac{4q}{\pi d^2} \tag{1-4-26}$$

活塞的输出力 F 为

$$F = \frac{\pi}{4} d^2 p \tag{1-4-27}$$

差动连接液压缸常用于工作行程需要慢进快退的场合。在液压支架的推移输送机液压系统中，常用差动连接液压缸来减小推移输送机的作用力。

（二）柱塞液压缸

如图 1-4-13 所示，单作用柱塞液压缸由缸体 1、柱塞 2、导向套 3、密封圈 4 和缸盖 5 等组成。该类液压缸零件少，柱塞表面较粗糙且在缸体内不与缸壁相接触，故缸体内壁不需要精加工，一般行程较长的单作用液压缸多采用这种柱塞式结构。

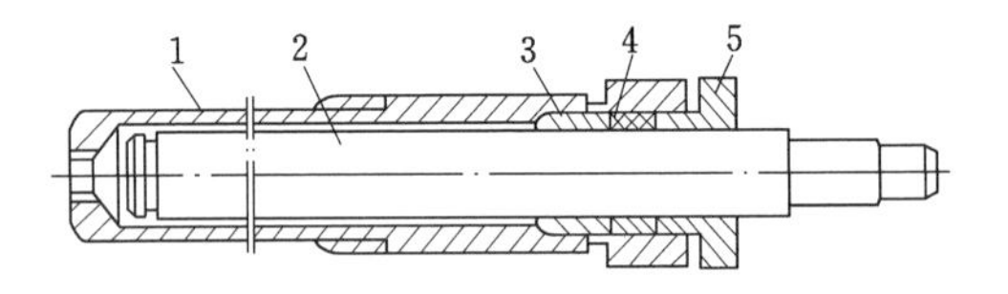

1—缸体；2—柱塞；3—导向套；4—密封圈；5—缸盖。

图 1-4-13　单作用柱塞液压缸

单作用柱塞液压缸只有一个油孔，当通过该孔输入压力油时，柱塞外伸产生推力。回程时，则依靠外力或弹簧作用力使柱塞反向运动，并使缸体内的油液经油孔流回油箱。这种液压缸一般只用于单向做功的场合，如需双向做功，可将两个液压缸成对反向布置使用。

（三）组合液压缸

1. 伸缩液压缸

伸缩液压缸属多级液压缸，具有行程大而缩回后长度短的特点，用于安装空间受到限制而行程要求大的设备，伸缩液压缸有单作用和双作用两种类型。图 1-4-14 所示为用于液压支架的双作用伸缩液压缸，主要由外缸体 1，内缸体 2，活柱 3，导向套 4、5 和活塞 6、7，底阀 8 以及密封装置等组成。

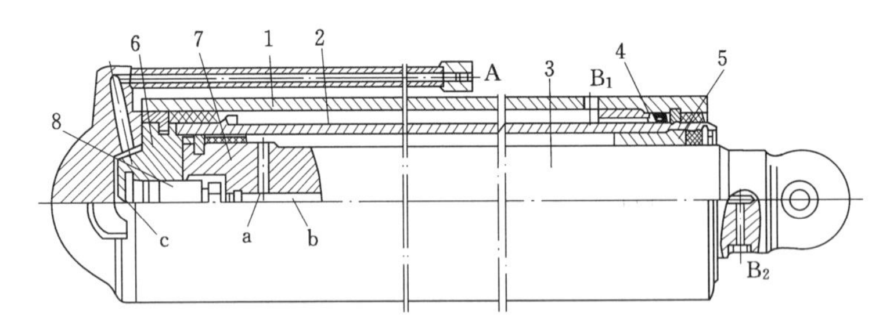

1—外缸体；2—内缸体；3—活柱；4，5—导向套；6，7—活塞；8—底阀。

图 1-4-14　双作用伸缩液压缸

当压力油由 A 口进入缸底后，内缸体被推出，此时因底阀关闭，活柱不能伸出，当内缸体外伸至最大行程后，大活塞底腔压力升高并打开底阀，使活柱外伸，此时小活塞前腔的油液经径向孔 a 和中心孔 b 从 B_2 口流入管路。降柱时 B_1 和 B_2 口同时进压力油，由 B_1 口进入的压力油使内缸体全部缩回后，底阀被推杆 c 顶起，小活塞左腔油液经底阀及 A 口回油，活柱才能缩回到内缸体中。

2. 齿轮齿条液压缸

图 1-4-15 所示为一齿轮齿条液压缸。它由两个活塞缸和一套齿轮齿条传动装置组成。活塞的移动经齿轮齿条传动装置变成齿轮的往复运动或步进运动，多用于组合机床的进给装置上，在某些掘进机的回转台和采煤机的摇臂上也有应用。

图 1-4-15　齿轮齿条液压缸

二、液压缸典型结构

图 1-4-16 所示是一双作用单活塞杆液压缸的结构图，主要由缸底 2、活塞 8、缸筒 11、活塞杆 12、导向套 13 和端盖 15 等组成。此液压缸结构上的特点是活塞和活塞杆用卡环连接，因而拆装方便；活塞上的支承环 9 由聚四氟乙烯等耐磨材料制成，摩擦力也较小；导向套可使活塞杆在轴向运动中不致歪斜，从而保护了密封件；液压缸的两端均有缝隙式缓冲装置，可减少活塞运动到端部时的冲击和噪声。

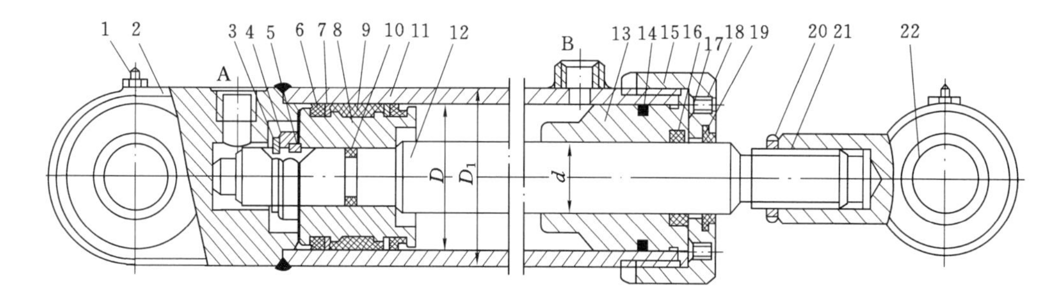

1—螺钉；2—底；3—弹簧卡圈；4—挡环；5—卡环(由 2 个半圆组成)；
6,10,14,16—密封圈；7,17—挡圈；8—活塞；9—支承环；
11—缸筒；12—活塞杆；13—导向套；15—端盖；18—锁紧螺钉；19—防尘圈；
20—锁紧螺帽；21—耳环；22—耳环衬套圈。

图 1-4-16　双作用单活塞杆液压缸结构图

一般来说，缸筒和缸盖的结构形式与其使用的材料有关。工作压力 $p \leqslant 10$ MPa 时使用铸铁；10 MPa $< p \leqslant 20$ MPa 时使用无缝钢管；$p > 20$ MPa 时使用铸钢或锻钢。

缸筒和缸盖的连接结构形式有外螺纹连接、内卡环连接、法兰连接和钢丝连接。外螺纹连接外径小、质量轻，但结构工艺性较差；内卡环连接结构简单而且紧凑，拆装也较方便，但缸壁上的环槽削弱了缸筒的强度；法兰连接结构简单，便于加工和装拆，缺点是外形和质量都比较大；钢丝连接结构简单紧凑，已逐渐被推广使用。值得注意的是缸盖与缸筒的连接很少采用焊接结构。

当采用卡环或钢丝连接时，通常都用 O 形圈充当缸盖与缸筒配合面间的静密封。缸盖与活塞杆之间是滑动密封。在矿山、工程机械中，液压系统的压力和油温都很高，因此对密封的材质和结构要求也较高，常用丁腈橡胶和聚氨脂压制成 V 形、O 形和 Y 形等密封圈密封。此外，在缸盖端部还装有防尘圈，防止污物侵入缸内。在液压支架各种液压缸的缸口密封中，常用有导向套的缸盖结构，导向套与活塞杆之间采用蕾形密封圈加聚甲醛挡圈的密封形式，耐压较高。

复习思考题

1. 什么是液压马达?
2. 液压马达与液压泵有何异同?
3. 什么是液压马达的排量? 它与液压泵的流量、系统的压力是否有关?
4. 对某一液压马达，若想改变其输出转速，应如何处理? 如何实现马达的反转?
5. 马达的输出转矩与哪些参数有关?
6. 试述斜盘式轴向柱塞马达的工作原理。
7. 内曲线马达是怎样工作的?
8. 简述 BM 系列摆线马达的结构和工作原理。
9. 试述液压缸在液压传动中的功用。常用的液压缸有哪些类型?
10. 何谓单作用液压缸和双作用液压缸?
11. 简述双作用单活塞杆液压缸的主要结构组成。
12. 以双作用单活塞杆液压缸为例，推导活塞杆往复运动的力和速度计算式。
13. 何谓液压缸的差动连接? 差动连接液压缸有何特点?
14. 简述双伸缩液压缸的用途和动作原理。

第五章　液压控制阀

液压控制阀是液压系统中的控制元件，用来控制油液流动方向或调节系统中的压力和流量，以满足对执行机构所提出的换向和压力、速度的要求，从而使执行机构实现预期的动作。

第一节　概　　述

一、液压控制阀分类

液压系统中使用的液压控制阀很多，按其机能可分为三类：

(1) 压力控制阀。用于控制工作液体的压力，以实现执行机构提出的力或转矩的要求。这类阀主要有溢流阀、安全阀、减压阀、卸荷阀、顺序阀、平衡阀等。

(2) 流量控制阀。用于控制和调节系统的流量，从而改变执行机构的运动速度。流量控制阀主要有节流阀、调速阀和分流阀等。

(3) 方向控制阀。用于控制和改变系统中工作液体的流动方向，以实现执行机构运动方向的转换。方向控制阀可分为二通、三通、四通和多通阀。阀的操纵方式有手动换向、液压换向、电磁换向、电液动换向和机械换向等。单向阀和截止阀也属于方向控制阀。

二、液压控制阀的阀口

各种液压控制阀的阀口数量因阀而异，有各种功能，一般可分为五种，分别用字母表示其功能。

(1) 压力油口(P)：进入压力油的油口，但有些阀(如减压阀、顺序阀)的出油口也是压力油口。

(2) 回油口(O或T)：低压油口。阀内的低压油从此流出，流向下一个元件或油箱。

(3) 泄油口(L)：低压油口。阀体中漏到空腔中的低压油经它回到油箱。

(4) 工作油口：一般指方向阀的A、B油口，由它连接执行元件。

(5) 控制油口(K)：使控制阀动作的外接控制压力油由此进入。

三、液压控制阀的性能参数

液压阀的性能参数是评价和选用液压阀的依据。它反映了液压阀的规格大小和工作特性。在我国液压技术发展过程中，开发了若干个不同压力等级和不同连接方式的液压阀系列。它们不但性能各有差异，而且参数的表达方式也不相同。

液压阀的规格大小用通径 D_g(单位 mm)表示。D_g 是阀进、出油口的名义尺寸，它和油口的实际尺寸不一定相等，因后者还受油液流速等参数的影响。过去有些系列阀的规格用额定流量来表示，也有的既用了通径，又给出了所对应的流量。但即使是在同一压力级别下，对于不同的阀，同一通径所对应的流量也不一定相同。

液压阀主要有两个参数，即额定压力和额定流量。还有一些和具体阀有关的量，如通过额定流量时的额定压力损失、最小稳定流量、开启压力等。只要工作压力和流量不超过额定值，液压阀即可正常工作。目前对不同的阀也给出一些不同的数据，如最大工作压力、开启压力、允许背压、最大流量等。同时给出若干条特性曲线，如压力流量曲线、压力损失-流量曲线、进-出口压力曲线等，供使用者确定不同状态下的参数数据。这既便于使用，又比较确切地反映了阀的性能。

四、对液压控制阀的基本要求

液压系统中所用的液压阀，应满足如下要求：

（1）动作灵敏，使用可靠，工作时冲击和振动小。

（2）油液流过时压力损失小。

（3）密封性能好。

（4）结构紧凑，安装、调整、使用、维护方便，通用性好。

第二节　压力控制阀

一、溢流阀

（一）溢流阀的作用

溢流阀通过阀口的溢流，使被控制系统或回路的压力保持恒定，实现稳压、调压或限压作用。

（二）溢流阀的结构和工作原理

溢流阀按其结构可分为直动式溢流阀和先导式溢流阀两种。

1．直动式溢流阀

图 1-5-1 为直动式滑阀型溢流阀的工作原理图。当作用在阀芯 3 上的液压力大于弹簧力时，阀口打开，油液溢流。通过溢流阀的流量变化时，阀芯位置也要变化，但因阀芯移动量极小，作用在阀芯上的弹簧力变化甚小，因此可以认为，溢流阀入口处的压力基本上是恒定的。调节弹簧 7 的预压力，即可调整溢流压力。改变弹簧的刚度，便可改变调压范围。

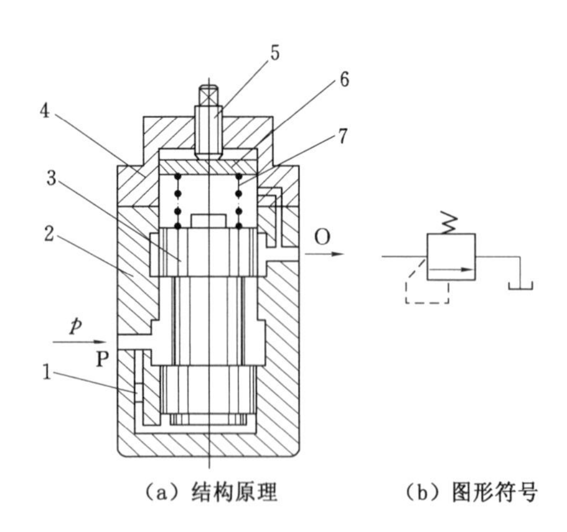

（a）结构原理　　（b）图形符号

1—阻尼孔；2—阀体；3—阀芯；4—阀盖；
5—调压螺钉；6—弹簧座；7—弹簧。

图 1-5-1　直动式溢流阀工作原理

当直动式滑阀型溢流阀压力较高、流量较大时，要求调压弹簧有很大的压力，这不仅使调节性能变差，弹簧设计和结构上也难以实现，而且阀口虽有重叠量，滑阀仍存在泄漏而难以实现很高的压力控制，因而这种阀一般用于低压小流量场合，目前已较少使用。

液压支架的高压溢流阀作安全阀使用。随着液压支架立柱的缸径增大，作为保持立柱恒阻、保护立柱和液压支架不因顶板快速急剧下沉而破坏的元件，安全阀的流量从 32 L/min、100 L/min、160 L/min 逐渐发展到目前的 500 L/min、1 000 L/min。液压支架用安全阀主要有弹簧式结构(图 1-5-2)和充气式结构两种。前者结构简单，性能可靠；后者必须配备充气设备，性能优越，但结构较复杂，充气时间不易准确掌握，存在一定的安全隐患。目前煤矿大多采用弹簧式结构的安全阀。

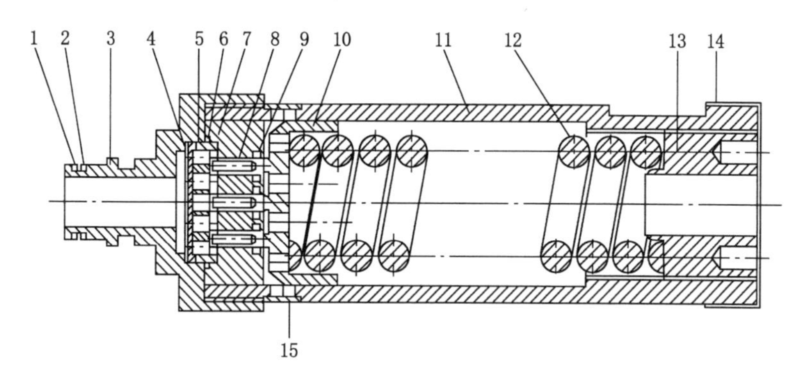

1,6—密封圈；2—挡圈；3—接头；4—过滤网；5—过滤架；7—阀体；
8—阀芯；9—O 形密封圈；10—弹簧座；11—套筒；12—弹簧；
13—调压螺钉；14—防尘盖；15—防尘罩。

图 1-5-2　弹簧式安全阀

安全阀根据溢流能力大小，分为小流量安全阀(公称流量＜10 L/min)、中流量安全阀(10 L/min≤公称流量≤200 L/min)和大流量安全阀(公称流量＞200 L/min)。根据安全阀在工作时的开启方式分为单级开启式安全阀和二级开启式安全阀。二级开启式安全阀一般都是大流量安全阀。

安全阀(图 1-5-2)由接头 3、过滤网 4、过滤架 5、阀芯 8、弹簧座 10、弹簧 12、调压螺钉 13 及密封件等组成。当系统压力小于安全阀调定压力时，弹簧将 7 个阀芯的泄液孔顶至 O 形密封圈 9 的左侧，安全阀处于关闭状态；当系统压力增大至安全阀调定压力时，作用在 7 个阀芯上的液压力克服弹簧力使 7 个阀芯同时向右移动，当阀芯的泄液孔移过 O 形密封圈 9 时，液体开始从阀芯的泄液孔泄液，系统压力下降，阀芯的液压力随之下降，弹簧再将 7 个阀芯作用到原来的位置。由于导向弹簧座中间低，7 个阀芯中央的 1 个最先越过 O 形密封圈 9 释放高压液体，以此满足安全阀对小流量性能的要求。

2. 先导式溢流阀

先导式溢流阀如图 1-5-3 所示，它由主阀和先导阀两部分组成。系统压力作用于主阀芯 1 及先导阀芯 4 上，当阀 P 口压力较低、先导阀芯 4 未开启时，作用在主阀芯上的液压力平衡，主阀芯被主阀弹簧 3 压在阀座上，阀口关闭。阀有两个阻尼孔 2 和 8，一个在主阀芯上，另一个在先导阀座上。当阀 P 口的压力增加时，阻尼孔 2、流道 a、阻尼孔 8 及先导阀芯前腔的压力相应增加，而当克服先导阀弹簧预调力使先导阀开启时，液流从 P 口经阻尼孔 2、流道 a、阻尼孔 8、开启的先导阀芯 4 和通道 b 流到 T 口。此流量在阻尼孔 2 两端产生压差，压差作用在阀芯上下面积上的合力正好与主阀弹簧力平衡，主阀芯处于开启的临界状态。当 P 口的压力再稍稍增加时，流经阻尼孔的流量也稍微增大，阻尼孔 2 两端压力之差克服主阀弹簧力使主阀打开。此时从 P 口输入流量分成两部分，少量流量经先导阀后流向出油口 T,大部分则经主阀节流口流向 T 口。经主阀油口的流量在进油口 P 处建立压力。因流经先导阀的流量极小,所以主阀芯上腔的压力基本上和由先导阀弹簧预调力所确定的先导阀芯前容腔压力相等,而主阀上阻尼孔 2 两端用以打开主阀芯的压差,仅需克服主阀弹簧的作用力、主阀芯重量及液动力等即可。所以,可以认为溢流阀进口处压力基本上也由先导阀弹簧预调力所确定。在溢流阀的主阀芯升起且有溢流作用时,溢流阀进口处的压力便可维持由先导阀弹簧所调定的定值。

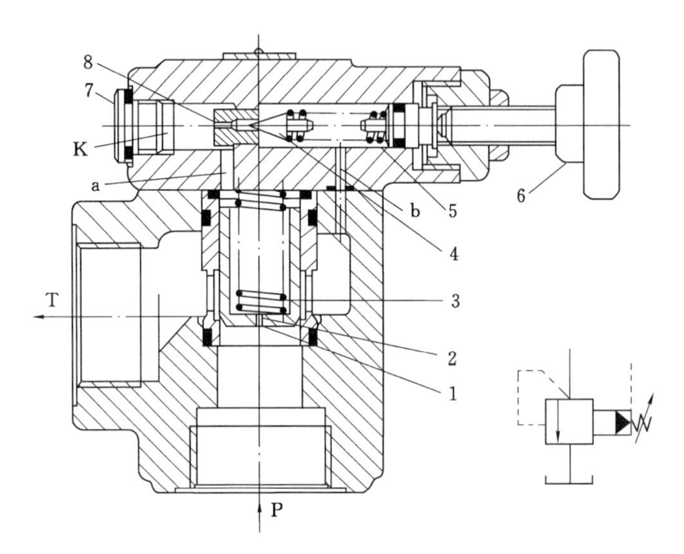

1—主阀芯;2,8—阻尼孔;3—主阀弹簧;4—先导阀芯;5—先导阀弹簧;
6—调压手轮;7—螺堵。

图 1-5-3 先导式溢流阀

先导式溢流阀中流经先导阀的油液可内泄,也可外泄。可将先导阀回油单独引回油箱,将先导阀回油口与主阀回油口 T 的连接通道 b 堵住。

先导式溢流阀阀体上有一个远程控制口 K,当此口通过二位二通阀接通油箱时,主阀芯上腔的压力接近于零,主阀芯在很小的压力下可向上移动且阀口开得最大,这时泵输出的油液在很低的压力下通过阀口流回油箱,实现卸荷作用。如果将 K 口接到另一个远程调压阀上(其结构和溢流阀的先导阀一样),并使打开远程调压阀的压力小于打开溢流阀先导阀芯的压力,则主阀芯上腔的压力(即溢流阀的溢流压力)就由远程调压阀来决定。远程调压阀可对系统的溢流压力实行远程调节。

(三) 溢流阀的应用

在液压系统中,溢流阀的主要用途有:

(1) 作溢流阀。溢流阀有溢流时,可维持阀进口亦即系统压力恒定。

(2) 作安全阀。系统超载时,溢流阀打开,对系统起过载保护作用,而平时溢流阀是关闭的。

(3) 作背压阀。溢流阀(一般为直动式)装在系统的回油路上,产生一定的回油阻力,以改善执行元件的运动平稳性。

(4) 用先导式溢流阀对系统实现远程调压或使系统卸荷。

二、减压阀

（一）减压阀的功用和要求

油液流经接在液压系统中的减压阀后，压力降低。减压阀能使与其出口处相接的某一回路的压力保持恒定，因此它在系统的夹紧、控制、润滑等油路中应用较多。

对减压阀的要求是：出口压力维持恒定，不受入口压力及通过流量大小的影响。

（二）减压阀的结构和工作原理

减压阀分为直动式减压阀和先导式减压阀。

1. 直动式减压阀

图 1-5-4 所示为直动式减压阀的工作原理。当阀芯处在原始位置时，它的阀口是打开的，阀的进、出口沟通。阀芯由出口处的压力控制，出口压力未达到调定压力时阀口全开，阀芯不工作。当出口压力达到调定压力时，阀芯上移，阀口关小，整个阀处于工作状态。如忽略其他阻力，仅考虑阀芯上的液压力和弹簧力相平衡的条件，则可以认为出口压力基本上维持在某一调定值上。这时如出口压力减小，阀芯下移，阀口开大，阀口处阻力减小，压降减小，使出口压力回升到调定值。反之，如出口压力增大，则阀芯上移，阀口关小，阀口处阻力加大，压降增大，使出口压力下降到调定值。

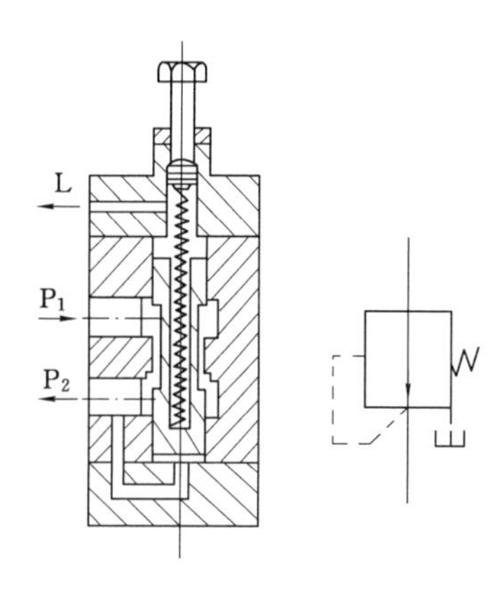

图 1-5-4　直动式减压阀工作原理

2. 先导式减压阀

先导式减压阀如图 1-5-5 所示，它由主阀和先导阀两部分组成。其先导阀与溢流阀的先导阀相似，主阀与直动式减压阀工作原理相似。进口压力油（压力为 p_1）经主阀阀口（减压口）流至出口（压力为 p_2），出口压力 p_2 是由负载决定的。与此同时，出口压力油（压力为 p_2）经阀体、端盖上的通道进入主阀阀芯下腔 a_2，然后经主阀阀芯上的阻尼孔到主阀阀芯上腔和先导阀的前腔 a_1。在负载较小、出口压力 p_2 低于先导阀调压弹簧调定压力时，先导阀关闭，主阀阀芯阻尼孔无液流通过，主阀阀芯上、下两腔压力相等，主阀阀芯在弹簧作用下处于最下端，阀口全开不起减压作用。当出口压力 p_2 随负载增加超过调压弹簧调定压力时，先导阀口开启，主阀出口压力油经主阀阀芯阻尼孔到主阀阀芯上腔、先导阀阀口，再经卸油口回油箱。因阻尼孔的阻尼作用，主阀芯上、下两腔出现压力差（p_2-p_3），主阀阀芯在压力差作用下克服上端弹簧力向上运动，主阀阀口减小起减压作用。当出口压力 p_2 下降到调定值时，先导阀阀芯和主阀阀芯同时处于受力平衡状态，出口压力稳定不变。若出口压力减小，则阀芯下移，开大阀口，减压作用减弱，使出口压力回升到调定值；反之，若出口压力增加，则阀芯上移，关闭阀口，减压作用增强，使出口压力稳定不变。调节调压弹簧的预压缩量，即调节弹簧力的大小，可改变阀的出口压力。

减压阀和溢流阀的不同之处如下：

（1）减压阀保持出口处压力基本不变，而溢流阀保持进口处压力基本不变。

（2）在不工作时，减压阀进出口互通，而溢流阀进出口不通。

（3）为保证减压阀出口压力调定值恒定，它的弹簧腔需通过泄油口单独外接油箱，而溢流阀的出油口是通油箱的，所以它的弹簧腔和泄漏油可通过阀体上的通道和出油口接通，不必单独外接油箱。

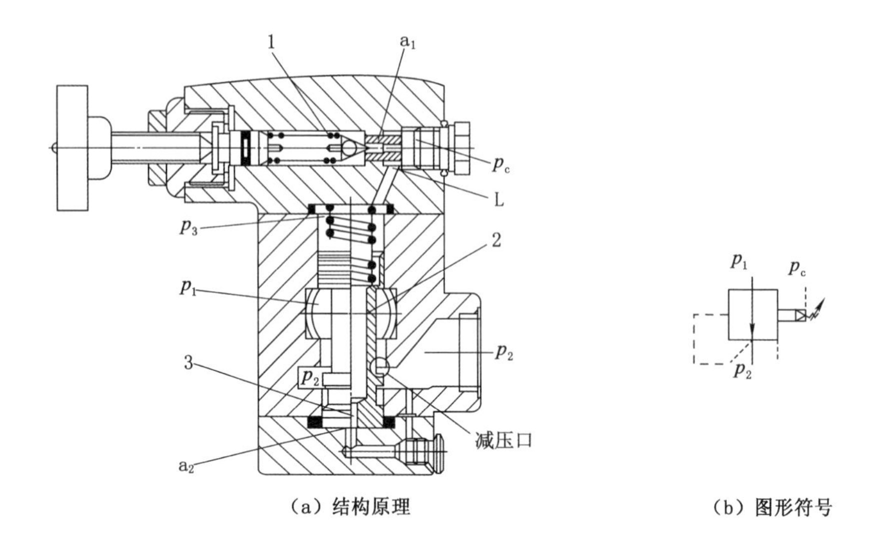

(a) 结构原理　　(b) 图形符号

1—先导阀阀芯;2—主阀阀芯;3—阻尼孔。

图 1-5-5　先导式减压阀工作原理

(三) 减压阀的应用

在液压系统中,减压阀应用于要求获得稳定低压的回路中,如采煤机牵引式行走机构的圆环链张紧系统,机床上的夹紧油路或提供稳定的控制压力油路。此外,减压阀还可用来限制工作机构的作用力,减少压力波动带来的影响,改善系统的控制性能等。

三、顺序阀

(一) 顺序阀的功用

顺序阀用来控制多个执行元件的顺序动作。通过改变控制方式、泄油方式和二次油路的接法,顺序阀还可构成其他功能,作背压阀、平衡阀或卸荷阀用。

顺序阀有直动式和先导式之分。根据控制压力来源的不同,它还有内控式和外控式之分。

(二) 顺序阀的工作原理

图 1-5-6 所示为直动式顺序阀的工作原理。顺序阀与溢流阀的不同之处在于它的出口处不接油箱,而是通向二次油路,因而它的泄油口必须单独接回油箱。为了减小调压弹簧的刚度,阀内设置了控制柱塞。

如果将下盖转过 90°,并打开螺堵 K,则内控式顺序阀就可变为外控式顺序阀。

内控式顺序阀在其进油路压力 p_1 达到阀的设定压力之前,阀口一直是关闭的,达到设定压力后阀口才开启,使压力油进入二次油路,驱动另一个执行元件。

外控式顺序阀阀口的开启与否和一次油路处来的进口压力没有关系,仅决定于控制压力的大小。

顺序阀的主要性能与溢流阀相仿。此外,顺序阀为使执行元件准确地实现顺序动作,要求阀的调压偏差小,故调压弹簧的刚度宜小。阀在关闭状态下的内泄漏量也要小。

(三) 顺序阀的应用

顺序阀在液压系统中的应用主要有:

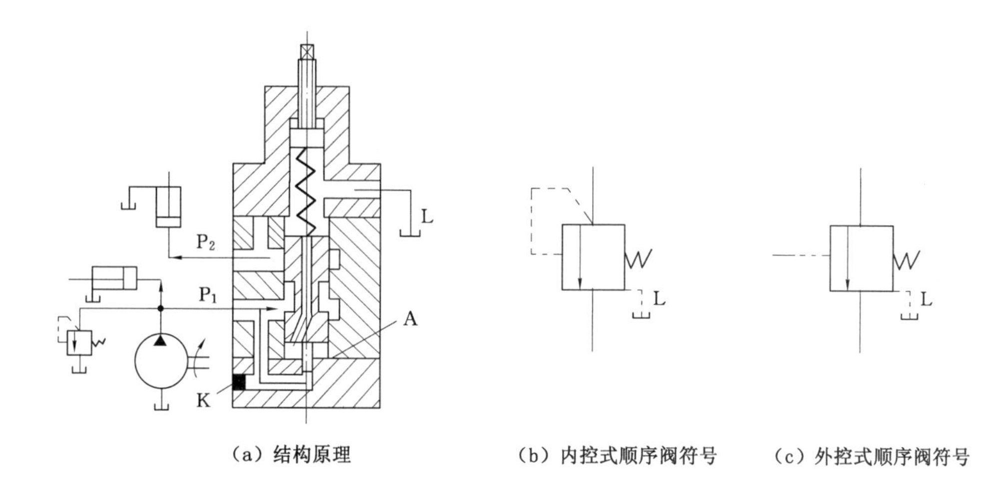

（a）结构原理　（b）内控式顺序阀符号　（c）外控式顺序阀符号

图 1-5-6　顺序阀工作原理

(1) 控制多个执行元件的顺序动作。

(2) 与单向阀组成平衡阀,保持竖直放置的液压缸不因自重而下落。

(3) 用外控式顺序阀卸荷双泵系统中的大流量泵。

(4) 用内控式顺序阀接在液压缸回油路上,增大背压,以使活塞的运动速度稳定。

四、压力继电器

压力继电器是利用液体压力来启闭电气触点的液压电气转换元件,它在油液压力达到其设定压力时,发出电信号,控制电气元件动作,实现泵的加载或卸荷、执行元件的顺序动作或系统的安全保护和联锁等功能。

图 1-5-7 所示为柱塞式压力继电器。当油液压力达到压力继电器的设定压力时,作用在柱塞 1 上的力通过顶杆 2 合上微动开关 4,发出电信号。

压力继电器的性能参数主要有:

(1) 调压范围。指能发出电信号的最低工作压力和最高工作压力的范围。拧动调节螺钉 3,即可调整工作压力。

(2) 通断调节区间。压力升高,继电器接通电信号的压力,称为开启压力。压力下降,继电器复位切断电信号的压力,称为闭合压力。为避免压力波动时继电器时通时断,要求开启压力和闭合压力间有一可调节的差值,称为通断调节区间。

(3) 重复精度。在一定的设定压力下,多次升压(或降压)过程中,开启压力和闭合压力本身的差值称为重复精度。

(4) 升压或降压动作时间。压力由卸荷压力升到设定压力,微动开关触点闭合发出电信号的时间,称为升压动作时间,反之称为降压动作时间。

压力继电器在液压系统中应用很广,如采煤机牵引力超载或低压系统压力过低时自动停机、机床切削刀具移到指定位置碰到挡铁或负载过大时自动退刀、润滑系统发生故障时工作机械自动停车、系统工作程序自动换接等都是典型实例。

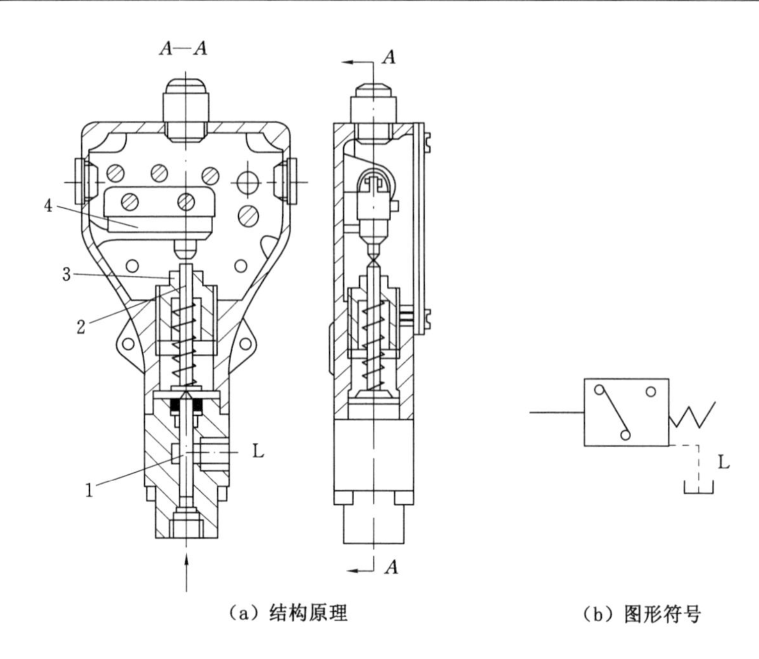

(a) 结构原理　　(b) 图形符号

1—柱塞；2—顶杆；3—调节螺钉；4—微动开关。

图 1-5-7　柱塞式压力继电器

第三节　流量控制阀

流量控制阀依靠改变阀口通流面积的大小或通流通道的长短来改变液阻，控制通过阀的流量，达到调节执行元件(液压缸或液压马达)运动速度的目的。

液压系统中使用的流量控制阀应满足的要求为：具有足够的调节范围，能保证稳定的最小流量，温度和压力变化对流量的影响要小，调节方便，泄漏量小等。

一、节流阀

(一) 流量特性

液体流经任何形状节流口的流量，都遵循流量特性关系式

$$q = KA_{\mathrm{T}}\Delta p^{m} \tag{1-5-1}$$

式中　q——通过节流口的流量；

K——由节流口形状及液体性质等因素决定的系数，由实验得出；

A_{T}——节流口通流截面积；

Δp——节流口前后的压力差；

m——由节流口形状决定的指数，$0.5 \leqslant m \leqslant 1$。

由式(1-5-1)可知，当节流口形状一定、前后压力差不变时，通过节流口的流量与节流口的通流面积成正比，即节流口开大，流量就大，反之流过的流量就小。节流阀就是基于这一原理调节液压执行元件速度的。

(二) 节流阀的工作原理

图 1-5-8 所示是一种普通节流阀。这种节流阀的节流通道呈轴向三角槽式。油液从进

油口 P_1 流入，经孔道 a 和阀芯 2 左端的三角槽进入孔道 b，再从出油口 P_2 流出。调节手把 4 通过推杆 3 使阀芯 2 做轴向移动，改变节流口的通流截面积来调节流量。阀芯 2 在弹簧 1 的作用下始终紧贴在推杆 3 上。

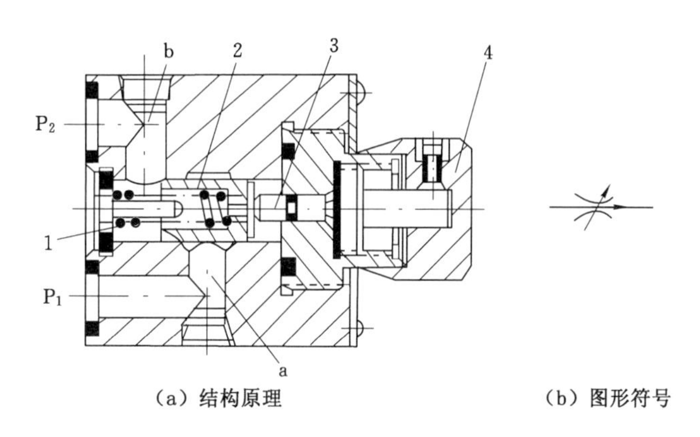

（a）结构原理　　（b）图形符号

1—弹簧；2—阀芯；3—推杆；4—调节手把。

图 1-5-8　节流阀

当节流阀的通流截面积很小且保持所有因素都不变时，通过节流口的流量会出现周期性的脉动，甚至造成断流，这就是节流口的阻塞现象。节流口的阻塞会使液压系统中执行元件的速度不均匀。因此每个节流阀都有一个正常工作的最小流量限制，称为节流阀的最小稳定流量。

节流口发生阻塞的主要原因是由于油液中含有杂质或由于油液因高温氧化后析出的胶质、沥青等黏附在节流口的表面上，当附着层达到一定厚度时，会造成节流阀断流。

减小阻塞现象的有效措施是采用水力半径大的节流口；另外，选择化学稳定性和抗氧化稳定性好的油液，并注意过滤，定期更换，都有助于防止节流口阻塞。

流量调节范围指通过阀的最大流量和最小流量之比，一般在 50 以上。高压流量阀则在 10 左右。

（三）节流阀的应用

节流阀在液压系统中，主要与定量泵、溢流阀组成节流调速系统。调节节流阀的开口，便可调节执行元件运动速度的大小。

二、调速阀

图 1-5-9 所示为调速阀的工作原理图。液压泵出口（即调速阀进口）压力 p_1，由溢流阀调整，基本上保持恒定。调速阀出口处的压力 p_2 由活塞上的负载 F 决定。当 F 增大时，调速阀进出口压差 p_1-p_2 减小。如在系统中装普通节流阀，则由于压差的变动，影响通过节流阀的流量，因而活塞运动的速度不能保持恒定。

调速阀是在节流阀的前面串接了一个差压式减压阀，使油液先经减压阀产生一次压力降，将压力降到 p_m。利用减压阀阀芯的自动调节作用，使节流阀前后压差 $\Delta p=p_m-p_2$ 基本上保持不变。

减压阀上端的油腔 b 通过孔道 a 和节流阀后的油腔相通，压力为 p_2，而其肩部腔 c 和下端油腔 d，通过孔道 f 和 e 与节流阀前的油腔相通，压力为 p_m。活塞上负载 F 增大时，p_2 也增大，于是作用在减压阀阀芯上端的液压力增大，阀芯下移，减压阀的开口加大，压降减小，因而使 p_m 也增大，结果使节流阀前后的压差 p_m-p_2 保持不变；反之亦然。这样就使通过调速阀的流量恒定不变，活塞运动的速度稳定，不受负载变化的影响。

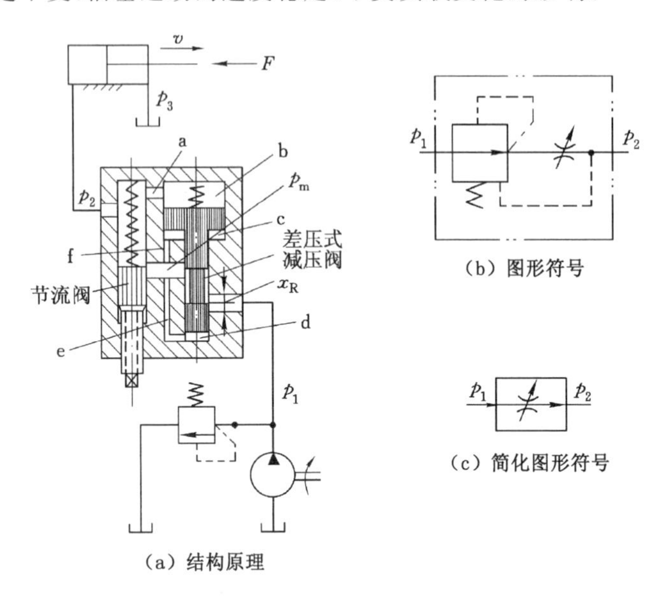

图 1-5-9　调速阀原理

上述调速阀是先减压后节流型的结构。调速阀也可以是先节流后减压型的，两者的工作原理和作用情况基本相同。

调速阀在液压系统中的应用和节流阀相仿，它适用于执行元件负载变化大而运动速度要求稳定的系统中，也可用在容积节流调速回路中。

三、分流阀和集流阀

自动将输入工作液体的流量等分或按一定比例分为两部分后再输出的流量控制阀，称为分流阀；反之，自动将两部分液体等量或按一定比例输入后再合流输出的流量控制阀，称为集流阀；同时兼有这两种功能的则称为分流集流阀。这三种阀的结构原理都相似。现以等量分流阀为例，说明其工作原理。

图 1-5-10 所示为分流阀的原理图。它由两个固定节流孔 1 和 2、阀体 5、阀芯 6 和对中弹簧 7 等零件组成。阀芯的中间台肩将阀分成完全对称的左、右两部分。位于左边的油室 a 通过阀芯上的轴向小孔与阀芯右端弹簧腔相通，位于右边的油室 b 通过阀芯上的另一轴向小孔与阀芯左端弹簧腔相通。装配时由对中弹簧 7 保证阀芯处于中间位置，阀芯两端台肩与阀体沉槽组成的两个可变节流口 3、4 的过流面积相等(液阻相等)。将分流阀装入系统后，液压泵来油压力 p_0 分成两条并联支路Ⅰ和Ⅱ，经过液阻相等的固定节流孔 1 和 2 分别进入油室 a 和 b(压力分别为 p_1 和 p_2)，然后经可变节流口 3 和 4 至出口(压力分别为 p_3 和 p_4)，通往两个几何尺寸完全相同的执行元件。在两个执行元件的负载相等时，两出口压力 $p_3=p_4$，即两条支路的进出口压力差和总液阻(固定节流孔和可变节流口的液阻和)相等，因此输出的流量 $q_1=q_2$，两执行元件速度同步。

若执行元件的负载变化导致支路Ⅰ的出口压力 p_3 大于支路Ⅱ的出口压力 p_4，在阀芯未动作两支路总液阻仍相等时，压力差$(p_0-p_3)<(p_0-p_4)$势必导致输出流量$q_1<q_2$。输出流量的偏差一方面使执行元件的速度出现不同步，另一方面又使固定节流孔1的压力损失小于固定节流孔2的压力损失，即$p_1>p_2$。因p_1和p_2被分别反馈作用到阀芯的右端和左端，其压力差将使阀芯向左位移，可变节流口3的过流面积增大、液阻减小，可变节流口4的过流面积减小、液阻增大。于是支路Ⅰ的总液阻减小，支路Ⅱ的总液阻增大。总液阻的改变反过来使支路Ⅰ的流量q_1增加，支路Ⅱ的流量q_2减小，直至$q_1=q_2$、$p_1=p_2$，阀芯受力重新平衡，阀芯稳定在新的位置工作，两执行元件的速度恢复同步。显然，固定节流孔在这里起检测流量的作用，它将流量信号转换为压力信号p_1和p_2；可变节流口在这里起压力补偿作用，其过流面积（液阻）通过压力p_1和p_2的反馈作用进行控制。

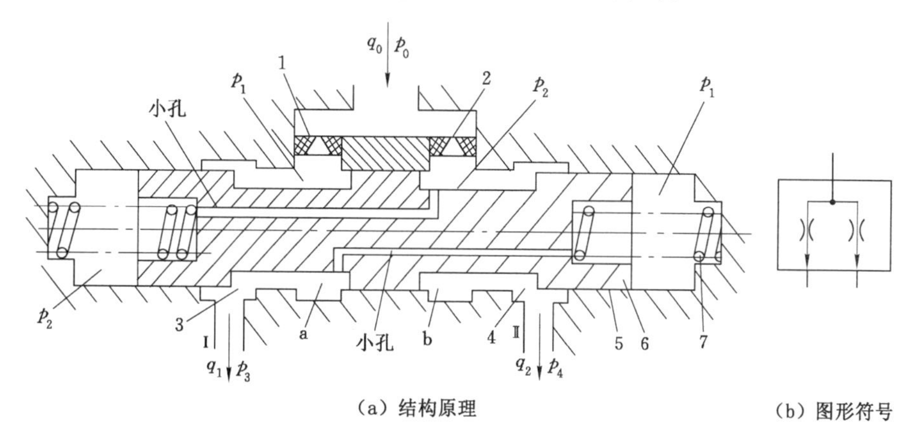

（a）结构原理　（b）图形符号

1，2—固定节流孔；3，4—可变节流口；5—阀体；6—阀芯；7—弹簧。

图 1-5-10　分流阀原理图

采用分流阀控制的同步回路，具有结构简单、安装使用方便、成本低廉等优点，它适于与变量泵配合使用。分流阀的主要缺点是具有固定的分流误差，在工作过程中无法进行调整。

分流阀多用于矿山机械及工程机械行走部的同步回路中。

第四节　方向控制阀

方向控制阀用来控制液压系统中工作液体的流向和通断。其主要用途如下：

（1）控制一条管路内工作液体的流动，使其通过、关断和阻止反向流通。

（2）连接多条管路时选择液流的方向。

（3）控制执行元件的启动、停止以及前进、后退等。

方向控制阀按其用途可分为单向阀和换向阀两大类。截止阀也可列入换向阀类。

一、单向阀

单向阀的作用是控制工作液体只能向单一方向流动，而不允许反向流动。液压系统中常用的单向阀有普通单向阀和液控单向阀两种。

（一）普通单向阀

图 1-5-11 所示是一种普通单向阀。压力油从阀体1左端的通口P_1流入时，克服弹簧3作用在阀芯2上的力，使阀芯向右移动，打开阀口，并通过阀芯2上的径向孔a、轴向孔b从

阀体右端的通口 P_2 流出。但是压力油从阀体右端的通口 P_2 流入时，它和弹簧力一起使阀芯锥面压紧在阀孔上，使阀口关闭，油液无法通过。

单向阀的阀芯也可以采用钢球式结构。它制造方便，但密封性较差，只适用于小流量的场合。

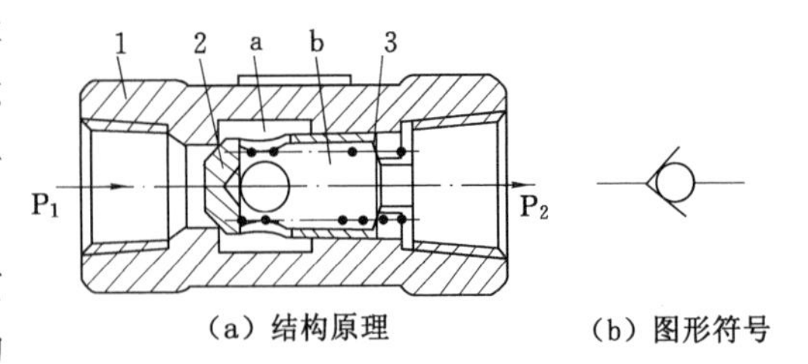

（a）结构原理　　（b）图形符号

1—阀体；2—阀芯；3—弹簧。

图 1-5-11　单向阀

在普通单向阀中，通油方向的阻力应尽可能小，而不通油方向应有良好的密封。另外，单向阀的动作应灵敏，工作时不应有撞击和噪声。单向阀弹簧的刚度一般都选得较小，使阀的开启压力仅需 0.03～0.05 MPa。如换上刚度较大的弹簧，阀的开启压力可达到 0.2～0.6 MPa，便可当作背压阀使用。

单向阀可装在泵的出口处，防止系统中的液压冲击影响泵的工作。同理，单向阀可以用来分隔油路，防止油路的相互干扰。

（二）液控单向阀

图 1-5-12 所示为普通液控单向阀。它由单向阀和控制活塞组成。当控制口 K 处无压力油流入时，它的工作机制和普通单向阀一样；压力油只能从通口 P_1 流向通口 P_2，不能反向倒流。当控制口 K 有控制压力油时，因控制活塞 1 右侧 a 腔通泄油口（图中未示出），活塞 1 右移，推动顶杆 2 顶开阀芯 3，使通口 P_1 和 P_2 接通，油液就可在两个方向自由通流。液控单向阀广泛用于液压支架的液压系统中。

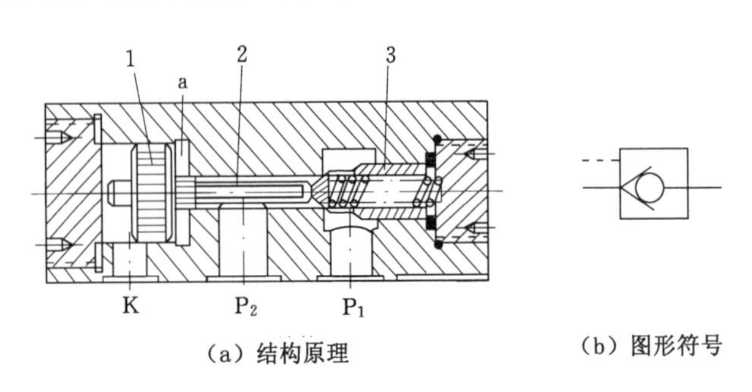

（a）结构原理　　（b）图形符号

1—活塞；2—顶杆；3—阀芯。

图 1-5-12　普通液控单向阀

液控单向阀因泄漏油液方式的不同有内泄式和外泄式两种。在高压系统中，液控单向阀反向开启前 P_1 口的压力很高，所以要使单向阀反向开启的控制压力也很高。

图 1-5-13 所示为带卸荷阀芯的液控单向阀。其卸荷过程为：当阀反向导通时，微动活塞 3 首先顶起卸荷阀芯 2，使高压油首先通过卸荷阀芯卸荷，然后打开单向阀芯 1，使进油口 P_1 与出油口 P_2 导通。这种阀可以减小控制压力和阀的体积。

液控单向阀在液压系统中的主要用途是对液压缸进行闭锁或作立式液压缸的支承阀。

（三）双向液压锁

双向液压锁又称双向闭锁阀，如图 1-5-14 所示。双向液压锁由两个液控单向阀组成。两个液控单向阀共用一个阀体 1 和一个活塞 2，当压力从油口 A 流入时，压力油推动左边阀芯，使左边单向阀芯推开，A 到 A_1 导通。同时压力油向右推动活塞 2，使之向右运动，把右边单向阀顶开，使 B_1 到 B 接通。由此可见，当一个油口正向流动时（A 连通 A_1），另一个油口反向导通（B_1 与 B 连通），反之亦然；当 A、B 口没有压力油时，反向不导通。利用单向阀良好的密封性，液压油反向受到封闭。双向液压锁广泛应用于采煤机滚筒调高的液压系统中。

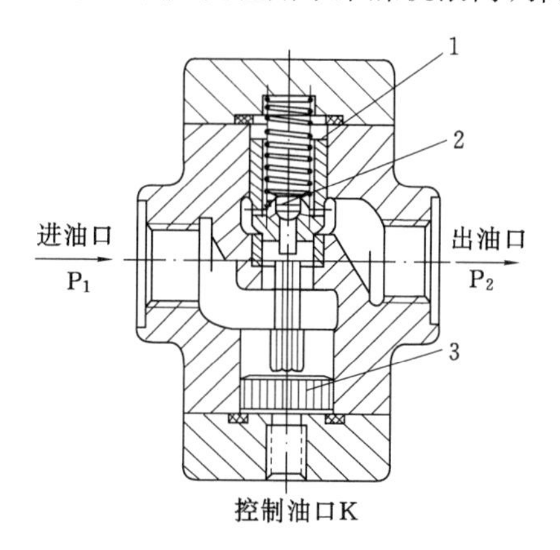

1—单向阀芯；2—卸荷阀芯；3—微动活塞。

图 1-5-13　带卸荷阀芯的液控单向阀

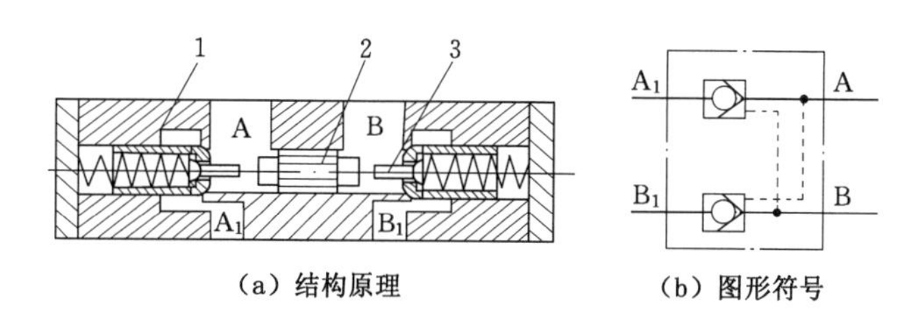

1—阀体；2—活塞；3—卸荷阀芯。

图 1-5-14　双向液压锁

二、换向阀

换向阀利用阀芯与阀体的相对运动，使油路接通、关断，或变换油流的方向，从而使液压执行元件启动、停止或变换运动方向。

对换向阀的主要要求是，油液流经阀时的压力损失要小，互不相通的油口间的泄漏量要小，换向要平稳、迅速且可靠。

换向阀的应用很广，种类也很多。根据阀芯相对于阀体的运动方式，可分为转阀式换向阀和滑阀式换向阀两种。转阀式换向阀（又称转阀）靠转动阀芯改变阀芯与阀体的相对位置来改变油液流动的方向。滑阀式换向阀（又称滑阀）靠直线移动阀芯，改变阀芯在阀体内的相对位置来改变油流的方向。滑阀式换向阀是目前应用最普遍的换向阀。

（一）滑阀式换向阀的结构主体

阀体和滑动阀芯是滑阀式换向阀的结构主体。表 1-5-1 列出了最常见的结构形式。由表 1-5-1可见，阀体上开有多个通口，阀芯移动后可以停留在不同的工作位置上。以三位五通阀为例，阀体上有 P、A、B、T_1、T_2 五个通口，阀芯有左、中、右三个工作位置。当阀芯处在图示中间位置时，五个通口都关闭；当阀芯移向左端时，通口 T_2 关闭，通口 P 和 B 相通，通口 A 和

T_1 相通；当阀芯移向右端时，通口 T_1 关闭，通口 P 和 A 相通，通口 B 和 T_2 相通。这种结构形式由于具有使五个通口都关闭的工作状态，故可使它控制的执行元件在任意位置上停止运动。

换向符号的含义如下：

(1) 用方框表示阀的工作位置，有几个方框就表示几"位"。

(2) 用方框内的箭头表示该位置上的油路处于工作状态。必须指出，箭头方向不一定是油液的实际方向。

(3) 方框内"┬"或"┴"表示此通路被阀芯封闭，不通。

(4) 一个方框上、下边与外部连接的接口数有几个，就表示几"通"。

(5) 通常阀与系统供油路连接的油口用 P 表示，阀与系统回油路连接的回油口用 T 表示，而阀与执行元件连接的工作油口则用字母 A、B 表示。

换向阀都有两个或两个以上的工作位置，其中一个是常位，即阀芯未受外部操纵时所处的位置，绘制液压系统图时，油路一般连接在常位上。

表 1-5-1　滑阀式换向阀的结构形式

名称	结构原理	图形符号	特性	
二位二通阀	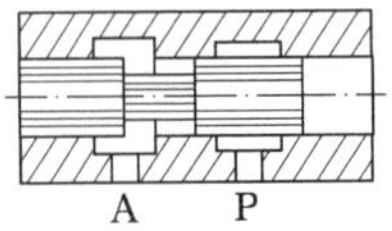 A　P	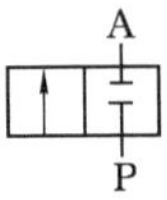 A P	控制油路的接通与断开(相当于一个开关)	
二位三通阀	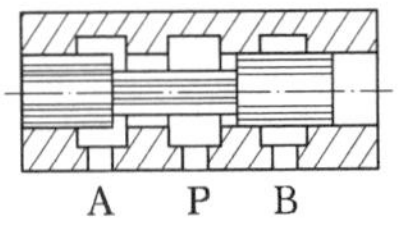 A　P　B	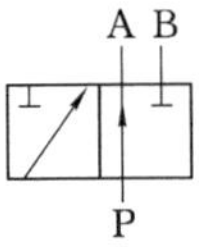 A B P	控制液流方向(从一个方向变换成另一个方向)	
二位四通阀	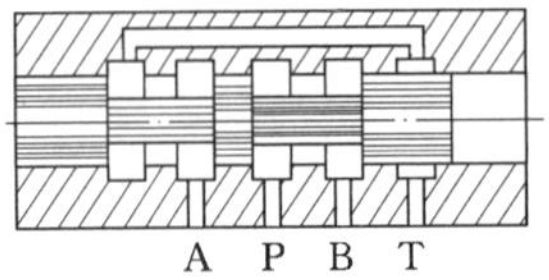 A　P　B　T	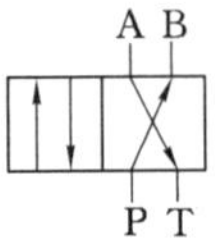 A B P T	不能使执行元件在任一位置上停止运动	执行元件正反向运动时回油方式相同
三位四通阀	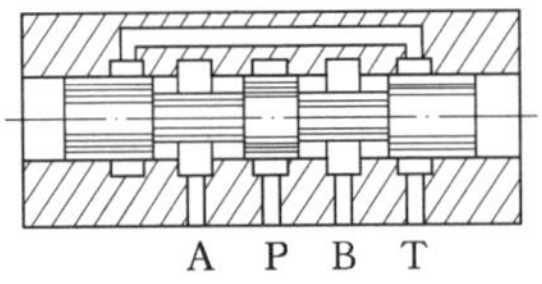 A　P　B　T	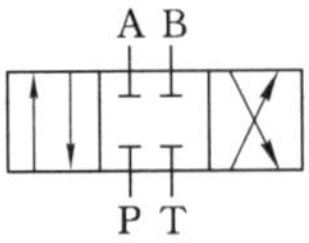 A B P T	能使执行元件在任一位置上停止运动	
二位五通阀	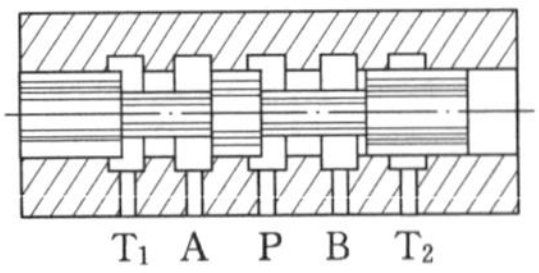 T_1　A　P　B　T_2	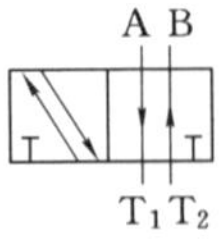 A B T_1 T_2	不能使执行元件在任一位置上停止运动	执行元件正反向运动时可以得到不同的回油方式
三位五通阀	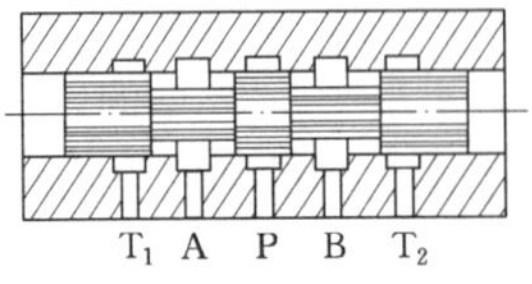 T_1　A　P　B　T_2	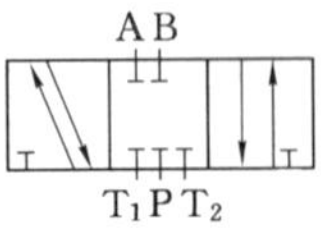 A B T_1 P T_2	能使执行元件在任一位置上停止运动	

(二) 滑阀操纵方式

滑阀式换向阀操纵方式有手动、机动、电磁动、液动和电液动等。

1. 手动换向阀

图 1-5-15 所示为弹簧自动复位的手动换向阀。松开手柄，阀芯靠弹簧力恢复至中位(常位)，适用于动作频繁、持续工作时间较短的场合。手动换向阀操作比较安全，常用于矿山机械和工程机械。

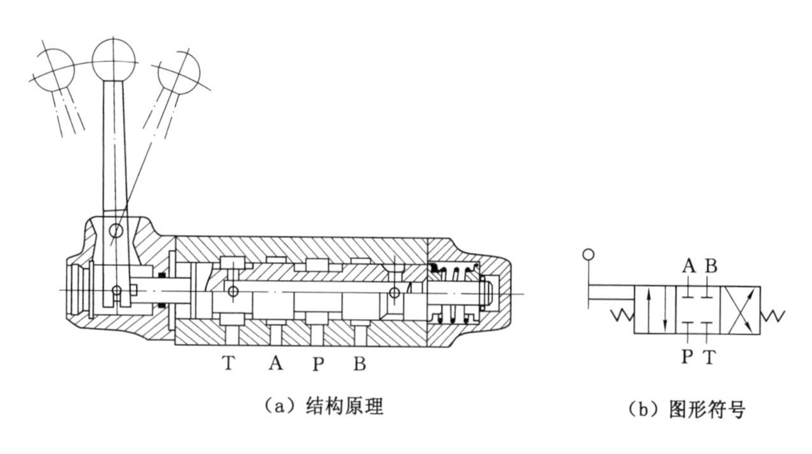

(a) 结构原理　(b) 图形符号

图 1-5-15　手动换向阀(三位四通)

2. 电磁换向阀

电磁换向阀利用电磁铁的吸合力，控制阀芯运动实现油路的换向。电磁换向阀控制方便，应用广泛，但由于液压油通过阀芯时所产生的液动力使阀芯移动受到阻碍，另外由于电磁铁吸合力的限制，电磁换向阀只能用于控制较小流量的场合。

图 1-5-16 所示为二位二通电磁换向阀，阀体上两个沉槽分别与开在阀体上的油口相连(由箭头表示)，阀体两腔由通道相连，当电磁铁未通电时，阀芯 2 被弹簧 3 压向左端位置，顶在挡板 5 的端面上，此时油口 P 与 A 不通；当电磁铁通电时，衔铁 8 向右吸合，推杆 7 推动阀芯向右移动，弹簧 3 压缩，油口 P 与 A 接通。

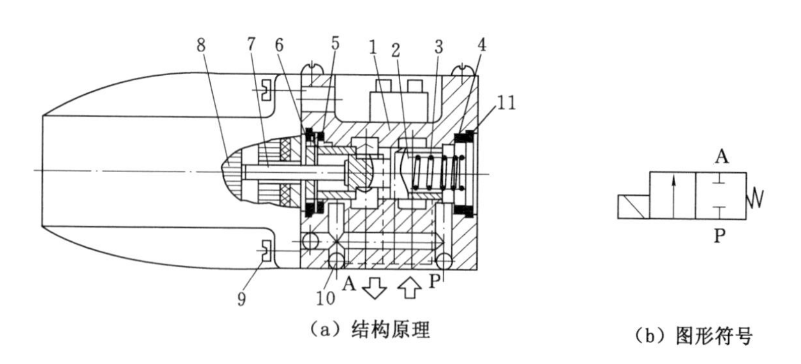

(a) 结构原理　(b) 图形符号

1—阀体；2—阀芯；3—弹簧；4，5，6—挡板；7—推杆；
8—衔铁；9—螺钉；10—钢球；11—弹簧挡圈。

图 1-5-16　电磁换向阀(二位二通)

3. 液动换向阀

液动换向阀利用液压系统中控制油路的压力油来推动阀芯移动实现油路的换向。由于控制油路的压力可以调节以形成较大的推力，因此液动换向阀可以控制较大流量的回路。

图 1-5-17 所示为三位四通液动换向阀。阀芯 2 上开有两个环槽，阀体 1 上开有五个沉槽。阀体的沉槽分别与油口 P、A、B、T 相通（左右两沉槽在阀体内有内部通道相通），阀芯两端有两个控制油口 K_1、K_2 分别与控制油路连通。当控制油口 K_1 与 K_2 均无压力油时，阀芯 2 处于中间位置，油口 P、A、B、T 互不相通。当控制油口 K_1 有压力油时，压力油推动阀芯 2 向右移动，使之处于右端位置，油口 P 与 A 相通，油口 B 与 T 相通；当控制油口 K_2 有压力油时，压力油推动阀芯 2 向左移动，使之处于左端位置，油口 P 与 B 相通，油口 A 与 T 相通。

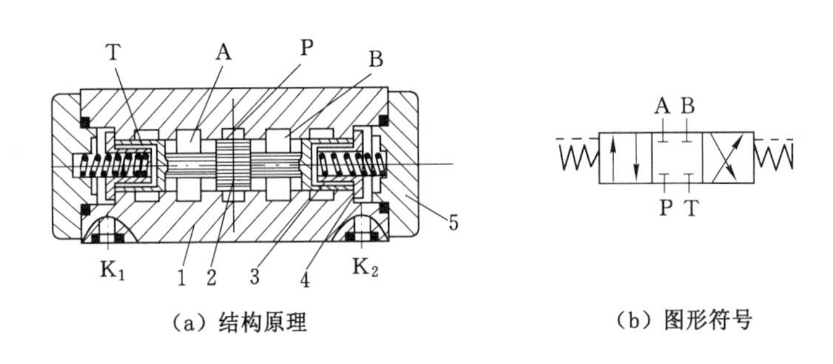

（a）结构原理　　（b）图形符号

1—阀体；2—阀芯；3—弹簧；4—弹簧套；5—阀端盖。

图 1-5-17　液动换向阀（三位四通）

4. 电液动换向阀

电液动换向阀简称电液换向阀，由电磁换向阀和液动换向阀组成，电磁换向阀为 Y 型中位机能的先导阀，用于控制液动换向阀换向；液动换向阀为 O 型中位机能的主换向阀，用于控制主油路换向。

电液换向阀集中了电磁换向阀和液动换向阀的优点，既可方便换向，也可控制较大的液流流量。图 1-5-18 所示为三位四通电液换向阀。当电磁铁 4,6 均不通电时，电磁阀芯 5 处于中位，控制油进口被关闭，主阀芯 1 两端均不通压力油，在弹簧作用下主阀芯处于中位，控制油主油路 P、A、B、T 互不导通。当电磁铁 4 通电、电磁铁 6 断电时，电磁阀芯 5 处于右位，控制油从 P′通过单向阀 2 到达主阀芯 1 左腔；回油经节流阀 7、电磁阀芯 5 流回油箱 T′，此时主阀芯向右移动，主油路 P 与 A 导通，B 与 T 导通。同理，当电磁铁 6 通电、电磁铁 4 断电时，电磁阀芯向左移，控制油压使主阀芯向左移动，主油路 P 与 B 导通，A 与 T 导通。

（三）换向阀中位机能分析

三位换向阀的阀芯在中间位置时，各通口间有不同的连通方式，可满足不同的使用要求，这种连通方式称为换向阀的中位机能。三位四通换向阀常见的中位机能、型号、符号及其特点示于表 1-5-2 中。三位五通换向阀的情况与此相仿。不同的中位机能是通过改变阀芯的形状和尺寸得到的。

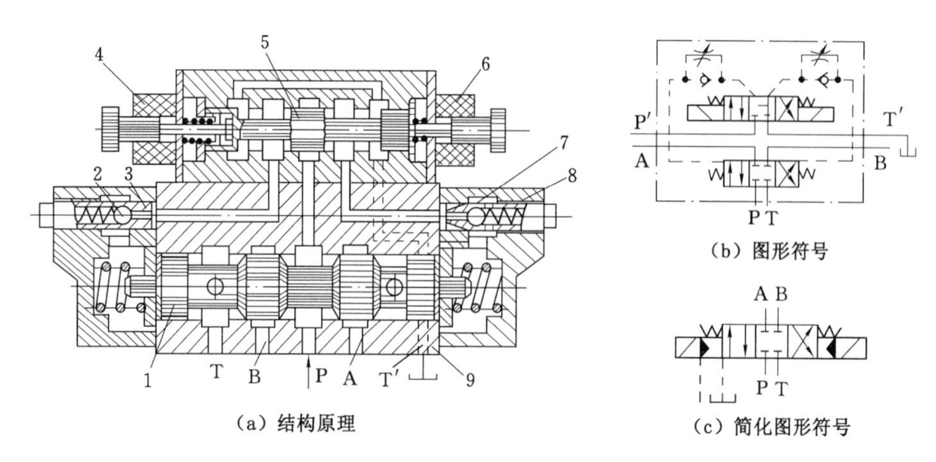

（a）结构原理　（b）图形符号　（c）简化图形符号

1—主阀芯；2，8—单向阀；3，7—节流阀；4，6—电磁铁；5—电磁阀芯；9—阀体。

图 1-5-18　电液换向阀（三位四通）

表 1-5-2　　三位四通换向阀的中位机能

滑阀机能	图形符号	说明
O 型	A B P T	P、A、B、T 口全封闭。液压泵不卸荷，液压缸闭锁，用于多换向阀并联工作
H 型	A B P T	P、A、B、T 口全串通。活塞浮动，在外力作用下可移动，液压泵卸荷
Y 型	A B P T	P 口封闭，A、B、T 口相通。活塞浮动，在外力作用下可移动，液压泵不卸荷
K 型	A B P T	P、A、T 口相通，B 口封闭。活塞处于闭锁状态，液压泵卸荷
M 型	A B P T	P、T 口相通，A、B 口封闭。活塞闭锁，液压泵卸荷，用于多 M 型换向阀并联工作
X 型	A B P T	P、A、B、T 口处于半开启状态。液压泵基本上卸荷，但仍保持一定压力
P 型	A B P T	P、A、B 口相通，T 口封闭。液压泵与液压缸两腔相通，可组成差动回路
J 型	A B P T	P、A 口封闭，B、T 口相通。活塞停止，但在外力作用下可向一侧移动，液压泵不卸荷

续表 1-5-3

滑阀机能	图形符号	说明
C 型	A B P T	P、A 口相通，B、T 口封闭。活塞处于停止位置
N 型	A B P T	P、B 口封闭，A、T 口相通。与 J 型机能相似，只是 A 与 B 互换
U 型	A B P T	P、T 口封闭，A、B 口相通。活塞浮动，在外力作用下可移动，液压泵不卸荷

在分析和选择换向阀的中位机能时，通常应该考虑以下几个方面：

(1) 系统保压。当 P 口被封闭，系统保压，液压泵能用于多缸系统。当 P 口不太通畅地与 T 口接通时(如 X 型)，系统能保持一定的压力供控制油路使用。

(2) 系统卸荷。P 口通畅地与 T 口接通时，系统卸荷。

(3) 换向平稳性和精度。当液压缸的 A、B 两口都封闭时，换向过程易产生液压冲击，换向不平稳，但换向精度高；反之，A、B 两口都通 T 口时，换向过程中工作部件不易制动，换向精度低，但液压冲击小。

(4) 启动平稳性。阀在中位时，液压缸某腔如通油箱，则启动时该腔内因无油液起缓冲作用，启动不太平稳。

(5) 液压缸"浮动"和在任意位置上的停止。阀在中位，当 A、B 两口互通时，卧式液压缸呈"浮动"状态，可利用其他机构移动工作台，调整其位置。当 A、B 两口封闭或与 P 口连接(在非差动情况下)，则可使液压缸在任意位置停下来。

二位四通换向阀的机能与上述相仿。

(四) 多路换向阀

多路换向阀是一种集成化结构的手动控制复合式换向阀，通常由多个换向阀及单向阀、溢流阀、补油阀等组成，其换向阀的个数由多路集成控制的执行机构数目而定，溢流阀、补油阀、单向阀可根据要求装设。多路换向阀以其功能多项、结构集成和操作方便，在矿山机械、冶金机械、工程机械等机械的行走装置中得到广泛应用。

1. 多路阀的结构形式

多路阀的结构形式分为组合式多路阀和整体式多路阀两种。组合式多路阀又叫作分片式多路阀。它由若干片阀体组成，一个换向阀称为一片，用螺栓将叠加的各片连接起来。多路阀可以用很少几种单元阀体组合成多种不同功用的多路阀，以适应多种机械的需要，具有通用性较强、制造工艺性好等特点，但存在阀体积大、片间需密封、阀体容易变形而卡阻阀芯、内泄漏较严重等问题。

整体式多路阀是把具有固定数目的多个换向阀体铸成一个整体，所有换向滑阀及各种阀类元件均装在这一阀体内。阀体内铸出油道，其拐弯处为圆滑过渡，过流损失小，通流能力大，阀体刚性好，阀芯配合精度可得到较大的提高，加工量减小，内外泄漏量小，结构紧凑。缺点是铸造及加工要求工艺性高，清砂工作困难，制造时质量控制难度较大。

2. 多路阀油路连通方式

根据机构工作性能要求，各换向阀之间的油路连接，通常有并联、串联、混联三种方式。

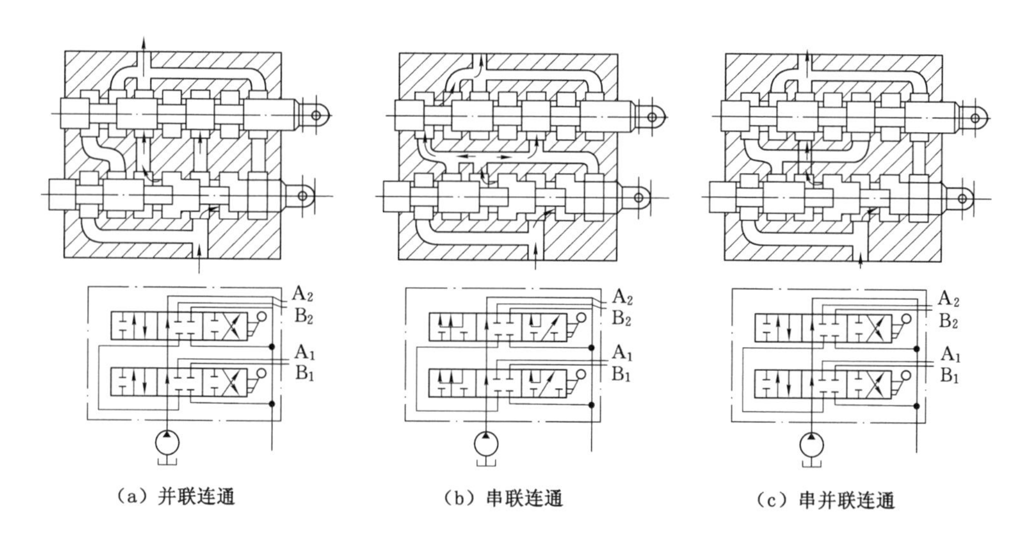

A_1，B_1—第一个执行元件的工作油口；A_2，B_2—第二个执行元件的工作油口。

图 1-5-19　多路阀油路连通方式

图 1-5-19(a)所示为并联油路的多路阀。从系统来的压力油可直接通到各并联滑阀的进油腔，各并联滑阀的回油腔又都直接通到换向阀的总回油口。当采用这种连通方式的多路换向阀同时操作多个执行元件同时工作时，压力油总是先进入油压较低的执行元件。因此，只有执行元件进油腔的油压相等时，它们才能同时动作。并联油路的多路换向阀压力损失较小。

图 1-5-19(b)所示为串联油路连接的多路阀。阀中每一联滑阀的进油腔都和前一联滑阀的中位回油路相通，可使串联油路内数个执行元件同时动作。实现上述动作的条件是，液压泵所能提供的油压要大于所有工作的执行元件两腔压差之和。串联油路的多路换向阀的压力损失较大。

图 1-5-19(c)所示为串并联油路连接的多路阀。阀中每一联滑阀的进油腔都与前一联滑阀的中位回油路相通，每一联滑阀的回油腔则直接与总回油路连接，即各滑阀的进油腔串联，回油腔并联。其特点是，当某一联滑阀换向时，其后各联滑阀的进油路均被切断。因此各滑阀之间具有互锁功能，可以防止误动作。

第五节　电液伺服控制阀

电液伺服控制阀将电信号传递处理的灵活性和大功率液压控制相结合，可对大功率、快速响应的液压系统实现远距离控制、计算机控制和自动控制，用途广泛。

按输出和反馈的液压参数不同，电液伺服阀分为流量伺服阀和压力伺服阀两大类，前者应用远比后者广泛。

电液伺服阀用伺服放大器进行控制。伺服放大器的输入电压信号来自电位器、信号发生器、同步机组和计算机的 D/A 转换器输出的电压信号等。其输出参数即电-机转换器(力矩马达)的电流与输入电压信号成正比。伺服放大器是具有深度电流负反馈的电子放大器,一般包括比较元件、电压放大和功率放大等三部分。电液伺服阀在系统中一般不用于开环控制,系统的输出参数必须进行反馈,形成闭环控制,因而其比较元件至少要有控制和反馈两个输入端。有的电液伺服阀还有内部状态参数的反馈。

图 1-5-20 所示为一典型电液伺服阀,它由电-机转换器、液压控制阀和反馈机构三部分组成。电-机转换器的作用是将伺服放大器输入的电流转换为力矩或力(前者称为力矩马达,后者称为力马达),进而转化为在弹簧支承下阀的运动部件的角位移或直线位移以控制阀口的通流面积大小。

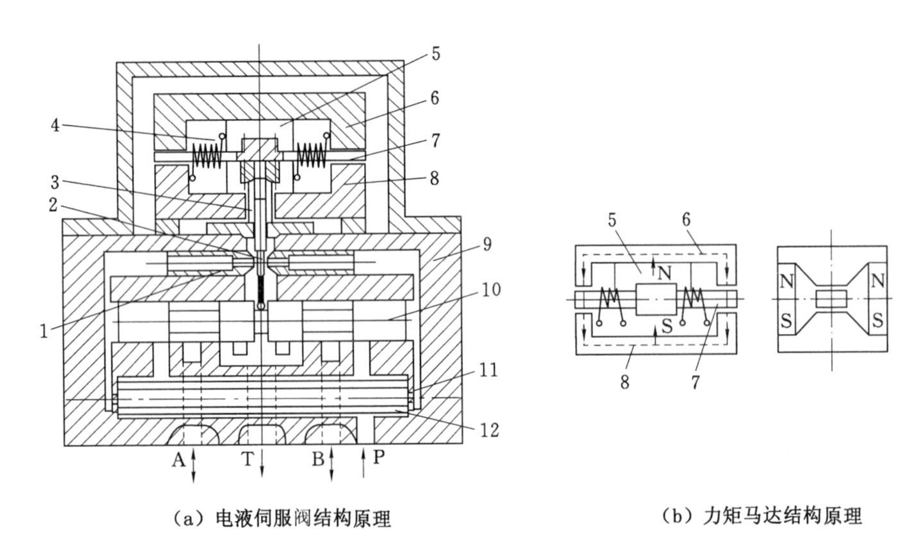

(a) 电液伺服阀结构原理　　(b) 力矩马达结构原理

1—喷嘴;2—挡板;3—弹簧管;4—线圈;5—永久磁铁;
6,8—导磁体;7—衔铁;9—阀体;10—滑阀;11—节流孔;12—过滤器。

图 1-5-20　电液伺服阀

电液伺服阀中的衔铁 7 和挡板 2 为一整体,由固定在阀座上的弹簧管 3 支承。挡板下端的球头插入滑阀 10 的凹槽,前后两块永久磁铁 5 与导磁体 6、8 形成固定磁场。当线圈 4 内无控制电流时,导磁体 6、8 和衔铁间四个间隙中的磁通相等,且方向相同,衔铁受力平衡处于中位。当线圈中有控制电流时,一组对角方向气隙中的磁通增加,另一组对角方向气隙中的磁通减小,于是衔铁在磁力作用下克服弹簧管的弹力,偏移一角度。挡板随衔铁偏转而改变其与两个喷嘴 1 与挡板间的间隙,一个间隙减小,另一个间隙相应增加。

电液伺服阀的液压阀部分为双喷嘴挡板先导阀控制的滑阀式主阀。压力油经 P 口直接为主阀供油,但进喷嘴挡板的油则经过滤器 12 进一步过滤。

当挡板偏转使其与两个喷嘴间隙不等时,间隙小的一侧的喷嘴腔压力升高,间隙大的一侧喷嘴腔压力降低。两腔压差作用在滑阀的两端面上,使滑阀产生位移,阀口开启。这时压力油经 P 口和滑阀的一个阀口并经通口 A 或 B 流向液压缸(或马达),液压缸(或马达)的排油则经通口 B 或 A 和另一阀口并经通口 T 与回油相通。

滑阀移动时带动挡板下端球头一起移动,从而在衔铁挡板组件上产生力矩,形成力反馈,因此这种阀又称力反馈伺服阀。稳态时衔铁挡板组件在驱动电磁力矩、弹簧管的弹性反力矩、喷嘴液动力产生的力矩、阀芯位移产生的反馈力矩作用下保持平衡。输入电流越大，电磁力矩也越大，阀芯位移即阀口通流面积也越大，在一定阀口压差下，通过阀的流量也越大，即在一定阀口压差下，阀的流量近似与输入电流成正比。当输入电流极性反向时，输出流量也反向。

电流伺服阀的反馈方式除上述力反馈外，还有阀芯位置直接反馈、阀芯位移电反馈、流量反馈、压力反馈（压力伺服阀）等多种形式。电液伺服阀内的反馈主要是改善其动态特性，如动压反馈等。

上述电液伺服阀液压部分为二级阀，伺服阀也有单级和三级的，三级伺服阀主要用于大流量场合。图 1-5-19 所示由喷嘴挡板阀和滑阀组成的力反馈型电液伺服阀是典型、普遍的结构形式。电液伺服阀的电-机转换器除力矩马达等动铁式外，还有动圈式和压电陶瓷等形式。

第六节　电液比例控制阀

电液比例控制阀是能使所输出油液的参数（压力、流量和方向）随输入电信号参数（电流、电压）的变化而成比例变化的液压控制阀，它是集开关式电液控制元件和伺服式电液控制元件的优点于一体的新型液压控制元件。

同普通液压元件分类一样，比例控制阀按所控制参数种类的不同，分为比例压力阀、比例流量阀、比例方向阀和比例复合阀。按所控制参数的数量可分为单参数控制阀和多参数控制阀。比例压力阀、比例流量阀属于单参数控制阀，比例复合阀属于多参数控制阀。

由于比例控制阀能使所控制的参数成比例地变化，所以比例控制阀可使液压系统大为简化，所控参数的精度大为提高，特别是高性能电液比例阀的出现，使比例控制阀获得越来越广泛的应用。

比例控制阀由比例调节机构和液压阀两部分组成。前者结构较为特殊，性能也不同于一般的电磁阀；后者与普通液压阀相似。

一、电液比例压力阀

与普通压力阀一样，电液比例压力阀也分为直动式和先导式。在此只介绍先导式电液比例溢流阀。

图 1-5-21 所示为间接检测型先导式电液比例溢流阀结构原理图。可以看出，间接检测式的电液比例溢流阀与传统溢流阀相似，只是将手动调节机构改成了位置调节比例电磁铁。其特点是结构简单，作用在先导阀芯上的压力是经过阻尼孔减压后的进口压力的分压，因此间接检测的信号只是所控信号的局部反馈，主阀芯上的干扰并没有得到及时控制，其压力控制精度不高。

图 1-5-22 所示为直接检测式电液比例溢流阀的结构原理图。由图可知，阀的进口压力直接作用在先导阀的阀芯上，并直接与作用在先导阀芯另一端的电磁力相平衡，从而控制先导阀的开度。同时，再由前置阻尼器 R_1 与先导阀的开口所组成的液压半桥来控制主阀芯阀口的开度。阻尼器 R_3 构成了先导阀与主阀芯之间的动压反馈。由于原理上的改进，直接检测式电液比例阀的动态特性及压力稳定性得到较大的提高。

由分析可知，若将减压阀、顺序阀等压力控制阀的先导阀或调压部分换成比例电磁铁调节方式，就可形成相应的电液比例压力阀。电液比例压力阀可很方便地实现多级调压，因此在多级调压回路中，使用电液比例压力阀可大大简化回路，使系统简洁紧凑，效率提高。

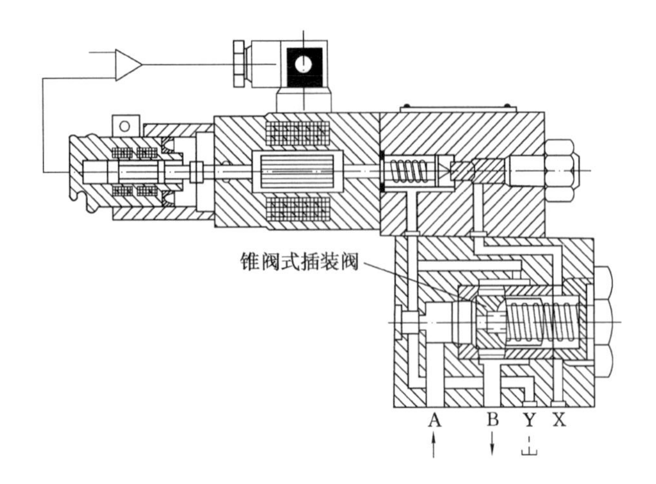

图 1-5-21　间接检测型先导式电液比例溢流阀结构原理图

二、电液比例方向阀

电液比例方向阀能按其输入电信号的正负及幅值大小，同时实现液流的流动方向及流量的控制，因此又称为电液比例方向节流阀。电流比例方向阀按其对流量的控制方式，可分为节流控制型和流量控制型两类；按换向方式可分为直接作用式和先导作用式。

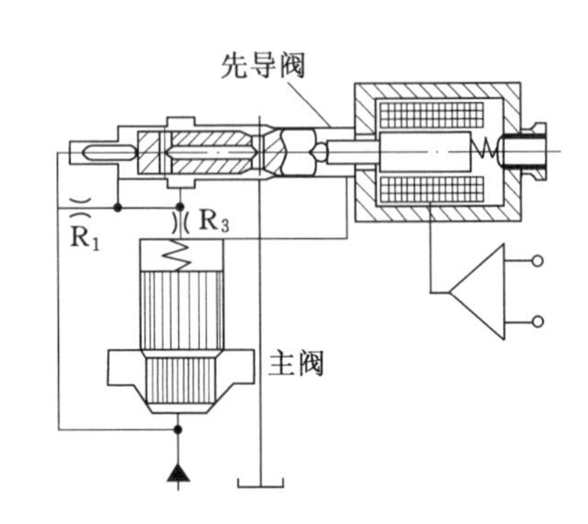

图 1-5-22　直接检测式电液比例溢流阀结构原理图

图 1-5-23 所示为位移-电反馈直接控制式电液比例方向节流阀。此阀由比例放大器 6、阀芯 4、阀体 3、比例电磁铁 2、5 和位移传感器 1 组成。阀芯 4 在阀体内的位置是由比例电磁铁 2 或 5 所输入的电信号的大小决定的。位移传感器 1 可准确测量阀芯所处的位置，当液动力或摩擦力的干扰使阀芯的实际位置与期望达到的位置产生误差时，位移传感器将所测得的误差反馈至比例放大器 6，经比较放大后发出信号，补偿误差，使阀芯最终到达准确位置。这样形成一闭环控制，使比例方向节流阀的控制精度得到提高。当然，直接控制式电流比例方向节流阀只能用于较小流量的系统。

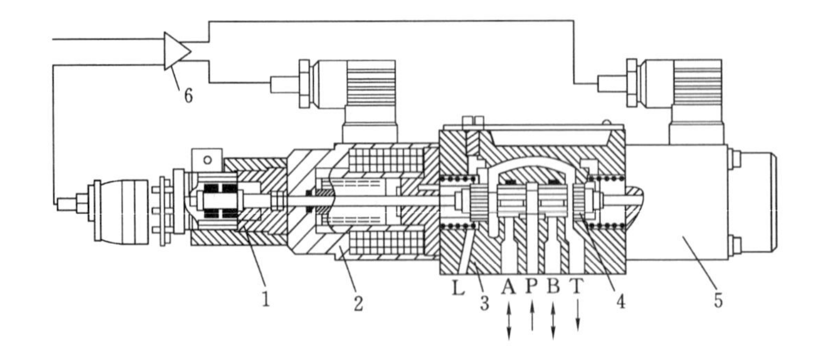

1—位移传感器；2，5—比例电磁铁；3—阀体；4—阀芯；6—比例放大器。

图 1-5-23　位移-电反馈直接控制式电液比例方向节流阀

图 1-5-24 所示为级间无反馈的先导减压式二级比例方向阀的结构原理图。它的先导级是一双向比例三通减压阀，与一个液动式主阀叠加在一起，就构成一个先导式电液比例方向阀。无信号时，主阀芯 11 由一偏置的双向推拉式对中弹簧 1 保持在中位。也有些阀是用两个对称分布在阀芯两端的压力弹簧对中的。用一个偏置弹簧对中的优点是，减少了两个弹簧对中时，由于弹簧参数不尽相同或发生变化而引起阀芯偏离中位的可能性。主阀芯左移和右移时，对中弹簧 1 始终压紧在主阀芯 11 上。

当左边电磁铁 B 接收到控制电信号时，主阀芯控制腔 10 得到一个与控制电信号成正比的控制压力 p，作用在主阀芯的右端面，推动主阀芯 11 左移，直至作用在主阀芯上的液压作用力与对中弹簧 1 的弹簧力平衡为止，P 至 A、B 至 T 的阀口就有了一个与输入电信号成正比的开度。同样，右边电磁铁 A 有输入控制信号时，主阀芯右移，使 P 至 B、A 至 T 的阀口就有一个与输入电信号成正比的开度。这种先导减压型比例节流阀的输出位移与先导级输入信号间或先导级的输出压力间均无级间反馈，是一种开环控制阀。因此，先导级或主阀级的阀芯上所受到的液动力、摩擦力等干扰力对阀的控制精度的影响无法得到抑制。但这种阀制造简单、调整方便，因此还是得到广泛的应用。

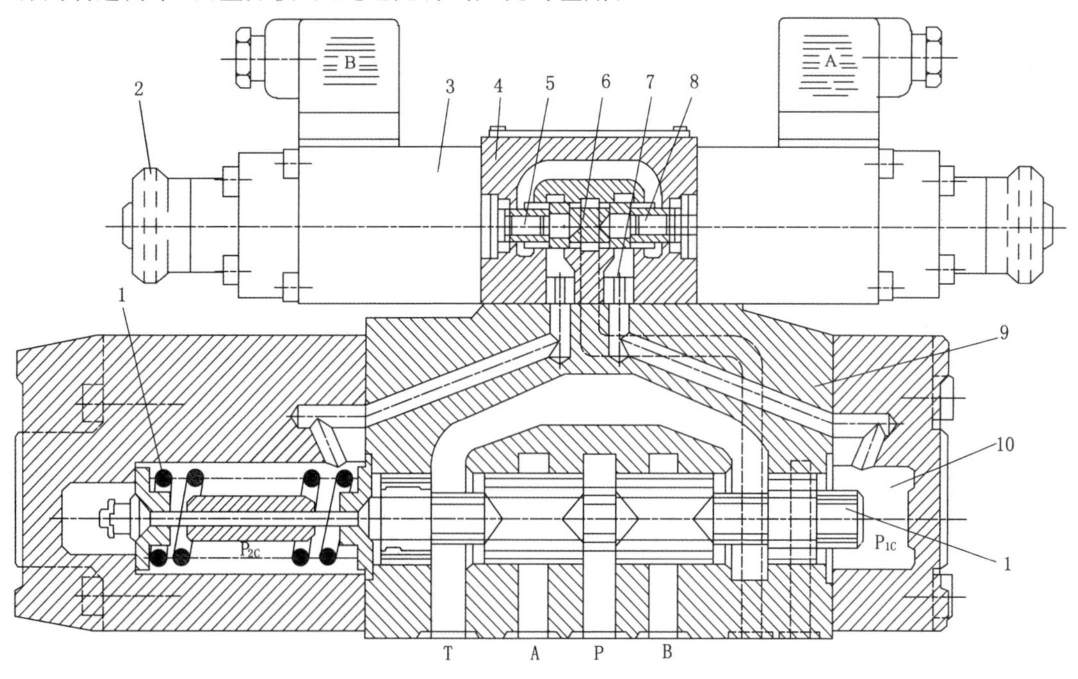

1—对中弹簧；2—手动按钮；3—左(或右)比例电磁铁；4—先导阀体；5—左侧压柱塞；6—先导控制阀芯；7—固定液阻；8—右侧压柱塞；9—主阀体；10—主阀芯控制腔；11—主阀芯。

图 1-5-24　级间无反馈的先导减压式二级比例方向阀

三、电液比例流量阀

(一) 电液比例节流阀

图 1-5-25 所示为一种位移-弹簧力反馈型电液比例节流网，主阀阀芯 1 为插装阀结构。当比例电磁铁输入一定的电流时，所产生的电磁吸力推动先导阀阀芯 4 下移，先导阀阀口开启，于是主阀进口的压力油(压力为 p_A)经阻尼器 R_1 和 R_2、先导阀阀口流至主阀出口。因

阻尼器 R_1 的作用，R_1 前后出现压差，主阀阀芯在两端压差的作用下，克服弹簧力向上位移，主阀阀口开启，进、出油口连通。主阀阀芯向上位移导致复位弹簧 2 反向受压缩，当复位弹簧力与先导阀上端的电磁吸力相等时，先导阀阀芯和主阀阀芯同时处于受力平衡状态，主阀阀口大小与输入电流大小成比例。改变输入电流大小，即可改变阀口大小，在系统中起节流调速作用。

（二）电液比例流量阀

如图 1-5-26 所示的电液比例二通流量阀由比例电磁铁、先导阀、流量传感器、调节器以及阻尼器 R_1、R_2、R_3 等组成。

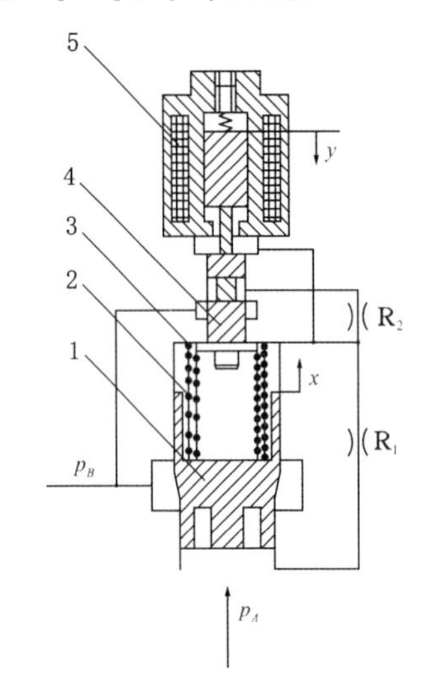

1—主阀阀芯；2—复位弹簧；
3—反馈弹簧；4—先导阀阀芯；5—比例电磁铁。

图 1-5-25　电液比例二通节流阀

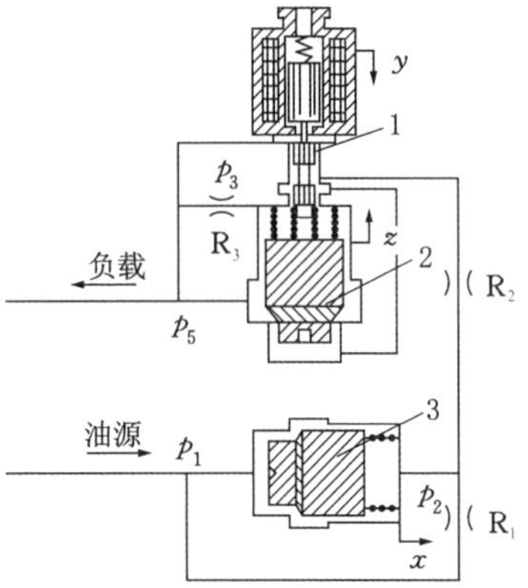

1—先导阀阀芯；2—流量传感器；3—调节器。

图 1-5-26　电液比例二通流量阀

当比例电磁铁无电流信号输入时，先导阀由下端反馈弹簧（内弹簧）支承在最上端位置，此时弹簧无压缩量，先导阀阀口关闭，于是调节器 3 阀芯两端压力相等，调节器阀口关闭，无流量通过。当比例电磁铁输入一定电流信号产生一定的电磁吸力时，先导阀阀芯 1 向下移动，阀口开启，于是液压泵来油经阻尼器 R_1、R_2、先导滑阀阀口到流量传感器的进油口。由于油液流动的压力损失，调节器 3 控制腔的压力 $p_2 < p_1$。当压差（$p_1 - p_2$）达到一定值时，调节器阀芯位移，阀口开启，液压泵来油经调节器阀口到流量传感器 2 进口，顶开阀芯，流量传感器阀口开启。在流量传感器阀芯上移的同时，阀芯位移转换为反馈弹簧的弹簧力通过先导阀阀芯与电磁吸力相比较，当弹簧力与电磁吸力相等时，先导阀阀芯受力平衡。与此同时，调节器阀芯、流量传感器阀芯也受力平衡，阀口满足压力-流量方程。压力油（压力为 p_1）经调节器阀口后降为 p_4，并作为流量传感器的进口压力，流量传感器的出口压力 p_5 由负载决定。

如负载压力 p_5 增大，则流量传感器受力平衡被破坏，阀芯下移，阀口有关小的趋势，这将使反馈弹簧力减小，先导阀阀芯下移，先导阀阀口增大，调节器控制腔压力 p_2 降低，调节器阀口增大使其减压作用减小，于是流量传感器进口压力 p_4 增大，导致流量传感器阀芯上移，阀口重新开大。当流量传感器阀口恢复到原来的开口大小时，先导阀阀芯受力重新平衡，流量阀在新的稳态位置下工作。

第七节　电液数字阀

用数字信号直接控制液压阀口的开启和关闭，从而实现控制液流的压力、流量和方向的液压控制阀，称为电液数字阀（简称数字阀）。数字阀可直接与计算机连接，不需要 D/A 转换器。相对于伺服阀和比例阀而言，数字阀结构简单、工艺性好、价格低廉、抗油液污染能力强、抗干扰能力强、工作稳定可靠、开环控制精度较高且功耗小。因此，在计算机实时控制的电液系统，数字阀已部分取代伺服阀和比例阀。

用数字量控制阀的方法很多，常用的是由脉数调制（Pulse Number Modulation，PNM）演化而来的增量控制方法和脉宽调制（Pulse Width Modulation，PWM）控制方法，因此，根据控制方式不同，数字阀分为增量式数字阀和高速开关式数字阀两大类。

1. 增量式数字阀

增量式数字阀采用步进电动机-机械转换器，利用步进电动机，在脉数调制（PNM）信号的基础上，步进电动机直接用数字量控制，其转角与输入的数字式信号脉冲数成正比，其转速随输入脉冲频率的不同而变化。因为步进电动机是增量控制方式，故称此阀为增量式数字阀。

增量式数字阀按用途分为流量阀、压力阀和方向阀，在此只介绍数字流量阀。

图 1-5-27 所示为增量式数字流量阀的结构及图形符号。步进电动机 1 的转动通过滚珠丝杆 2 转化为轴向位移，带动节流阀阀芯 3 移动，控制阀口的开度，从而实现流量调节。该阀阀口由相对运动的节流阀阀芯 3 和阀套 4 组成。阀套有两个通流孔口，左边为全周开口，右边为非全周开口。节流阀阀芯移动时先打开右边的节流口，得到较小的流量；节流阀阀芯继续移动，则打开左边阀口，流量增大。连杆 5 的热膨胀可起温度补偿作用。零位移传感器 6 使节流阀阀芯在每个控制周期终了时回零位，提高阀的重复精度。图 1-5-28 所示为增量式数字阀控制系统框图。

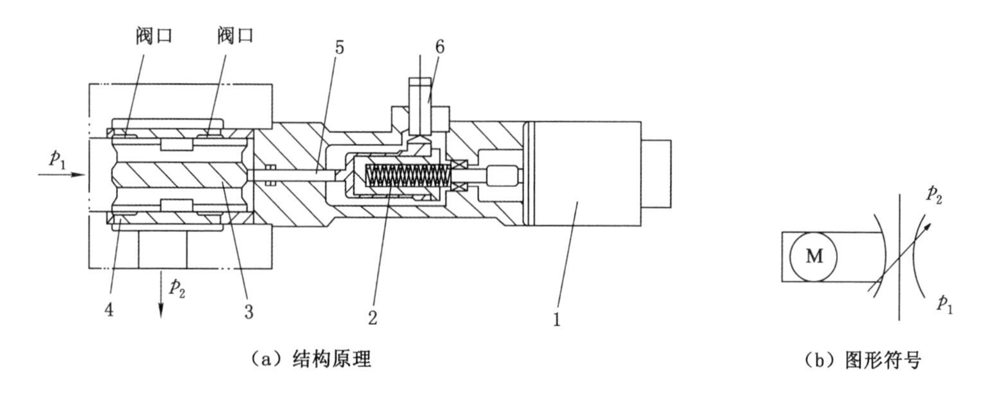

1—步进电动机；2—滚珠丝杆；3—节流阀阀芯；4—阀套；5—连杆；6—零位移传感器。

图 1-5-27　增量式数字流量阀

2. 高速开关式数字阀

高速开关式数字阀的数字信号控制方式为脉宽调制式。高速开关式数字阀是一个快速切换的开关，只有全开、全闭两种工作状态。脉宽调制式数字阀通过脉宽调制放大器将连续信号调制为脉冲信号并进行放大，然后输出给高速开关式数字阀，以开启时间的长短来控制阀的开口大小，就可以控制油液的方向、压力和流量。在需要做两个方向运动的系统中，要用两个数字阀分别控制不同方向的运动。

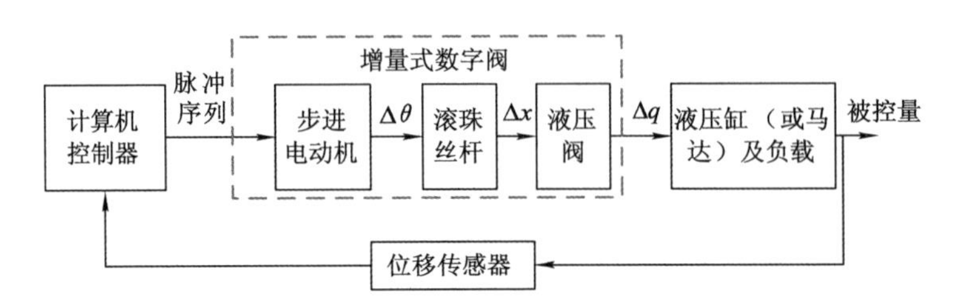

图 1-5-28　增量式数字阀控制系统框图

图 1-5-29 所示为二位二通电磁锥阀型高速开关式数字阀。线圈 4 通电时，衔铁 2 上移，使得锥阀芯 1 开启，压力油从 P 口经阀体流入 A 口。断电时，弹簧 3 让锥阀关闭。阀套 6 上的阻尼孔 5 用以补偿液动力。图 1-5-30 所示为高速开关式数字阀控制系统框图。

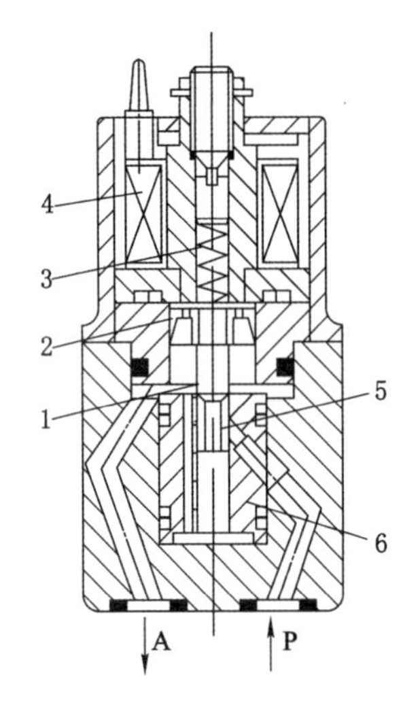

1—锥阀芯；2—衔铁；3—弹簧；4—线圈；5—阻尼孔；6—阀套。

图 1-5-29　高速开关式数字阀

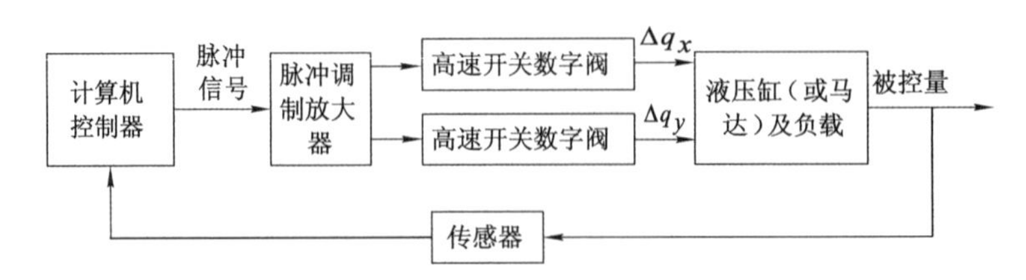

图 1-5-30　高速开关式数字阀控制系统框图

复习思考题

1. 何谓控制阀？它可分为哪几类？

2. 简述直动式溢流阀和先导式溢流阀的工作原理。

3. 作为安全阀使用的溢流阀与溢流定压的溢流阀有何异同？

4. 系统正常工作时，安全阀与溢流阀各处于何种状态？

5. 减压阀的作用是什么？定压减压阀是怎样实现定压减压的？

6. 先导式溢流阀主阀芯的阻尼孔有何作用？可否加大或堵死？为什么？

7. 在液压系统中使用什么元件可以把液压信号转变为电信号？这种液-电信号的转变有何用途？

8. 节流阀的工作原理如何？为什么说用节流阀进行调速会出现速度不稳定现象？

9. 试述调速阀的工作原理。

10. 分流阀是如何实现速度同步的？

11. 试根据液控单向阀的工作原理画出一个液压缸的锁紧回路。

12. 何谓换向阀的“位”和“通”？

13. 按操纵方式，换向滑阀可分为哪几种类型？

14. 按阀芯的运动形式分，换向阀可分为哪两大类？

15. 试画出三位滑阀的常见中位机能，并说出各机能的特点。

16. 说明电液伺服控制阀的原理。

17. 简述电液比例控制阀的原理。

18. 按要求选用换向滑阀：

(1) 要求阀处于中位时液压泵可卸荷。

(2) 要求阀处于中位时不影响其他执行元件动作。

(3) 要求换向平稳。

(4) 要求对液压缸进行差动控制。

(5) 要求阀处于中位时执行元件处于浮动状态。

(6) 要求阀处于中位时可短时锁紧执行元件。

第六章　液压辅助元件

在液压系统中常用的辅助元件包括密封件、油箱、油管及管接头、过滤器、蓄能器、冷却器、加热器等。从液压传动的组成来看，它们只是起辅助作用，但对保证液压系统的正常工作是十分重要的。因此在设计液压系统时，对辅助液压元件必须给予足够的重视。

第一节　密封装置

一、密封装置的作用与基本要求

密封装置的作用是防止液体泄漏（内泄和外泄）或杂质（灰尘、水等）从外部侵入液压系统。在液压传动中，常常由于密封元件选择不当、密封结构设计不良等原因，使得密封失效，造成内外泄漏，污染周围环境，容积效率降低，严重时甚至建立不起压力，系统无法工作；或运动件阻力增加，出现爬行，甚至被卡死而不能工作；或造成外界污物侵入、污染油液、损坏运动零件表面以及堵塞通道等，使液压系统不能正常工作。可见密封装置性能的优劣，关系到液压传动工作的可靠性、效率和性能，在一定程度上反映了液压系统的质量水平。

密封装置应当满足下列基本要求：

（1）在工作压力下具有良好的密封性能，并随着压力的增大能自动提高密封性能。

（2）密封装置对运动零件的摩擦阻力要小，摩擦因数要稳定，以免出现运动零件卡住或运动不均匀等现象。

（3）耐磨性好，工作寿命长。

（4）制造简单，便于安装和维修。

二、密封装置类型

根据密封部分的运动状况，密封装置有静密封（密封部分固定不动）和动密封（密封部分运动）之分，动密封又有往复运动密封和旋转运动密封两种。按照密封工作原理的不同，分为非接触式密封装置和接触式密封装置两大类。

（一）非接触式密封

非接触式密封即间隙式密封，它没有专门的密封元件，是靠控制两个相对运动零件表面间的微小间隙来实现密封的。常见的有阀芯与阀套、柱塞（或活塞）与缸筒的圆柱面间隙密封，液压泵配流盘平面的间隙密封等。

圆柱面间隙密封性能的好坏与间隙大小、压力差，以及配合表面长度、直径和加工质量等因素有关，其中以间隙的大小和均匀性对密封性能影响最大。间隙大小可根据允许的泄漏量进行计算，通常按经验选取，一般推荐的经验值是每 2.5 mm 直径上有 0.001 mm 的间隙。

间隙密封零件（如柱塞或活塞）的配合表面上常开几条等距离的均压槽，不仅可以大大减小作用于柱塞上的液压卡紧力，而且可以提高柱塞与缸孔的同心度，保持密封间隙均匀，减少泄漏流量，提高其密封性能。

间隙密封的特点是结构简单，摩擦阻力小，但不可避免有泄漏存在，而且长期工作后，磨损会使间隙加大，密封性能降低。所以间隙密封只用于某些特定的场合。

（二）接触式密封

在需要密封的两个零件配合表面间，加入弹性元件来实现的密封，称为接触式密封。由于接触式密封效果好，且能在较大的压力和温度范围内可靠地工作，因此成为液压元件密封中应用最广泛的密封装置。接触式密封所用的弹性元件，最常见的是O形密封圈和各种唇形密封圈以及活塞环等，此外还有液压支架、液压缸中使用的蕾形密封圈和鼓形密封圈。

三、常用密封元件的结构和性能

（一）O形密封圈

O形密封圈是断面呈圆形的橡胶环，具有结构简单、使用方便的优点，应用范围最广。其密封原理如图1-6-1所示。O形密封圈安装后，由于$h<d_0$，在密封面与密封槽的作用下被压缩。在压力油作用下，O形圈被挤到槽口的一侧并紧贴在槽壁和密封面上，如图(c)所示。这样就增加了密封面的接触压力，提高了密封效果。在运动密封中，主要用于工作条件好且运动平稳的中低压液压缸中，当压力超过10 MPa时，O形圈会被挤入低压侧的间隙中而损坏。此种情况下，应在低压侧加挡圈，如图(d)所示。如双向均受压力作用，O形圈两侧均应加挡圈，如图(e)所示。使用挡圈后，可用于20～30 MPa压力下往复运动的密封。挡圈常用聚四氟乙烯、尼龙等材料制成。

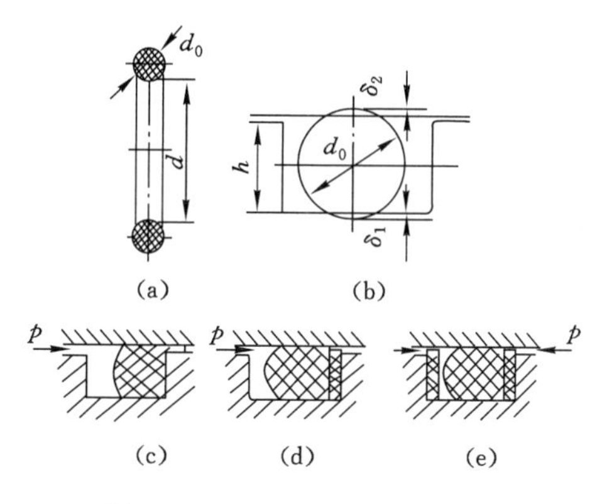

图1-6-1　O形密封圈密封原理

（二）Y形密封圈

Y形密封圈一般由丁腈橡胶制成，其结构如图1-6-2(a)所示。适宜在工作压力小于20 MPa、温度为−30～80 ℃的条件下工作，其密封性能可靠、摩擦力小，宜用于往复运动速度较高的场合。使用时应使Y形密封圈的唇边对着压力油侧，当压力波动较大、运动速度较快时，为防止密封圈产生翻转和扭曲，须用支撑环固定，如图(d)所示。在Y形圈的基础上又制出Y_x形密封圈，如图(b)、图(c)所示，它的内外两个唇边长度不等，用于密封的唇边较短，因此在工作时该唇边不会被挤入密封间隙而损坏，工作时不会翻转，也不需要另加支撑环。Y_x形密封圈正逐步取代Y形密封圈。

（三）V形密封圈

V形密封圈因其密封圈断面呈V形而得名，它由多层涂胶织物制成，并由支撑环1、密封圈2和压圈3组成，如图1-6-3所示。使用时，需成组装配，其中密封圈不得少于三个，工作压力越高，密封圈的个数越多。安装时其开口侧应朝向高压侧，并用螺纹压盖压紧。V形密封圈密封性能好、耐高压且工作可靠，可在压力50 MPa以上使用，但安装空间较大，摩擦力也比较大。

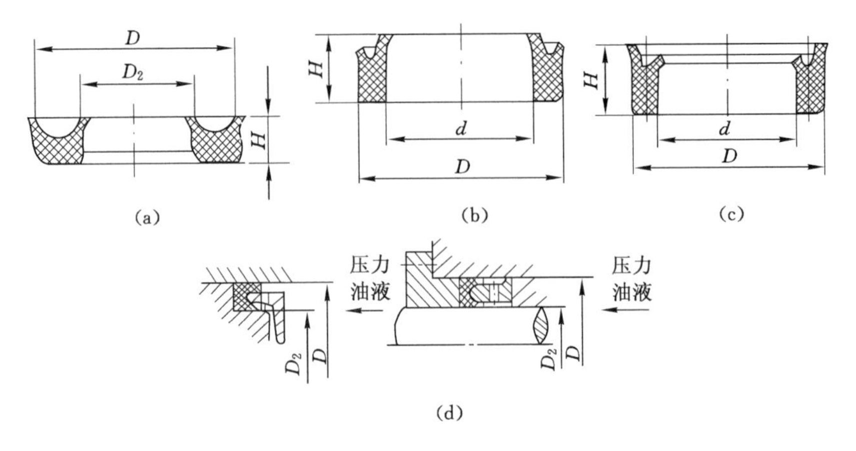

图 1-6-2　Y 形密封圈

（四）鼓形密封圈

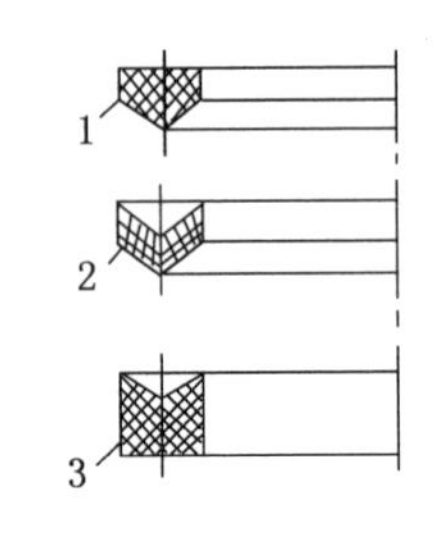

1—支撑环；2—密封圈；
3—压圈。

图 1-6-3　V 形密封圈

鼓形密封圈是为液压支架专门研制的橡胶密封圈，大量应用在我国自行设计液压支架的液压缸密封上。其结构如图 1-6-4 所示，截面呈鼓形，芯部为橡胶 1，外层为夹布橡胶 2，用于介质为乳化液、工作压力为 20～60 MPa 的液压缸活塞的往复运动密封。当压力超过 25 MPa 时，应在两侧加由聚甲醛制成的 L 形活塞导向环。

（五）蕾形密封圈

蕾形密封圈也是为液压支架液压缸研制的密封件，适用于液压支架中液压缸缸口与活塞杆的密封。其结构如图 1-6-5 所示，由橡胶 1 和夹布橡胶 2 两部分压制而成。使用工作压力与鼓形密封圈相同，当压力超过 25 MPa 时，应加聚甲醛挡圈。

1—橡胶；2—夹布橡胶。

图 1-6-4　鼓形密封圈

1—橡胶；2—夹布橡胶。

图 1-6-5　蕾形密封圈

（六）组合密封装置

随着技术的进步和设备性能的提高，液压系统对密封的要求越来越高，普通的密封圈单独使用已不能满足需要，因此研究和开发了包括密封圈在内的两个以上元件组成的组合密封装置。

图 1-6-6(a)所示为由 O 形密封圈与截面为矩形的聚四氟乙烯塑料滑环组成的组合密封装置。滑环 2 紧贴密封面，O 形密封圈 1 为滑环提供弹性预压力，在介质压力等于零时构成密封。由于密封间隙靠滑环而不是 O 形圈，因此摩擦阻力小且稳定，可用于 40 MPa 的高压。往复运动密封时，速度可达 15 m/s；往复摆动与螺旋运动密封时，速度可达 5 m/s。矩

形滑环组合密封的缺点是抗侧倾能力稍差，在高低压交变的场合下工作时易泄漏。

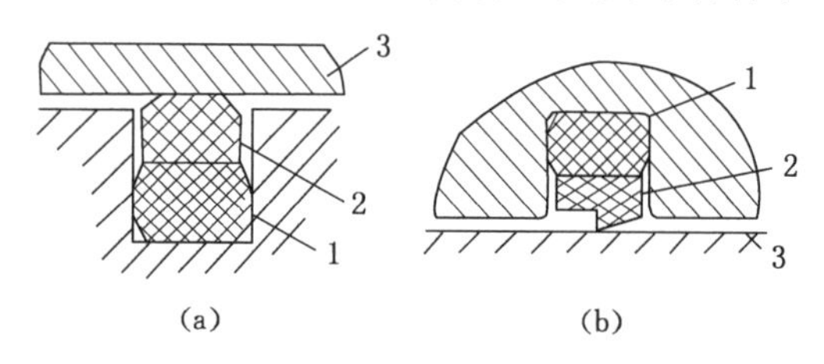

1—O 形密封圈；2—滑环；3—被密封件。

图 1-6-6　组合密封装置

图 1-6-6(b)所示为由滑环 2 和 O 形密封圈 1 组成的轴用组合密封。由于滑环 2 与被密封件 3 之间为线密封，故其工作原理类似唇边密封。滑环采用经特别处理的合成材料，具有极高的耐磨性、低摩擦和保形性，工作压力可达 80 MPa。

组合密封装置充分发挥了橡胶密封圈和滑环的各自长处，不仅工作可靠、摩擦力低、稳定性好，而且使用寿命比普通橡胶密封提高近百倍，已在工程上得到广泛应用。

第二节　油　　箱

油箱的主要作用是用来储存液压系统中的工作液体，并兼有散热、沉淀杂质、分离混入油液中的水和气体以及为系统中元件提供安装平台等。

一、油箱的分类

油箱可分为开式油箱和闭式油箱。开式油箱是油箱液面和大气相通的油箱。闭式油箱是油箱液面和大气隔绝，整体密封，在顶部有一充气管，送入压缩空气。闭式油箱的优点是泵的吸油条件较好，但系统的回油管和泄油管要承受背压。油箱还须设安全阀、压力表等元件以稳定充气压力，所以它只在特殊场合使用。

开式油箱又分为整体式和分离式油箱两种结构。整体式油箱通常是利用主机的内腔或底座作为油箱，其特点是结构紧凑、元件的漏油容易回收，但维护不便，散热条件差，且易对主机的精度和性能产生影响。分离式油箱单独设置一个供油泵站，与主机分开，维护方便，减少了油箱发热和液压源的振动对主机精度及性能的影响，应用较为广泛。

二、油箱的典型结构

图 1-6-7 所示为开式油箱的典型结构。它由箱体 1，箱盖 2，注油口 3，空气滤清器 4，隔板 5、6、7，吸油管 8，回油管 9，液位计 10，放油塞 11 和永久磁铁 12 等组成。油箱中的隔板起着沉淀杂质、分离水分和散热的作用。

三、油箱设计要点

(1) 必须具有足够的有效容积。有效容积是指液面高度为油箱 80%的油箱容积，一般推荐低压系统为液压泵额定流量的 2～4 倍，中压系统为 5～7 倍，高压系统为 6～12 倍。

(2) 液压泵吸油管和系统回油管间的距离应尽量远，应当用几块隔板隔开，以增加油液的循环距离，以便油液中的污物和气泡充分沉淀或析出。隔板的高度不得低于液面高度四分之三。

(3) 液压泵的吸油管应安装过滤器，过滤器与箱底的距离不应小于 20 mm，过滤器不应露出液面，防止液压泵吸空产生噪声。回油管要插入液面以下，以防空气混入，且不能距箱底太近，其距离应大于管径的 2 倍。

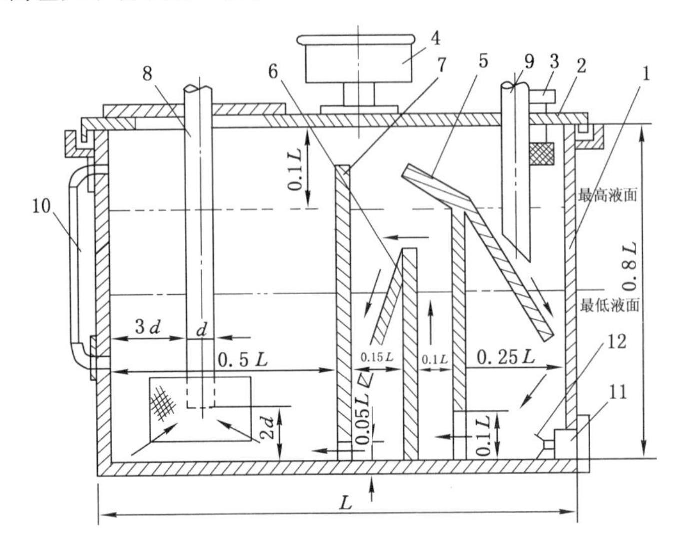

1—箱体；2—箱盖；3—注油口；4—空气滤清器；5，6，7—隔板；8—吸油管；9—回油管；10—液位计；11—放油塞；12—永久磁铁。

图 1-6-7　开式油箱结构

(4) 为使油液清洁，在注液口应设置过滤器。在箱内最好安装永久磁铁，以吸附铁屑。

(5) 油箱应安装液面高度计和温度计，以观察液体的数量和温度。顶部应设通气孔和空气滤清器，以防止系统工作时，油箱内液面波动造成压力的变化。

(6) 油箱底部应有坡度，箱底和地面间应有一定距离，箱底最低处应设置放油塞。

(7) 油箱焊接完后，对内壁要进行喷丸处理，并涂以耐油涂料。

(8) 为防止油液污染，盖板及窗口各连接处均需要密封垫，各油管通过箱体的孔都要加密封圈。

第三节　油管和管接头

油管和管接头的主要功用是连接液压元件和输送液压油。主要要求是有足够的强度、密封性能好、压力损失小和拆装方便。

一、油管

液压传动中常用的油管可分为硬管和软管两类，需要依据其安装位置、工作条件和工作压力来正确选用。

硬管用于连接无相对运动的液压元件，主要有钢管、紫铜管等。钢管承受压力高，但装配时不能任意弯曲，常在拆装方便处用作压力管道。在低压系统中可使用焊接钢管，在中高压系统中多采用无缝钢管。紫铜管易弯曲成各种形状，但承受压力一般不超过 10 MPa，抗振能力较差，又易使油液氧化，通常用在液压装置内配接不便之处。

软管主要有尼龙管、塑料管和橡胶管等，用于连接有相对运动的液压元件，在采煤机和液压支架上都可见到这类油管。低压软管是中间夹有几层编织棉线或麻线的橡胶管，而高压软管是中间夹有几层钢丝编织层的橡胶管。常用高压软管中的编织层多为 1～2 层。还有 3～4 层钢丝的超高压软管，它们内径通常较小。钢丝缠绕式软管的耐压能力更高。

二、管接头

在液压系统中，金属管之间或金属管与液压元件的连接可采用焊接、法兰连接和螺纹连接。而橡胶软管与金属管或液压元件的连接均采用橡胶管接头连接。管接头类型和规格已标准化，可根据需要选用。

（一）卡套式管接头

如图 1-6-8 所示，由接头体 1、油管 2、螺母 3 和卡套 4、密封圈 5 等组成。油管 2 与接头体间用卡套密封，接头体与液压件间靠组合密封垫圈密封。卡套内圆端部是带锋利刃口的合金环[图(b)]，当卡套被螺母压紧时，卡套刃口便切入油管外表面，同时卡套产生变形而拱起与接头体内表面接触，形成球面密封[图(c)]。卡套刃口切入油管是连接和密封的关键，卡套刃口应锋利并有足够的弹性和强度，故加工和热处理要求较高。该管接头可用于工作压力达 32 MPa 的场合。

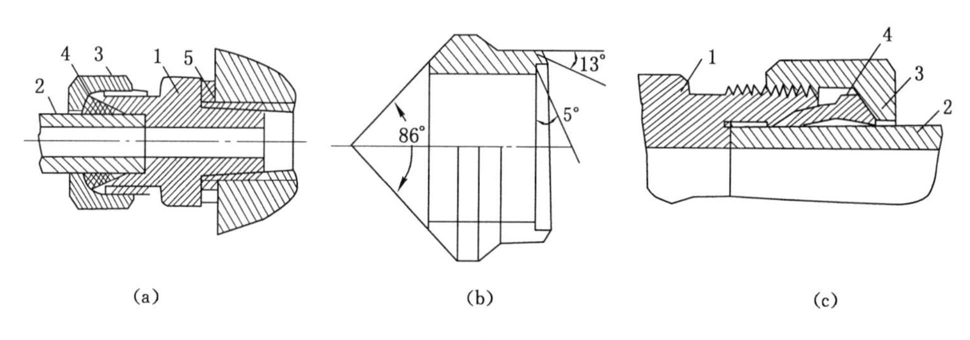

1—接头体；2—油管；3—螺母；4—卡套；5—密封圈。

图 1-6-8　卡套式管接头结构原理图

（二）橡胶软管接头

橡胶软管接头有扣压式和可拆式两种，如图 1-6-9 所示。图(a)所示为扣压式接头，它由接头螺母 1、接头芯 2、外套 3 和胶管 4 等组成。该接头工作可靠、耐冲击和振动，使用最广，但拆开后不能重复使用。图(b)所示为可拆式胶管接头，由接头螺母 1、接头芯 2、外套 3 和胶管 4 等组成。装配时先将胶管外胶剥去一段，将外套套在胶管上并用力拧入接头芯，利用接头芯的胀量和外套锯齿形的内锥面把胶管夹紧。此种接头装配时不需专门工具，装配后可拆卸，但可靠性较差，仅用于小管径胶管。

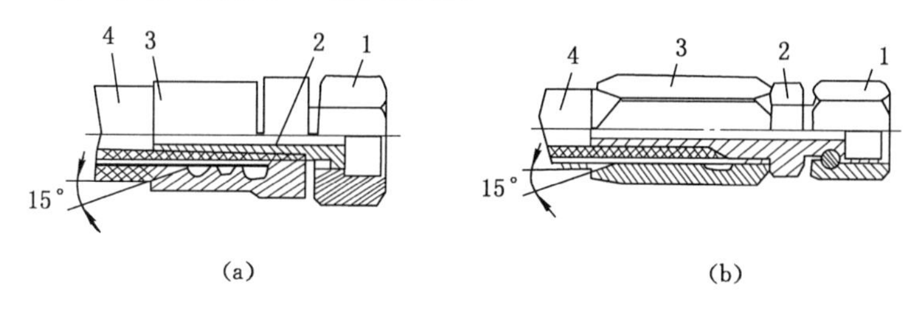

1—接头螺母；2—接头芯；3—外套；4—胶管。

图 1-6-9　橡胶软管接头结构原理图

(三) 快速接头

如图 1-6-10 所示，在胶管接头 1 的端部用 O 形密封圈 2 密封，用 U 形卡 3 把接头和液压元件的接口连接起来，即成快速接头。

U 形卡快速接头拆卸方便、密封性能好，作为液压支架的胶管连接接头大量使用。

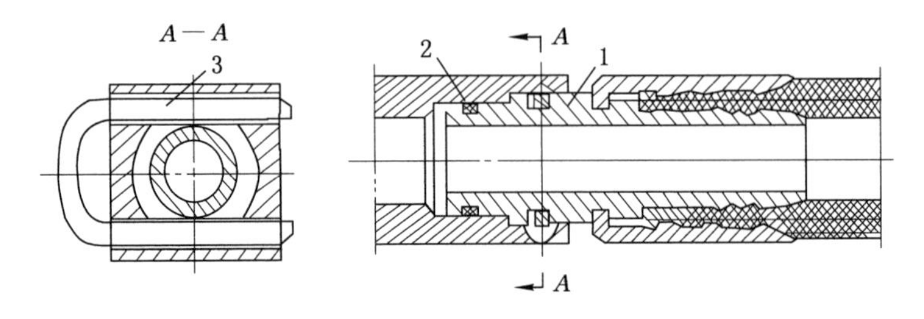

1—胶管接头；2—密封圈；3—U 形卡。

图 1-6-10　U 形卡快速管接头结构原理图

第四节　过　滤　器

一、过滤器的功用及类型

(一) 过滤器的功用

过滤器的功用是过滤混在油液中的杂质，把杂质颗粒大小控制在能保证液压系统正常工作的范围内。

(二) 过滤器的类型

过滤器依其滤芯材料的过滤机制分表面型、深度型和吸附型三种。

1. 表面型过滤器

表面型过滤器过滤功能是由一个几何面来实现的。滤芯材料具有均匀的标定小孔，可以滤除比小孔尺寸大的杂质。网式过滤器、线隙式过滤器属于这种类型的过滤器。

2. 深度型过滤器

深度型过滤器滤芯多由可透性材料制成，内部具有曲折迂回通道。大于表面孔径的杂质积聚在外表面，较小的杂质进入滤材的内部，撞到通道上被吸附。纸芯式过滤器、烧结式过滤器、毛毡式过滤器等属于这种类型的过滤器。

3. 吸附型过滤器

吸附型过滤器滤芯材料把油液中的有关杂质吸附在其表面，如磁芯可吸附油液中的铁屑。

二、过滤器的结构

图 1-6-11(a)所示为网式过滤器的结构。它由细铜丝网 1 作为过滤材料，包在周围有很多窗孔的塑料或金属筒形骨架 2 上。图 1-6-11(b)所示为线隙式过滤器，4 是壳体，滤芯是每隔一定距离冲扁的铜丝或铝丝 3 绕在筒形骨架的外圆上，利用线间缝隙进行过滤。

图 1-6-12(a)所示为纸芯式过滤器，它由平纹或波纹微孔滤纸制成的纸芯 1 包在由铁皮制成的骨架 2 上而形成，油液从外侧进入滤芯后流出。图 1-6-12(b)所示为烧结式过滤器，杯状滤芯 3 由金属粉末烧结而成，油液从左侧油孔进入，经纸芯过滤后，从下部油孔流出。

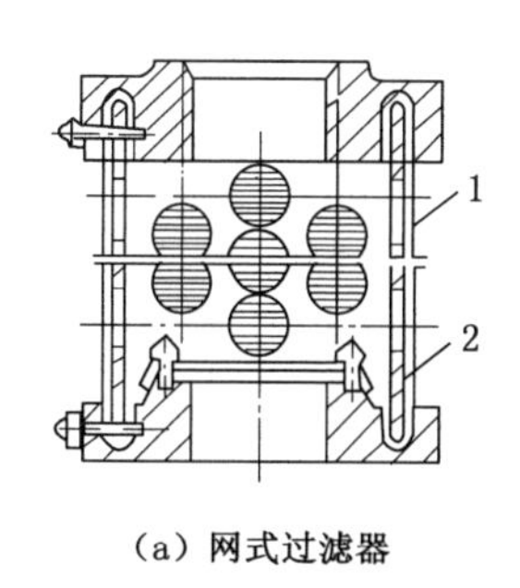

(a) 网式过滤器

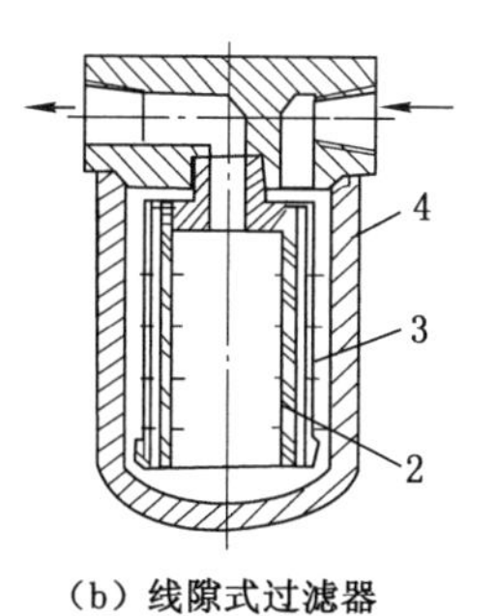

(b) 线隙式过滤器

1—细铜丝网；2—筒形骨架；3—铜丝或铝丝；4—壳体。

图 1-6-11　表面型过滤器

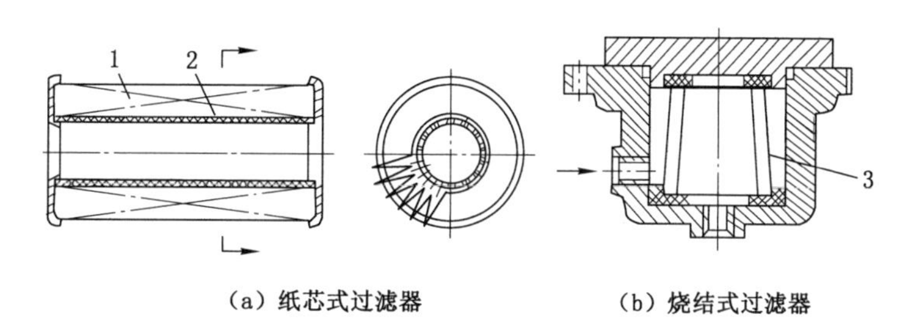

(a) 纸芯式过滤器　　(b) 烧结式过滤器

1—纸芯；2—骨架；3—杯状滤芯。

图 1-6-12　深度型过滤器

三、过滤器的选用

过滤器的基本作用就是使系统中的油液保持清洁。要滤去油液中的全部污粒既不可能也不必要，通常是根据系统的工作要求和元件的精度来限制油液中所允许的固体污粒的大小和含量。过滤精度是指过滤器对各种不同尺寸杂质颗粒的滤除能力。国际标准化组织将过滤比作为评定过滤器过滤精度的指标。过滤比是指过滤器上游油液单位容积中大于某一给定尺寸的颗粒数与下游油液单位容积中大于同一尺寸的颗粒数之比。按绝对过滤精度(能通过滤芯的最大球形颗粒的尺寸，单位是 μm)将过滤器分为粗过滤器(≥100)、普通过滤器(10～100)、精过滤器(5～10)和特精过滤器(1～5)四个等级。

选择过滤器时，主要根据液压系统的技术要求及过滤器的特点综合考虑来选择。考虑的因素有：

(1) 系统的工作压力。系统的工作压力是选择过滤器精度的主要依据之一。系统的工作压力越高，液压元件的配合精度越高，所需要的过滤精度也就越高。

(2) 系统的流量。过滤器的通流能力是根据系统的最大流量来确定的。一般过滤器的额定流量不能小于系统的流量，否则过滤器的压力损失会增加，过滤器易堵塞，寿命也会缩短。但过滤器的额定流量越大，其体积也越大，因此应选择合适的流量。

(3) 滤芯的强度。过滤器滤芯的强度是一重要指标。不同结构的过滤器有不同的强度。在高压或冲击大的液压回路，应选用强度高的过滤器。

四、过滤器的安装位置

过滤器的安装位置是根据系统的需要而确定的，一般可安装在多种位置上。

（一）安装在液压泵的吸油口

如图 1-6-13(a)所示，在泵的吸油口安装过滤器，可以保护系统中的所有元件，但由于受泵吸油阻力的限制，只能选用压力损失小的网式过滤器。

（二）安装在液压泵的出油口

如图 1-6-13(b)所示，这种安装方式可以有效地保护除泵以外的其他液压元件，但由于过滤器在高压下工作，滤芯需要有较高的强度。为了防止过滤器堵塞而引起液压泵过载或过滤器损坏，常在过滤器旁设置一堵塞指示器或旁路阀加以保护。

（三）安装在回油路上

如图 1-6-13(c)所示，将过滤器安装在系统的回油路上。这种方式可以把系统内油箱或管壁氧化层的脱落或液压元件磨损所产生的颗粒过滤掉，以保证油箱内液压油的清洁，使泵及其他元件受到保护。由于回油压力较低，所需过滤器强度不必过高。

（四）安装在支路上

如图 1-6-13(d)所示，主要安装在溢流阀的回油路上，这时不会增加主油路的压力损失，过滤器的流量也可小于泵的流量，比较经济合理。但不能过滤全部油液，也不能保证杂质不进入系统。

（五）单独过滤

如图 1-6-13(e)所示，用一个液压泵和过滤器单独组成一个独立于系统之外的过滤回路，这样可以连续清除系统内的杂质，保证系统内清洁。一般用于大型液压系统。

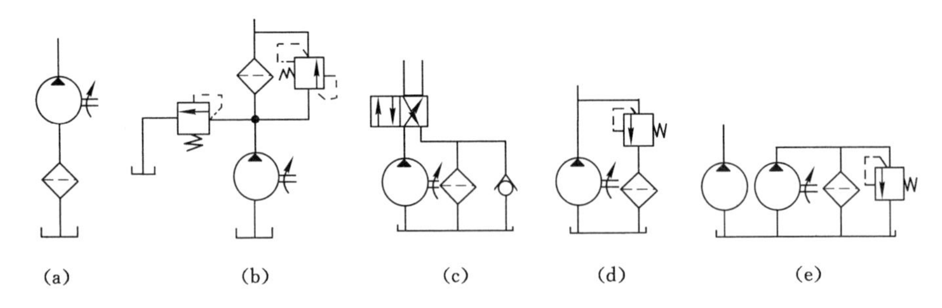

图 1-6-13　过滤器的安装位置

第五节　蓄能器和热交换器

一、蓄能器

（一）蓄能器的功能

在液压系统中，蓄能器主要用来储存油液的压力能，它的主要功用如下。

1. 作为辅助动力源

在某些实现周期性动作的液压系统中，其动作循环的不同阶段所需的流量变化很大时，可采用蓄能器。在系统不需要大量油液时，把液压泵输出的多余压力油储存在蓄能器内；而当系统需要大量油液时，蓄能器快速释放储存在内的油液和液压泵一起向系统输油。这样就可使系统选用流量等于循环周期内平均流量的较小的液压泵，而不必选用最大流量的泵。这样，减少了电动机的功率消耗，降低了系统的温升。

另外，在驱动液压泵的原动机发生故障时，蓄能器作为应急动力源向系统输油，可避免某些意外事故发生。

2. 维持系统压力

在某些需要较长时间内保压的液压系统中，当液压泵停止运转或进行卸荷时，蓄能器能把储存的压力油供给系统，补偿系统的泄漏，并在一段时间内维持系统的压力。

3. 减小液压冲击或压力脉动

在液压泵突然启停、液压阀突然开闭、液压缸突然运动或停止时，系统会产生液压冲击。把蓄能器装在发生液压冲击的地方，可有效地减小液压冲击的峰值。在液压泵的出口处安装蓄能器，可吸收液压泵工作时的压力脉动，有助于提高系统工作的平稳性。

（二）蓄能器的类型和结构

蓄能器主要有重锤式、充气式和弹簧式三种类型。这里只介绍应用广泛的充气式蓄能器。

充气式蓄能器是利用气体的压缩和膨胀来储存和释放能量。为安全起见，所充气体一般为惰性气体或氮气。常用的充气式蓄能器有活塞式和气囊式两种。

1. 活塞式蓄能器

图 1-6-14(a)所示为活塞式蓄能器结构图。压力油从 a 口进入，推动活塞，压缩活塞上腔的气体储存能量。当系统压力低于蓄能器内压力时，气体推动活塞，释放压力油，满足系统需要。活塞式蓄能器具有结构简单、工作可靠、维修方便等特点，但由于缸体的加工精度较高，活塞密封件易磨损，活塞受惯性及摩擦力的影响，使得其存在造价高、易泄漏、灵敏程度差等缺陷。

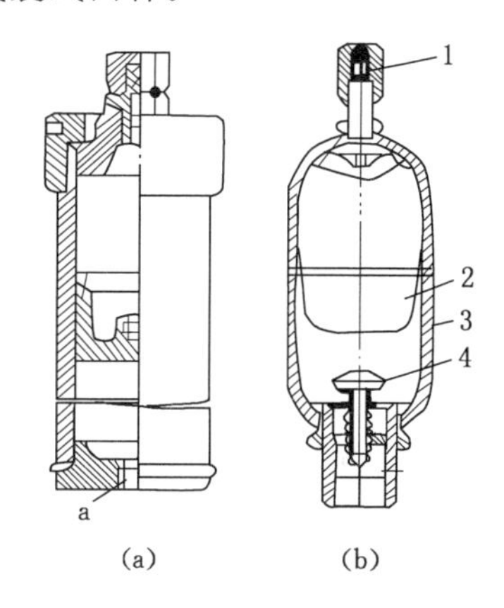

1—充气阀；2—气囊；
3—壳体；4—限位阀。

图 1-6-14　充气式蓄能器

2. 气囊式蓄能器

图 1-6-14(b)所示为气囊式蓄能器结构图。由图可知，气囊 2 安装在壳体 3 内，充气阀 1 为气囊充入氮气，压力油从入口顶开限位阀 4 进入蓄能器压缩气囊，气囊内的气体被压缩而储存能量。当系统压力低于蓄能器压力时，气囊膨胀使压力油输出，蓄能器释放能量。限位阀的作用是防止气囊膨胀时从蓄能器油口处凸出而损坏。气囊式蓄能器的特点是气体与油液完全隔开，气囊惯性小，反应灵活，结构尺寸小，质量轻，安装方便，是目前应用最为广泛的蓄能器之一。

（三）蓄能器的选用和安装

蓄能器主要依其容量和工作压力来进行选择。

安装蓄能器时应注意以下几点：

(1) 安装位置随其在液压系统中的功能而异，用以吸收液压冲击或压力脉动的蓄能器宜安装在冲击源或脉动源的附近；用以补油保压的蓄能器应尽可能靠近有关的执行元件处。

(2) 气囊式蓄能器应竖直安装，油口向下，以利用气囊的正常伸缩。只有在空间位置受限制时才允许倾斜或水平安装。

(3) 安装在管路中的蓄能器须用支架加以固定。

(4) 蓄能器与管路系统之间应安装截止阀,以利于蓄能器的充气与检修。蓄能器和液压泵之间应安装单向阀,以防止液压泵停转或卸荷时,蓄能器内的压力油向液压泵倒流。

另外,在使用蓄能器时还应注意以下几点:

(1) 充气式蓄能器应使用惰性气体,一般为氮气。允许的工作压力视蓄能器的结构形式而定,如气囊式蓄能器为 3.5～32 MPa。

(2) 不同的蓄能器各有其适用的工作范围。例如,气囊式蓄能器的气囊因强度不高,故不能承受很大的压力波动,并只能在－20～70 ℃的温度范围内工作。

二、热交换器

液压系统工作时的能量损失转化为热量,一部分通过油箱和装置的表面向周围空间散发,而大部分使油液的温度升高。一般希望液压系统的油温保持在 30～50 ℃范围内,最高不超过 65 ℃。如环境温度低,油温最低不得低于 15 ℃。因此,如液压系统靠自然冷却不能使油温控制在上述范围内时,系统就需要安装冷却器;相反,如油温过低而无法启动液压泵,或系统不能正常工作时,就需安装加热器。

热交换器就是冷却器和加热器的总称。

(一) 冷却器

液压系统中使用的最简单的冷却器是蛇形管冷却器,它直接装在油箱内,蛇形管内通以冷却水,用以带走油液中的热量。这种冷却器的结构简单,但冷却效率低,耗水量大。

液压系统中用得较多的冷却器是强制对流式冷却器。图 1-6-15 所示为多管式冷却器的结构。油液从进油口 5 流入,从出油口 3 流出,而冷却水从进水口 7 流入,通过多根水管后由出水口 1 流出。冷却器内设置隔板 4,在水管外部流动的油液行进路线因隔板的上下布置变得迂回曲折,从而增强了热交换效果。

冷却器一般安放在回油管或低压管路上。

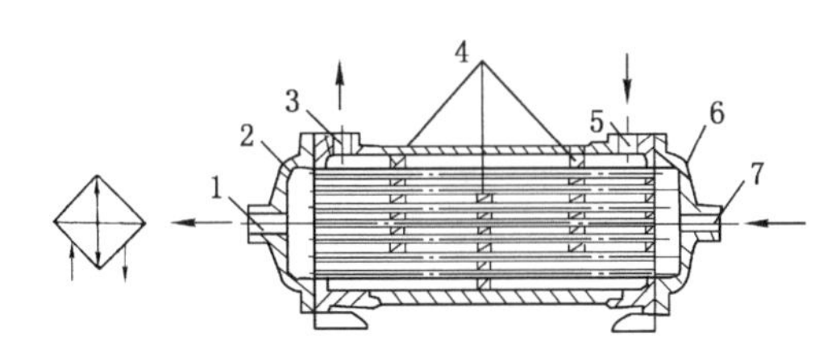

1—出水口;2,6—端盖;3—出油口;4—隔板;5—进油口;7—进水口。

图 1-6-15　多管式冷却器

(二) 加热器

油液可用热水或蒸汽来加热,也可用电加热。电加热因为结构简单、使用方便、能按需要自动调节温度,因而得到广泛的使用。

复习思考题

1. 为什么说辅助液压元件对系统的正常工作有着十分重要的影响?举例说明。
2. 密封装置的作用是什么?
3. 什么是接触式密封和非接触式密封?

4. O形密封圈是如何工作的？
5. 组合密封装置是如何实现密封的？
6. 油箱在液压系统中的作用是什么？
7. 试说明液压系统中几种常用油管的特点。
8. 管接头的类型有哪几种？各有何特点？
9. 过滤器的作用是什么？常用过滤器有哪些类型？
10. 过滤器的常用安装位置有哪些？
11. 选用过滤器应考虑哪些要求？
12. 何谓过滤器的过滤精度和过滤比？
13. 蓄能器在液压系统中的作用是什么？
14. 试述气囊式蓄能器的工作原理。
15. 为什么有的液压系统需要安装冷却器和加热器？

第七章　液压基本回路

随着现代科学技术的迅速发展，采掘机械的液压系统控制功能变得越来越复杂，但任何一个液压系统，都是由一个或几个基本回路组成的。基本回路是指那些为了实现某种特定功能而把一些液压元件按一定方式组合起来的通路结构。熟悉和掌握基本回路的特点，对分析、设计和使用液压系统是十分有用的。

第一节　主回路及液压系统分类

主回路是指由液压泵和执行元件组成的回路，是液压系统的主体。液压系统按照液流在主回路的循环方式、主回路的形成和对主回路的调速方法进行分类。

一、按工作液体的循环方式分类

（一）开式系统

图 1-7-1 所示是最简单的液压泵-液压缸开式系统。在由液压泵 2、换向阀 5、液压缸 6 等组成的主回路中，电动机驱动液压泵 2 从油箱经过滤器 1 吸油，液压泵排出的压力油液通过换向阀 5 进入液压缸 6 的活塞腔中，推动活塞运动；活塞杆腔中的低压油经换向阀流回油箱。液压泵排油口处的溢流阀 4 是限制系统最高工作压力的。

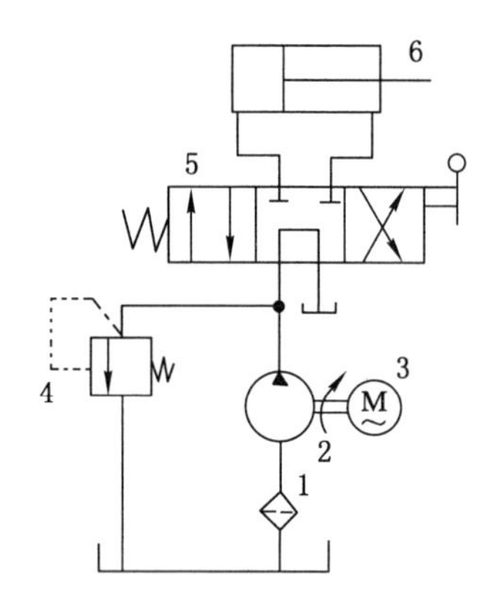

1—过滤器；2—液压泵；3—电动机；
4—溢流阀；5—换向阀；6—液压缸。
图 1-7-1　开式系统

开式系统的特点是：液压泵从油箱吸油，而液压缸（或液压马达）的回油直接回油箱；执行元件（液压缸）的开停和换向由换向阀控制，具有系统简单、油液散热条件好等优点，但开式系统所需油箱的容积较大，而且油液与空气长期接触，空气和杂质容易混入。

由于开式系统的上述特点，它多用于固定设备，如液压支架、机床和压力机等。

（二）闭式系统

图 1-7-2 所示为一闭式系统。在由高压变量泵 1、定量液压马达 2 等组成的主回路中，高压变量泵 1 排出的压力油直接进入定量液压马达 2，定量液压马达 2 的回油又直接返回到泵的吸油口，这样工作液体在高压变量泵和定量液压马达之间不断循环流动。为了补偿因泄漏造成的容积损失，闭式系统必须设置辅助液压泵 3，负责向高压变量泵 1 补油。由于主回路中的油液不经过油箱而在系统中循环，因此油温会不断上升。为了解决闭式循环系统的油液散热问题，系统中一般都要设置液动换向阀 5（也称为热交换阀或梭形阀），使液压

马达回油中的小部分液体经低压溢流阀(背压阀)6和冷却器7流回油箱。系统减少的油液由辅助液压泵3进行补充。图中的溢流阀8是限制系统最高压力的高压安全阀,与辅助液压泵并联的低压溢流阀4的调定压力应略高于背压阀6,以保证热交换能正常进行。

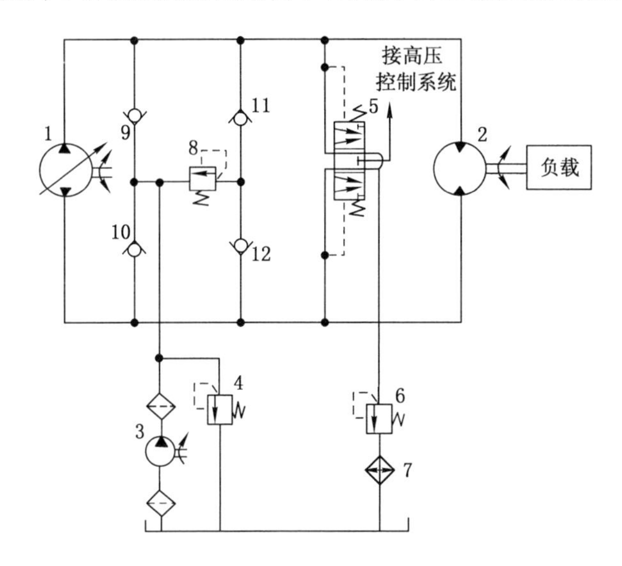

1—高压变量泵;2——定量液压马达;3—辅助液压泵;4—低压溢流阀;5—换向阀;
6—背压阀;7—冷却器;8—高压安全阀;9,10,11,12—单向阀。

图 1-7-2　闭式系统

与开式系统相比,闭式系统有以下特点:系统结构复杂,油液的散热条件差,但油箱体积小,系统比较紧凑;系统的封闭性能好,所以工作液体不易污染,大大地延长了液压元件和油液的使用寿命。

闭式系统常用于大功率传动的行走机械中,如采煤机的液压牵引系统和其他工程机械的液压系统。

二、按系统的回路组合方式分类

(一) 独立式系统

液压泵仅驱动一个执行元件,称为独立式系统(图 1-7-1、图 1-7-2)。

(二) 并联系统

液压泵排出的压力油同时进入两个以上的执行元件,而它们的回油共同流回油箱,这种系统称为并联系统,如图 1-7-3(a)所示。并联系统的执行元件可单独操作也可同时操作。当同时操作几个执行元件时,各执行元件中的油液压力相等。当满载时,都等于液压泵的调定压力;当没有满载时,系统的压力由外载荷最小的执行元件决定,因此液体首先进入外载荷最小的执行元件。当各执行元件的外载荷不同时,很难实现同步动作。

在并联系统中,各执行元件的流量之和等于液压泵输出的流量,各执行元件间的流量分配随负载的变化而异,任一执行元件负载的变化都会引起流量的重新分配,从而导致各执行元件的速度不稳定。故并联系统只适用于负载大且变化较小和对运动要求不严格的场合。如液压支架、掘进机、工程机械的液压系统。

(三) 串联系统

液压泵排出的压力油进入第一个执行元件,而第一个执行元件的回油又作为下一个执行元件的进油，依次下去，直到最后一个执行元件，这种连接的液压系统称为串联系统，如图 1-7-3(b)所示。该系统中的执行元件可单独操作也可同时操作，当同时操作几个执行元件时，各执行元件的压力差之和等于液压泵的工作压力，因此液压泵应具有较高的工作压力。

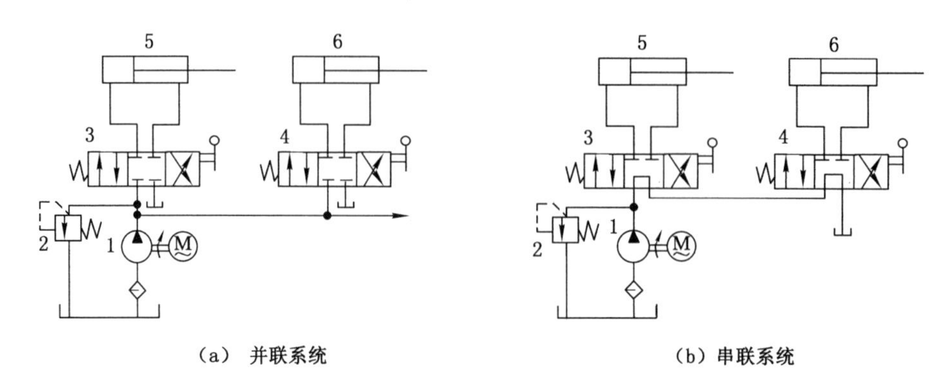

1—液压泵；2—溢流阀；3，4—换向阀；5，6—液压缸。

图 1-7-3　并联系统和串联系统

串联系统中，流过各执行元件的流量等于泵的流量，因此可用小流量的液压泵供液，且执行元件的流量不受负载的影响，其速度也较平稳，故适用于速度要求稳定的设备。但液压泵-液压缸和液压泵-液压马达系统不能串联使用，因液压缸的往复间歇动作会影响液压马达的稳定运转。

液压系统除按上述方式分类外，还可按系统的调速方式分为节流调速系统和容积调速系统；按执行元件的类型分为泵-马达系统和泵-缸系统等。

第二节　压力控制回路

压力控制回路的作用是利用各种压力阀来控制油液压力，以满足执行元件对力或转矩的要求，或达到减压、增压、卸荷、顺序动作和保压等目的。压力控制回路的分类很多，这里只介绍几种常见的压力控制回路。

一、调压回路

液压系统的工作压力必须与所承受的负载相适应。当液压系统采用定量泵供油时，液压泵的工作压力可以通过溢流阀来调节；当液压系统采用变量泵供油时，液压泵的工作压力主要取决于负载，用安全阀限定系统的最高压力，以防止系统过载。当系统中需要两种以上压力时，则可采用多级调压回路来满足不同的压力要求。

图 1-7-4 所示为单级调压回路。系统由定量泵供油，进入液压执行元件的流量由节流阀 4 调节，使液压执行元件获得所需要的运动速度。定量泵输出的流量要大于进入液压执行元件的流量，即只有一部分液压油进入液压执行元件，多余的油液则通过溢流阀 3 流回油箱。这时，溢流阀处于常开状态，泵的出口压力始终等于溢流阀的调定压力，溢流阀的调定压力必须大于执行元件最大工作压力和油路上各种压力损失的总和。

二、减压回路

在单泵液压系统中，可以利用减压阀来满足不同执行元件或控制油路对压力的不同要求，这样的回路叫作减压回路。

图 1-7-5 所示为链牵引采煤机液压张紧装置中的减压回路。减压阀 1 输出低于系统压力的液体，满足液压缸的工作需要。当采煤机继续向左端牵引采煤时，非工作边张力逐渐增加，当液压缸内压力增加到安全阀 2 的调定压力时，安全阀动作，液压缸收缩，滑轮左移，用液压缸的行程补偿牵引链的弹性变形，从而限制了非工作边张力的增加。

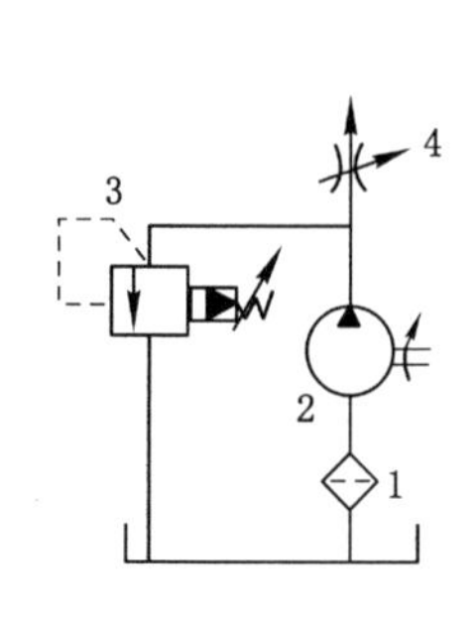

1—过滤器；2—液压泵；
3—溢流阀；4—节流阀。

图 1-7-4　单级调压回路

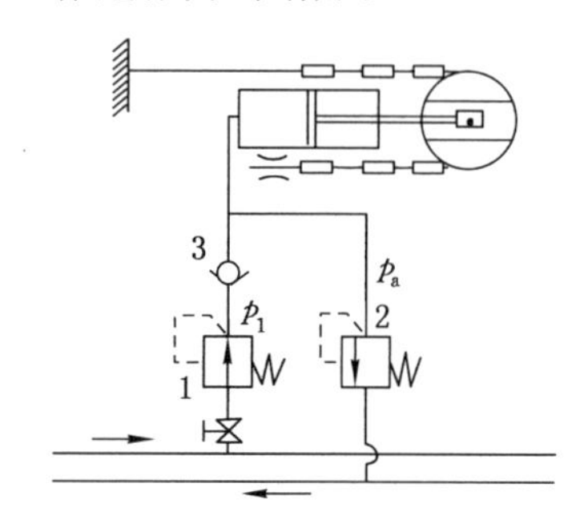

1—减压阀；2—安全阀；
3—单向阀。

图 1-7-5　减压回路

三、卸荷回路

当液压系统中的执行元件短时间停止工作时，应使液压泵卸荷空载运转，以减少功率损失、油液发热等，延长液压泵的使用寿命，且又不经常启停电动机。功率较大的液压泵，应尽可能在卸荷状态下使电动机轻载启动。这里介绍两种常见的卸荷回路。

（一）用换向阀的卸荷回路

换向阀 M、H 和 K 型中位机能的三位换向阀处于中位时，液压泵即卸荷。图 1-7-6 所示为采用 M 型中位机能的电液换向阀的卸荷回路。这种回路切换时压力冲击小，但回路中必须设置单向阀，以使系统能保持 0.3 MPa 左右的压力，供控制油路之用。

（二）用卸荷阀和蓄能器的保压卸荷回路

图 1-7-7 所示为用于乳化液泵站的卸荷回路。当系统不工作时，液压泵卸荷；也可以用手动二位二通阀卸荷，由于有蓄能器和单向阀，系统可以保压。

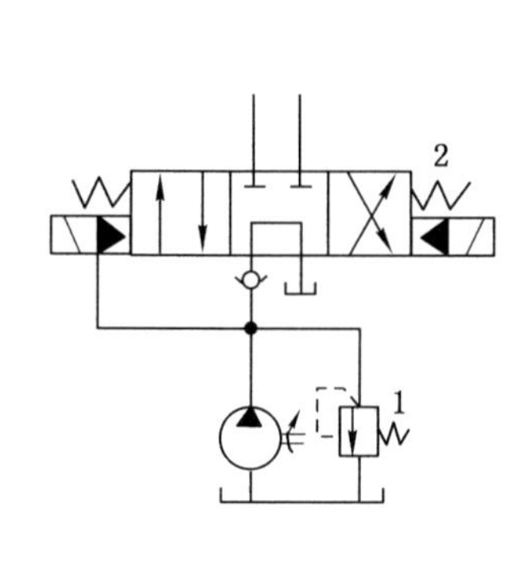

1—溢流阀；2—电液换向阀。

图 1-7-6　卸荷回路

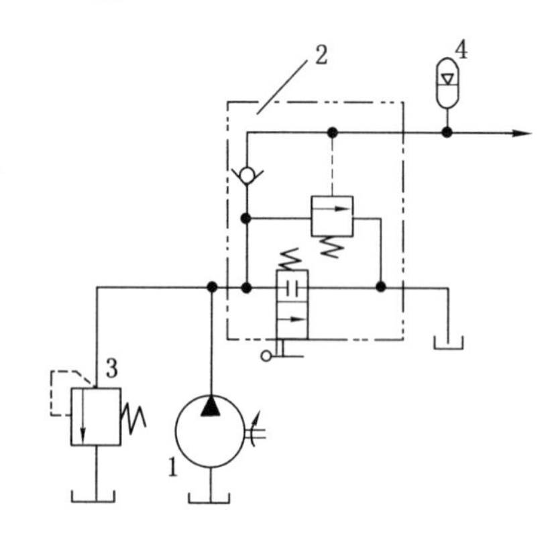

1—液压泵；2—卸荷阀；3—溢流阀；4—蓄能器。

图 1-7-7　用卸荷阀和蓄能器的卸荷回路

第三节　速度控制回路

速度控制回路就是调节液压执行元件速度的回路。

由液压缸速度和液压马达转速计算公式可知，改变输入液压缸和液压马达的流量，或者改变液压缸有效面积和液压马达的排量，都可以达到调速的目的。对于液压缸来说，在工作中要改变液压缸的面积来调速是困难的，一般都采用改变输入液压缸流量的办法来调速；对于液压马达，既可以改变输入马达的流量也可以改变马达的排量来实现调速。改变输入流量可以采用流量控制阀或采用变量泵来调节。因此，液压系统的调速方法有以下三种。

(1) 节流调速：采用定量泵供油，由流量控制阀调节进入执行元件的流量来实现调节执行元件的运动速度。

(2) 容积调速：采用变量泵来改变流量或改变液压马达的排量来实现调节执行元件的运动速度。

(3) 容积节流调速：采用变量泵和流量阀相配合的调速方法，又称联合调速。

一、节流调速回路

节流调速回路的优点是结构简单可靠、成本低、使用维修方便，因此在机床液压系统中得到广泛应用。但这种调速方法的效率较低，因为定量泵的流量是一定的，而执行元件所需要的流量是随工作速度的快慢而变化的，多余的油液通常通过溢流阀流回油箱，因此总有一部分能量损失掉。此外，油液通过流量阀时也要产生能量损失，这些损失转变为热量使油液发热，影响系统工作的稳定性等。所以节流调速回路一般适用于小功率系统，采掘机械中应用较少。根据流量控制阀在回路中的不同位置，节流调速回路又可分为进油节流调速回路、回油节流调速回路和旁路节流调速回路三种。现以进油节流调速回路为例对节流调速的工作原理和特性加以说明。

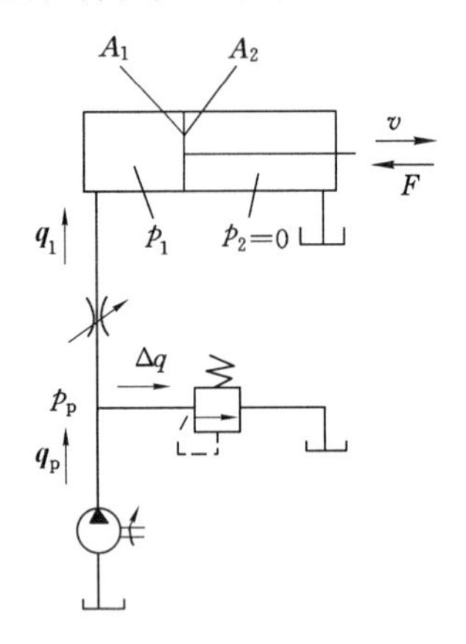

图 1-7-8　进油节流调速回路

将节流阀装在执行元件的进油路上称为进油节流调速回路，如图 1-7-8 所示。用定量泵供油，节流阀串接在液压泵的出口处，并联一个溢流阀。在进油节流调速回路中，泵的压力由溢流阀调定后，基本上保持恒定不变，调节节流阀阀口的大小，便能控制进入液压缸的流量，从而达到调速的目的。定量泵输出的多余油液经溢流阀排回油箱。

由流量特性关系式 $q=KA_T\Delta p^m$ 可知，液压缸(或液压马达)的运动速度与节流阀的通流截面积 A_T 成正比。若 A_T 保持不变，当液压缸外负载增加时，节流阀前后的压力差 Δp 会减小，以致经过节流阀的流量降低，则液压缸速度变小；反之，将使液压缸速度变大。可见它的负载-速度特性不理想。

在节流调速系统中，液压泵的流量和压力通常按执行元件的最大速度和最大负载来选用。在进油节流调速回路中，由于液压缸的回油腔本身没有造成背压的条件，所以运动平稳性差。而回油节流调速回路由于把节流阀串联在回油路上，限制液压缸的回油量，因此具有较好的运动平稳性。掘进机工作机构的升降速度通常就是由回油节流调速回路控制的。

二、容积调速回路

采用变量泵或变量马达来调速的容积调速回路，能使泵的输油量全部进入执行机构。这种回路没有节流和溢流损失，因而效率高、发热小，适用于传递功率较大的系统。根据所采用的液压泵和液压马达或液压缸的不同，容积式调速回路也有变量泵-定量马达（液压缸）调速回路、定量泵-变量马达调速回路、变量泵-变量马达调速回路三种形式。

（一）变量泵—定量马达（液压缸）调速回路

图 1-7-9 所示为变量泵和定量马达组成的闭式容积调速回路及其工作特性曲线。通过改变泵 1 的排量 V（或流量 q），便可以改变液压马达 2 的转速。溢流阀 3 在系统中起安全保护作用。5 是背压阀，单向阀 6 用来隔断冲击外载，保护液压泵 4。这种调速回路有以下特性：

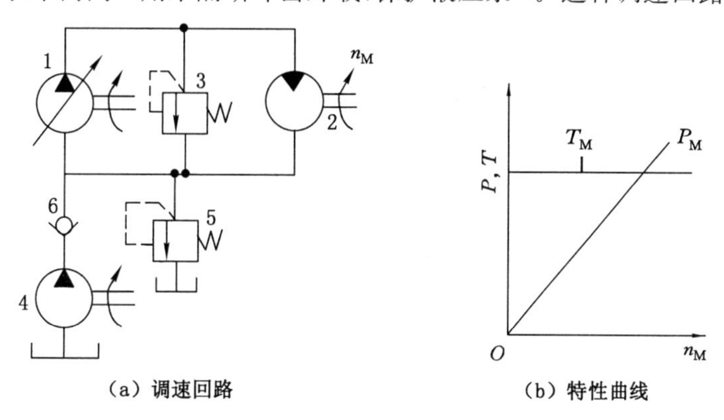

（a）调速回路　　（b）特性曲线

图 1-7-9　变量泵-定量马达容积调速回路及其工作特性

（1）若不计容积损失，则液压缸活塞的速度 v 和液压马达的转速 n_M 分别为

$$v=\frac{q}{A}=\frac{nV}{A}$$

$$n_M=\frac{q}{V_M}=\frac{nV}{V_M}$$

式中　q——液压泵流量；

n——液压泵转速；

V——液压泵排量；

A——活塞有效面积；

V_M——马达排量。

由于液压泵转速 n、活塞有效面积 A 和马达排量 V_M 在工作中都是不变的，因此，液压缸和液压马达的速度与液压泵排量 V 成正比。液压缸（马达）的最大速度仅取决于变量泵的最大排量；最小速度则取决于变量泵的最小排量和马达的低速稳定性能。通常，这种容积调速回路的马达调速范围（n_{Mmax}/n_{Mmin}）比较大，可达 40 左右。

（2）当由安全阀确定的变量泵最高工作压力为 p_P 时，液压缸能产生的最大推力 F_{max} 和液压马达能产生的最大转矩 T_{max} 分别为

$$F_{max}=p_PA$$

$$T_{max}=\frac{p_PV_M}{2\pi}$$

从以上两式可知，不论液压缸(马达)的速度如何，最大推力或最大转矩是不变的，故又称这种调速为恒推力调速和恒转矩调速。

(3) 设系统的总效率为1(即不计容积损失、压力损失和机械损失)，则执行元件的功率就等于液压泵的输出功率($P=pq=pnV$)。当负载一定时(即工作压力 p 为常数)，执行元件的输出功率只随液压泵流量(即排量)而改变，并且呈线性关系。

变量泵-定量马达容积调速回路应用广泛，采煤机液压牵引部大都采用这种调速回路。

2. 定量泵-变量马达调速回路

定量泵-变量马达调速回路如图1-7-10所示。定量泵1的流量 q 不变，而液压马达2的排量 V_M 可以改变。安全阀3限定系统的最高工作压力。5是背压阀，单向阀6用来隔断冲击外载，保护液压泵4。这种调速回路的调速特性如下：

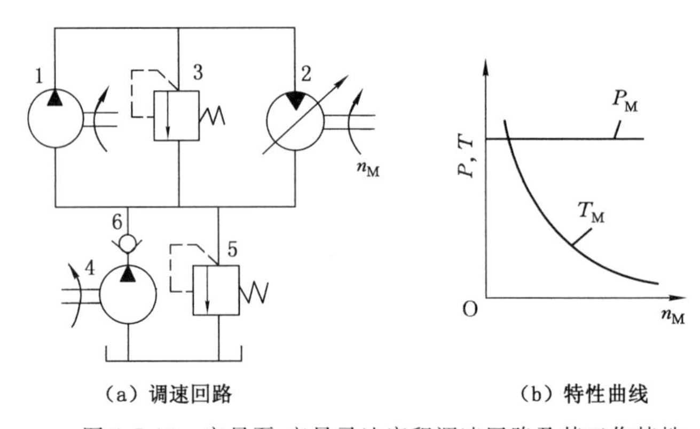

图1-7-10 定量泵-变量马达容积调速回路及其工作特性

(1) 由液压马达的转速公式 $n_M=\dfrac{q}{V_M}$ 可知，液压马达的转速与排量之间成反比关系。减小排量可使马达的转速提高。马达最大和最小排量分别决定了马达的最小和最大转速。

(2) 由于液压马达的转矩 T 与其排量 V_M 成正比，因此对马达的最小排量要有所限制，否则会因转矩过小而带不动负载。这也就限制了马达的最高转速，所以这种调速回路的调速范围较小，一般只有3～4。

(3) 由于液压泵流量 q 不变，液压泵最高压力 p_P 不变(由安全阀调定)，所以液压泵的输出功率($P=p_Pq$)也不变。若不计系统的效率，则此功率就等于马达的输出功率，且与马达的转速(排量)无关，可见马达在整个转速范围内所输出的最大功率是定值，故又称这种调速为恒功率调速。

(4) 这种调速回路若要改变马达的转向，不允许马达变量机构经过零位。因为当 $V_M=0$ 时，从理论上讲马达的转速将会无限增加，而马达的转矩则等于零。因此，这种调速回路一般需用换向阀实现马达换向。

3. 变量泵-变量马达调速回路

图1-7-11(a)所示为变量泵-变量马达组成的调速回路。双向变量泵1既可以改变流量大小，又可以改变供油方向，用以实现马达的调速和换向。由于液压泵和液压马达的排量都可以改变，因此回路的调速范围扩大，可达100左右。

这种调速回路的调速特性是恒转矩调速和恒功率调速的组合。由于许多设备在低速时要求有较大的转矩，在高速时希望输出功率基本保持不变，所以当马达的输出转速由低向高调节时，分为两个阶段。

第一阶段，在低速段先用改变泵的排量来调速。这时先将马达的排量调定到最大值，使马达具有较大的启动力矩。然后增大液压泵的排量，使马达转速由低到高逐渐增加，直到液压泵的排量达到最大值时为止。在此调速过程中，液压马达的最大输出转矩不变，而输出功率逐渐增加，所以属于恒转矩调速。

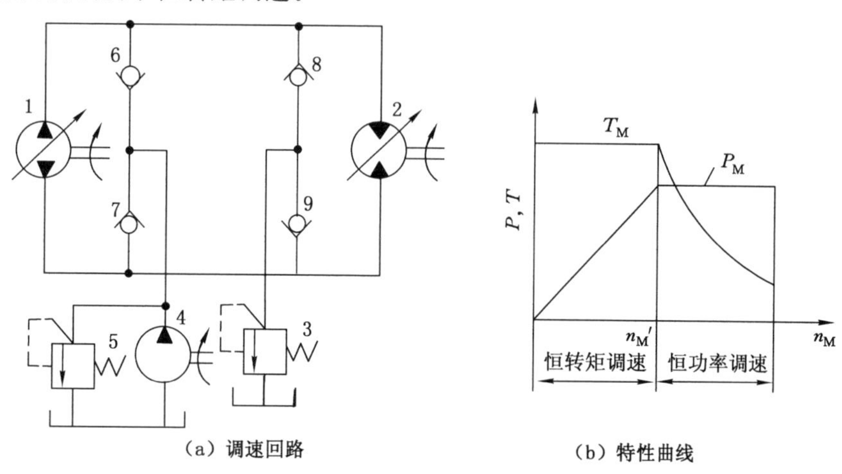

图 1-7-11　变量泵-变量马达容积调速回路及其工作特性

第二阶段，在高速段利用改变变量马达的排量来调速。这时先使液压泵的排量固定在最大值，然后调节液压马达的排量，使其从最大值逐渐减小到最小值。此时液压马达的转速继续升高，直到液压马达容许的最高转速为止。在此过程中，液压马达的最大输出转矩由大变小，而输出功率保持不变，所以属于恒功率调速。图 1-7-11(b)所示为变量泵-变量马达调速回路的特性曲线。同样需要指出的是，这种系统的液压马达换向也只能借变量泵来实现。

第四节　方向控制回路

在液压系统中，控制执行元件启动、停止及换向的回路，称为方向控制回路。方向控制回路有换向回路和定向回路。

一、换向回路

运动部件的换向，一般可采用各种换向阀来实现。在容积调速的闭式回路中，也可以利用双向变量泵控制油流的方向来实现液压缸或液压马达的换向。根据系统的需要可选用不同控制方式的换向回路。

电磁换向阀的换向回路应用最为广泛，尤其在自动化程度要求较高的液压系统中被普遍采用。对于流量较大和换向平稳性要求较高的场合，电磁换向阀的换向回路已不能适应上述要求，往往采用手动换向阀、机动换向阀或电磁换向阀作为先导阀，以液动换

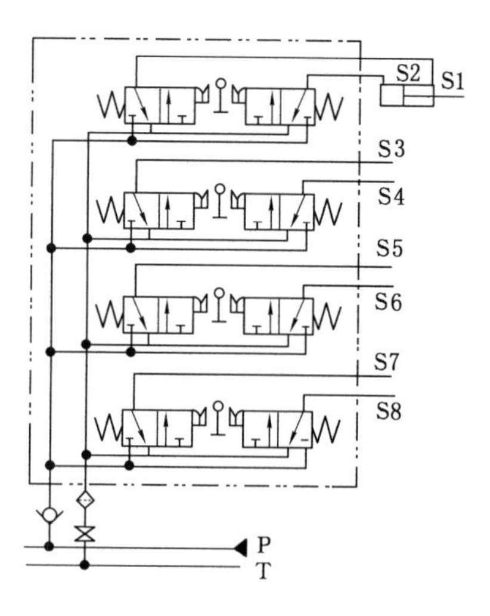

图 1-7-12　换向回路

向阀为主阀的换向回路。

图 1-7-12 所示是液压支架液压系统中的一种换向回路，每两个二位三通阀成一对，组装在一个片阀内，分别控制一个液压缸活塞杆的伸出和缩回。若干片阀叠装在一起，各片阀之间油路并联，可以控制液压支架各液压缸的动作。

二、定向回路

定向回路又称整流回路，在这种回路中，液压泵无论转向如何，都能保证吸油管路永远为吸油管路，而排油管路也永为排油管路。定向回路常用于辅助补油回路中，电动机转向改变时，也不影响其向主油路补油，如图 1-7-13 所示。

三、锁紧回路

锁紧回路的功能是通过切断执行元件的进油、出油通道来使它停在任意位置，并防止停止运动后因外界因素而发生窜动。使液压缸锁紧的最简单的方法是利用三位换向阀的 M 型或 O 型中位机能来封闭缸的两腔，使活塞在行程范围内任意位置停止。但由于滑阀的泄漏，不能长时间保持停止位置不动，锁紧精度不高。最常用的方法是采用液控单向阀作为锁紧元件，如图1-7-14 所示，在液压缸的两侧油路上都串接一液控单向阀（液压锁），活塞可以在行程的任何位置上长期锁紧，不会因外界原因而窜动，其锁紧精度只受液压缸的泄漏和油液压缩性的影响。为了保证锁紧迅速、准确，换向阀应采用 H 型或 Y 型中位机能。如采煤机摇臂调高液压缸、液压支架的前梁千斤顶都采用这种锁紧回路。

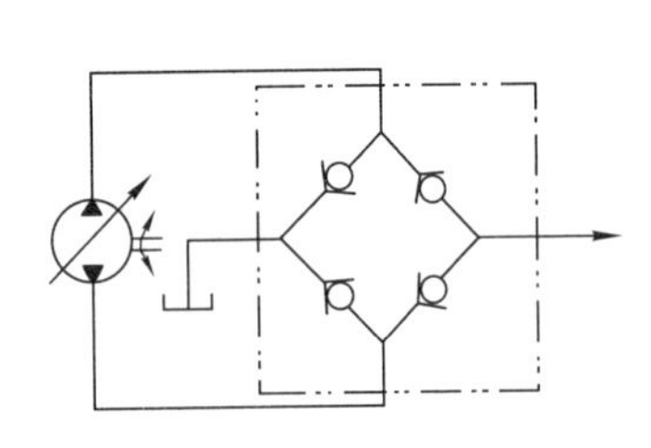

图 1-7-13　定向回路

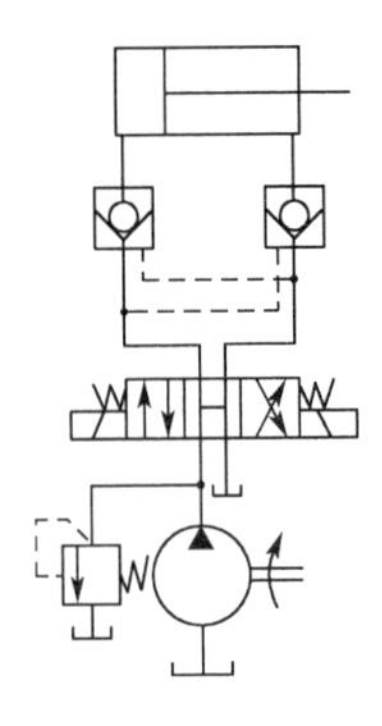

图 1-7-14　用液控单向阀的锁紧回路

当执行元件是液压马达时，切断其进、出油口后理应停止转动，但因马达还有一泄油口直接通回油箱，当马达在重力负载力矩的作用下变成泵工况时，其出口油液将经泄油口流回油箱，使马达出现滑转。为此，在切断液压马达进、出油口的同时，需通过液压制动器来保证马达可靠停转。

复习思考题

1. 什么叫主回路？开式回路和闭式回路各有什么特点？
2. 节流调速有哪几种基本形式？为什么说节流调速不适合于传递大功率的系统？
3. 容积调速有何优点？试分析容积调速回路的特性。
4. 换向阀锁紧回路中，换向阀可采用哪几种形式的滑阀机能？

5. 定向回路是如何保证进出油口不变的?

6. 调压回路的作用是什么?

7. 卸荷回路有何实用意义?

8. 减压回路通常使用在什么场合?

9. 按下列要求画出液压回路:

① 实现液压缸换向;

② 实现液压缸换向,并要求液压缸在运行中可随时停止;

③ 要求液压缸的双向速度不等,且可分别调节。

10. 当在锁紧回路中采用液压锁对液压缸进行锁紧时,其换向阀应采用何种滑阀机能?为什么?

第八章 液压系统使用与故障处理

液压系统的正确使用和维护，是保证采掘机械正常工作的重要环节。为保证液压系统处于良好性能状态，延长使用寿命，应合理使用，进行日常检查和维护，并对故障分析处理。实际上这些工作是与具体的采掘机械密切联系的，但是作为液压系统的共性内容，仍有必要进行介绍。

第一节 液压系统使用与维护

一、日常维护检查

日常检查是减少系统故障、使传动完好地运转的重要保证。通过检查维护，可以早期发现和处理事故的隐患。日常检查维护包括液压泵启动前的检查维护、机器运转过程中的检查维护以及机器停车后的检查维护。

（一）启动前的检查

(1) 检查油量：从油位指示器检查油箱的油量是否足够。

(2) 检查泄漏：所有接头部位有无泄漏、松动。

(3) 检查油温：一般要求油温在 0 ℃以上，液压泵才允许启动。

（二）液压泵的启动及启动后的检查

(1) 点动。液压泵不允许突然启动连续运转，应当用点动的方式逐渐启动，先判断其转向是否正确。尤其在低温、油液黏度较高时更要注意，因为液压泵若在无输出的工况下运转，几分钟内就可能烧坏。所以点动时必须判断有无油液排出，如果无油液排出，应立即停机检修。点动二至三次，每次时间可逐渐延长，当发现无异常后，即可投入正式运行。

(2) 检查过滤器。液压泵若排液量不足、噪声过大等，均与过滤器堵塞有关，故应经常想到检查过滤器。

(3) 回路元件的运行检查。即回路中各主要元件的动作状况检查，包括：调节溢流阀手柄，使溢流回路通断数次；各换向阀往复动作数次，然后以不同压力使液压缸或液压马达动作数次。在检查这些元件动作的同时，从压力表的波动情况、声音的大小和外部渗漏等现象来判断各元件是否正常。液压缸往复动作时，应使其走完全行程，以便排尽积存的空气。

(4) 油位检查。要经常观察油位，尤其当系统有多个执行元件同时工作或液压缸行程较大时，油箱容量会显得不足，这时必须及时补充油液。

（三）液压泵停止运转前的检查

(1) 油温检查。正常油温应低于 70 ℃，乳化液温度则应低于 50 ℃。油温过高时，应立即检查，并加以控制。

(2) 油质检查。检查有无气泡、变色。油液白浊是混入空气造成的，应查清原因及时排除；油液发黑是氧化变质的结果，必须更换。

(3) 泄漏检查。一般在高压高温下容易出现泄漏，系统的泄漏主要发生在各管接头和法兰部位。

(4) 噪声和振动源的检查。噪声通常来自液压泵，当液压泵吸入空气或磨损时，就会出现较大的噪声。振动则应检查有关管道、控制阀、液压缸或液压马达的状况，还应检查它们固定螺栓和支承部位有无松动。

二、定期检查

定期检查的内容，包括按规定必须做定期维修的元部件以及日常检查中发现而未及时排除的不良现象。定期检查的时间一般与过滤器的检查时间相同，约三个月。检查的顺序可按传动路线进行，从泵开始，经油箱、过滤器、压力表、压力控制阀、换向阀、流量阀至液压缸或马达，直至管件及蓄能器等。具体要求与日常检查类同。

在定期检查时应注意：不可盲目拆卸元件，不能把不同的油混合使用；泵、马达和各类阀不得任意解体；更换管路辅件时，必须在油压消失后进行。

三、综合检查

综合检查随采掘机械的大修同时进行，液压元件、管路及其他辅助元件都要一一拆卸，分解检查，分别鉴定各元件的磨损情况、精度及性能。根据拆检和鉴定，进行必要的修理或更换。

第二节　液压系统和元件检修

液压系统的元件加工精度高，装配要求严格，工作油液要求清洁，因此对系统和元件的检修，均要求在专门的清洁场所进行。对于煤矿井下特别是工作面，是绝对不允许就地检修的。

检修过程中的拆装顺序和修理工艺须严格按规定进行。检修顺序应遵守以下规定。

一、拆卸

(1) 拆卸管道必须事先做好标记，以免装配时混淆；拆卸时，应当先卸掉管内压力，以免油液喷溅；卸下的管道先用清洗油液清洗，然后在空气中风干，并将管口用清洁绸布或塑料布包扎或堵好，防止异物进入。

(2) 拆卸的元件或辅件之孔口均应加盖，以防异物进入或划伤加工表面；卸下的较小零件如螺栓、密封件等，应分类保存，不可丢失。

(3) 油箱要用盖板覆盖，防止落入灰尘；放出的油液应装入干净油桶，如再使用，须用带过滤器的滤油车注入油箱。

二、元件解体、检修

必须解体修复的元件，应按以下要求进行：

(1) 必须首先透彻了解元件的结构和装配关系，熟悉拆卸顺序和方法，准备适宜的工具。

(2) 对配合要求严格、必须对号入座的零件，如柱塞泵的柱塞和叶片泵的叶片等，应在拆卸前做出对号标记。

(3) 要轻拆轻放。卸下的零件经仔细清洗(不可用棉丝或带纤维的布清洗，应用泡沫塑料或新的绸布清洗)后分别安置,不得丢失和碰伤。对于一时不再组装的零件,应涂防锈油,装入木箱保管。

(4) 对主要零件要测量磨耗、变形和硬度等。检测后凡可修理复用的要细心修复;不能修复者,一般需更换整个元件。更换的元件,其型号、规格必须相符,不可随意替用。

三、重新组装

零件经检测、修复或更换后,即可重新组装成元件。组装时应注意:

(1) 彻底清除零件上的锈迹、毛刺及污物。

(2) 组装前涂上工作油。

(3) 对滑阀等滑动件,不可强行装入。应根据配合要求,用手边转边推轻轻装入阀体。

(4) 紧固螺栓时,应按对角顺序拧紧。

第三节　液压系统故障分析与处理

在液压设备使用过程中,液压系统可能出现的故障多种多样。它们有的是由单一元件失灵而引起的。即使是同一种故障,其产生的原因也不一样,特别是液压与机械、电气等相结合的设备。一旦发生故障,必须对引起故障的因素逐一分析,注意到其内在联系,找出主要矛盾,这样才能解决问题。由于液压系统中的一些元件一旦出现故障,不易直接从外部观察,测量方面又不如电气系统方便,所以查找故障原因需花费时间,故障的排除也比较麻烦。

一、故障诊断步骤

故障诊断总的原则是先"断"后"诊"。故障出现时,一般都以一定的表现形式(现象)显露出来,因此诊断故障应先从故障现象入手,然后分析故障原因,最后确定方法排除故障。

(一) 故障调查

处理故障前,要全面了解设备出现故障前后的工作状况与异常现象、产生故障的部位,要查阅设备技术档案,了解过去有否发生类似情况及处理方法,把所调查的资料记录下来。

(二) 故障原因

故障原因一般难找,但一般情况下导致故障的原因有下述几个方面。

(1) 人为因素:操作使用及维护人员的素质、技术水平、管理水平及工作态度,是否违章操作,保养状况等。人为因素是造成设备故障的一个方面。

(2) 液压设备及元件本身的质量状况:原设计的合理程度、原生产厂家加工安装调试质量好坏、用户的调试使用保养状况等是造成设备故障的另一原因。

(3) 故障机理分析:如使用时间长短、磨损情况、润滑密封性能、材质性能及失效形式、液压油老化污染变质情况等方面。

(三) 故障排除和修理

从故障现象分析入手,查明故障原因是排除故障的关键环节。查找液压故障的方法很多,现简单列举一些主要方法。

1. 根据液压系统图查找液压故障

根据液压系统工作原理图深入了解元件的结构、性能、作用及安装位置,并结合实际调查了解和观察的现象,依据工作原理进行综合比较、归纳、分析,从而确定故障的准确部位。这是排除液压故障的基础,也是查找液压故障的最基本的方法。

2. 利用动作循环表查找液压故障

液压设备使用说明书中，除了液压系统图外一般还有动作循环表。如无动作循环表，可以自行编制，用于查找液压故障。

动作循环表一般包括：动作循环过程的内容，循环过程中一个动作转到另一个动作的信号来源；在各循环动作中各液压元件所应处的正常位置。通过动作循环表，就不难根据故障出现在哪一动作阶段，从表中查出故障原因所在。对于较复杂液压系统，利用此方法可提高查找故障原因的效率。

3. 利用因果图查找液压故障

就找出影响某一故障的主要因素和次要因素编制因果图，编制中可借鉴他人的经验，查阅有关资料，总结工作实践进行编制，例如液压缸外泄漏故障就可以利用这种方法帮助查找其外泄漏的原因。

4. 利用检测仪表查找液压故障

在查找液压故障时，需要一定的检测手段和检测仪器仪表，如压力、流量、温度检测仪表，传感测量仪表，油液污染度检测仪表，振动和噪声测量仪表，通过对液压系统的检测，从仪表上进行观察和记录，能对故障做出比较准确的定量分析。例如通过记录系统各部分的压力及压力变化状况，分析压力上不去、下不来及压力脉动等故障的部位，进而分析、查找原因。

5. 利用设备的自诊断功能（辅助功能）查找液压故障

一些进口设备上，由于采用了计算机控制，可以通过计算机的辅助功能、接口电路及传感技术，对某些故障进行自诊断并显示在荧光屏上，根据显示的内容进行故障排除。

6. 从电气和液压元件的相互关系查找液压故障

在液压设备中，其控制系统一般由两部分构成，即电气部分和液压部分。为了迅速准确排除液压设备故障，弄清电气和液压元件的工作原理、功能及作用，弄清它们相互之间的类比关系对查找液压故障是大有益处的。

7. 利用计算机测试帮助查找液压故障

在液压设备的故障诊断技术中，用计算机对振动、噪声和压力脉动等动态信号进行数据采集和分析处理，是常用的诊断方法之一。例如利用计算机采集液压元件壳体的振动信号，再进行时域、频域以及各种经典谱和现代谱分析，从多方面提取故障特征，从而进行故障的监视与预报。又如对声学信号或泵出口处的低频微小压力脉动信号的计算机数据采集和频谱分析来诊断液压泵是否已经发生了气蚀现象。总之，计算机信号采集与处理技术已成为现代机器设备和液压系统状态监测、故障早期预报以及故障诊断的重要手段之一。

以上是几种常用的查找液压故障的方法。一旦故障诊断确认后，本着“先外后内”“先调后拆”“先洗后修”的原则，制定出修理工作的具体措施。同时，在排除故障、修好设备后还要认真总结其中有益的经验和方法，找出防止故障发生的改进措施。

二、液压系统常见故障产生原因及处理

（一）油液污染造成的故障及处理

液压设备出现的故障很大程度上与油液的污染有关，如何防止油液受到污染是避免设备出现某些故障的重要因素。

1. 油液中侵入空气

油液中如果侵入空气，在油箱中就会产生气泡。而气泡是导致压力波动，产生噪声和振动，运动部件产生爬行、换向冲击等故障的原因。当气泡迅速受到压缩时，会产生局部高温，使油液蒸发、氧化，致使油液变质、变黑，受到污染。空气的侵入主要是因为管接头和液压元件的密封不良及油液质量较差等因素造成的，所以要经常检查管接头及液压元件的连接处密封情况并及时更换不良密封件。

2. 油液中混入水分

油液中混入一定量的水分后，会变成乳白色，同时这些水分会使液压元件生锈、磨损以致出现故障。

导致混入水分的原因主要有：从油箱盖上进入冷却液；水冷却器或热交换器渗漏及温度高的空气侵入油箱等。防止油液混入水分的主要方法，是严防由油箱盖进入冷却液和及时更换破损的水冷却器、热交换器等。若水分太多，应采取有效措施将水分去除或更换新油。

3. 油液中混入各种杂质

油液中若混入杂质，能引起泵、阀等元件中活动件的卡死及小孔、缝隙的堵塞，导致故障的发生。油中混入杂质还会加快元件的磨损，引起内泄漏的增加，磨损严重时，使阀控制失效，造成液压设备不能工作，降低液压元件的寿命。

为了延长液压元件使用寿命，保证液压系统可靠工作，防止油液污染是必要的手段。应力求减少外来污染，液压系统组装前后要严格清洗，油箱通大气处要加空气过滤器，维修拆卸元件时最好在无尘区进行。要定时清洗系统中的过滤器，控制油液的温度，并定期检查和更换液压油。

（二）液压系统常见故障原因及处理

液压系统常见故障产生的原因及处理方法见表 1-8-1。

表 1-8-1　液压系统常见故障产生的原因及处理方法

故障现象	产生原因	处理方法
液压系统无压力或压力不足	1. 电动机电源接错 2. 液压系统不供油(断轴或联轴器平键坏) 3. 溢流阀主阀芯或锥阀芯被卡死在开口位置 4. 溢流阀弹簧折断或永久变形 5. 溢流阀阻尼孔堵塞或阀芯与阀座接触不良 6. 泄漏量大	1. 调换电动机接线 2. 更换泵或配键 3. 清洗检修溢流阀 4. 更换弹簧 5. 清洗、修研或更换 6. 检修泵、缸、阀内易损件和连接处密封
液压系统流量不足	1. 液压泵反转或转速过低 2. 油液黏度不适合 3. 油箱油位太低 4. 液压系统吸油不良 5. 液压元件磨损，内泄漏增加 6. 控制阀动作不灵活 7. 回油管在油面之上，空气进入	1. 检查电动机接线，调整泵转速至符合要求 2. 更换适合黏度油液 3. 补充油液至油标处 4. 加大吸油管径，增加吸油过滤器的通油能力，清洗滤网，检查是否有空气进入 5. 拆修或更换有关元件 6. 调整或更换相关元件 7. 检查管路连接、液压油封是否可靠

续表 1-8-1

故障现象	产生原因	处理方法
运动部件换向有冲击或冲击大	1. 活塞杆与运动部件连接不牢固 2. 电液换向阀中的节流螺钉松动 3. 电液换向阀中的单向阀卡住或密封不良 4. 节流阀节流口有污物，运动部件速度不均 5. 导轨润滑油量过多 6. 油温高，黏度下降 7. 泄漏增加，进入空气	1. 检查并紧固连接螺栓 2. 检查、调整节流螺钉 3. 检查及修研单向阀 4. 清洗节流阀节流口 5. 调节润滑油压力或流量 6. 检查其原因并排除 7. 防止泄漏，排除空气
运动部件爬行	1. 油箱油位太低，吸入空气 2. 空气进入系统 3. 吸油口过滤器堵塞，造成局部真空 4. 液压泵性能不良，流量脉动大 5. 流量阀的节流口处有杂质，通油量不均匀 6. 液压缸端盖密封圈压得太死 7. 运动部件精度不够、润滑不良，局部阻力变化 8. 系统内、外泄漏量大	1. 补充油液至油标处 2. 检查泵的吸油管连接与密封 3. 拆洗过滤器 4. 将流量脉动控制在允许范围内 5. 检修或清洗流量阀 6. 调整好压盖螺钉 7. 提高运动部件精度，选用合适润滑油充分形成油膜，减小阻力变化 8. 检查泵及管路连接处密封，修理或更换元件
液压系统产生振动和噪声	1. 液压泵本身或其进油管路密封不良或密封圈损坏、漏气 2. 泵内零件卡死或损坏 3. 泵与电动机联轴器不同心或松动 4. 电动机振动，轴承磨损严重 5. 油箱油量不足或泵吸油管过滤器堵塞，使泵吸空引起噪声 6. 溢流阀阻尼小孔被堵塞、阀座损坏或调压弹簧永久变形、损坏 7. 电液换向阀动作失灵 8. 液压缸缓冲装置失灵造成液压冲击	1. 拧紧泵的连接螺栓及管路各管螺母或更换密封元件 2. 修复或更换 3. 重新安装紧固 4. 更换轴承 5. 将油量加至油标处，或清洗过滤器 6. 清洗、疏通阻尼小孔，修复阀座或更换弹簧 7. 修复 8. 检修和调整
液压系统发热、温度升高	1. 油箱容量设计太小或散热性能差 2. 油液黏度过低或过高 3. 液压系统背压过高，使其在非工作循环中有大量压力油损失，造成油温升高 4. 压力调节不当，选用的阀类元件规格小，造成压力损失增大导致系统发热 5. 液压元件内部磨损严重，内泄漏量大 6. 系统管路太细太长，致使压力损失大 7. 电控调温系统失灵	1. 适当增大油箱容量，增设（或检修、更换）冷却装置 2. 选择黏度适合的油液 3. 改进系统设计，重新选择回路或液压泵 4. 将溢流阀压力调至规定值，重新选用符合系统要求的阀类 5. 拆洗、修复或更换已磨损零件 6. 尽量缩短管路长度，适当加大管径，减少弯曲 7. 检修相关部件

复习思考题

1. 为什么要强调对液压传动系统和元件的检查维护？日常检查维护包括哪些内容？
2. 简述查找液压系统故障的方法。
3. 拆装液压元件时，一般应注意哪些方面？
4. 污染的油液对液压传动有何影响？
5. 液压系统无压力或压力不足的原因有哪些？如何处理？
6. 液压系统出现振动和噪声的可能原因有哪些？
7. 运动部件换向有冲击或冲击大和运动部件爬行的原因有哪些？如何处理？

第二篇　采煤机械

进行采煤作业的场所称为采煤工作面。采煤方法是采煤工艺与回采巷道布置及其在时间、空间上的相互配合。不同的地质条件和开采技术条件，构成了不同的采煤方法。

按采煤工艺和矿压控制特点，采煤方法分为壁式体系采煤法和柱式体系采煤法两大类。壁式体系采煤法以长工作面采煤为主要标志，长度一般在 50 m 以上的采煤工作面称为长壁工作面。柱式体系采煤法以间隔开掘煤房采煤和留设煤柱为主要标志。我国广泛使用长壁体式采煤法。

采煤工作面的采煤工作包括破煤、装煤、运煤、支护和处理采空区等工序。长壁体式采煤法按采煤工艺不同，分为爆破采煤法、普通机械化采煤法和综合机械化采煤法。

爆破采煤法是用爆破方法破煤、人工装煤、刮板输送机运煤和单体液压支柱支护的采煤方法。爆破采煤法机械化水平低，人工劳动强度大。

普通机械化采煤法简称普采，是用采煤机械破煤和装煤、刮板输送机运煤和单体液压支柱支护的采煤方法。与爆破采煤法的区别在于破煤和装煤实现了机械化。

综合机械化采煤法简称综采，与普通机械化采煤法的区别在于工作面支护采用液压支架，使采煤工作面的破煤、装煤、运煤和支护等工序全部实现了机械化，大幅度降低了劳动强度，提高了工作面产量和安全性。

采煤设备的选用取决于煤层的赋存条件、采煤方法和采煤工艺，而采煤设备的发展又促进了采煤方法和采煤工艺的更新。采煤设备的装备水平是煤矿技术水平的重要标志之一。

第一章　采煤机概述

采煤机械是机械化采煤作业的主要机械设备，其功能是落煤和装煤。采煤机械的类型主要有滚筒采煤机、刨煤机、连续采煤机、螺旋钻采煤机。

由于滚筒采煤机的截割高度范围大，对各种煤层适应性强，能截割硬煤，并能适应较复杂的顶底板条件，因而得到了广泛应用。刨煤机要求的煤层地质条件较严，一般适用于煤质较软且不粘顶板、顶底板较稳定的薄煤层或中厚煤层，故应用范围较窄。但是刨煤机结构简单，尤其在薄煤层条件下生产率较高。连续采煤机是柱式体系采煤法的主要设备，近年来我国已开始将连续采煤机用于采煤和快速掘进。螺旋钻采煤机在极薄煤层的开采中取得了较好的技术经济效益，我国已有个别采煤工作面获得了成功应用。

第一节　采煤机总体结构

了解采煤机的总体结构和基本参数，是正确设计和选用采煤机的基础，因为采煤机的适用条件和可能达到的技术性能，基本上是由总体结构和基本参数决定的。

滚筒采煤机类型繁多，但其基本组成大致相同。现以双滚筒采煤机为例，说明其组成和工作原理。如图 2-1-1 所示，双滚筒采煤机主要由电动机、截割部、行走部和辅助装置等组成。

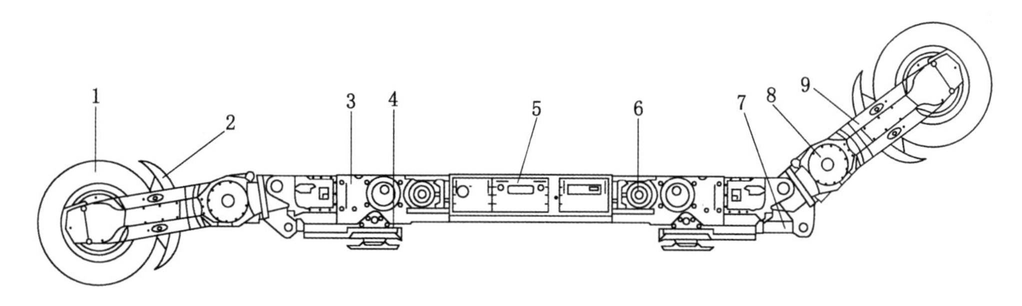

1—滚筒；2—挡煤板；3—行走部；4—滑靴；5—控制箱；
6—行走电动机；7—调高液压缸；8—截割电动机；9—摇臂。

图 2-1-1　双滚筒采煤机

采煤机由采空区侧的两个导向滑靴和煤壁侧的两个平滑靴分别骑在工作面刮板输送机销轨和铲煤板上起支承和导向作用。当行走机构（又称牵引机构）的驱动轮转动时，经齿轨轮与销轨啮合，驱动采煤机移动，同时滚筒旋转进行落煤和装煤。采煤机采过后约 20 m 时开始推移刮板输送机，紧接着移支架，至工作面全长。将前后滚筒对调高度位置，反转挡煤板，然后反向行走割煤。采煤机可用斜切进刀法自开切口。沿工作面全长截割一刀即进尺一个截深。

采煤机的机身框架为无底托架形式，由左、右行走部和连接框架三段经液压拉杠连接而成。左右摇臂、左右连接架用销轴与左右行走部铰接，并通过左右连接架与调高液压缸铰接。两个行走箱左右对称布置在行走部的采空区侧，分别由两台电动机经左右行走部减速箱驱动实现行走。利用导向滑靴保证齿轮和齿轨有良好的导向和啮合性能。

开关箱、变频器箱、调高泵箱和变压器箱四个独立的部件分别从采空区侧装入连接框架内。

摇臂采用直摇臂或弯摇臂结构形式，输出端用方形出轴与滚筒连接。滚筒叶片和端盘上装有截齿，滚筒旋转时用截齿落煤，依靠螺旋叶片将煤输送到工作面刮板输送机上。

采煤机电气控制由开关箱、变频器箱和变压器箱三个独立的电控箱共同组成。其中开关箱为采煤机提供电源；变频器箱采用水冷式冷却，用于采煤机的控制，可以控制采煤机的左右行走速度、左右滚筒的升降、左右截割电动机的分别启动和停止；变压器箱将供电电压变为低电压，为变频器提供电源。

采煤机的操作可以在采煤机中部电控箱上或两端左右行走部上的指令器进行，具有手控、电控、遥控操作。在采煤机中部可进行开机、停机，停输送机和行走调速换向操作，采煤机在两端用电控或无线遥控均可进行停机、行走调速换向和滚筒的调高。

此外，为降低电动机和摇臂的温度，并提供内外喷雾降尘用水，采煤机设有专门的供水系统。采煤机的电缆和水管夹持在拖缆装置内，并由采煤机拉动在工作面刮板输送机的电缆槽中卷起或展开。

采煤机按滚筒的数量分单滚筒采煤机和双滚筒采煤机。按行走机构形式分牵引式行走采煤机和轮轨啮合式行走采煤机。按行走驱动装置的调速方式分机械调速采煤机、液压调速采煤机和电气调速采煤机。按行走驱动装置的布置方式分内牵引（行走）采煤机和外牵引采煤机。按截割（主）电动机的布置方式分截割（主）电动机纵向布置在机身上的采煤机（简称纵向布置采煤机）、截割（主）电动机纵向布置在摇臂上的采煤机、截割（主）电动机横向布置在机身上的采煤机和截割电动机横向布置在摇臂上的采煤机（简称横向布置采煤机）。按机身与输送机的配合导向方式分骑槽式采煤机和爬底板式采煤机。按适用的煤层厚度分厚煤层采煤机、中厚煤层采煤机和薄煤层采煤机。按适用的煤层倾角分适用于煤层倾角35°以下的采煤机和大倾角采煤机。

采煤工作面地质条件的多样性，采煤机在煤炭生产过程中的重要性，以及采煤机工作条件的特殊性，决定了对采煤机的技术要求。

(1) 功能要求

设计和选用采煤机必须考虑的矿山地质条件主要有：煤和矿岩的可截割性指标（如抗压强度、坚固性等），煤层的厚度、倾角、夹矸的性质、含水性、含瓦斯率、地质构造破坏、煤与瓦斯的突出可能性等。采煤机应能适应一定的地质条件，具有破落和装运煤岩的功能，截割机构具有横向切入煤壁、自动调高和调速的功能等。

(2) 生产率要求

采煤机应具有较高的生产率和较低的采煤比能耗，以利增加工作面产量，降低生产成本。采煤机的生产率应与矿井运输系统的运输能力相适应，这样才能达到较高的开机率。

(3) 劳动保护要求

采煤机在地下较恶劣的环境中工作，为了确保生产安全和采煤工作面工人的身体健康，采煤机应装备防止过载及下滑的装置和灭尘装置等，所有电气设备均应为防爆型或为本质安全型。

（4）可靠性要求

由于采煤机生产率日益提高和矿井集中化生产的推进，采煤机故障的经济损失也相应增加，因而对采煤机的使用可靠性提出了相当高的要求。

目前的采煤机智能化技术已通过智能感知和人工远程实时干预，实现"初级智能＋远程干预"运行。采煤机在割煤过程中如果触及岩层顶底板，须及时进行适当的截割高度调整，以避免采煤机受到过载破坏及过多采出矸石。煤岩识别分为截割前、截割中、截割后 3 种模式，截割前识别采用地质探测方法，截割中识别采用振动频谱法、电流检测法，截割后识别采用红外测温法、表面图像法。其中，国外采用红外测温法，国内采用摇臂振动、驱动电流和截割噪声的融合识别方法，再用神经网络识别模型可较准确地辨识煤岩截割状态变化。采用高精度惯性陀螺仪导航技术，测量采煤机在井下三维空间的坐标位置，可以建立精确的煤田 3D 轨迹模型，实现自动找直功能，保持长壁工作面的直线度。

采煤机电控系统具有较全面的保护和监测功能，如瓦斯超标断电保护、与输送机之间的电气闭锁、温度监测和热保护，功率监测和恒功率自动控制及过载保护和漏电闭锁。近年来，采煤机已实现了采煤机和工作面配套设备间的通信，基本实现综采工作面的信息传输、交互和地面远程控制，满足了自动化开采需求。采煤机自动化控制系统能够实现采煤机工作在记忆截割学习模式、自动重复操作模式、在线学习（修改）模式，以及采煤机与顺槽集控中心数据的实时双向通信。

第二节　采煤机截割部

采煤机截割部是由螺旋滚筒和机械传动装置组成，把煤从煤体上破落下来的采煤机部件。截割部还包括调高机构和挡煤板及其翻转机构。

截割部消耗的功率占采煤机装机总功率的 80％～90％。截割机构的截割性能好坏、截割传动装置质量的好坏直接影响采煤机的生产率、传动效率、比能耗和使用寿命。生产率高和比能耗低主要体现在截割部。

一、螺旋滚筒

工作机构的类型较多，螺旋滚筒式工作机构是目前采煤机使用最广泛的工作机构。螺旋滚筒（简称滚筒）是采煤机落煤和装煤的机构，对采煤机工作起决定性作用。螺旋滚筒能适应煤层的地质条件和先进的采煤方法及采煤工艺的要求，具有落煤、装煤、自开工作面切口的功能。

螺旋滚筒最佳截割性能指标是比能耗小、生产率高、块煤出产率高、煤尘生成量小、装煤效率高、运转平稳、使用寿命长、不引燃瓦斯。在这些指标中，比能耗小决定着其他指标，因为比能耗小伴随着煤的块度大、煤尘少、生产率高。螺旋滚筒在性能最佳条件下，工作可靠性也是非常重要的，直接影响着生产率的提高。

螺旋滚筒最主要的优点是简单可靠。主要缺点是煤过于破碎（大于 50 mm 的块煤占 10％左右），产生的煤尘较大，比能耗较高。

近年来出现了一些新的截割滚筒，诸如滚刀式滚筒、直线截割式三角形滚筒、截楔盘式滚筒，可参见有关资料。

（一）螺旋滚筒的结构

螺旋滚筒由螺旋叶片1、端盘2、齿座3、喷嘴4、筒毂5及截齿6等部分组成，如图2-1-2所示。叶片与端盘焊在筒毂上，筒毂与滚筒轴连接。齿座焊在叶片和端盘上，齿座中固定有用来落煤的截齿。为防止端盘与煤壁相碰，端盘边缘的截齿向煤壁侧倾斜。由于端盘上的截齿深入煤体，工作条件恶劣，故截距较小，越往煤体外截距越大。端盘上截齿截出的宽度 B_t 一般为80～100 mm。叶片上装有进行内喷雾用的喷嘴，以降低粉尘含量。喷雾水由喷雾泵站通过回转接头及滚筒空心轴引入。

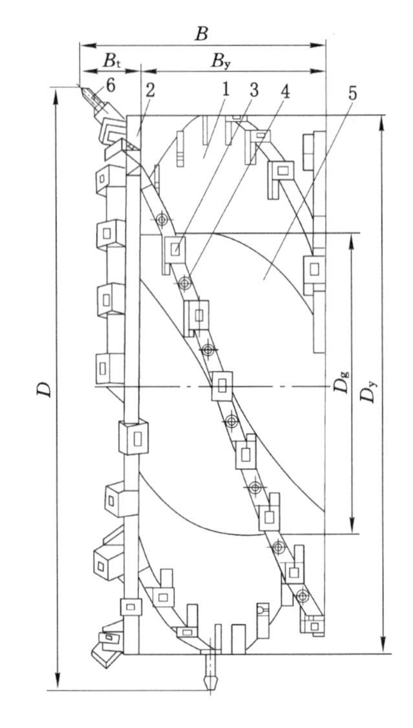

1—螺旋叶片；2—端盘；3—齿座；
4—喷嘴；5—筒毂；6—截齿。
图2-1-2　螺旋滚筒

筒毂是滚筒与截割部机械传动装置出轴连接的构件，借以带动滚筒旋转。其连接方式有方轴、锥轴和锥盘连接三种。

端盘置于滚筒靠煤壁侧，其外围按截齿配置顺序焊装齿座，也可在其端面焊装齿座。一般端盘厚度40～50 mm（目前大直径强力滚筒的端盘厚度达60～70 mm），倾角10°～30°。端盘可用厚钢板热压成型或铸造加工。端盘与筒毂、叶片焊成一体。有的滚筒为使端盘与煤壁间的碎煤及时排出，在端盘上开有排煤孔，甚至取消端盘。

螺旋叶片用来将落煤推向刮板输送机。滚筒上通常焊有2～4条螺旋叶片。螺旋叶片通常由低碳碳素钢或低合金钢的钢板压制成形。

截齿是用来截割煤体的刀具，其几何形状和质量直接影响采煤机的工况、能耗、生产率和吨煤成本。采煤机使用的截齿主要有扁形截齿和锥形截齿两种。扁形截齿（图2-1-3）是齿头呈扁平状的截齿，分为A、B两种形式，一般是沿滚筒径向安装在螺旋叶片和端盘的齿座中的，故又称径向截齿。扁形截齿适用于截割各种硬度的煤，包括坚硬煤和黏性煤。锥形截齿（图2-1-4）是齿头呈圆锥状的截齿，也分为A、B两种形式，其齿头安装方向一般接近于滚筒的切线，又称为切向截齿。锥形截齿一般在脆性煤和节理发达的煤层中具有较好的截割性能。锥形截齿结构简单，制造容易。从原理上讲，截煤时截齿可以绕轴线自转而自动磨锐。

截齿齿体的材料一般为40Cr、35CrMnSi、35SiMnV等合金结构钢，经调质处理后获得足够的强度和韧性。扁形截齿的端头镶有硬质合金核或片，锥形截齿的端头堆焊硬质合金层。硬质合金是一种碳化钨和钴的合金。碳化钨硬度高，耐磨性好，但性质脆，承受冲击载荷的能力差。在碳化钨中加入适量的钴，可以提高硬质合金的强度和韧性，但硬度稍有降低。截齿所用硬质合金头推荐采用YG11C型、YG13C型或性能相近的其他型号。

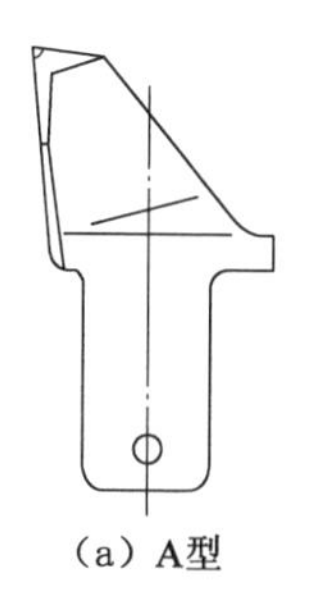

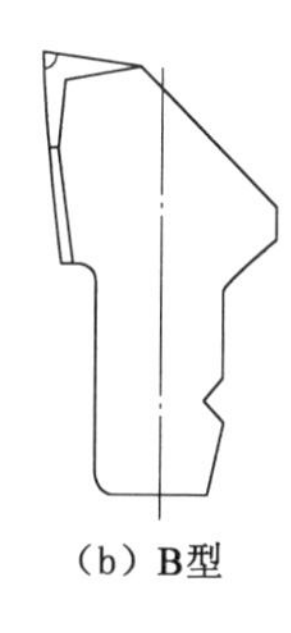

图 2-1-3　扁形截齿

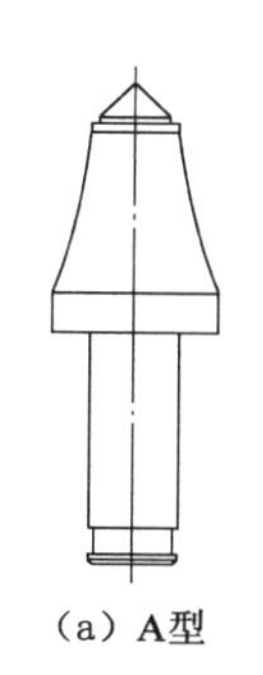

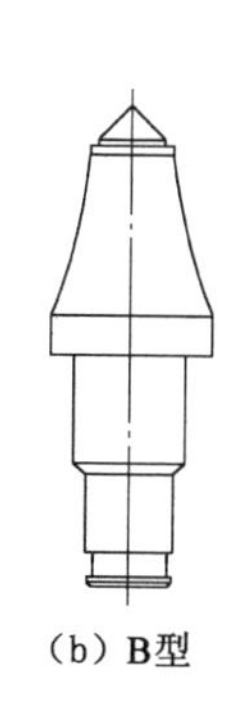

图 2-1-4　锥形截齿

经验证明,改进截齿结构,适当加大截齿长度,增大切削厚度,可以提高煤的块度,降低煤尘。

齿座是安装和固定截齿的座体。和截齿分类对应,齿座分为扁形截齿齿座和锥形截齿齿座两类。扁形截齿齿座有 A、B 两种形式;锥形截齿齿座也有 A、B 两种形式,A 型锥形截齿齿座又有带齿套和不带齿套两种。齿座按截齿配置顺序焊装在端盘和螺旋叶片上。齿座采用合金结构钢,通常用低碳铬镍钼钢、中碳铬锰硅钢锻制而成,经加工和热处理,具有足够的强度、冲击韧性、耐磨性和良好的焊接性能。

截齿固定件用来将截齿固定在齿座内,需满足固定可靠、更换简捷且制造成本低的要求。固定件分刚性和弹性两类。刚性固定件有螺钉(顶丝)、U 形卡、弹簧挡圈和柱销等;弹性固定件有橡胶与柱销的组合件、橡胶件、特殊形状弹簧等。目前使用较多的是弹性固定件。齿柄成圆锥状的截齿可不用固定件(称无销固定),利用截割力将其固定在齿座中,但齿座上的齿穴形状要与齿柄紧密配合。

喷嘴座是安装喷嘴的座体,按内喷雾要求焊装在滚筒适当位置上,其结构形状按喷嘴在滚筒上喷射位置要求确定,一般呈圆柱状。由于受滚筒结构限制或喷射效果要求,有的滚筒没有喷嘴座,喷嘴直接安装在端盘和螺旋叶片或齿座上。

筒毂的形状一般为圆柱状,也可以做成截顶圆锥状、半球状和指数曲线回转体状。实验表明,它们产生的粉尘比圆柱状筒毂少 15%左右,截顶圆锥状筒毂居中。采用高压水(＞8 MPa)喷雾,灭尘效果可以提高,为此可在滚筒外或滚筒内配置增压装置。截齿形式和数量、滚筒转速、喷嘴结构和布置等,也都影响灭尘效果。

(二) 截齿配置

截齿在螺旋滚筒上的排列规律称为截齿配置,它直接影响滚筒截割性能的好坏。合理配置截齿可使块煤率提高,粉尘减少,比能耗降低,滚筒受力平稳,采煤机运行稳定。

截齿配置的原则是:

(1) 保证把被截割的煤全部破落下来。

(2) 截割下来的煤块度大,煤尘少,比能耗小。

(3) 滚筒载荷均匀,动负荷和振动较小,采煤机运行平稳。

截齿在螺旋滚筒上的配置情况常用截齿配置图来表示。图 2-1-5 所示为某型采煤机截齿配置图,它是截齿齿尖所在圆柱面的展开图。水平直线表示齿尖的运动轨迹,称为截线,相邻截线之间的距离就是截线距,简称截距。竖线表示截齿座的位置坐标。圆圈表示 0°截齿的位置，黑点表示安装角不等于0°的截齿。截齿向煤壁倾斜为正方向，向采空区倾斜为负方向。叶片上截齿按螺旋线排列。滚筒端盘截齿排列较密，为减少端盘与煤壁的摩擦损失，截齿倾斜安装，其方向与叶片上截齿排列的方向相反。紧靠被截煤壁的截齿倾角最大，属半封闭式截槽。靠里边的煤壁处顶板压张效应弱，截割阻力较大，为了避免截齿受力过大，防止截齿过早磨损，端盘截齿配置的截线加密，截齿加多。端盘截齿一般为滚筒总截齿数的一半左右，端盘消耗功率一般占滚筒总功率的1/3。

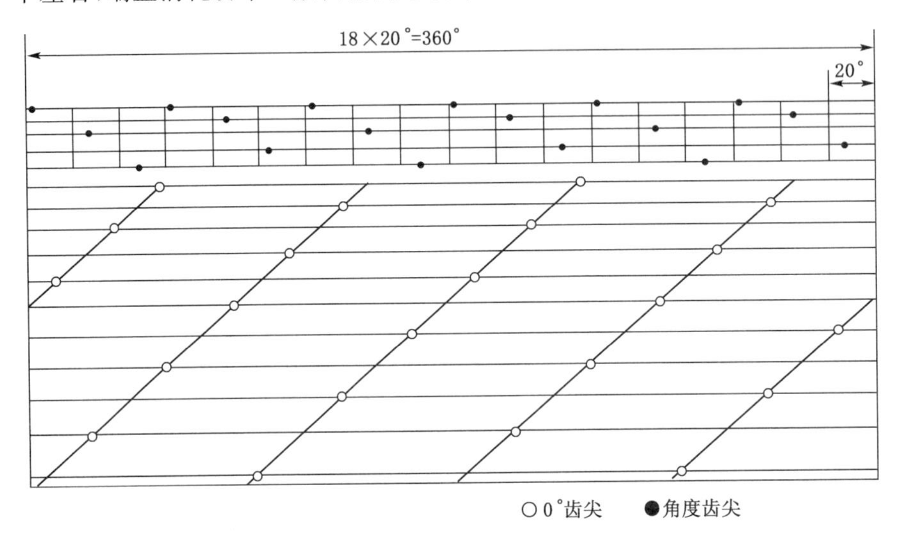

图 2-1-5　某型采煤机截齿配置图

近年来出现的新型螺旋滚筒的基本特点如下：

（1）滚筒强力化，以适应截割坚硬的煤和夹矸。

（2）滚筒配备完善的除尘装置，提高降尘效率。

（3）广泛采用棋盘式截齿配置，截割比能耗低，块煤率高，煤尘小，滚筒轴向力较小。

（4）滚筒筒毂呈锥状扩散型，装煤时煤流更畅通，减少装煤时的二次破碎，较筒毂为圆柱面的粉煤率降低15%左右。

强力滚筒采取了许多强化措施，使滚筒的强度和耐磨性大大提高，从而提高了滚筒寿命，保证了滚筒具有长期稳定的良好性能。这些措施包括增大螺旋叶片厚度；改进齿座形状，增大焊缝长度；径向截齿和齿座的背部都有一斜面肩部，提高截齿齿身根部的抗弯强度；叶片根部焊一角钢以提高强度和刚度，在叶片的抛煤外缘处堆焊一层碳化钨耐磨层等。

除尘滚筒是英国煤炭公司和HYDRA国际刀具公司共同研制的。除尘滚筒是在轮毂圆周均布9～12根圆筒状的集尘器，利用高速水射流的引射原理，产生负压吸尘和水雾降尘。

二、螺旋滚筒的结构参数

螺旋滚筒的结构参数包括滚筒直径、宽度（截深）和螺旋叶片参数等。它们对落煤、装煤能力都有重要影响，选择时必须重视。

（一）滚筒的三个直径

滚筒的三个直径是指滚筒直径 D、螺旋叶片外缘直径 D_y 和筒毂直径 D_g（图 2-1-2）。

滚筒直径 D 是指叶片截齿齿尖所形成的轨迹圆柱面的直径。我国规定的滚筒直径系列(单位为 m)为:0.60,0.63,0.67,0.71,0.75,0.80,0.90,1.00,1.10,1.25,1.40,1.60,1.80,2.00,2.24,2.50,2.75 和 3.00。随着特厚煤层一次采全高技术装备的发展,已出现了 4.3 m 直径的滚筒。

滚筒直径应根据煤层厚度(或截割高度)来选择。对于薄煤层双滚筒采煤机或一次采全高的单滚筒采煤机,滚筒直径按下式选取

$$D = H_{\min} - (0.1 \sim 0.3)\ \mathrm{m}$$

式中　$H_{\min}$——最小煤层厚度,m。

减去 0.1～0.3 m 是考虑到割煤后顶板的下沉量,以防止采煤机返回装煤时滚筒截割顶梁。

中厚煤层滚筒采煤机后滚筒的截割高度一般小于滚筒直径。由理论分析可知,截割高度为 $0.84D$ 时平均切削厚度最大。故滚筒直径 D 应选为 $H/(1+0.84)\approx 0.543H$,此处 H 为截割高度。若截割高度范围为 $H_{\min}\sim H_{\max}$,一般比值 $H_{\max}/H_{\min}\approx 1.45\sim 1.65$,则应使 $H_{\min}\geqslant D\geqslant H_{\max}/(1.45\sim 1.65)$。

筒毂直径 D_g 愈大,则滚筒内容纳碎煤的空间愈小,碎煤在滚筒内循环和被重复破碎的可能性愈大。在满足筒毂内安装轴承和传动齿轮的条件下,应保持叶片直径与筒毂直径的适当比例。对于 $D>1$ m 的大直径滚筒,$D_y/D_g\geqslant 2$;对于 $D\leqslant 1$ m 的小直径滚筒,$D_y/D_g\geqslant 2.5$。

(二) 滚筒宽度

滚筒宽度 B(图 2-1-2)是滚筒两端最外边缘截齿齿尖的轴向距离。一般滚筒的实际截深小于滚筒的结构宽度。为有效利用煤的压张效应,减小截深是有利的,但截深太小,则对采煤机生产率有影响。我国采煤机截深系列(单位为 mm)为 500,600,630,800,1 000 和 1 200。截深 600 mm 主要用于普采,目前采煤机的常用截深为 800 mm。随着综采技术的发展,也有加大截深到 1 000～1 200 mm 的趋势。

(三) 螺旋叶片参数

螺旋叶片参数包括螺旋升角、螺距、叶片头数以及叶片在筒毂上的围包角,它们对落煤,特别是装煤能力有很大影响。

根据叶片的旋向,分为左旋、右旋螺旋滚筒(图 2-1-6)。任意直径 D_i 圆柱面上螺旋叶片的升角 $\alpha_i=\arctan\dfrac{L}{\pi D_i}$,式中 L 为螺旋线导程。由于 $D_i\tan\alpha_i$ 为常数,且 $D_y>D_i>D_g$,故叶片外缘的螺旋升角 α_y 小于叶片内缘的螺旋升角 α_g,α_y 是螺旋滚筒的名义升角。

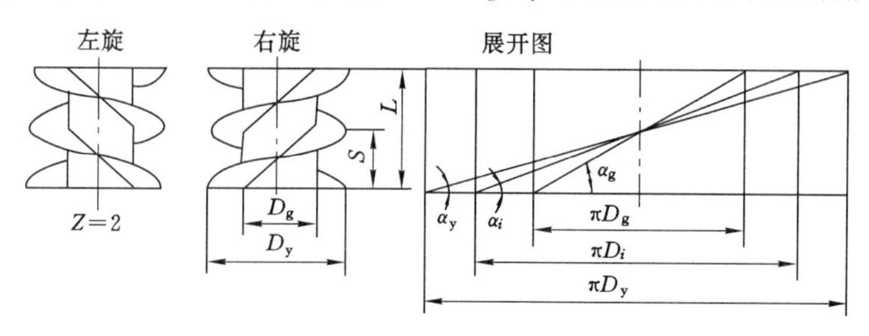

图 2-1-6　螺旋叶片的形成

小直径滚筒运煤空间小，必须考虑从端盘至装煤侧运煤量越来越大的情况。采用逐渐增大螺旋导程的小直径滚筒，比用固定升角的滚筒装煤能力提高 60%。一般来说，直径小于 900 mm 的螺旋滚筒，螺旋导程可以改变也可不变；直径大于 1 000 mm 的螺旋滚筒，其导程可以不变。

螺旋叶片头数主要是按截割参数的要求确定的，对装煤效果影响不大。直径 $D<1.25$ m 的滚筒一般用双头，$D<1.40$ m 的滚筒用双头或三头，$D>1.60$ m 的滚筒用三头或四头。

三、螺旋滚筒的转向

为向输送机运煤，滚筒的转向必须与滚筒的螺旋方向相一致。对逆时针方向旋转（站在采空区侧看滚筒）的滚筒，叶片应为左旋；顺时针方向旋转的滚筒，叶片应为右旋。即通常所说的“左转左旋，右转右旋”。

采煤机在往返采煤的过程中，滚筒的转向不能改变，从而有两种情况：截齿截割方向与碎煤下落方向相同时，称为顺转；截齿截割方向与碎煤下落方向相反时，称为逆转。

逆转时[图 2-1-7(a)]，碎煤落下受到叶片阻挡，落下的时间长，且随落随装，碎落的煤堆积在滚筒前面，装煤区和截煤区是重合的。逆转可以避免多余的搬运和重复破碎，装煤单位能耗较低，但由于被截煤壁表面呈槽形，因而装煤阻力增大。逆转时，即使不用挡煤板，也有较好的装煤效果。

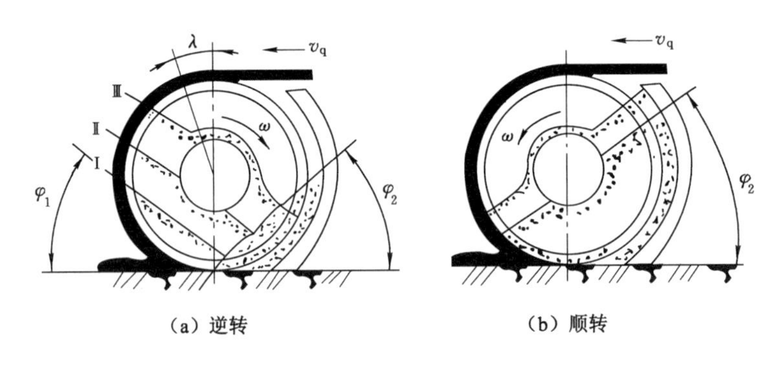

图 2-1-7　滚筒的顺转与逆转

顺转时[图 2-1-7(b)]，叶片加速碎煤下落。大部分煤通过滚筒下面被带到滚筒后面挡煤板侧堆积，再依靠螺旋叶片运走，运煤距离长，煤被重复破碎的可能性大，装煤单位能耗大。

对双滚筒采煤机，为了使两个滚筒的截割阻力能相互抵消，以增加采煤机的工作稳定性，必须使两个滚筒的转向相反。滚筒的转向分两种方式：反向对滚[图 2-1-8(a)]和正向对滚[图 2-1-8(b)]。采用反向对滚时，割顶部煤的前滚筒顺转，故煤尘较少，碎煤不易抛出伤人。中厚煤层双滚筒采煤机都采用这种方式。虽然煤流被摇臂挡住而减小了装煤口，但由于滚筒直径较大，仍有足够的装煤口尺寸。采用正向对滚时，前滚筒产生的煤尘多，碎煤易伤人，但煤流不被摇臂挡住，装煤口尺寸大，因而在薄煤层采煤机中采用正向对滚就显示出了优越性。

单滚筒采煤机，一般在左工作面用右螺旋滚筒，而在右工作面用左螺旋滚筒。因此，当滚筒截割底部煤时，滚筒转向总是顺着碎煤下落的方向。截割下的煤通过滚筒下边运向输送机，运程较长，煤被重复破碎的可能性较大，但不受摇臂限制。

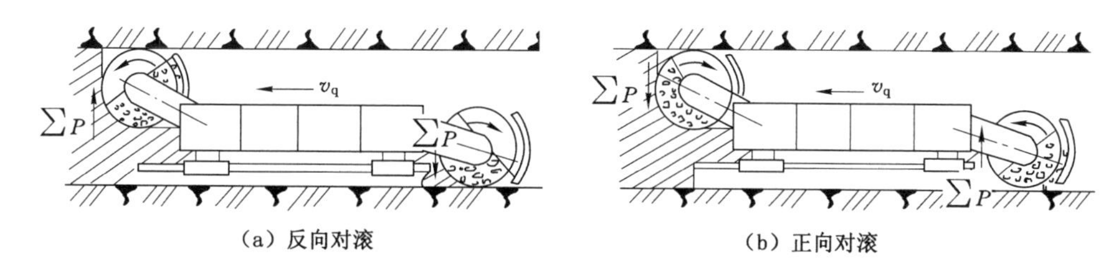

图 2-1-8 双滚筒采煤机的滚筒转向

四、截割传动装置

(一) 概述

截割传动装置即采煤机截割部的传动装置，其作用是将电动机的动力传递到滚筒上，以满足滚筒工作的需要。同时，传动装置还应适应滚筒调高的要求，使滚筒保持适当的工作高度。由于截割消耗采煤机总功率的 80%～90%，因此要求截割传动装置具有高的强度、刚度和可靠性，良好的润滑密封、散热条件和高的传动效率。对于单滚筒采煤机，还应使传动装置能适应左、右工作面的要求。

截割部电动机是采煤机配套专用并成为其组成部件的隔爆型异步电动机。同时驱动截割部和行走部等主要功能部件的电动机称主电动机，仅驱动截割滚筒的电动机称截割电动机。

截割传动装置一般分为固定减速器和摇臂减速器。当截割电动机横向布置时，电动机与摇臂减速器直接相连，即没有固定减速器。当截割电动机纵向布置时，则两个减速器都有，固定减速器内有一对圆锥齿轮，以实现两轴的相交传动。

(二) 传动方式

根据滚筒采煤机的不同结构，截割传动装置可以分为双减速箱传动装置和单减速箱传动装置两类。

1. 双减速箱传动装置

双减速箱传动装置是传统的结构形式，适用于主电动机纵向布置于机身的采煤机。截割传动装置包括固定减速箱和摆动减速箱(摇臂)两部分[图 2-1-9(a)]。固定减速箱安装在采煤机底托架上，是高速级齿轮传动装置，壳体为箱形结构，直接和主电动机对接。固定减速箱内可布置一至三级齿轮传动，其中必须有一级锥齿轮传动，以便把平行于煤壁的传动轴转变为垂直于煤壁的输出轴。截割部在使用中通常不能变速，个别采煤机在固定减速箱内设有齿轮换挡装置，为滚筒提供几挡转速。截割传动装置必须设有离合器，以保证检查或更换截齿时的安全，一般设置在传动的第一级或第二级。摆动减速箱既是低速级齿轮传动装置又是实现调整截割高度的构件，故称摇臂，在其输出轴上安装截割滚筒，输入端支承在固定减速箱的输出轴孔内，并绕其摆动。摇臂按外形有直摇臂和弯摇臂两种。弯摇臂可以增加滚筒装煤时的排煤空间，提高装煤效果，但加工较困难。按摇臂的结构形式有整体摇臂和分体摇臂两种，分体摇臂把伸入固定减速箱孔内作摆动支承的摇臂套与摇臂本体分开，用螺栓紧固在一起，便于加工、运输和更换，但螺栓连接易松动。摇臂内一般有两级传动，前级为摇臂本体内的圆柱齿轮传动，为了保证摇臂有足够的长度，传动中增加了若干惰轮；后级为悬置于摇臂端部煤壁侧的行星齿轮传动，位于滚筒的轮毂孔内并带动滚筒转动。

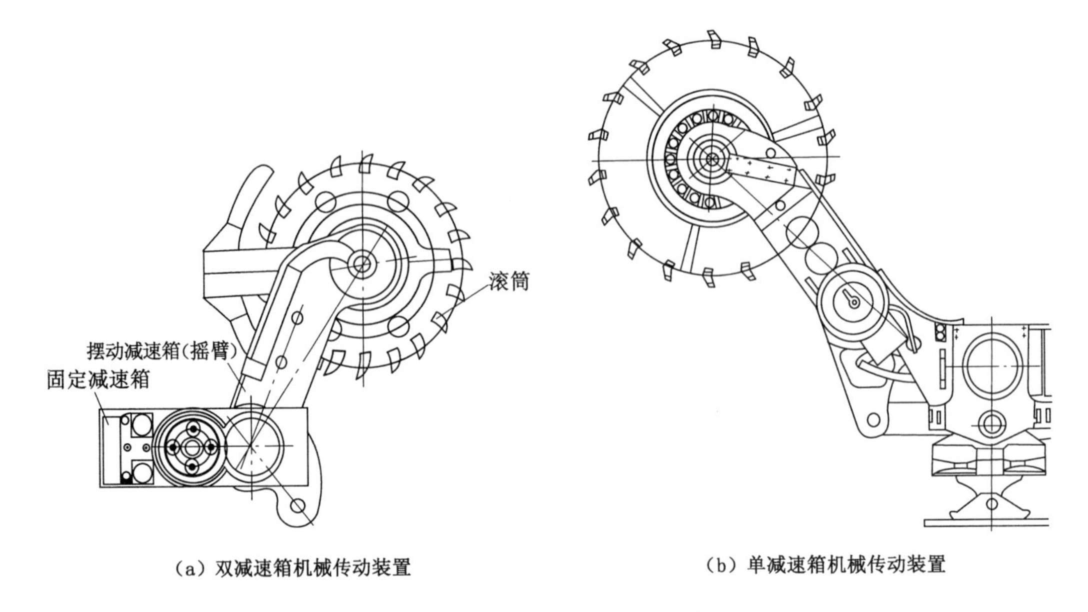

图 2-1-9　滚筒采煤机截割部示意图

2. 单减速箱传动装置

单减速箱传动装置的机械传动完全置于摇臂内部,截割电动机垂直布置在摇臂根部,成为截割部的组成部分[图 2-1-9(b)]。摇臂绕机身端部的水平销轴垂直摆动。摇臂内布置三级或四级齿轮传动,最后一级或两级为行星齿轮传动,根据摇臂长度需要增设若干惰轮。由于都是短轴结构,系统刚性很大,所以通常在截割电动机内设置一根细而长的传动轴(弹性转矩轴)。行星齿轮传动布置在摇臂端部的煤壁侧。与传统纵向布置的采煤机相比,没有锥齿轮和固定减速箱等结构,因此结构简单,可靠性高。

(三) 传动特点

截割传动装置具有以下特点:

(1) 采煤机的电动机都用四级电动机,其输出轴转速为 1 470 r/min 左右,而滚筒转速一般为 30～50 r/min,因此截割部总传动比一般为 30～50,通常采用 3～4 级齿轮减速。由于采煤机机身高度受到严格限制,所以各级传动比不能平均分配,一般前级传动比较大,而后逐级减小,以保持尺寸均匀。各圆柱、圆锥齿轮的传动比一般不大于 4。当末级采用行星齿轮传动时,其传动比可达 5～6。

(2) 采煤机电动机轴线与滚筒轴线垂直时,传动装置中必须装有圆锥齿轮。为减小传递的转矩和便于加工,圆锥齿轮应放在高速级(第一或第二级),并采用弧齿圆锥齿轮。应当注意的是,弧齿圆锥齿轮的轴向力应使两齿轮推开,以增大齿侧间隙,避免轮齿楔紧造成损坏。弧齿圆锥齿轮的轴向力方向取决于齿轮转向和螺旋线方向。

(3) 在采煤机电动机除驱动截割部外还要驱动行走部时,截割传动装置中必须设置离合器,以便采煤机在调动或检修时将滚筒和电动机脱开。离合器一般放在高速级,以减小尺寸及便于操纵。

(4) 为了适应不同煤质要求,滚筒应有两挡以上转速。截割传动装置通常备有几对不同传动比的变速齿轮,使用时可根据滚筒直径和工作条件等因素选用。除了锥齿轮和行星齿轮传动以外，其余各级齿轮都可作为变速齿轮。

(5) 采用摇臂调高是最常用的方法。为使摇臂长度符合要求，摇臂内含有多个惰轮，通常可以一级减速。少数采煤机的摇臂齿轮可以两级甚至三级减速。

(6) 由于行星齿轮传动为多齿啮合，传动比大，效率高，可减小齿轮模数，故末级采用行星齿轮传动可简化前几级传动。

(7) 采煤机齿轮大多经过变位修正，故齿轮齿数较少，可少至11～13。但在结构容许且齿轮节圆圆周速度不超过10 m/s时，采用较多齿轮，有利于传动平稳性。

五、截割部的润滑与冷却

截割传动装置传递功率大，输出转矩大，而摇臂壳体的内腔空间却不大，传动齿轮的直径和宽度都受到限制。所以，只能从齿轮材料、热处理工艺、机械加工工艺等方面采取措施，提高轮齿的接触强度和弯曲强度。齿轮必须要有良好的润滑，保证接触面之间的油膜厚度，有效降低磨损，提高传动效率。

采煤机大都采用在摇臂机壳外壁上设计有冷却水套，通入冷却水以降低油温。大功率采煤机(≥750 kW)只有外壁上的冷却水套还不足以带走产生的热量，因此在摇臂内腔还设有专门的冷却水管，把流量较大的内喷雾用水作为冷却水。

截割传动装置的输出轴和滚筒连接，在输出轴上需要设置密封元件以防止油池内的润滑油外漏，并阻止外界的煤尘等脏物进入油池。采煤机大都使用浮动油封密封。

根据设计需要，截割部可以采用飞溅润滑与强迫润滑。

(1) 飞溅润滑。飞溅润滑是截割部广泛采用的润滑方式。为了防止采煤机在倾斜煤层工作时油液集中在低处的工况，一般把箱体内腔分割成几个独立的油池，以保证正常润滑。油池注油量要适当，既要保证齿轮与轴承的润滑要求，也应注意高速搅动产生的损耗不过多地转化成热量。

(2) 强迫润滑。强迫润滑一般是通过润滑系统来实现，主要用于摇臂传动装置中(因摇臂工作时的位置总在变化)。采煤机截割部的强迫润滑系统一般由液压泵、过滤器、冷却器、流量计、管路等组成。齿轮泵的油源来自齿轮箱，经管路将冷却的油液注入需要润滑的转动件。强迫润滑的优点是可使距液面较高位置的转动件得到充分润滑，避免采煤机在特殊工况下转动件因润滑不良而造成损坏。缺点是减速箱的结构较复杂。

采煤机的载荷性质和使用条件，要求齿轮润滑油具有良好的抗磨性、抗氧化性、抗腐蚀性、防锈性和抗泡性等。目前，我国大功率采煤机采用N220、N320号硫磷型极压工业齿轮油作为润滑油。

第三节　采煤机行走部

行走部是采煤机的重要组成部分，它不但担负着采煤机工作时的移动和非工作时的调动，而且牵引速度的大小对整机的生产率和工作性能产生很大影响。

为了满足高产高效的要求，对采煤机行走部的性能要求是，牵引力大、传动比大、能实现无级调速、不受滚筒转向的影响、能实现正反向牵引和停止牵引、有完善可靠的安全保护、操作方便等。

行走部包括行走机构(又称牵引机构)和行走驱动装置两部分。行走机构是直接移动采煤机的装置,行走驱动装置用来驱动行走机构,并实现牵引速度的调节。按调速方式不同有机械调速采煤机、液压调速采煤机和电气调速采煤机。行走驱动装置位于采煤机上的称为内牵引,位于工作面两端的称为外牵引。大部分采煤机都采用内牵引,只有在某些薄煤层采煤机中,为了充分利用电动机功率来割煤并缩短机身,才采用外牵引。随着高产高效工作面的出现以及采煤机功率的增大,同时为了使工作面更加安全可靠,轮轨啮合式行走机构已逐渐取代了牵引式行走机构。

一、采煤机行走机构

采煤机行走机构有牵引式行走机构和轮轨啮合式行走机构两种形式。液压牵引采煤机多使用牵引式行走机构,电牵引采煤机都采用轮轨啮合式行走机构。

(一) 牵引式行走机构

1. 牵引式行走机构的结构及工作原理

牵引式行走机构的结构及工作原理如图 2-1-10 所示,圆环链 3 绕过主动链轮 1 和导向链轮 2,两端分别固定在输送机上、下机头的紧链装置 4 上。当行走部的主动链轮转动时,通过圆环链与主动链轮啮合驱动采煤机沿工作面移动。

当主动链轮逆时针方向旋转时,圆环链从右段绕入,这时左段链为松边,其拉力为 F_1,右段链为紧边,拉力为 F_2,因而作用于采煤机上的牵引力为

$$F = F_2 - F_1$$

采煤机在此力作用下,克服阻力而向右移动;反之,当主动链轮顺时针方向旋转时,则采煤机向左移动。

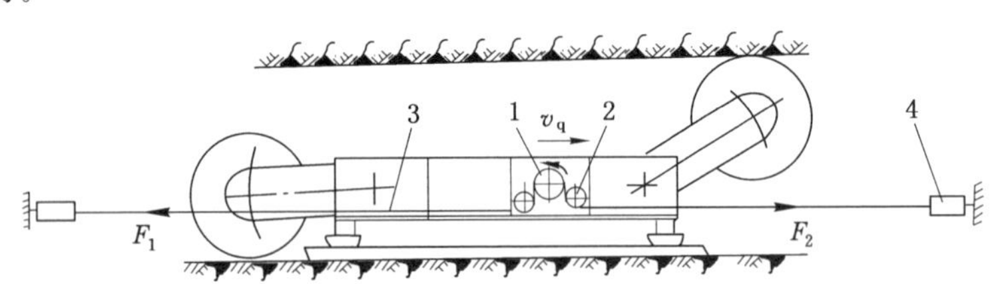

1—主动链轮;2—导向链轮;3—圆环链;4—紧链装置。

图 2-1-10 牵引式行走机构

2. 牵引式行走机构的组成

牵引式行走机构的组成包括矿用圆环链、链轮、链接头和紧链装置等。

(1) 圆环链

采煤机和刨煤机的圆环链都采用高强度(C 级或 D 级)矿用圆环链,它是用 23MnCrNiMo 优质合金钢经编链成形后焊接而成的。圆环链已标准化,对圆环链的形式、基本参数和尺寸、技术要求、试验方法等都做了规定。

在选用圆环链时,应按下式进行安全系数校核

$$\frac{s}{F_{2max}} \geqslant 2.5 \sim 3.5$$

式中 s——试验负荷,kN;

F_{2max}——紧边牵引力的最大拉力,它取决于紧链方式,kN。

(2) 链轮

圆环链链轮的几何形状比较复杂，其形状和制造质量对于链环和链轮的啮合影响很大。链轮形状不正确会啃坏链环，加剧链环和链轮的磨损，或者使链环不能与轮齿正确啮合而掉链。

链轮通常用 ZG35CrMnSi 铸造，齿面淬火硬度为 HRC45～50。如果改为锻造，齿形部分模锻或电解加工，可以大大提高使用寿命。

圆环链缠绕到链轮上后，平环链棒料中心所在的圆称为节圆（其直径为 D_0），各中心点的连线在节圆内构成了一个内接多边形。若链轮齿数为 Z，则内接多边形的边数为 $2Z$，边长分别为 $(t+d)$ 和 $(t-d)$[图 2-1-11(a)]。因此链轮旋转一周，绕入的圆环链长度为 $Z(t+d)+Z(t-d)=2Zt$，所以采煤机的平均牵引速度为

$$v_q = \frac{2Ztn}{1\ 000} \quad \text{m/min} \tag{2-1-1}$$

式中　v_q——牵引速度，m/min；

Z——链轮齿数；

t——圆环链节距，mm；

n——链轮转速，r/min。

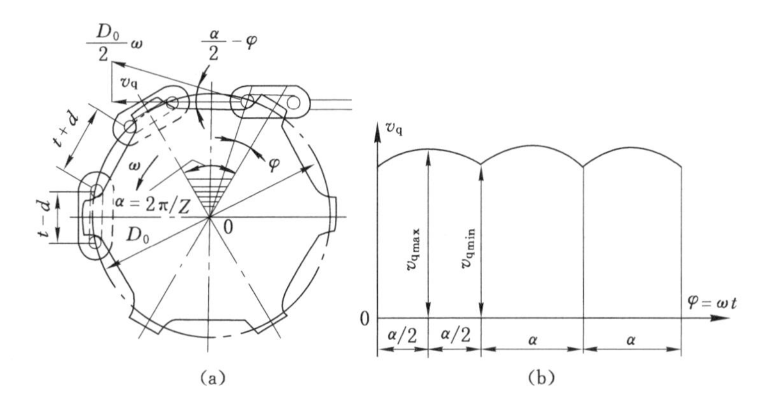

图 2-1-11　链轮及其链速变化

牵引式行走机构的缺点是牵引速度不均匀，致使采煤机负载不平稳。其瞬时速度的变化如图2-1-11(b)所示，齿数越少，速度波动越大。由于煤矿井下空间有限，主动链轮的齿数一般为 5～8。

(3) 链接头

为了制造和运输方便，圆环链一般做成适当长度、由奇数个链环组成的链段，以便于运输，使用时将这些链段用链接头接成所需长度。处理断链事故时也需用链接头连接。

对链接头的要求是，外形尺寸与圆环链相差不多，强度不低于链环，装拆方便，运行中不会自行脱开。链接头需用 65Mn 等优质合金钢制作，并经严格的质量检验。

(4) 圆环链的固定与张紧

通常，圆环链通过紧链装置固定在输送机两端。紧链装置产生的初拉力可使圆环链拉紧，并可缓和因紧边链转移到松边时弹性收缩而增大紧边的张力。采煤机的圆环链紧链装置主要有弹簧紧链装置和液压紧链装置两种。

液压紧链装置的工作原理如图 2-1-12 所示。圆环链 1 绕过导向链轮 2，通过连接环和

液压缸 3 连接。如果采煤机由右向左开始工作，这时左端圆环链的张紧力使左端拉紧装置的安全阀 7 大大超过调定值，使液压缸全部缩回，而采煤机右端圆环链的预紧力(初张力)由定压减压阀 5 的调定压力值来决定，并使右端拉紧装置的液压缸活塞杆伸出。当采煤机继续向左端牵引时，将使非工作边张力逐渐增加，当右端液压缸 3 的压力值增加到安全阀的调定值时，安全阀动作，液压缸收缩，导向链轮 2 左移，用液压缸的行程补偿圆环链的弹性收缩，从而限制了非工作边张力的增加。

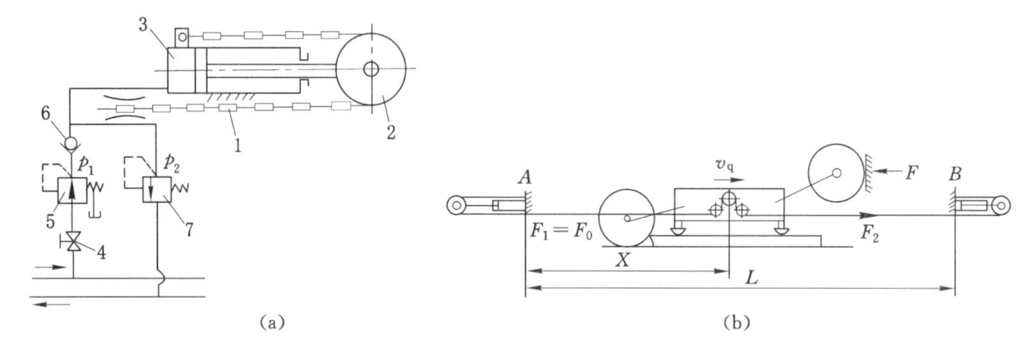

1—圆环链；2—导向链轮；3—液压缸；4—截止阀；5—减压阀；6—单向阀；7—安全阀。

图 2-1-12 液压紧链装置原理图

液压紧链装置的优点是非工作边能保持恒定的张力，其初张力(预紧力)的大小由定压减压阀的调定值所决定。在工作过程中非工作边的张力大小由安全阀的整定值来决定。

(二) 轮轨啮合式行走机构

随着采煤机向强力化、重型化及大倾角的方向发展，其总装机功率已超过 2 500 kW，牵引力提高到 1 000 kN 级、1 500 kN 级，最大已超过 2 000 kN 级。对于这样大的牵引力，使用圆环链已不能满足要求，而且圆环链一旦断裂，其储存的弹性能被释放，将严重危及人身安全。为此，取消了固定在工作面两端的圆环链，而采用了轮轨啮合式行走机构。

轮轨啮合式行走机构主要有销轮-齿条式行走机构、齿轮-链轨式行走机构和齿轮-销轨式行走机构。现代采煤机使用最广泛的是齿轮-销轨式行走机构，如图 2-1-13 所示。

图 2-1-13 齿轮-销轨式行走机构

行走部动力通过驱动齿轮经齿轨轮与铺设在输送机中部槽上的销轨相啮合而使采煤机移动。齿轮-销轨式行走机构的销轨是刚性的，为了适应工作面底板的起伏和采煤机的工况要求，只能通过销轨的销排连接处结构使其能够改变两节销排之间的距离，来满足刮板输送机中部槽在垂直面和水平面的弯曲，也就是说，销排连接处的销齿间的节距是变化的。节距变化会使行走轮和销轨的啮合情况恶化，甚至无法正常工作。为减小节距的变化量，销排长度设计成中部槽长度的一半，使每节中部槽含有两个销排连接处。

销排节距取决于刮板输送机中部槽的长度及销齿数量。目前用于中部槽长度 1 500 mm 的销排节距为 125 mm(126 mm)或 151 mm，用于中部槽长度 1 750 mm 的销排节距为 146 mm 或 176 mm，用于中部槽长度 2 050 mm 的销排节距为 172 mm。节距越大，齿轮的模数越大，弯曲强度越高，但相同齿数的行走轮直径越大。如同样是 10 齿的行走轮，节距 125 mm 的行走轮齿顶圆直径不小于 480 mm，而节距为 147 mm 的行走轮齿顶圆直径不小于 580 mm，所以机身厚度较薄、机面高度较矮的采煤机就不能采用大节距的齿轮-销轨式行走机构。

最初的销排采用焊接结构，销齿是直径为 55 mm 的圆柱销，目前销排普遍采用整体铸造或锻造结构，销齿齿形由数段圆弧或直线组成。参与啮合的圆弧曲率半径越大，则啮合时的接触应压力越小。考虑到在水平弯曲段行走轮的轮齿与销齿啮合会出现偏斜，销齿在齿宽方向呈鼓形，因此，行走轮轮齿和销齿的啮合不是全齿宽啮合，接触应力是比较大的。

由于销齿的啮合段是由圆弧或直线段组成的，而与其相啮合的行走轮轮齿齿廓为摆线或渐开线，两者的啮合为非共轭传动，也就是传动比不是恒定的。最大的变化发生在两销排的连接处，由于节距变化，传动比(也可以理解为当行走轮匀速转动时采煤机的行走速度)产生突变。当外界牵引阻力较大时，牵引力升高的那个行走轮和驱动系统就会受到超过设计负荷(总牵引力的一半)的外载荷，造成保护系统作用甚至造成机件损坏。

导向滑靴滑行在销轨上使采煤机沿工作面长度方向导向行走，也保持行走轮和销轨的正常啮合。导向滑靴和销轨在上下左右方向都留有间隙，间隙的大小是按中部槽连续向一个方向上下弯曲 3°或水平方向连续弯曲 1°设计的。工作磨损以后，间隙还会增加。间隙太大会影响导向和啮合，间隙太小会在导向滑靴通过弯曲段时卡死，造成导向滑靴损坏。

轮轨啮合式行走机构适用于低速、重载、多尘和无润滑的工作条件，维护比较方便，但传动件大都采用非共轭齿廓，即使行走轮匀速转动，采煤机行走速度仍会波动。但与牵引式行走机构相比，行走速度的波动要小得多，从而大大改善了行走的平稳性。

二、采煤机行走驱动装置

采煤机行走驱动装置的功用是将电动机的动力传递给行走机构，驱使采煤机沿工作面长度方向移动的部件。由于采煤机的截割传动装置在工作过程中是不能变速的，滚筒只能定速转动，为了适应外负载和工作面工况的变化，行走驱动装置必须能在采煤过程中调整采煤机行走速度的大小，因此，行走驱动装置包括行走调速装置和行走传动装置两部分。

(一) 行走调速装置

按行走驱动装置的调速方式分机械调速采煤机、液压调速采煤机和电气调速采煤机。

具有纯机械传动装置的行走部简称机械调速采煤机。其特点是工作可靠，但只能有级调速，且传动结构复杂，目前已经淘汰。

液压调速采煤机利用容积式液压传动的调速特性来实现调速性能。液压调速系统通过液压泵排出的压力油，驱动液压马达，液压马达再经齿轮传动或直接带动驱动轮。液压调速系统具有无级调速特性，且换向、停止、过载保护易于实现，便于根据负载变化实现自动调速，保护系统比较完善。其缺点是制造精度高，效率低，油液易泄漏、污染，零部件易损坏，维修困难，使用费用高，效率和可靠性较低。

横向布置的采煤机都采用电气调速的行走传动装置。以电气方式调节改变行走电动机输出轴转速的装置，称为电气调速装置，主要由变压器和馈电设备（如果需要）、调速器、行走电动机等组成。

根据调速原理不同，采煤机行走调速装置有变频调速装置、电磁调速装置和开关磁阻调速装置三种类型。电磁调速装置是以电磁转差方式调节改变电磁调速电动机输出轴转速的装置，由电磁调速电动机和电磁调速控制器组成。开关磁阻调速装置是以绕组电流通断的方式调节磁阻电动机输出轴转矩和转速的装置，由变压器和馈电设备（如果需要）、开关磁阻电动机和开关磁阻调速器组成。目前广泛应用交流变频调速技术，依靠交流变频调速装置改变交流电动机的供电频率和供电相序，来实现电动机转速的调节和转向的变换。

交流电动机的转速方程为

$$n = \frac{60f}{p}(1 - s) \tag{2-1-2}$$

式中　f——定子电源频率，Hz；

p——电动机的磁极对数；

s——转差率。

从式(2-1-2)中可知，要调节转速，可以改变转差率、磁极对数或频率。变频调速是电牵引采煤机广泛采用的调速方法。只要调节供电频率 f，就可调节转速 n。但 f 在工频以下变化时，气隙磁通 Φ_q 为

$$\Phi_q = K\frac{U}{f} \tag{2-1-3}$$

式中　U——定子端电压。

当 f 升高时，若 U 不变，则 Φ_q 下降，导致电动机转矩下降。为保持 Φ_q 不变，通常采用同时调节 U 和 f，并使压频比恒定，即

$$\frac{U}{f} = 常数$$

由于 Φ_q 基本不变，则转矩也基本不变。在工频以下这种调速属于恒压频比、恒转矩的调频调速控制。但是，这种调频调速在频率 f 很低时，U 并不与 E（电动势）基本近似相等，而是 E 下降更多，使 Φ_q 减少，保持不了 Φ_q 恒定，从而导致电动机的转矩 T 和 T_{max} 下降。为了提高低频的转矩，采用提高 U 来提高 T，这时 U 与 f 的比值增大，不是原先恒定的比值，这种调速属于提高电压、补偿低频的调频调速控制，以提高电动机在低频时的 T 和 T_{max}。但是提高电压不能超过电动机的允许范围。当电压为恒定值后，则转为恒功率调速。变频调速的牵引特性如图 2-1-14 所示。

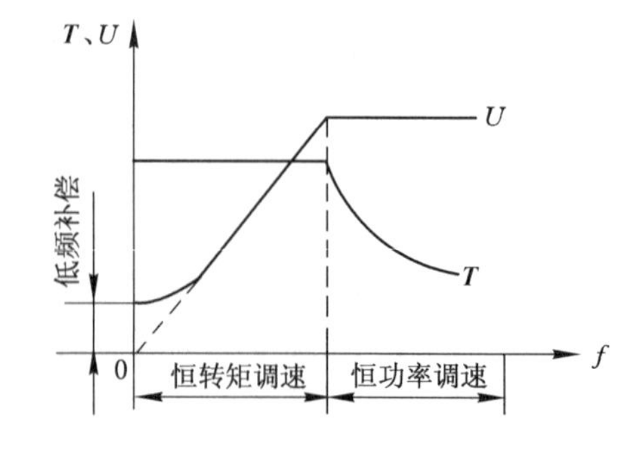

图 2-1-14　变频调速的牵引特性

上述变压变频（VVVF）是交流电动机的变

频调速控制的基本原理。为实现 VVVF 变频调速，一般通过交-直-交变换，由三相桥式电路、滤波电路、三相逆变电路等组成。逆变电路采用脉冲宽度调制技术，即 PWM 技术，利用半导体器件的导通与关断，把直流电压调制成一系列宽度不等的矩形脉冲，去逼近模拟所要求的电压波形。通过控制脉冲宽度控制输出电压的幅值，通过对脉冲序列周期的控制控制输出电压的频率，从而达到变压变频的目的。大倾角采煤机采用带能量回馈单元的四象限变频器。

电牵引采煤机一般有两台牵引电动机，根据交流变频调速装置对牵引电动机的驱动方式，有“一拖二”和“一拖一”两种方式。“一拖二”方式（图 2-1-15）即由一台变频器控制两台牵引电动机，常用在非机载或中小功率采煤机上。该方式占用空间小，系统简单，但只能采用 V/f 控制，控制精度低，性能差。“一拖一”方式（图 2-1-16）即由一台变频器分别控制一台牵引电动机，其优点是可充分发挥变频器的性能，实现对牵引电动机的精确控制。两台变频器，一台设为主机，另一台设为从机，采用主从控制，从机跟随主机进行调整。

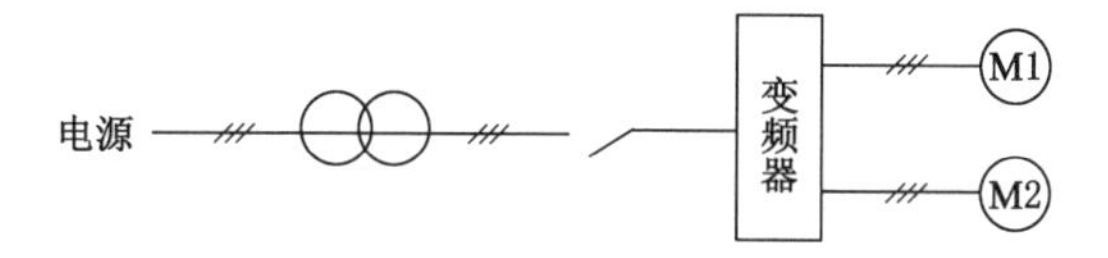

图 2-1-15　交流电牵引“一拖二”方式

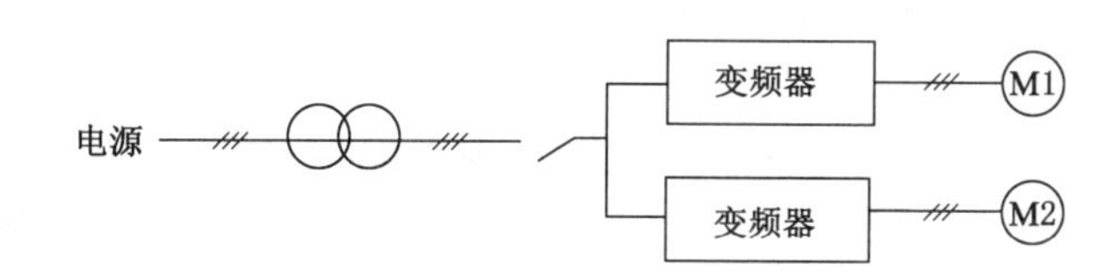

图 2-1-16　交流电牵引“一拖一”方式

（二）行走传动装置

采煤机行走传动装置和截割传动装置相比传递的功率要小，壳体的受力和传动系统的润滑条件要好得多，所以采煤机行走传动装置的故障要少得多。

行走传动装置的具体结构是根据传动比的大小和布置位置而变化。液压调速的行走传动装置传动比取决于液压马达的最大转速，采用低速液压马达时传动比较小，可以采用圆柱齿轮传动。早期的采煤机采用大转矩内曲线液压马达，甚至可以取消行走传动装置，马达输出轴直接驱动行走链轮。电气调速横向布置采煤机的行走传动装置由于行走电动机的转速很高，传动比较大，所以传动系统的最后一级往往采用行星齿轮传动，甚至采用两级行星齿轮传动。

第四节　采煤机辅助装置

采煤机辅助装置包括调高装置、机身连接、降尘装置、拖缆装置、破碎机构、挡煤板和防滑装置等。根据滚筒采煤机的不同使用条件和要求，各辅助装置可以有所取舍。

一、调高装置

通过调高来调整滚筒位置，以适应煤层厚度的变化和顶、底板的起伏，既不丢弃过厚的顶煤或底煤,又不截割顶、底板岩石,还可以避免滚筒截割到输送机的铲煤板或液压支架的顶梁。现代采煤机都用摇臂进行调高,图 2-1-1 中所示调高方式是最常见的调高方式。

采煤机的调高液压缸可以设在机身上面或下面。调高液压缸设在机身上面,安装和检修比较方便。但是压力油作用在活塞杆腔,在相同的工作压力和载荷条件下,比调高液压缸设在机身下面时直径大。调高液压缸设在机身下面应注意保证必要的过煤空间,防止大块煤岩的挤卡和冲撞。

目前,采煤机的调高系统均采用阀控液压缸开式液压系统。这种系统简单可靠、操作方便。在采煤机的调高系统中,调高泵站由电动机、液压泵、阀组、油箱和管路等组成。液压泵均为齿轮泵,在控制油路中设置精过滤器,溢流阀采用直动型的插装式结构。

二、机身连接

采煤机机身连接主要由平滑靴及其支撑架、液压拉杠、高强度螺栓、高强度螺母、调高液压缸、铰接摇臂的左右连接架以及各部位连接零件等组成。连接框架,左、右行走部在四条或五条液压拉杠和多组高强度螺柱、螺母的预紧力作用下,将采煤机三段机身连为一个刚性整体。

在液压拉杠两端分别安装高强度螺母,其中一端安装液压拉紧装置,在超高压液压油的作用下拉长接近材料的弹性极限,并在高强度螺母和机壳紧固端面之间产生间隙,然后拧紧高强度螺母消除间隙,再卸去液压力,去掉拉紧装置,这时液压拉杠保持预紧,从而达到紧固和防松的目的。

三、破碎机构

采煤机上设置破碎机构的目的是用来破碎工作面输送机机尾方向的大块煤,以防止大块片帮煤堵塞机身下的过煤通道。通常只有在大功率采煤机上才设置破碎机构。对采煤机破碎机构的要求是:

(1) 由于破碎机构只安装在工作面输送机的机尾方向,因此,左、右工作面破碎机构安装在采煤机上的位置也不同。左工作面破碎机安装在采煤机的右边,右工作面破碎机安装在采煤机的左边,因此必须要求破碎机中的零部件尽可能做到能左右互换。

(2) 破碎机构必须要有升降功能,以便破碎不同块度的大块煤。

(3) 在结构允许的条件下,破碎机的能力越大越好,所以在选择采煤机时,应选择具有功率大、转速低的破碎机构的采煤机。

(4) 要有必要的保护和控制功能。如电动机的过热保护、破碎滚筒正压力的控制等,以避免破碎机构电动机堵转而烧坏。

破碎机构由破碎滚筒、电动机、行星减速器、臂架和升降液压缸等组成。臂架为对称结构,可根据左右工作面安装在左或右行走传动箱的壳体上,也可以安装在左右行走箱上。破碎电动机和行星减速器安装在破碎滚筒内组成破损头。在臂架下面或上面与行走传动箱壳体间铰接升降液压缸,用来调整破碎滚筒的高度。

四、挡煤板

挡煤板配合螺旋滚筒以提高装煤效果、减少煤尘飞扬。采煤机工作时,挡煤板总是离截齿一定距离紧靠于滚筒后面,根据采煤机的不同牵引方向,需将其转换至滚筒的不同侧。挡煤板为圆弧形,可绕滚筒轴线翻转 360°,有专用翻转机构和无翻转机构两种翻转方法,这是目前广泛使用的结构形式。门式挡煤板为平板状,不能翻转,但可绕垂直轴折叠成与机身平行。

五、防滑装置

防滑装置用于煤层倾角大于采煤机自滑坡度的工作面，是在行走机构意外损坏或采煤机停车又无制动保护的情况下，为防止采煤机失速下滑而造成人身和设备重大事故所必须采取的安全保护措施。《煤矿安全规程》规定，工作面倾角在15°以上时，必须有可靠的防滑装置。防滑装置有插棍式、抱轨式、安全绞车式和制动器式等四种形式，现代采煤机使用最广泛的是制动器式防滑装置。

摩擦式制动器安装在行走传动箱的煤壁侧，如图2-1-17所示。当采煤机断电停车或泵站停止向其供压力油时，碟形弹簧3恢复原状推动活塞2移动，通过压力环1压紧摩擦片5。摩擦片5用花键轴套6连接，轴套6通过花键与轴齿轮7连接。当切断电动机电源停车或泵站停止向其供油时制动器起作用。摩擦片5上产生的摩擦力阻止轴齿轮7转动，从而驱动齿轮停止转动，保证了采煤机的安全。

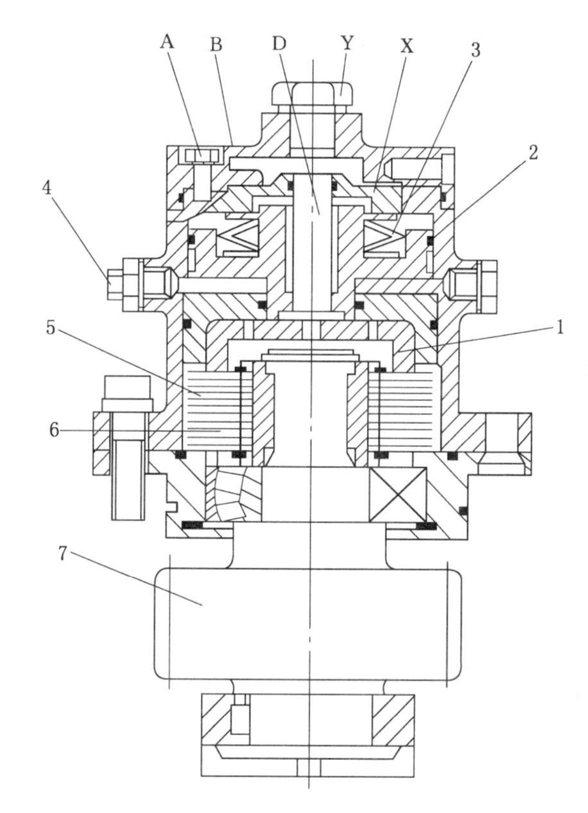

1—压力环；2—活塞；3—碟形弹簧；4—接头；5—摩擦片；6—轴套；7—轴齿轮；A—螺钉；B—端盖；D—定位销；X—压盖；Y—螺堵。

图2-1-17　摩擦式制动器

为了松开制动器，让采煤机沿工作面运行，首先启动泵站电动机，当采煤机行走时泵站的压力油将通过接头4进入制动器，克服碟形弹簧3的作用力，松开摩擦片5。此时轴齿轮7即可随着行走传动箱中的齿轮转动。

六、喷雾和冷却系统

《煤矿安全规程》规定，采煤机必须安装内、外喷雾装置。割煤时必须喷雾降尘，内喷雾工作压力不得小于2 MPa，外喷雾工作压力不得小于4 MPa，喷雾流量应与机型相匹配。

喷嘴在滚筒以外部位的喷雾方式，称为外喷雾。喷嘴配置在滚筒上的喷雾方式，称为内喷雾。两种方法各有利弊。外喷雾一般把喷嘴布置在机身两端和摇臂上，使喷出的水雾覆盖住滚筒的出煤口和粉尘扬起的部位，也可在适当部位布置引射式喷雾器以提高雾化程度。

内喷雾喷嘴将压力水直接喷射于截割区和截齿上，使粉尘灭除在刚刚生成尚未飞扬起来之前，降尘效率较高，它除有抑制粉尘功能外，还具有扑灭截齿截割坚硬岩石而产生的火花和冷却截齿的作用。喷嘴安装在滚筒的截齿附近或直接装在截齿上，配置形式有一个截齿配一个喷嘴或几个截齿配一个喷嘴。喷嘴喷射的方向有：① 对着截齿齿面；② 对着截齿齿背；③ 一个对着截齿齿面而下一个对着截齿齿背；④ 两截齿间径向喷射。目前多数滚筒采用一齿一嘴配置形式以及对着齿面和两齿间径向喷射两种喷射方向，但有采取对着截齿齿背喷射的发展趋势。

七、拖缆装置

拖缆装置是采煤机沿工作面行走时，拖动电缆和水管以实现不间断地给采煤机提供电源和水源的装置。拖缆装置的主要功能是：① 使电缆芯线不受拉力和过度的折弯，以免折断；② 使采煤机引入口处的电缆不致承受异常拉力而拔脱，或发生拔脱时会自动切断电源，防止失爆事故；③ 避免因受大块矸石和煤块砸碰及机械损伤而引起电缆芯线折断或破坏外层橡胶而失去防爆性。为了使拖动部分的长度最短，电缆和水管进入采煤机工作面后，先固定铺设在工作面输送机的采空区侧，直至工作面中部，再进入电缆槽内来回拖动。

拖缆装置的形式很多，归纳起来主要有夹板链式拖缆装置和直接式拖缆装置两种。

（一）夹板链式拖缆装置

利用夹板链来承受拖动拉力和保护电缆、水管的一种拖缆装置，如图 2-1-18 所示。夹板链由相互水平铰接的电缆夹板组成。电缆夹板材料为铸钢、铸铁或夹铁芯的尼龙。电缆和水管放置在电缆夹板的空槽里，每隔几节设一个挡销以防电缆和水管从槽中脱出。两节电缆夹板之间的折弯角由结构限定，一般应大于电缆的许用最小弯曲半径。夹板链在电缆槽内拖动，电缆槽安装在工作面输送机的采空区侧，其宽度应略大于电缆夹板的宽度，其深度应使夹板链的折弯段不会翻出槽外。夹板链通过拖缆架组件和采煤机连接。为了防止夹板链被卡住拉断，在电缆架组件上装有安全保护装置，当拖移拉力超过限定值时，立即切断电源或停止采煤机牵引，有的采煤机还设有电缆拔脱的安全保护装置，当电缆从防爆喇叭口拔脱时，即切断电源。

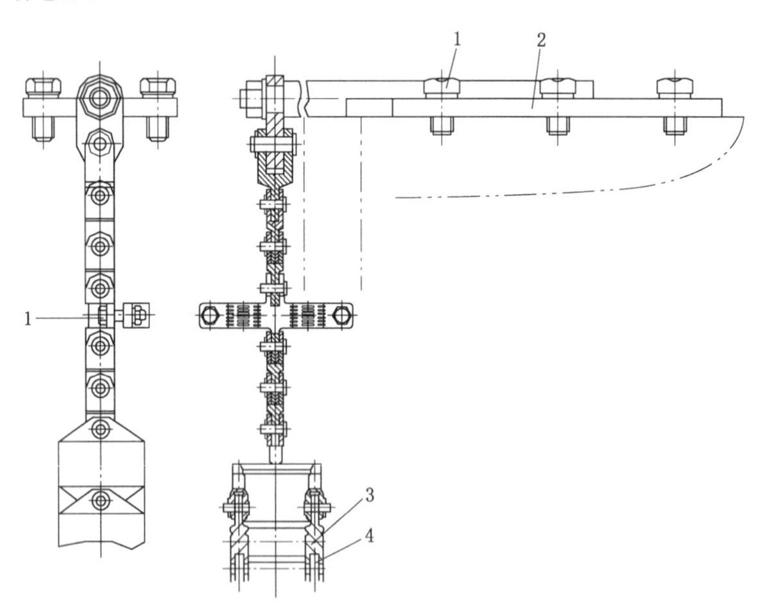

1—螺栓组；2—拖缆架；3—电缆夹板链；4—电缆和水管。

图 2-1-18　夹板链式拖缆装置

（二）直接式拖缆装置

指利用强力电缆本身的铠装层来承受拖动拉力和保护电缆的一种拖缆装置。铠装层在电缆的外层由钢丝编织而成，外面再覆以绝缘的橡胶层。水管一般与电缆捆绑在一起在电缆槽内拖动，电缆槽安装在工作面输送机的采空区侧。强力电缆通过拖缆架组件和采煤机连接。在拖缆架组件上分别设有防止电缆被卡住和电缆被拔脱的安全保护装置。这类拖缆装置由于强力电缆较粗，柔软性差，电缆使用寿命较短，且价格昂贵，保护性能又不如夹板链式拖缆装置，所以使用不多，只在薄煤层、倾角较大的煤层等特殊场合下使用。

复习思考题

1. 滚筒采煤机的主要组成部分有哪些？
2. 螺旋滚筒的设计要求主要有哪些？
3. 简述螺旋滚筒的结构组成和主要参数。其转向和旋向有何要求？
4. 确定螺旋滚筒直径和宽度的主要依据是什么？
5. 截齿的种类有哪些？
6. 采煤机截割部传动系统有何特点？
7. 采煤机截割部常用的传动方式有哪几种？
8. 采煤机的行走机构有哪些类型？各有何特点？
9. 齿轮-销轨式行走机构有何特点？

第二章 MG900/2210-WD 型采煤机

MG900/2210-WD 型采煤机如图 2-2-1 所示，是一种多电动机驱动、电动机横向布置、交流变频调速、齿轮-销轨式行走的电牵引采煤机。总装机功率 2 210 kW，适用于截割高度 2.40～5.05 m，煤层倾角≤15°的厚煤层综采工作面，要求煤层顶板中等稳定，底板起伏不大，不过于松软，煤质硬或中硬，也能截割一定的矸石夹层。

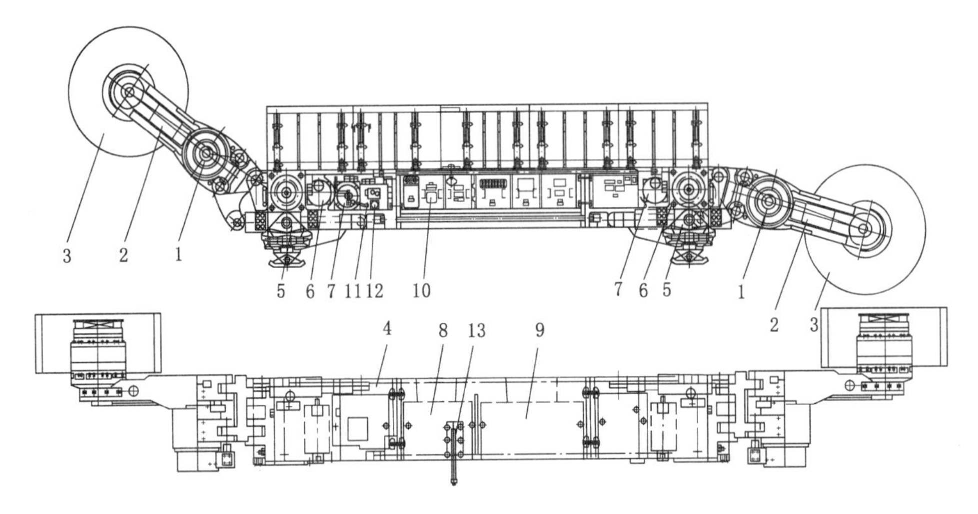

1—截割电动机；2—摇臂；3—滚筒；4—机身框架；5—行走部传动箱；6—行走箱；7—牵引电动机；8—变频器箱；9—变压器箱；10—开关箱；11—调高泵箱；12—泵电动机；13—拖缆装置。

图 2-2-1 MG900/2210-WD 型采煤机

第一节 采煤机组成与特点

MG900/2210-WD 型采煤机主要由截割电动机、摇臂、滚筒、机身框架、行走部传动箱、行走箱、牵引电动机、拖缆装置等组成。该采煤机的电气设备符合矿用防爆规程的要求，可在周围空气中的瓦斯、煤尘、硫化氢、二氧化碳等不超过《煤矿安全规程》中所规定的安全含量的矿井中使用，并可在海拔不超过 2 000 m、周围介质温度不超过 40 ℃，空气湿度不大于 95%(在+25 ℃时)的情况下工作。

采煤机由采空区侧的两个导向滑靴和煤壁侧的两个平滑靴分别支承在工作面刮板输送机销轨和铲煤板上。当行走机构的驱动轮转动时，驱动齿轨轮转动，齿轨轮与销轨啮合，采煤机便沿输送机正向或反向牵引移动，滚筒旋转进行落煤和装煤。采煤机端面及与工作面输送机、液压支架配套尺寸如图 2-2-2 所示。

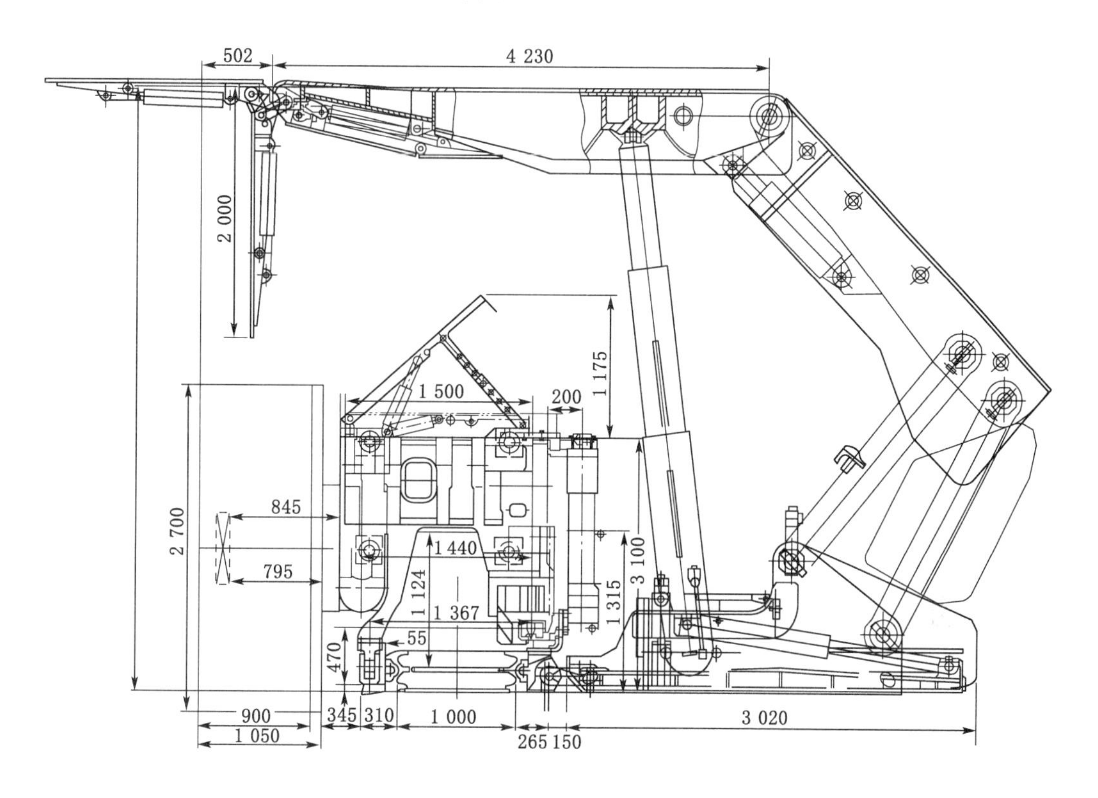

图 2-2-2　采煤机端面及与工作面输送机、液压支架配套尺寸

采煤机由左右行走部、连接框架三段组成主机身，该三段主要采用液压拉杠连接，无底托架，机身两端铰接左右摇臂并通过连接架与调高液压缸铰接。两个行走箱左右对称布置在行走部的采空区侧，由两台 110 kW 电动机分别经行走部减速箱驱动实现双向牵引。机身中段为一整体连接框架，开关箱、变频器箱分别从采空区侧装入连接框架。调高泵箱、变压器箱分别从采空区侧装入行走部的一段框架内。

摇臂采用直臂结构形式，左右通用，摇臂输出端采用 600 mm×600 mm 的方形出轴与滚筒连接。滚筒直径规格可根据煤层厚度选取，建议选用 2 400 mm、2 500 mm、2 700 mm 直径的滚筒。破碎机构根据用户需要配置，采用直臂结构形式，左右通用(需更换破碎滚筒)，破碎滚筒位于刮板输送机上方，对影响通过采煤机的大块煤进行破碎。

采煤机的操作可以在采煤机中部电控箱上或两端左右行走部上的指令器进行，也可以用无线遥控器控制。采煤机中部可进行开停机、停输送机和行走调速换向操作，采煤机两端和无线遥控均可进行停机、行走调速换向和摇臂滚筒及破碎机构的调高操作。

MG900/2210-WD 型采煤机采用多电动机驱动、电动机横向布置的总体设计，结构简单可靠，各大部件之间只有连接关系，没有传动环节，其主要特点如下。

(1) 所有电动机横向装入每个独立的机箱内，为抽屉式，各部件均有独立的动力源，各大部件之间无动力的传递。

(2) 三个独立的电气箱部件和一个独立的调高泵箱部件分别从采空区侧装入中间连接

框架内和左右行走部的一段框架内，均为抽屉式结构，该四个独立部件不受力，拆装运、维修方便。

(3) 机身由三段组成，采用液压拉杠和高强度螺栓连接为一个刚性整体，无底托架，增加了过煤空间高度。摇臂支承座受到的截割阻力、调高液压缸支承座受到的支反力、行走机构的牵引反力均由行走部箱体承受，省略了传统底托架结构复杂的对接螺栓和地脚螺栓，连接简单可靠、拆装方便。机身短，对工作面适应性好，通过工作面三机配套，可以方便地调整采煤机总宽度，能适应与不同输送机配套和不同综采工作面的需要。

(4) 摇臂行星头为双级行星传动结构，并采用四行星轮结构，齿轮强度和轴承寿命高，行星头外径尺寸小，可以配套的滚筒直径范围大。摇臂设有齿式离合器及转矩轴机械保护装置，以实现离合滚筒及电动机、机械传动系统过载保护。摇臂行星头油池和摇臂机身油池隔离，为两个独立的润滑油池，可以保证滚筒位于任何位置时，行星机构部分都能得到良好的润滑。

(5) 破碎机构采用行星传动结构，并设有转矩轴机械保护装置对电动机及传动系统进行过载保护。

(6) 调高系统液压元部件均集成安装于调高泵箱上平面，液压元件均采用成熟定型的产品，系统简单、管路少、可靠性高。

(7) 采用齿轮-销轨式行走机构，行走部传动箱与行走箱为两个独立的箱体，煤壁侧的平滑靴采用支撑板与行走部机体连接，与工作面输送机配套性能好，适用范围广。

(8) 牵引电气拖动采用“一拖一”方式，即由两台变频器分别拖动两台行走电动机。

(9) 电气拖动系统根据需要可具有四象限运行能力，采煤机可用于大倾角工作面，并采用回馈制动(特殊订货)。

(10) 采用水冷式变频器。

(11) 采用 PLC 控制，全中文液晶显示系统，易于熟悉掌握。具有简易智能监测系统，保护齐全，查找故障方便。

(12) 控制系统完备，具有手控、电控、无线遥控多种操作方式，可以在采煤机中部或两端操作，可单人操作或双人同时操作。

第二节　截　割　部

截割部由摇臂、滚筒组成，其主要功能是完成采煤工作面的落煤、向工作面输送机装煤和喷雾降尘。左、右摇臂完全相同，摇臂内横向安装一台 900 kW 截割电动机，其动力通过两级直齿轮减速和两级行星齿轮减速传给输出方轴驱动滚筒旋转。

一、截割部传动系统

左截割部传动系统如图 2-2-3 所示。截割电动机空心轴通过转矩轴花键与一轴轴齿轮连接，将动力传入摇臂减速箱，通过 $Z_{15} \sim Z_{22}$ 传递到双级行星减速器，末级行星减速器行星架出轴渐开线花键与方轴连接驱动滚筒。

截割部的传动齿轮参数如表 2-2-1 所示，总传动比 $i=60.23$。当电动机转速为 1 470 r/min 时，滚筒转速为 24.4 r/min。

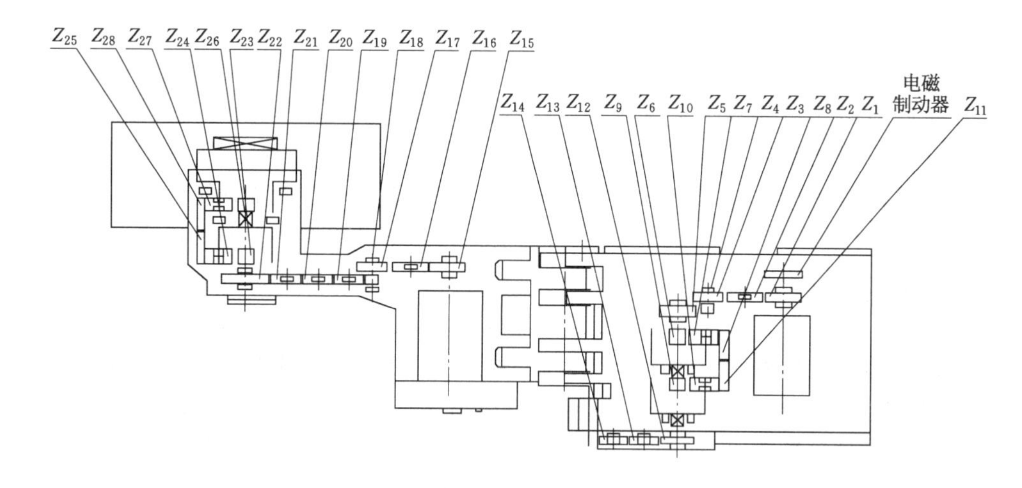

图 2-2-3 传动系统

表 2-2-1 **截割部传动齿轮参数表**

	Z_{15}	Z_{16}	Z_{17}	Z_{18}	Z_{19}	Z_{20}	Z_{21}	Z_{22}	Z_{23}	Z_{24}	Z_{25}	Z_{26}	Z_{27}	Z_{28}
齿数	23	35	35	24	33	33	33	40	16	24	64	16	21	60
模数	9	9	9	10	10	10	10	10	9	9	9	14	14	14
齿轮转速/(r/min)	1 485	975.5	975.5	975.5	709.5	709.5	709.5	585.3	585.3	195	0	117.1	45.7	0

二、摇臂结构

(一)摇臂的结构

摇臂截割部主要由截割电动机、截割传动装置等组成,机构内设有冷却系统、内喷雾等装置,如图 2-2-4 所示。

截割电动机直接安装在摇臂箱体内,机械减速部分全部集中在摇臂箱体及行星机构内。摇臂壳体与连接架铰接后再与行走部机体铰接,通过与连接架铰接的调高液压缸实现摇臂的升降。其优点是附加摇臂连接架,从而使摇臂左右通用,同时使铸造和加工的工艺性得以改善。摇臂和滚筒之间采用方轴连接。

1. 壳体

壳体为直摇臂形式,用 ZG25Mn 整体铸造,有利于提高整体强度。在机壳内腔壳体表面设置有 12 组冷却水管,壳体外表面设置有冷却水槽,以实现水的流动冷却,同时又提供内、外喷雾的通道。左右壳体完全相同,摇臂内的所有零部件、摇臂大部件左右通用。

2. 一轴

一轴主要由轴齿轮、轴承、端盖(轴承座)、密封座、定位套、密封件等组成,与截割电动机空心轴以花键连接的转矩轴通过花键与一轴轴齿轮相连。所有零件成组或分步自煤壁侧装入壳体。

3. 第一级减速惰轮组

第一级减速惰轮组由齿轮、轴承、距离垫、挡圈组成,先成组装好,再与惰轮轴一起装入壳体。

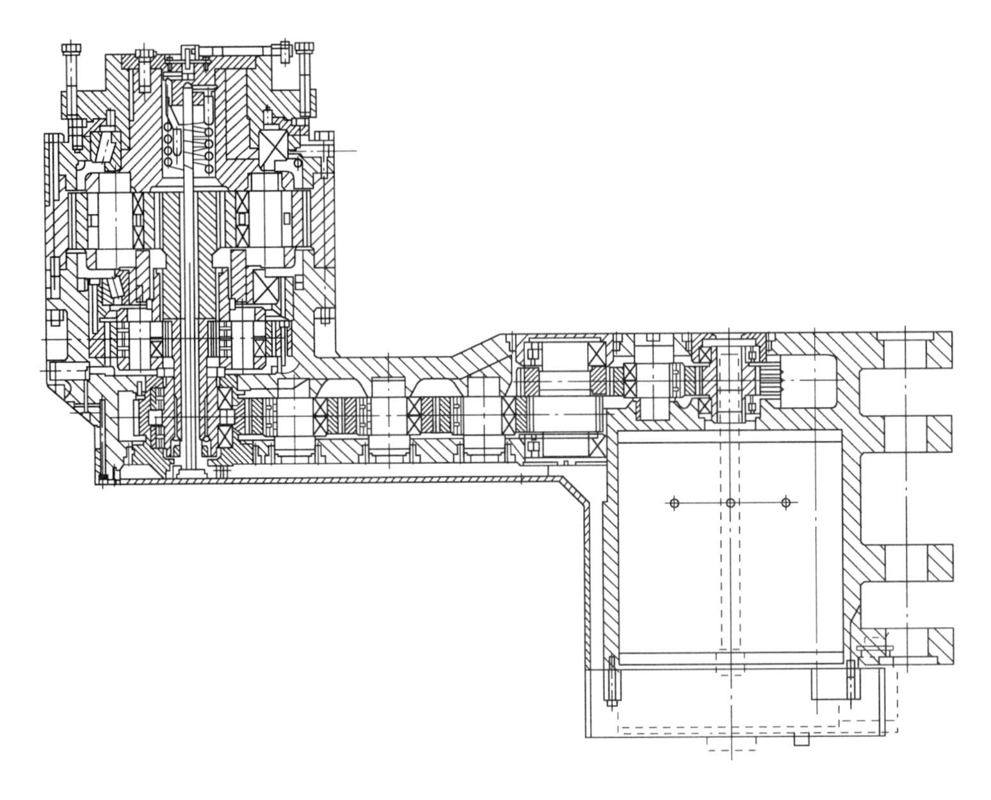

图 2-2-4　摇臂

4. 二轴

二轴主要由轴齿轮、齿轮、轴承、端盖、距离套、密封圈等组成，成组或分步自煤壁侧装入壳体。

5. 第二级减速惰轮组

第二级减速惰轮组由齿轮、轴承、挡圈、距离垫组成，先成组装好，再与惰轮轴一起装入壳体。每一个摇臂有三组惰轮组。

6. 中心齿轮组

中心齿轮组主要由轴齿轮、太阳轮、两个轴承座、两个轴承和四个骨架油封等组成。轴齿轮两端由两个轴承支承，太阳轮通过花键与轴齿轮相连并将动力传递给第一级行星减速器。

安装时应按内轴承座（含油封、轴承）、轴齿轮组（含太阳轮）、外轴承座（含轴承、油封）的顺序依次自采空区侧装入壳体内。在轴齿轮两端设有两组共四个骨架油封，其作用是隔离行星头油池和臂身油池，保证摇臂在任一位置行星头都有润滑油，臂身油液不会流入行星头，避免搅油损失大，行星头发热。

7. 第一级行星减速器

第一级行星减速器主要由内齿圈、行星架、太阳轮、行星轮及轮轴、行星轮轴承、两个行星架距离套等组成。该行星减速器为四行星轮结构，太阳轮浮动，行星架靠两个距离套轴向定位，径向有一定的配合间隙，因而行星架径向也有一定的浮动量。安装时，先将内齿圈和一个行星架距离套装在壳体内，然后其余件成组（行星架、行星轮、太阳轮等）自煤壁侧装入。

8. 第二级行星减速器

如图2-2-5所示，第二级行星减速器为截割传动的最后一级减速，主要由行星架、内齿圈、行星轮、行星轮轴及轴承、支承行星架的两个轴承、轴承座、连接法兰、滑动密封圈及密封件等构成，该行星减速器为四行星轮结构，太阳轮浮动，行星架一端通过轴承和轴承座支承于摇臂壳体上(参见图2-2-4)，另一端通过轴承支承于轴承杯上，轴承杯、内齿圈通过螺栓、销与摇臂壳体紧固为一体。

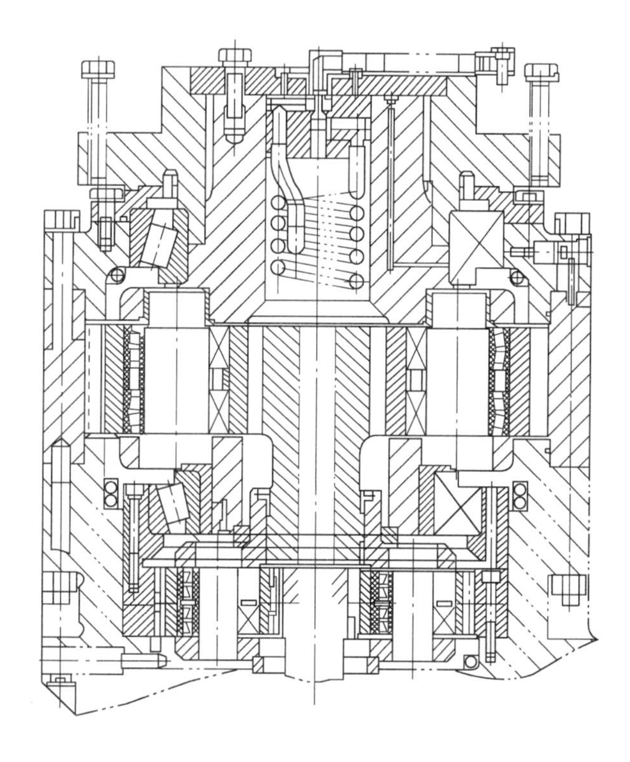

图2-2-5　第二级行星减速器

行星架输出端部通过花键与连接方法兰连接，该连接方法兰的外端有与滚筒连接的方块凸缘，在连接方法兰和密封盖之间装有滑动密封圈，以防止行星头油液外漏。安装时，除内齿圈外，可以成组装配好后自煤壁侧装入，也可以行星架与行星轮安装成套后分步装入。

9. 中心水路(内喷雾供水机构)

行星减速器装完后，开始装内喷雾中心水管。不锈钢送水管右端在插入通水座时，管上的突缘要对准通水座的槽口，使送水管和行星架、滚筒一起转动。送水管左端通过轴承支承在轴承座内，为了防止水进入摇臂壳内，在水封后面又加了泄漏环和油封，泄漏的水经泄漏环、水封座流出槽外。内喷雾水从水封座进入送水管。送水管出口端通过软管与滚筒内喷雾进水口连接。

10. 离合器

截割部的离合器安装在截割电动机的尾部，主要由离合手把、压盖、转盘、推杆轴、转矩轴等组成，如图2-2-6所示。其中细长转矩轴为主要零件，其一端通过渐开线花键与电动机空心轴相连，另一端通过渐开线花键与一轴相连，并通过轴承、螺母等与推杆轴相连。

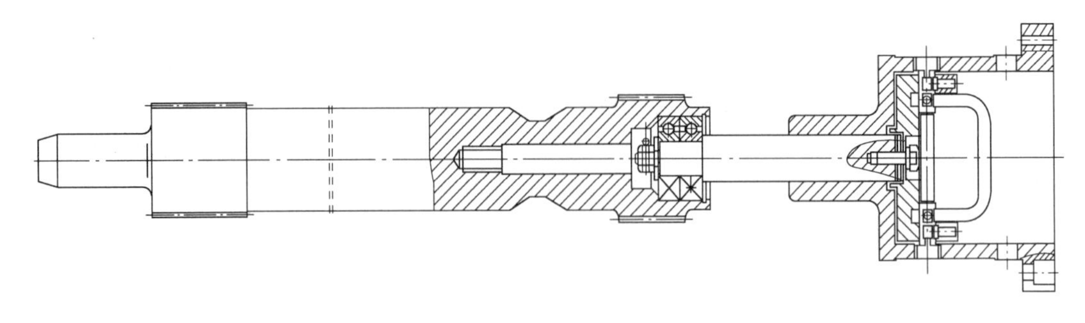

图 2-2-6　离合器

离合器操作时，拉动离合手把使转矩轴在拉力作用下，行程 80 mm，使转矩轴与一轴花键连接脱离，此时转动手把，通过转盘两个凸爪和压盖上的圆形槽定位。相反复位时转动手把，脱离定位，推动手把，使转矩轴在推力作用下与一轴内花键盘完全相连。当需要更换转矩轴时，只需拆掉压盖和小端盖，就可从采空区侧抽出转矩轴。

（二）摇臂的特点

摇臂具有以下特点：

(1) 摇臂的回转采用铰轴结构，没有机械传动。

(2) 摇臂减速箱机械传动都是简单的直齿轮传动，结构、制造简单，传动效率高。

(3) 截割电动机和摇臂主动轴齿轮之间，采用细长转矩轴连接，可补偿电动机和摇臂主动轴齿轮安装位置的小量误差。在转矩轴上设有 V 形剪切槽，受到较大的冲击载荷时，剪切槽切断，对截割传动系统的齿轮和轴承及电动机起到保护作用。

(4) 摇臂机体内外及行星头均设有水道或冷却水管，在外喷雾降尘的同时，对摇臂减速箱起到冷却作用。

(5) 摇臂行星传动与臂身直齿轮传动分油池润滑，保证了行星头部分的润滑，整个传动系统润滑效果好。

(6) 摇臂减速箱内的传动件及结构件的机械强度设计有较大的安全系数。

三、滚筒

MG900/2210-WD 型采煤机适宜滚筒直径为 2 400 mm、2 500 mm 或 2 700 mm，截深 1 000 mm 左右，可以根据需要配置不同技术参数的滚筒。

（一）滚筒结构

滚筒由滚筒体、截齿、截齿固定装置和喷嘴等组成。滚筒体为焊接结构，主要由端盘、螺旋叶片、筒毂、连接方法兰、截齿、齿座和喷嘴座等零部件组焊而成。根据不同工作面煤层煤质条件，可以配置锥形截齿或扁形截齿的滚筒。

叶片出煤口处堆焊有耐磨板或耐磨材料，以提高滚筒的使用寿命。

（二）内喷雾装置

滚筒的内喷雾装置包括内喷雾供水水路、喷嘴座、喷嘴等。内喷雾供水水路由连接方法兰盘中的通水孔槽、端盘和叶片内缘的环形水槽、U 形管和端盘、叶片中的径向孔等组成。

由于滚筒以及截齿、喷嘴均属易损件，正确维护和使用滚筒，对延长其工作寿命、提高截割效率是十分重要的。

四、截割部润滑

在摇臂采空区侧上方和上平面设有透气塞、加油阀、加油孔，下方设有放油塞。在摇臂行星头上方设有加油塞，下方设有放油塞。

摇臂机体和行星减速器这两部分为互相分隔、各自独立的油池，均采用飞溅润滑。加注N320齿轮油。油位要求：摇臂水平时，摇臂机体油池油位在摇臂惰轮轴中心线以下80～100 mm。在摇臂机体采空区设有油标，可方便地观察或测量。行星减速器油池在摇臂行星头外侧面设有两个螺塞，当从摇臂行星头上方加油塞加油时，旋下摇臂行星头外侧下方的螺塞，当油液从该孔溢出时，表明行星头油池加油量已到合适的最低油位。平时旋下该螺塞，如没有油液溢出，则应补加润滑油。

第三节　行　走　部

MG900/2210-WD型采煤机行走部位于机身的左右两端，是采煤机行走的动力传动机构。左右两个牵引部内各有一台用于采煤机行走的110 kW交流电动机，其动力通过二级直齿轮传动和二级行星齿轮传动减速传至驱动轮，驱动轮通过一级直齿轮传动驱动齿轨轮，使采煤机沿工作面移动。

左右两个行走部内部传动元件、组件完全相同，可以互换。

一、行走部传动系统

左行走部传动系统如图2-2-3所示。行走电动机出轴外花键与电动机齿轮轴内花键相连，将电动机输出转矩通过齿轮Z_1、Z_3、Z_4、Z_5两级齿轮减速传给双级行星机构，经双级行星减速后由行星架输出，传给驱动轮至齿轨轮与销轨啮合，使采煤机行走。一轴同时与电磁制动器连接，以实现采煤机的制动。

行走部传动齿轮参数如表2-2-2所示，总传动比$i=206.316$。齿轨轮转速为14.25 r/min，最大行走速度为23 m/min，最大牵引力为1 000 kN。

表2-2-2　　行走部传动齿轮参数表

	Z_1	Z_2	Z_3	Z_4	Z_5	Z_6	Z_7	Z_8	Z_9	Z_{10}	Z_{11}	Z_{12}	Z_{13}	Z_{14}
齿数	42	49	50	19	75	15	26	69	15	26	69	15	17	21
模数	4	4	4	6	6	8	8	8	8	8	8	25	25	25
齿轮转速/(r/min)	1 475	1 246.3	1 239	1 239	313.9	313.9	926	0	56.1	16.5	0	10.0	8.8	7.1

二、行走部结构

行走部传动箱由机体、牵引电动机、转矩轴、电磁制动器、电动机齿轮轴、惰轮组、中心齿轮组、行星减速器等零部件组成(图2-2-7)。行走箱由机体、驱动轮、连接花键轴、惰轮组、齿轨轮组、导向滑靴等组成(图2-2-8)。

(一) 电动机齿轮轴

电动机齿轮轴一端经内花键与转矩轴外花键连接，将行走电动机的动力传至轴齿轮，另一端经内花键与电磁制动器轴外花键相连，以实现采煤机制动。轴两端用两个轴承支承，与电动机连接的一端用油封座、油封将电动机与行走部油池隔离。

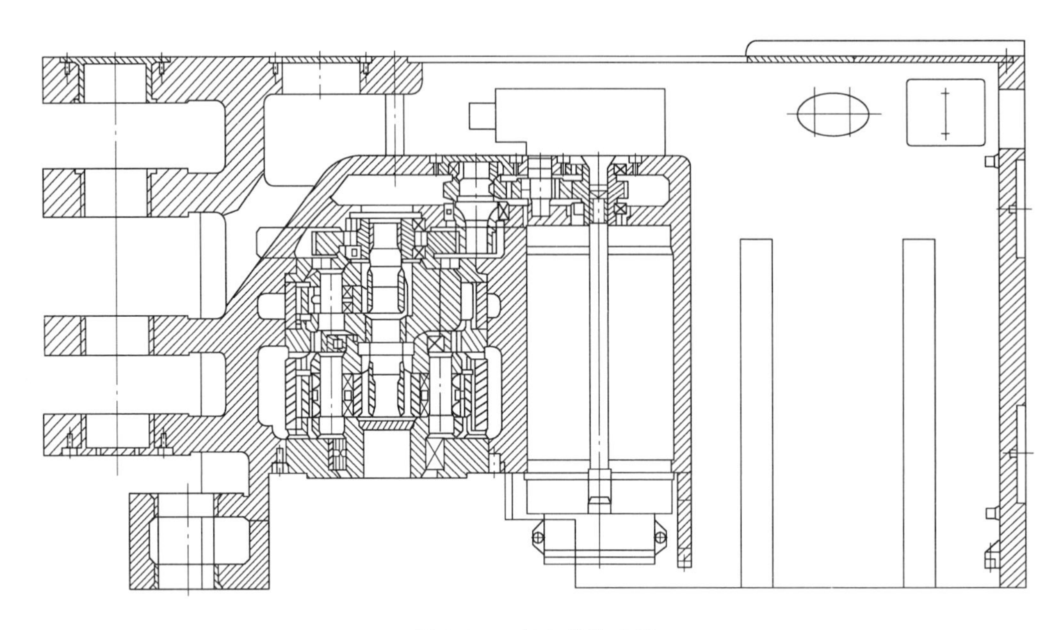

图 2-2-7 行走部传动箱

（二）中心齿轮组

中心齿轮组由大齿轮、太阳轮和两个轴承等组成，大齿轮两端由两个轴承支撑，太阳轮通过花键与大齿轮相连，将动力传递给行星减速器。在安装时应先成组安装好后再装入机体。

（三）行星减速器

牵引行星减速器采用双级行星减速机构并采用等强度设计，第一级为三个行星轮，第二级为四个行星轮，这样使整个减速机构齿轮和轴承的寿命一致。两级行星各有一段内齿圈，第一级行星架和太阳轮采用浮动结构，行星架两端无轴承支承。第二级太阳轮和内齿圈采用浮动结构，这种双浮动结构具有良好的均载特性，运动受力时可自动补偿偏载，使各齿轮受力均衡，有利于提高零部件寿命。

（四）行走机构

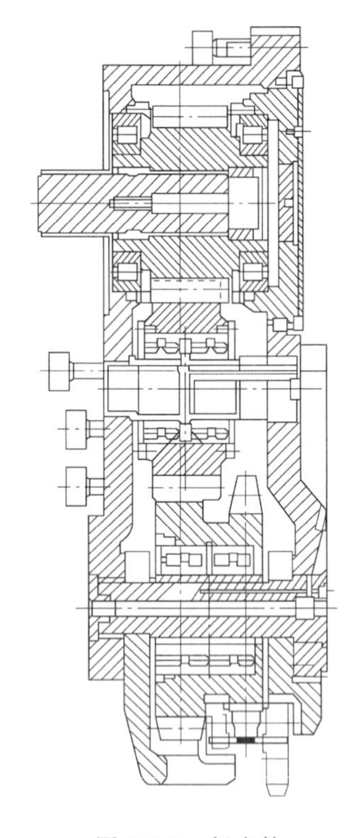

图 2-2-8 行走箱

行走机构驱动轮为轴齿轮，通过轴承支承在箱体上，驱动轮通过内花键与花键轴一端相连，花键轴另一端与行走行星减速器行星架内花键相连，将行星架输出动力传给驱动轮。花键轴上设有转矩槽，当实际载荷大于额定载荷的2.8倍时，花键轴从转矩槽处断裂，对采煤机机械传动起到保护作用。齿轨轮和惰轮内装轴承，并通过轴套装在齿轨轮轴和惰轮轴上，可相对心轴转动。齿轨轮轴和惰轮轴装在机壳上，齿轨轮轴上挂有导向滑靴。导向滑靴套在销轨上，它是支承采煤机重量的一个支承点，并对采煤机行走起导向作用，它同时承受采煤机的部分重量及采煤机的侧向力。行走箱内的支承轴承用二硫化钼极压锂基润滑脂润滑，需要定期加油。

行走机构左右各一组，行走机构箱体固定在左右行走部箱体上，通过两个止口与行走部箱体定位连接，承受剪力，同时用多条高强度螺栓和液压螺母以及多只高强度螺栓，将行走机构箱体与行走部箱体紧固成一刚性整体。

三、润滑

牵引部齿轮减速箱传动齿轮、轴承采用飞溅润滑，齿轮箱内注入 N320 齿轮油，机身处于水平状态时，油面高度距机体上平面 450～480 mm。在左右行走部上平面设有油位探尺，可测量油位高度。在左右行走部上平面各设置一个空气滤清器，在机体煤壁侧的底部有一个放油孔及螺塞，机体上平面设有加油孔及螺塞。

四、牵引部的特点

(1) 采煤机制动采用电磁失电制动器，制动力大，安全可靠，使采煤机在较大倾角条件下采煤，有可靠的防滑能力。

(2) 采用双级行星减速机构。行星减速器采用四行星轮结构使轴承寿命和齿轮强度裕度大、可靠性高。行星减速机构为双浮动结构，即第一级太阳轮、行星架浮动，第二级太阳轮、内齿圈浮动，以补偿制造和安装误差，使各行星轮均匀承担载荷。

(3) 平滑靴通过更换方便的支撑板与行走部机壳连接，易于与工作面输送机配套。

(4) 导向滑靴回转中心与齿轨轮中心同轴，保证齿轨轮与销轨的正常啮合。

(5) 机体采用铸、焊结构。左行走部机壳的右端和右行走部机壳的左端为箱体框架，独立的调高泵箱部件和变压器箱部件分别装入左右行走部箱体框架内。

第四节　辅助装置

一、调高液压系统

采煤机调高液压系统是为实现采煤机滚筒和斜护板的调高需要而设置的。调高液压系统原理如图 2-2-9 所示。

除了调高液压缸及其液压控制阀(液压锁等)和斜护板液压缸及其液压控制阀，其余所有液压元部件均安装于调高泵箱内。调高泵箱为一独立部件，主体为焊接结构的油箱和电动机箱，在箱体上平面设置一抽屉板，所有液压元件、组件和管路均在该抽屉板上固定和连接。独立的调高泵箱部件自采空区侧装入左行走部右端的框架内。

调高泵箱液压油箱内注入 N100 抗磨液压油，注油量为 160 L。在泵箱的采空区侧设有三个油窗，下方的一个油窗是油箱的最低油位，采煤机正常工作时，油面应到该油窗位置，如不到应予补充。右箱体的正面下方设有放油孔，在箱体的上平面设置有空气滤清器(透气孔)，加油时将该滤清器拆下，从该处加油。

两个调高液压缸的活塞杆端与行走部下的支座铰接，缸体端与摇臂连接架铰接。两个斜护板调高液压缸(含液压锁)的活塞杆端与斜护板连接耳铰接，缸体端通过支撑座与行走部机体上平面连接。

调高液压系统工作原理：40 kW 电动机驱动调高双联齿轮泵(大泵 42.7 mL/r，小泵 4.1 mL/r)运转，齿轮泵通过过滤器自油箱吸油，在摇臂调高换向阀和斜护板调高换向阀未操作状态下，大泵排油经两个调高换向阀回油池，小泵排油经斜护板调高换向阀背压阀回油池，此时摇臂调高油路高压表显示约 1.6 MPa，控制及斜护板调高油路高低压表显示均为 2 MPa。当一个调高换向阀操作时，即操作左或右滚筒升降时，大泵排油经调高换向阀进入调高液压缸，调高液压缸排油腔的油液经调高换向阀回油池，直到调高换向阀停止操作即滚筒调整到位为止。在大泵排油油路上设置有防止泵和系统压力过载的安全阀、高压表，在液压缸入口前设置有平衡阀以保证滚筒锁定在需要的高度位置及滚筒下降不爬行（注：两个调高换向阀应单独操作，两个滚筒不能同时升降）。当斜护板液压缸换向阀操作时，小泵排油经过滤器、斜护板液压缸换向阀进入斜护板液压缸，回油经斜护板液压缸调高换向阀、背压阀回油池，直到换向阀停止操作，即斜护板液压缸调整到位置为止。大小泵排油路上设置有防止过载的安全阀，大泵安全阀设定压力为 25 MPa，小泵安全阀设定压力为 16 MPa。

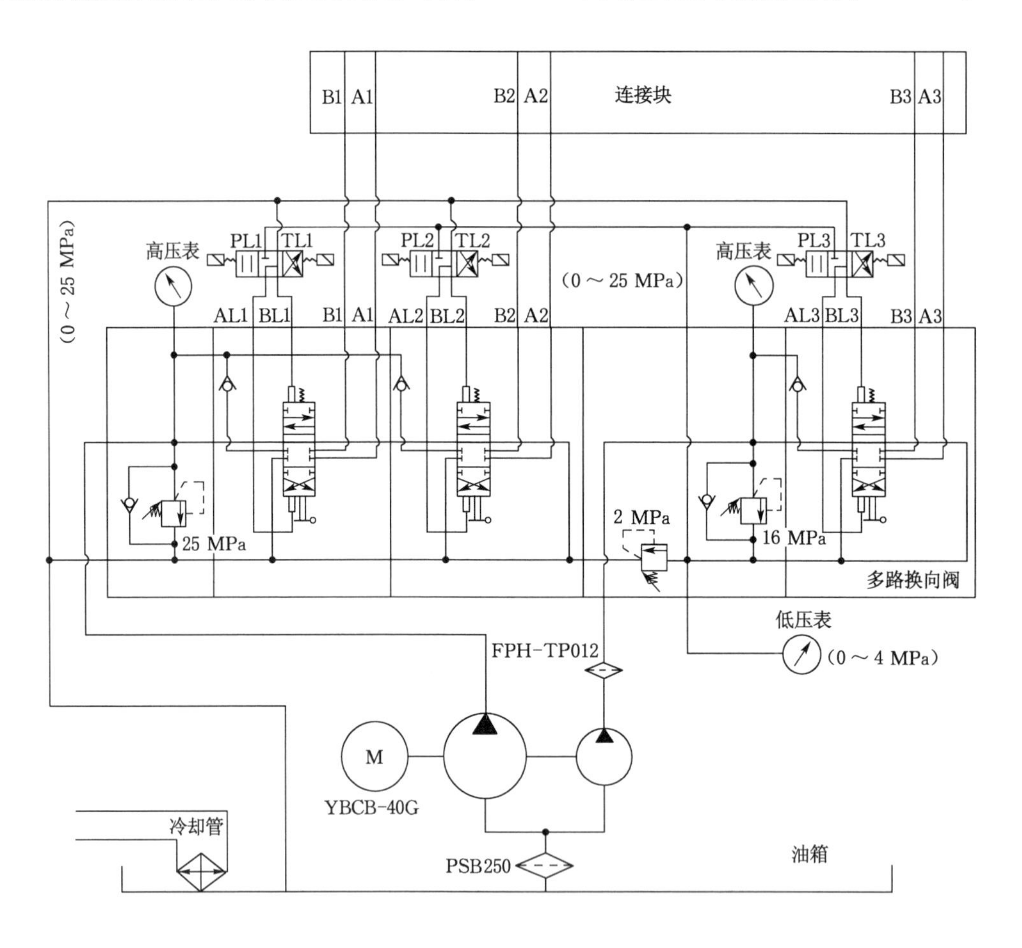

图 2-2-9　调高液压系统原理

在小泵的回油路上（斜护板液压缸的回油路上）串接的低压溢流阀调定压力为 2 MPa，这样不论是否进行斜护板的调高操作，只要小泵运转，在该阀的前端始终保持 2 MPa 的恒定压力，该压力油源是多路换向阀（左右摇臂及斜护板液压缸）电液控制的控制油源。

二、破碎机构

破碎机构是大采高采煤机的专用部件，置于摇臂后侧刮板输送机上方，对阻碍通过采煤机的大块煤岩进行破碎。

破碎机构臂架采用直臂结构形式，可左右通用(需更换破碎滚筒)。破碎机构(图2-2-10)由传动装置、滚筒、液压缸等组成。150 kW电动机同轴安装于破碎滚筒内，其动力通过一级行星齿轮减速传递到破碎滚筒。

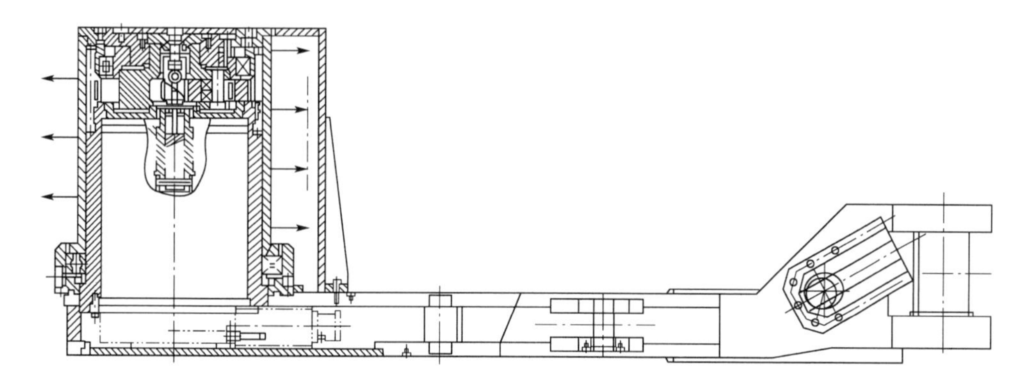

图2-2-10　破碎机构

破碎机构臂架和行走部铰接，通过与行走箱铰接的液压缸实现升降。破碎机构根据用户采煤工作面具体情况和用户的要求配置。

破碎电动机出轴通过花键与行星减速器太阳轮连接将动力传递到行星减速器，行星架出轴端通过花键与破碎滚筒连接驱动破碎滚筒转动。破碎机构传动比 $i=8.5$，破碎滚筒转速为173 r/min。

破碎机构减速箱内注入N320齿轮油，油位不超过行星减速器中心，注油量约10 L。

三、机身连接

采煤机机身连接主要由平滑靴及其支撑架、液压拉杠、高强度螺栓、高强度螺母、铰接摇臂的左右连接架以及各部位连接零件等组成，如图2-2-11所示。

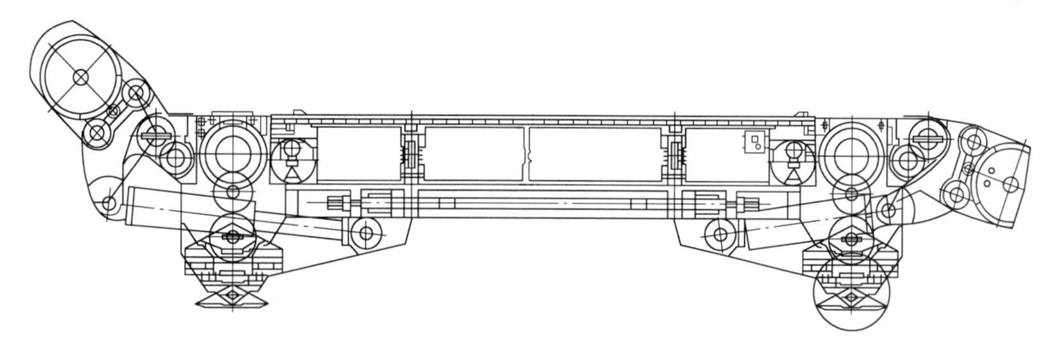

图2-2-11　机身连接

采煤机采用无底托架总体结构方式，其机身由三段组成。三段机身连接以液压拉杠连接为主，在四条液压拉杠和十六个高强度螺柱、螺母的预紧力作用下，将采煤机三段机身连为一个刚性整体。

左右摇臂减速箱壳体分别与左右连接架用销轴铰接。左右摇臂壳体、左右连接架用销轴与左右行走部铰接。左右连接架回转支臂耳与调高液压缸缸体用销轴铰接。左右摇臂可互换。

根据工作面三机配套的需要，可以改变平滑靴组件的结构和尺寸，以适应与各种型号工作面输送机的配套要求。

四、冷却喷雾系统

冷却喷雾系统如图 2-2-12 所示。来自泵站 320 L/min 的高压水由软管经拖缆装置进入安装在左行走部正面具有水开关功能的反冲洗过滤器,经过滤后的高压水分为两路,其中一路水经可调节流阀进入安装在左行走部煤壁侧的水分配阀 2,另一路水经可调节流阀进入左行走部煤壁侧的水分配阀 1。由水分配阀 2 分出四路水,其中两路分别进入左右摇臂进行滚筒内喷雾,另外两路水再各分为两路水分别进入左右摇臂的水冷却系统后进入外喷雾和进入引射器进行外喷雾。由水分配阀 1 分出四路水,其中一路水进入左行走电动机冷却,随后进入流量传感器,从流量传感器出来再进入左截割电动机冷却,然后泄出。第二路水进入变压器箱冷却,随后进入右行走电动机冷却,随后进入流量传感器,从流量传感器出来再分为两路水,分别进入右截割电动机和右电磁制动器冷却,然后泄出。第三路水进入泵箱冷却器,随后进入泵电动机冷却,出来后再进入左电磁制动器冷却,然后泄出。第四路水进入变频器箱冷却(两个变频器水道串联),出来后进入流量传感器,然后泄出。

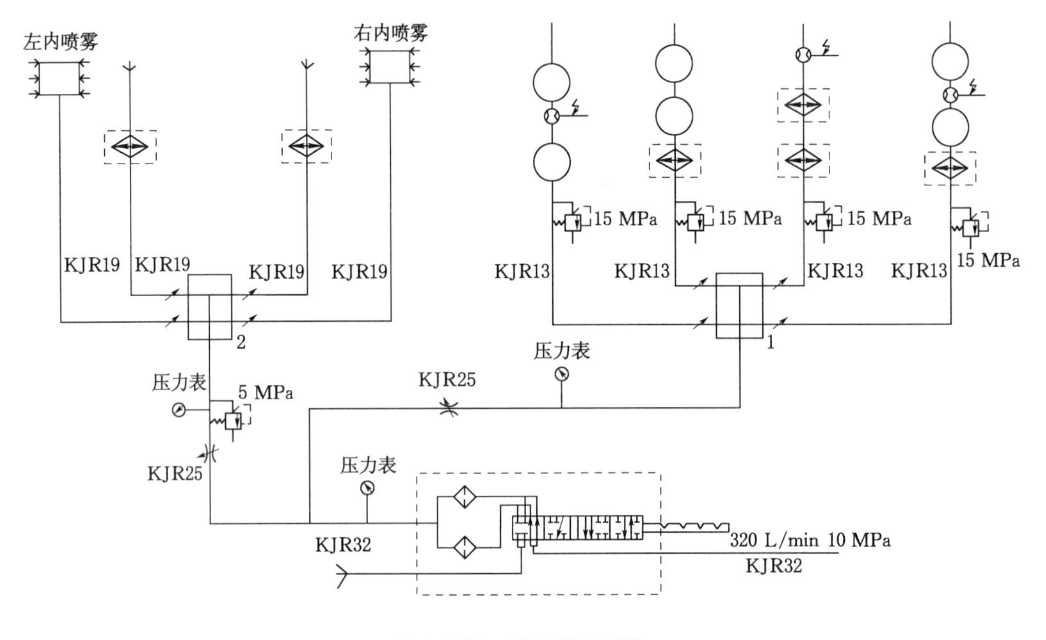

图 2-2-12 冷却喷雾系统

三路冷却电动机的进水口和冷却变频器箱的进水口在进入水分配阀 1 之前设有定值减压阀(调定压力 2 MPa)和安全溢流阀(调定压力为 2.3 MPa),以保护电动机冷却水套及变频器冷却水道的安全。进入行走电动机和截割电动机以及变频器箱的三路水管路中均设有流量传感器,以控制、检测各冷却水量是否符合要求。进入水分配阀 2 的进水口设置有安全溢流阀,调定压力为 5 MPa,防止水压过高,以保护摇臂中冷却系统水道的安全。水分配阀 1、2 的进水口设置有压力表,在水分配阀 1、2 的进水口还设置有流量控制阀(可调节流阀),以控制喷雾水和冷却水的水量分配。

由水分配阀 2 出来的左右内喷雾水通过左右摇臂和内喷雾供水装置,进入滚筒中的流道,经叶片及端盘上的喷嘴喷出灭尘。

复习思考题

1. 简述 MG900/2210-WD 型采煤机的组成及特点。
2. 简述 MG900/2210-WD 型采煤机截割部、行走部传动系统及其特点。
3. 简述 MG900/2210-WD 型采煤机液压系统的组成与工作原理。
4. 简述 MG900/2210-WD 型采煤机冷却喷雾装置的组成与工作原理。

第三章　刨　煤　机

刨煤机是以刨头为工作机构，采用刨削方式破煤的采煤机械。与滚筒采煤机相比，刨煤机的截深较浅(30～120 mm)，可以充分利用煤层的压张效应，刨削力及单位能耗小；牵引速度大(一般为 20～40 m/min，快速刨煤机可达 150 m/min)；刨落下的煤的块度大(平均切屑断面积为 70～80 cm^2)，煤尘少；结构简单、可靠，特别是刨头可以设计得很低(约 300 mm)，可实现薄煤层、极薄煤层的机械化采煤；工人不必跟机操作，可在运输巷进行控制，对薄煤层、急倾斜煤层机械化和实现遥控具有重要意义。

刨煤机的缺点是：对地质条件的适应性不如滚筒采煤机，调高不易实现，开采硬煤层比较困难，刨头与输送机和底板的摩擦阻力大，电动机功率的利用率低。

刨煤机与工作面输送机组成一体，成为具有能落煤、装煤和运煤的机组。刨煤机组沿工作面全长布置。

刨煤机按刨头的工作原理可分为动力刨煤机和静力刨煤机两类。动力刨煤机是刨头除受到刨链的牵引力外，还带有破煤动力的刨煤机，以扩大其使用于较硬煤层和适应地质构造变化的能力，如刨头带有高压水破煤功能的刨煤机、刨头带动力冲击破煤功能的刨煤机等。动力刨煤机因为刨头本身带有破煤动力以后，使得结构复杂，当前仍处在试验阶段，尚未推广使用。静力刨煤机是刨头本身不带动力，单纯凭刨链牵引力工作的刨煤机，其结构比较简单。现在煤矿井下使用的刨煤机基本上都是静力刨煤机，并发展有多种结构形式。通常所说的刨煤机多指静力刨煤机。

第一节　刨煤机工作原理

国内使用最多的是静力刨煤机(图 2-3-1)，由设在输送机 5 两端的刨头驱动装置 4，使两端固定在刨头 6 上的刨链 1 运行，拖动刨头在工作面往返移动。刨头利用刨刀从煤壁落煤，同时利用犁面把刨落的煤装进输送机。推移液压缸 3 向煤壁推移输送机和刨头。

在输送机两端设有防滑梁。输送机机头和机尾槽底面上的弧形铁支在防滑梁上侧，用支柱把防滑梁锚固，就可以防止刨煤机下滑。工作面推进一段距离后，把机头和机尾槽用支柱锚固就可以推移防滑梁。

可见，刨煤机由刨煤部、输送部、液压推进系统、喷雾降尘系统、电气系统和辅助装置等组成。

刨煤部是刨削煤壁进行破煤和装煤的刨煤机部件，由刨头驱动装置、刨头、刨链和辅助装置组成。刨头驱动装置(机头和机尾各一套)由电动机、液力耦合器、减速器等组成。电动机有单速和双速之分。双速电动机使用于刨头高速运行、需要慢速启动和停止的刨煤机。液力耦合器安装在电动机和减速器之间，使机头和机尾电动机的负载趋于均匀，改善启动性能，吸收冲击和振动，起到过载保护作用。减速器有展开式和行星式两种形式。展开式减速器常用于平行布置方式，行星式减速器则用于垂直布置方式。刨头有单刨头和双刨头之分。刨头通过接链座与刨链相连，形成一个封闭的工作链。刨链由矿用圆环链、接链环和转链环组成，用来牵引刨头。刨链采用的矿用圆环链质量等级应为C级或D级。根据刨煤功率不同，圆环链可采用不同的直径规格。接链环是两段圆环链之间的连接件，其结构要求便于装拆，既能作为立环又能作为平环通过链轮。转链环安装在刨头的两端，以防止圆环链出现"拧麻花"现象。辅助装置有导链架（或滑架）、过载保护装置和缓冲器等。导链架（或滑架）用于刨链的导向，使形成闭环的上链和下链分别位于导链架（或滑架）的上下链槽内，以免外露伤人和互相干涉。拖钩刨煤机和滑行拖钩刨煤机使用置于采空侧的导链架，滑行刨煤机使用置于煤壁侧的滑架，滑架还供刨头导向滑行。过载保护装置设在刨煤部传动系统内，能在过载时自动使外载荷释放或者保持在限定的水平，以免元部件遭受损坏。过载保护装置有剪切销、多摩擦片、差动行星电液系统等多种结构形式。缓冲器装在刨煤机的两端，是刨头越程时吸收冲击能量的装置。缓冲器有气液缓冲式、弹簧缓冲式等多种结构形式。

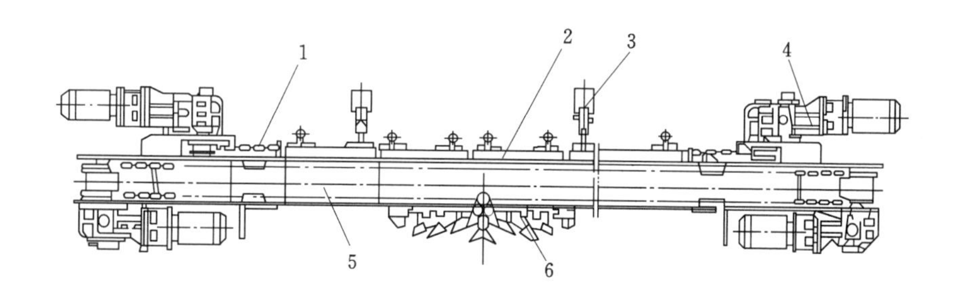

1—刨链；2—导链架；3—推移液压缸；4—刨头驱动装置；5—输送机；6—刨头。

图 2-3-1　刨煤机组成和工作原理

输送部是将刨头破落下来的煤运出工作面的刨煤机部件。由两套驱动装置（机头和机尾各一套）、机架、过渡槽、中部槽、连接槽和刮板链等组成。机架的一侧安装刨头驱动装置，另一侧安装输送部驱动装置，组成刨煤机的机头和机尾。刨头驱动装置在机架上的安装方式有固定式和滑槽式两种。滑槽式是在机架侧有滑槽，刨头驱动装置可在机架上滑移并借液压缸将刨链拉紧。固定式则无此功能。输送部的其他元部件具有与刮板输送机相类似的结构。

液压推进系统用于普采工作面。当刨头通过后逐段推进刨煤机，使刨头在下一个行程获得新的刨削深度，同时承受煤壁对刨头的反力。主要包括乳化液泵站、推进缸、阀组、管路和撑柱等。综采工作面由液压支架的推移系统实现刨煤机的推进，不再需要单独的液压推进系统。推进的控制方式有定距控制和定压控制两种。拖钩刨煤机一般采用定距控制，即推进缸以恒定的步距将刨煤机推向煤壁的控制方式。滑行刨煤机和滑行拖钩刨煤机一般采用定压控制，即推进缸以恒定的压力将刨煤机推向煤壁的控制方式，但近年来也有采用定距控制的趋势。

喷雾降尘系统沿工作面安装，能适时喷出水雾进行降尘。主要包括喷雾泵、控制阀组、喷嘴等元部件。控制方式有沿工作面定点人工控制和根据刨头在工作面的位置由电磁阀自动控制两种方式。

电气系统主要包括集中控制箱、真空双回路磁力启动器、可逆真空磁力启动器等。刨煤机电气系统一般具有以下功能：① 刨煤部电动机双机或单机运行控制；② 输送部电动机双机或单机运行控制；③ 乳化液泵站运行控制；④ 喷雾泵运行控制；⑤ 工作面随时停机控制；⑥ 缓冲器动作断电保护；⑦ 刨头终端限位停机；⑧ 司机与工作面主要工作点通话；⑨ 刨头在工作面的位置显示；⑩ 刨煤部电动机和输送部电动机相电流显示。

辅助装置主要包括防滑装置、刨头调向装置和紧链装置。防滑装置是刨煤机用于倾斜煤层时，为防止在刨头上行刨煤时出现整机下滑现象而设置的。有防滑梁防滑装置、机尾吊挂式防滑装置等多种结构形式。刨头调向装置是在刨煤机刨煤过程中出现上飘或下扎现象时，为调整刨头向煤壁前倾或后仰而设置的。刨头调向装置有多种结构形式，早期的刨煤机一般通过改变推进缸作用力点的位置来实现刨头的调向，现代用于综采工作面的刨煤机则通常设置调向液压缸，依靠活塞杆的伸出和收缩，通过转换机构，达到刨头调向的目的。设置调向液压缸的刨头调向装置动作灵敏，调向效果好。紧链装置用于刨煤机的紧链。刨煤部的刨链和输送部的刮板链都需要有一定的预紧力才能保证正常工作，可以分别通过操作紧链器来获得。刨煤机的紧链装置有抱闸式、闸盘式、液力控制式等多种结构形式。

静力刨煤机按刨头的导向方式分为拖钩刨煤机、滑行刨煤机和滑行拖钩刨煤机。按刨头速度与输送部刮板链速度的关系分低速刨煤机、高速刨煤机和组合速度刨煤机。按刨头驱动方式分单速电动机驱动、双速电动机驱动和无级调速电动机驱动。

（1）拖钩刨煤机。指刨头采用后牵引方式（刨链位于采空区侧），并以输送部中部槽为导轨，刨头拖板在煤层底板上滑行的刨煤机（图 2-3-2）。拖钩刨煤机的结构比较简单，刨头运行的稳定性好，刨链位于采空区侧导链架的链槽内（后牵引方式），便于维修，拖板是位于中部槽下连接刨头和刨链的板状构件，刨头的结构高度较低，适用于较薄煤层的开采。但这种刨煤机运行时的摩擦阻力较大，刨深不易控制，对软及破碎的工作面底板适应能力差。拖钩刨煤机通过在刨头左右两端部安装不同厚度的限位块来调整刨深。刨头拖板与导链架处的导向机构可分为托钩式和挂钩式两种。刨头沿输送部中部槽的运动通常是滑动式的，也有采用滚轮式的。滚轮式的摩擦阻力较小，但结构较复杂。拖钩刨煤机在薄煤层开采中应用较多。

（2）滑行刨煤机。指刨头采用前牵引方式（刨链位于煤壁侧），并以安装在输送部煤壁侧的滑架为导轨的刨煤机（图 2-3-3）。与拖钩刨煤机相比，滑行刨煤机运行时的摩擦阻力小，刨深易于控制，对软及破碎的工作面底板适应能力较强。但刨链位于煤壁侧滑架的链槽内（前牵引方式），维修不太方便，而且在结构上增加了安装在输送部煤壁侧的滑架，使控顶距离和刨头的最低高度有所增加，影响其在极薄煤层中的应用。滑行刨煤机的滑架不仅起着刨头的导向作用，而且还起着护链和导链的作用。滑架有焊接结构和铸造结构两种。有的滑架还在中部槽的标准长度内采用多节结构，使刨煤机在弯曲的工作状态下具有更好的平滑性。刨深则由安装在刨头左右两端不同宽度的底刀来调整。刨头沿滑架的运动有滑动式和滚轮式两种。当刨头的高度较高时，刨头需要安装支撑门架以增加运行时的稳定性。滑行刨煤机是目前使用最多的刨煤机。

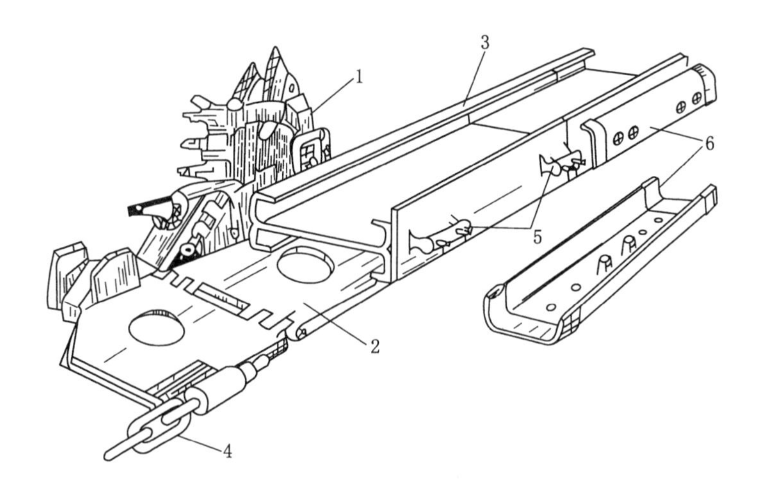

1—刨头；2—拖板；3—输送机中部槽；4—牵引链；5—导链架；6—护罩。

图 2-3-2　拖钩刨煤机

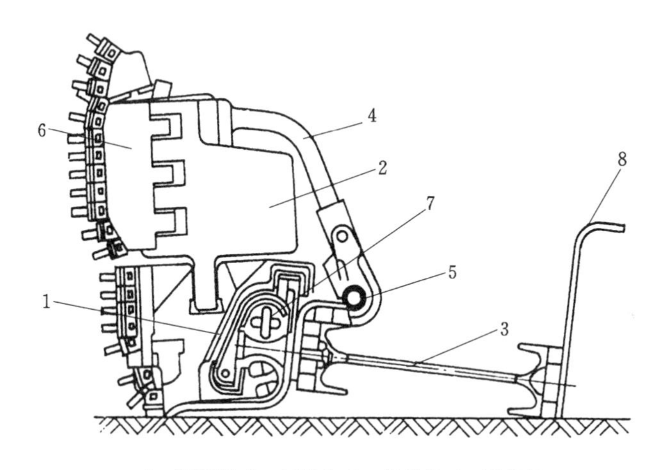

1—滑行架；2—加高块；3—输送机；4—平衡架；

5—导轨；6—顶刀座；7—刨链；8—挡煤板。

图 2-3-3　滑行刨煤机

(3) 滑行拖钩刨煤机。指刨头采用后牵引方式(刨链位于采空区侧)，并以中部槽为导轨，刨头拖板在铺设于煤层底板上底滑板和中部槽之间滑行的刨煤机（图 2-3-4）。滑行拖钩刨煤机是在拖钩刨煤机和滑行刨煤机的基础上发展起来的，它兼有两者的优点，如：运行时摩擦阻力较小；刨深易于控制，对软及破碎的工作面底板适应能力较强；刨头运行时的稳定性好；较低的刨头结构高度，能适用于较薄煤层的开采；刨链处于采空侧导链架的链槽内(后牵引方式)，维修方便；等等。但滑行拖钩刨煤机由于增加了底滑板结构，自重增大，而且在仰斜开采时，煤粉易进入输送部的中部槽和底滑板之间，导致刨头运行阻力增大。滑行拖钩刨煤机由于在结构上增加了底滑板，使得它的刨深能像滑行刨煤机一样由安装在刨头左右两端不同宽度的底刀来调整，而且由于刨头拖板是在底滑板上滑行，减小了运行阻力，也提高了刨煤机对软和破碎底板的适应性。

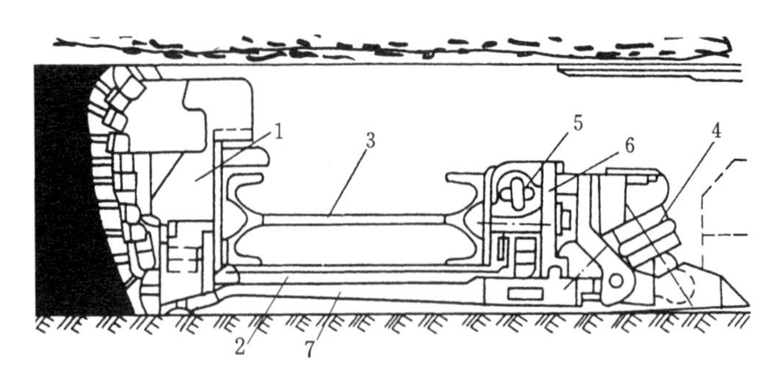

1—刨头；2—拖板；3—输送机；4—调斜液压缸；5—刨链；6—导护链装置；7—底滑板。

图 2-3-4　滑行拖钩刨煤机

第二节　刨头结构

刨头是用来破煤和装煤的刨煤机工作机构。刨头由刨链曳引，以输送部的中部槽（拖钩刨煤机和滑行拖钩刨煤机）或以滑架（滑行刨煤机）为导轨沿煤壁往返运动，并由安装在刨头上的刨刀刨削煤壁。刨落下来的煤经刨体上的犁形斜面装入刨煤机输送部。刨头工作状态对刨煤机运行有重要影响，故应具有良好的性能，包括：刨刀排列合理，更换方便；底刀能够调节，刨深可调；刨头高度能方便地进行调整；装煤阻力小，效果好；工作稳定性好。

刨头由刨体、让刀机构、底刀调整机构、加高块、支撑门架、刀架和刨刀等组成。

刨体用来安装刨头上的其他元部件，一般为铸钢件或焊接件。左右两侧有斜面，用于装煤。刨体有导向滑槽，以便沿导向装置正确运行。刨体按其结构形式有底部带拖板和底部不带拖板两种。带拖板的刨体（图 2-3-5）用于拖钩刨煤机和滑行拖钩刨煤机，拖板与位于采空侧的刨链相连接，传递牵引力，并使刨头运行时具有较好的稳定性。不带拖板的刨体（图 2-3-6）用于滑行刨煤机，以安装在输送部靠煤壁侧的滑架导向。刨体通过接链座与刨链相连，有链窝式和挂钩式两种连接方式。

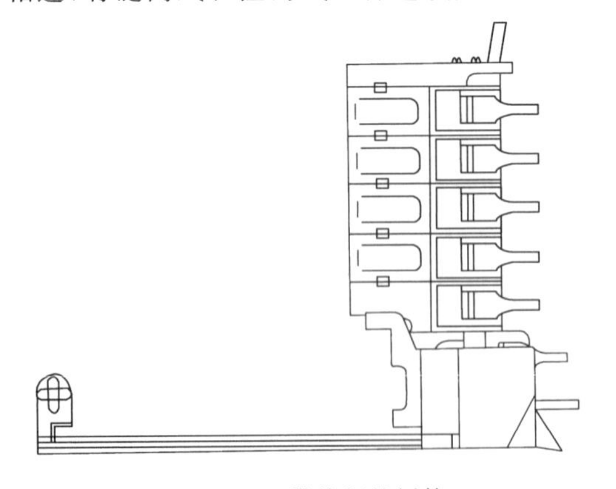

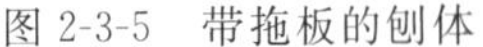

图 2-3-5　带拖板的刨体

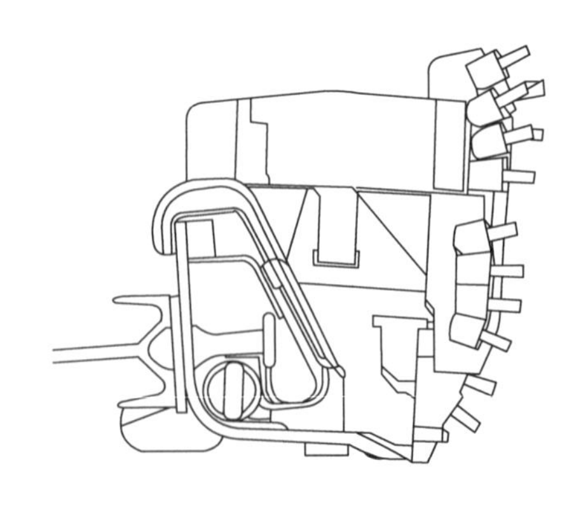

图 2-3-6　不带拖板的刨体

让刀机构是使刨头非工作侧的刨刀在刨头运行时脱离煤壁的装置。用来减小非工作侧刨刀的磨损和刨头的运行阻力，有强制式和非强制式两种。强制式让刀机构有直接由刨链牵引力来控制让刀和由工作侧刨刀所承受的煤壁反力来迫使非工作侧刨刀脱离煤壁下带拖板的刨体进行让刀两种方式。非强制式让刀是依靠煤壁反力，使非工作侧的刨刀自行脱离煤壁。

底刀调整机构用来调整底刨刀的工作位置，以控制刨头刨煤时可能出现的上飘或下扎现象。通常刨头的底刀有三至四个基本刀位，根据刨头在运行中出现的不同情况，利用调整机构将底刀调整至所需的工作位置，同时配合操作刨头调向装置，使刨煤机保持沿煤层底板向前推进。底刀调整机构常用凸轮机构来控制底刀的刀位。

加高块用来改变刨头的高度，以适应刨煤机开采不同厚度煤层的需要。加高块常有几种不同规格的厚度，根据需要在刨头上增加一块或几块加高块。

支撑门架是增加刨头运行稳定性的装置，通常仅用于滑行刨煤机。当刨头达到一定高度后，煤壁对刨头在刨煤过程中的合力作用点将会提高；或者当煤层硬度较大时，煤壁对刨头在刨煤过程中的反作用力增加，都会使刨头的后倾量增加，从而降低刨头刨煤时的稳定性，此时需要增设支撑门架。支撑门架的一侧与刨头相连，另一侧支承在输送部采空侧的导轨上，并随刨头一起在导轨上滑行。

刀架用来焊接安装刨刀，有底刀架、顶刀架和回转刀架三种。

刨刀是刨头上的刨煤刀具，安装在焊于刀架上的刀座内。按刨刀在刨头上的位置分为底刀、腰刀、顶刀。底刀刨削煤层底部的煤，并且能协助控制刨头的运行状态。滑行刨煤机和滑行拖钩刨煤机的底刀还起控制刨深的作用，调换不同宽度的底刀，可获得不同的刨深。刨头上底刀和顶刀之间的区段安装腰刀，用于刨落煤壁上对应区段的煤。腰刀有长短之分，通过适当的位置排列，还能预先掏槽增加破煤自由面，起到减小刨削阻力的作用。顶刀安装在刨头的顶部，刨落煤层上部的煤。按结构形式分，顶刨刀有单向刀和双向刀两种。单向刀只有一个切削刃，用于单向刨削；双向刀有两个方向相反的切削刃，能用于双向刨削。按刨刀切削刃材料分堆焊碳化钨刀具和镶嵌硬质合金刀具两种。堆焊碳化钨的切削刃磨损后可以修补。

刨头按数量分单刨头和双刨头两种。单刨头结构左右对称，刨煤时，刨头的一次推进量即为刨刀的刨深，刨刀受力较大，但刨头长度短、结构紧凑，功率消耗比较小。双刨头由两个单刨头组成，彼此用连接件相连，每个刨头左右不完全对称，刨煤时，刨头的一次推进量以两个较小的刨深分配给两个刨头，使每把刨刀的受力减小。双刨头运行的稳定性较好，一般在大功率刨煤机上采用，刨削硬度较大的煤层。

刨头运行时，拖板迫使输送机中部槽上下游动，又因刨体宽度 B 远大于刨刀的刨削深度 h，输送机又可弯曲(图 2-3-7)，刨头运行时也使输送机中部槽侧向游动。这样一来，不仅加剧摩擦和磨损，而且容易引起刨煤机下滑，煤壁不易保持平直，还可能挤坏电缆和附设在中部槽上的部件。拖钩刨煤机大约只有 1/3 左右的装机功率用于刨煤和装煤，其余大部分功率消耗在摩擦上。底板较软时，刨头还容易陷入底板。因此，拖钩刨煤机多在煤层地质构造简单、底板较硬的煤层使用。

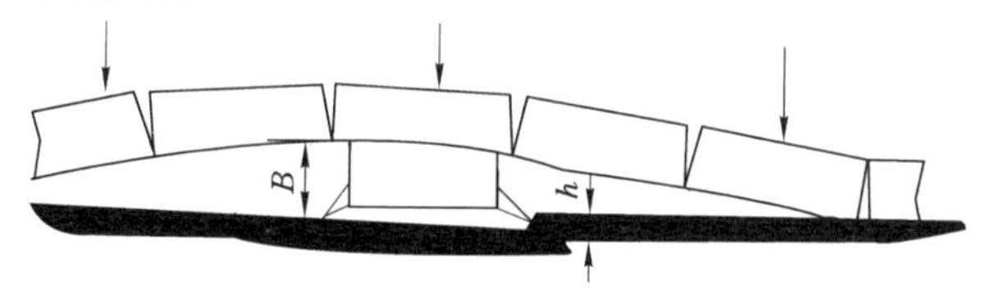

图 2-3-7　中部槽侧向游动

复习思考题

1. 刨煤机与滚筒采煤机相比，有何优缺点？
2. 简述静力刨煤机的组成和工作原理。
3. 拖钩刨煤机和滑行刨煤机的主要区别在哪里？
4. 刨煤机前牵引方式和后牵引方式各有何优缺点？

第四章　采煤机技术参数及选型

第一节　采煤机主要技术参数

采煤机的主要技术参数决定了采煤机的适用范围和主要技术性能，它们既是设计采煤机的主要依据，又是综合机械化采煤工作面成套设备选型的依据。

一、截齿受力

截齿截割煤岩的载荷是随机的，具有平稳随机函数的性质。截割阻力和推进阻力的分布函数和分布密度属 Γ 分布，侧向力属于正态分布。螺旋滚筒的载荷谱也是随机的，当同时截割的截齿数 $n_p \geqslant 8$ 时，总载荷属正态分布。截割阻力、推进阻力、侧向力的数学期望值（均值）、方差、相关系数和变差系数，都可按概率统计方法进行分析。

单齿截割阻力公式都从 $Z=Ah$ 最基本公式出发，然后考虑各种影响因素，乘以影响系数。

1. 截齿上的切割力（或截割阻力）Z

当截齿为锐齿时：

$$Z_0 = 10K_1K_2A\frac{0.35b+0.3}{(b+Bh^{0.5})\cos\theta} \quad \text{N} \tag{2-4-1}$$

当截齿为钝齿时：

$$Z = Z_0\left[1+0.6Bf\frac{Sh-0.5}{B-0.6}\right]\frac{t}{t_0} \quad \text{N} \tag{2-4-2}$$

式中　Z——磨钝截齿的截割力，N；

Z_0——锐利截齿的截割力，N；

A——截割阻抗，N/cm；

h——截齿切削深度，cm；

b——截齿切削宽度，cm；

B——煤岩脆性程度指数；

θ——截齿安装角，(°)；

t——设计截线距，cm；

t_0——最佳截线距，cm；

S——截齿齿尖磨损断面在截割平面上的投影面积，cm^2；

f——截割阻力系数，$f=0.38\sim0.42$（切削深度大时取大值）；

K_1——截齿截角的影响系数，可查表；

K_2——截齿配置方式的影响系数，顺序式取 1，棋盘式取 1.2。

2. 截齿上的径向力(推进阻力)Y

锐利截齿的径向力

$$Y_0 = KZ_0 = (0.5 \sim 0.7)Z_0 \quad \text{N} \tag{2-4-3}$$

截齿磨钝后的径向力

$$Y = Y_0 + 100K_3\sigma_y S_d \quad \text{N} \tag{2-4-4}$$

式中 K——作用在锐利截齿上的推进阻力与截割阻力的比值,对采煤机来说,一般取 $K=0.5\sim0.7$,切屑厚度大、煤的脆性程度高时取小值;

K_3——平均接触应力对单向抗压强度的比值,$K_3=0.8\sim1.5$;

σ_y——煤的单向抗压强度,MPa;

S_d——截齿磨损面积,按截齿磨损表面在截割平面的投影面积计,mm^2。

3. 截齿上的侧向力 X

截齿在截割过程中受切削断面形状、刀具形状及被破碎煤岩的均匀性等影响,作用在截齿两侧的力存在差异,可以表示为截割阻力、切屑厚度和切削宽度等的函数,即作用在截齿上的侧向力 X 为:

截齿顺序式排列时

$$X = Z_0\left(\frac{1.4}{0.1h + 0.3} + 0.15\right)\frac{h}{t} \quad \text{N} \tag{2-4-5}$$

截齿棋盘式排列时

$$X = Z_0\left(\frac{1}{0.1h + 2.2} + 0.1\right)\frac{h}{t} \quad \text{N} \tag{2-4-6}$$

二、滚筒受力

前面讨论了截齿的受力特点和计算方法,下面分析滚筒沿三个坐标轴上的载荷分量。有了单个截齿的负荷,滚筒的平均负荷就可叠加得到。滚筒所受载荷如图 2-4-1所示。以前滚筒为例,第 i 个截齿所受到的截割阻力、推进阻力和侧向力分别为 Z_i、Y_i、X_i,而 R_x、R_y、R_z 分别表示滚筒所有参加截割的截齿受力沿 x、y、z 坐标轴的分力之和,即

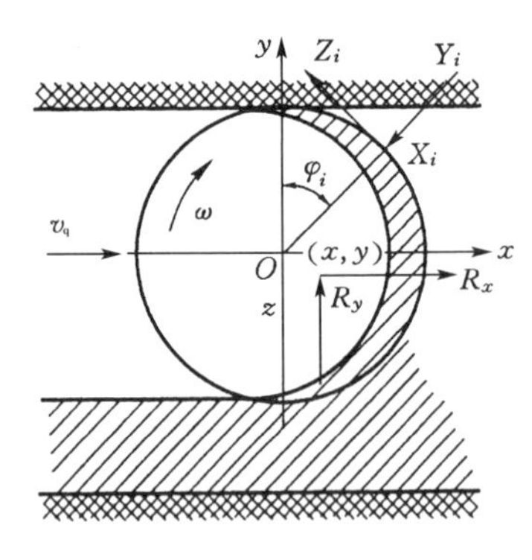

图 2-4-1 滚筒受力简图

$$R_x = \sum_{i=1}^{n_p}(-Y_i\sin\varphi_i - Z_i\cos\varphi_i) \tag{2-4-7}$$

$$R_y = \sum_{i=1}^{n_p}(-Y_i\cos\varphi_i + Z_i\sin\varphi_i) \tag{2-4-8}$$

$$R_z = \sum_{i=1}^{n_p}X_i \tag{2-4-9}$$

滚筒截割阻力矩为

$$M = \frac{D}{2}\sum Z_i \quad \text{N·m}$$

式中 $\sum Z_i$——前、后滚筒截齿同时截煤的截割阻力之和。

三、截割高度

采煤机工作时在工作面底板以上形成空间的高度称为截割高度。采煤机的截割高度应与煤层厚度的变化范围相适应。采煤机产品说明书中的“截割高度”，往往是滚筒的工作高度，而不是真正的截割高度。考虑到顶底板上的浮煤和顶板下沉的影响，工作面的实际截割高度要减小，一般比煤层厚度 H_t 小 0.1～0.3 m。为保证采煤机正常工作，截割高度 H 范围为

$$H_{max}=(0.9\sim0.95)H_{tmax}$$

$$H_{min}=(1.1\sim1.2)H_{tmin}$$

下切深度是滚筒在结构上允许下切到输送机底平面以下的最大深度。要求一定的下切深度以适应工作面调斜时割平底板，或采煤机截割到输送机机头和机尾时能割掉过渡槽的三角煤。

采煤机产品说明书中给出了截割高度，用户在选定采煤机后，应验算截割高度范围和下切深度。如图 2-4-2 所示，计算公式为

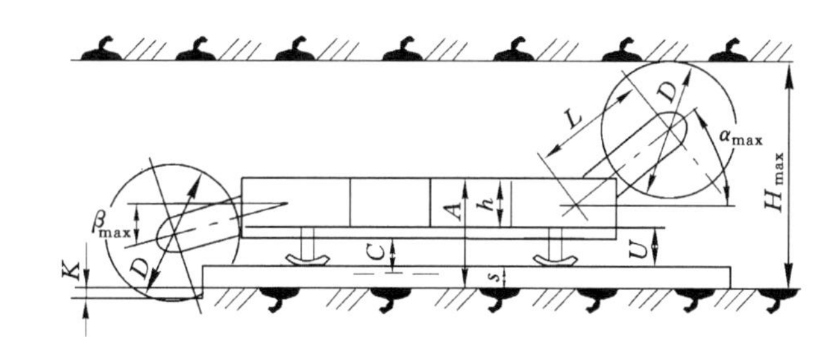

图 2-4-2　截割高度与采煤机尺寸的关系

最大截割高度

$$H_{max}=A-\frac{h}{2}+L\sin\alpha_{max}+\frac{D}{2} \tag{2-4-10}$$

最小截割高度

$$H_{min}=A-\frac{h}{2}+L\sin\alpha_{min}+\frac{D}{2} \tag{2-4-11}$$

最大下切深度

$$K_{max}=A-\frac{h}{2}-L\sin\beta_{max}+\frac{D}{2} \tag{2-4-12}$$

最小下切深度

$$K_{min}=A-\frac{h}{2}-L\sin\beta_{min}+\frac{D}{2} \tag{2-4-13}$$

式中　A——采煤机机面高度；

h——机体厚度；

L——采煤机摇臂长度；

α_{max}、α_{min}——摇臂向上最大、最小摆角；

β_{max}、β_{min}——摇臂向下最大、最小摆角；

D——滚筒直径。

以上各尺寸在产品说明书中均可查到。

调高范围指最大截割高度与最小截割高度之间的高度范围。工作面的煤层厚度变化应位于采煤机截割高度变化范围之内。

下切深度 K 一般为 100～300 mm。

四、截深

采煤机滚筒切入煤壁的深度称为截深。截深取决于工作面煤层地质条件和工作面设备,它与滚筒宽度相适应。滚筒宽度应稍大于截深,一般应大 30～70 mm。截深决定着工作面每次推进的步距,是决定采煤机装机功率和生产率的主要因素,也是与支护设备配套的一个重要参数。

截深的确定应根据工作面生产能力进行考虑。机械化采煤初期,工作面截深选用 0.6 m。随着技术的进步,工作面装备能力加大,为采煤机提供了足够的截割功率,输送机也有了足够的输送能力,巷道支护技术的提高保证了大断面巷道的掘进和维护,给工作面加大截深提供了有力的技术支持。近年来,高产高效工作面普遍采用 0.8 m 和 1.0 m 截深,部分截深已达 1.2 m。

实际生产中,截深的确定首先考虑煤层地质条件的影响,其考虑因素包括工作面顶板的破碎程度、煤质(硬度、节理层理发育程度)、瓦斯含量等。

其次要考虑工作面设备能。加大截深是伴随着采煤机截割功率的增加而实现的,同时与采煤机截齿、截割部受力、整体结构等因素有关。采煤机的能力增加一方面体现在截割功率的增加,另一方面体现在牵引速度的增加。同时,截深的选取还应考虑支架的支护强度和防护能力,以及输送机的运输能力。

当用单体支柱支护顶板时,金属顶梁的长度应是采煤机截深的整数倍。

五、截割速度

滚筒上截齿齿尖的切线速度称为截割速度。截割速度影响到每个截齿的切削深度、破落煤的块率、截齿的发热和磨损、粉尘的生成和飞扬、截割坚硬煤岩时的火花生成等。截割速度取决于滚筒直径和滚筒转速。

若采煤机滚筒以转速 n 旋转,同时以行走速度 v_q 向前推进,截齿切下的煤屑呈月牙形,其厚度从 $0～h_{max}$ 变化(图 2-4-3),且

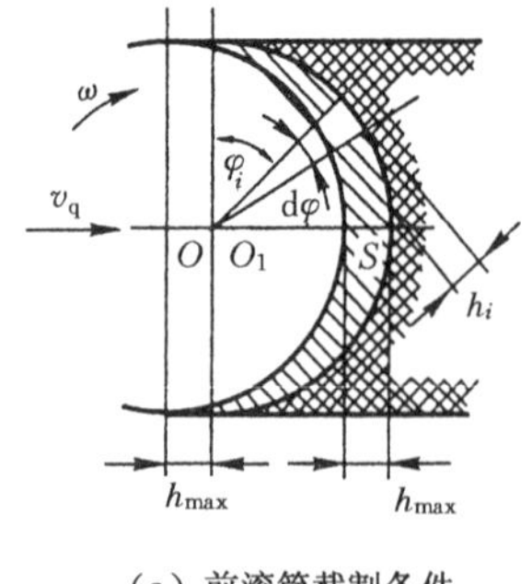

(a) 前滚筒截割条件

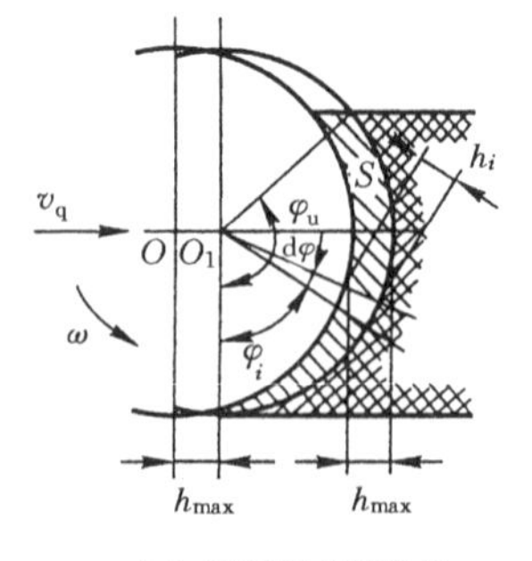

(b) 后滚筒截割条件

图 2-4-3　切削厚度的变化

$$h_{\max} = \frac{100v_q}{mn} \quad \text{cm} \tag{2-4-14}$$

式中　v_q——行走速度，m/min；

n——滚筒转速，r/min；

m——同一截线上的截齿数。

平均切屑厚度 h 可根据截齿截割的面积等于滚筒转一圈时间内的推进面积来确定：

$$h = \frac{1 - \cos\varphi_u}{\varphi_u} h_{\max} \tag{2-4-15}$$

求极值，得 $\varphi_u = 0.74\pi$ 或截割高度为 $0.84D$ 时，平均切屑厚度达极大值，为 $2.28h_{\max}/\pi$。

当滚筒直径和转速已知时，滚筒截割速度为

$$v = \frac{\pi Dn}{60} \quad \text{m/s} \tag{2-4-16}$$

式中　D——滚筒直径，m。

由式(2-4-14)可见，当 m 一定时，切屑厚度与行走速度成正比，与滚筒转速成反比，即滚筒转速愈高，煤的块度愈小，并造成煤尘飞扬。滚筒转速确定得适当，大块煤产出率和装煤效率能同时提高。大多数中厚煤层采煤机滚筒转速在 30～40 r/min 范围内较宜。厚煤层采煤机滚筒直径大于 1 800 mm 时，转速可低至 20～30 r/min。当截割速度超过3 m/s 时，截齿摩擦发火的可能性增加，所以厚煤层采煤机降低滚筒转速尤为重要。

对于薄煤层采煤机的小直径滚筒来说，由于叶片高度低，滚筒内的运煤空间小，必须加大滚筒转速，以保证采煤机的生产率。小直径滚筒转速可达 80～120 r/min。

六、牵引(行走)速度

牵引(行走)速度是采煤机沿工作面移动的速度，它与截割电动机功率、牵引电动机功率、采煤机生产率都近似成正比。在采煤过程中，需要根据被破落煤的截割阻抗和工况条件的变化，经常调整牵引速度的大小。牵引速度的上限受电动机功率、装煤能力、液压支架移架速度、输送机运输能力等限制。牵引速度是影响采煤机生产率的最主要参数。牵引速度有两种，一种是截割时的牵引速度，一种是调动时的牵引速度。前者由于截割阻力是随机的，变化较大，需通过对牵引速度的调节来控制电动机的功率变化范围和大小，通过自动调速使电动机功率经常保持近似恒定或防止过载；后者为减少调动时间、增加截割时间，速度较高。

采煤机平均牵引速度是反映工作面生产状况的主要参数，因此，可以将采煤机平均牵引速度作为工作面设备能力选型计算的基本参数。采煤机平均落煤能力为

$$Q_m \geqslant \frac{60Q(L + 2L_s + L_m)}{1\,440KCL - \dfrac{3T_dQ}{JH\rho}} \tag{2-4-17}$$

式中　Q_m——采煤机平均落煤能力，t/h；

Q——工作面平均日产量，t/d；

J——采煤机截深，m；

H——平均截割高度，m；

ρ——煤体密度，t/m^3；

C——工作面采出率，%；

L——工作面长度，m；

L_s——刮板输送机弯曲段长度，m；

L_m——采煤机两滚筒中心距，m；

T_d——采煤机反向时间，min；

K——采煤机平均日开机率。

根据平均落煤能力，计算采煤机截割时的平均牵引速度为

$$v_c = \frac{Q_m}{60JH\rho} \tag{2-4-18}$$

式中　v_c——采煤机截割时的平均牵引速度，m/min。

在工作面采煤过程中，采煤机实际落煤量和割煤速度是一个随机变量，且其服从正态分布规律。根据概率统计理论，达到平均落煤能力要求的采煤机最大落煤量 Q_{max} 和最大牵引速度 v_{cmax} 为

$$Q_{max} \geqslant K_v Q_m$$

$$v_{cmax} \geqslant K_v v_c$$

式中　K_v——采煤机割煤时的牵引速度不均匀系数。

$$K_v = 1 + \frac{U_a \sigma_v}{v_c}$$

式中　U_a——标准正态分布 a 的上侧分位数；

σ_v——采煤机割煤时的牵引速度标准差，m/min。

在选择采煤机时，除满足上式外，采煤机牵引速度还应满足

$$v_q \geqslant v_{cmax}$$

式中　v_q——采煤机牵引速度，m/min。

液压牵引采煤机截割时的牵引速度一般为 5～6 m/min，电牵引采煤机截割时的牵引速度一般都可达到 10～12 m/min。

七、牵引(行走)力

牵引(行走)力是驱动采煤机行走的力。牵引力取决于煤质硬度、截割高度、牵引速度、煤层倾角、机器质量以及导向装置的结构和摩擦因数等因素。由于影响因素太多，目前还没有准确的计算方式。采煤机理论牵引力为

$$F = k[mg(\sin\alpha + f\cos\alpha) + F_q] \tag{2-4-19}$$

式中　k——采煤机移动时，在导向部分产生的附加阻力系数，一般取 k=1.3～1.5；

m——采煤机质量，kg；

g——重力加速度；

α——煤层倾角，(°)；

f——摩擦因数，采煤机骑输送机工作时 f=0.18～0.25，爬底板工作时 f=0.3～0.4；

F_q——滚筒上截齿的总平均牵引阻力。

截齿总平均牵引阻力 F_q 的影响因素太多，理论与实际会有较大的出入，因而影响计算的准确性。目前在设计中均采用经验数据，以类比法简单迅速地确定牵引力与牵引功率。

综合国内外采煤机的技术参数，一般牵引力为采煤机重力的 1.2～1.5 倍，下限适用于

缓倾斜中厚煤层工作面或薄煤层工作面，上限适于倾角较大或煤层较厚的工作面。

八、装机功率

装机功率是衡量采煤机生产能力和破煤能力的综合性参数。装机功率大的采煤机，截割硬煤能力及通过地质构造时割岩能力较强。目前对装机功率的概算方法主要有两种：一是按照煤岩力学性质来选择装机功率，二是按照生产能力的要求来选择装机功率。考虑到我国通常采用坚固性系数 f 来衡量煤体破碎难易程度，但该系数只反映煤体破碎难易程度，并不能反映采煤机滚筒上截齿的受力大小，因此一般根据生产能力的要求对装机功率进行概算。装机功率包括截割电动机、行走电动机、破碎机电动机、液压泵电动机、喷雾泵电动机等所有电动机功率的总和。按单位能耗计算采煤机截割功率为

$$P_j = Q_t H_w \tag{2-4-20}$$

式中　P_j——采煤机截割功率，kW；

Q_t——采煤机理论生产率，m^3/h；

H_w——采煤机割煤单位能耗，$kW \cdot h/m^3$，根据我国不同矿区实测，$H_w = 0.55 \sim 0.85\ kW \cdot h/m^3$。

如加上行走、破碎机、液压泵等电动机所需功率，采煤机总装机功率比割煤时所需功率要高出 40%左右，即实际装机功率不小于 $1.4P_j$。实际生产中，采煤机的装机功率比正常割煤时所需功率还要大，以增强采煤机过地质构造时的破岩能力。因为煤层本身容易截割，但直接顶、底板岩性坚硬且地质构造复杂时，采煤机的装机功率应有较大的富裕系数，以确保工作面推进速度。

九、生产率

采煤机的理论生产率，也就是最大生产率，是指在额定工况和最大参数条件下工作的生产率。理论生产率为

$$Q_t = 60HJv_q\rho \quad t/h \tag{2-4-21}$$

式中　H——工作面平均截割高度，m；

J——截深，m；

v_q——采煤机截煤时的最大牵引速度，m/min；

ρ——煤的实体密度，一般取 $1.35\ t/m^3$。

采煤机的实际生产率比理论生产率低得多，特别是采煤机的可靠性对生产率影响尤为突出。采煤机的生产率主要取决于采煤机的牵引速度，生产率与牵引速度成正比。牵引速度的快慢，受到很多方面的影响，如液压支架移架速度、输送机的生产率等，同时还受瓦斯涌出量和通风条件的制约。

考虑了采煤机进行必要的辅助工作（如调动机器、更换截齿、开切口、检查机器和排除故障等）所占用时间后的生产率称为技术生产率 Q，可由下式求得

$$Q = k_1 Q_t \quad t/h \tag{2-4-22}$$

式中　k_1——与采煤机技术上的可靠性和完备性有关的系数，一般为 0.5～0.7。

实际使用中，考虑了工作中发生的所有类型的停机时间，如处理输送机和支架的故障、处理顶底板事故等，从而得到采煤机每小时的实际生产率 Q_m。

$$Q_m = k_2 Q \quad t/h \tag{2-4-23}$$

式中　k_2——采煤机在实际工作中的连续工作系数，一般为 0.6～0.65。

第二节 采煤机选型

综采工作面设备包括滚筒采煤机、可弯曲刮板输送机、液压支架以及各种供电、供液设备和其他辅助设备。综采工作面生产以采煤机割煤为中心，因此采煤机选型是综采工作面设备集成配套的首要问题。

一、选型原则

采煤机选型一般根据工作面生产能力要求、煤层地质条件，遵循经济性、适应性、安全性、可靠性原则选择相应的机型。其原则如下：

(1) 采煤机破煤能力大于工作面生产能力，按平均行走速度、平均截割高度、平均开机率计算采煤机的生产能力，应满足工作面设计生产能力的要求。

(2) 截割功率、行走功率和总装机功率满足最大截割高度、最大行走速度、截割工作面最硬煤岩和过断层条件下的功率要求。

(3) 采煤机适应工作面煤层厚度变化和截割高度范围，采煤机爬坡能力与制动能力满足工作面倾角的要求，机身高度满足最小截割高度配套时安全过机空间要求，机身下过煤高度满足设计截割速度条件下过煤量和片帮煤、大块煤的过机要求。

(4) 采煤机应具有遥控功能，自动化工作面采煤机应具有设计要求的自动化、智能化控制和通信等功能，应具有完善的安全保护、故障诊断预警功能。

(5) 采煤机要求性能可靠，操作与检修维护方便，使用经济性好。

二、采煤机选型的影响因素

选择采煤机需要考虑的因素很多，主要有以下几个方面的问题，见表 2-4-1。

表 2-4-1　　选择采煤机的主要影响因素

主要影响因素	内容
煤层赋存和开采条件	煤层厚度、煤层倾角、煤层硬度、煤层结构、地质构造及其成因、顶底板岩性、煤的层理及节理发育情况，以及水文地质、瓦斯含量等
采煤工艺	采煤高度、工作面生产能力、工作面长度与走向长度、采煤的方法与步骤等
采煤机与其他设备配套关系	采煤机的行走方式应与工作面刮板输送机的结构形式协调一致，与液压支架满足尺寸配套要求

(1) 根据煤的坚硬度选型

采煤机适于开采坚固性系数 $f<4$ 的缓倾斜及急倾斜煤层。对 $f=1.8\sim2.5$ 的中硬煤层，可采用中等功率的采煤机，对黏性煤以及 $f=2.5\sim4$ 的中硬以上的煤层，应采用大功率采煤机。

坚固性系数 f 只反映煤体破碎的难易程度，不能完全反映采煤机滚筒上截齿的受力大小，有些国家采用截割阻抗 A 表示煤体抗机械破碎的能力。截割阻抗标志着煤岩的力学特征，当 $A=30\sim180$ kN/m 时，可采用中小功率的采煤机；当 $A=180\sim300$ kN/m 时，可采用中等功率的采煤机；当 $A>300$ kN/m 时，一般采用大功率的采煤机。

(2) 根据煤层厚度选型

采煤机的截割高度、过煤高度、过机高度等都取决于煤层厚度。煤层按厚度分为5类。

① 极薄煤层。煤层厚度小于0.8 m。最小截割高度在0.65～0.8 m时，只能采用爬底板式采煤机。

② 薄煤层。煤层厚0.8(含)～1.3 m。最小截割高度在0.75～0.90 m时，可选用骑槽式采煤机。

③ 中厚煤层。煤层厚度为1.3(含)～3.5(含)m。开采这类煤层的采煤机在技术上比较成熟，根据煤的坚硬度等因素可选择中等功率或大功率的采煤机。

④ 厚煤层。煤层厚度为3.5～6(含)m。由于大采高液压支架及大功率采煤机、刮板输送机的出现，厚煤层一次采全高综采工作面取得了较好的经济效益。采煤机滚筒直径一般为截割高度的0.5～0.6倍，双向采煤。此外，由于落煤块度较大，采煤机和刮板输送机应有大块煤破碎装置，以保证采煤机和输送机的正常工作。

⑤ 特厚煤层。煤层厚度大于6 m。2006年以前综合机械化采煤的截割高度由4～5 m逐步达到6 m，但受综采技术和装备的制约，6 m曾被采矿界认为是综采一次采全高的极限截割高度。由于煤层硬度大，不适合放顶煤开采，分层(铺网)开采效率和效益差。目前已使用8.8 m特大采高综采成套装备，取得了重大经济效益和社会效益。

特大采高综采技术与装备是针对特定矿区稳定厚和特厚煤层而开发的，主要适用于厚度为6～9 m、赋存稳定、近水平或缓倾斜、结构较稳定、顶底板和水文地质条件较好的煤层。特大采高综采装备尺寸大，质量重，运输安装难度大，主要适用于年产千万吨以上特大型矿井，以及具备系统配套产能和下井运输安装条件的矿井。

特大采高综采装备投资大，应对具体项目进行技术经济分析，保证合理的投入产出比。特别是应与综放开采进行比对分析，对于不具备上述适应条件的矿井，6～9 m特厚煤层综放开采仍有更好的技术经济优势。

(3) 根据煤层倾角选型

煤层按倾角分为近水平煤层(＜8°)、缓倾斜煤层(8°～25°)、倾斜煤层(25°～45°)和急倾斜煤层(＞45°)。

煤层倾角的大小是采煤机牵引方式选择的一个重要因素。倾角越大，牵引力也越大，防滑问题也越突出。骑槽式或爬底板式采煤机在倾角较大时还应考虑防滑问题。当工作面倾角大于15°时，应使用制动器作为防滑装置。

原则上牵引式行走采煤机只能在≤15°倾角的条件下使用，当倾角＞15°时必须设置防滑安全装置，但也只能在倾角≤25°时使用。

轮轨啮合式采煤机因牵引力大，可用在倾角≤55°的条件下。但应指出，一般轮轨啮合式行走采煤机，只能用在倾角≤35°的条件下，只有在牵引力大并设置有可靠的制动防滑装置的情况下，才允许在倾角35°～55°条件下使用。从安全角度考虑，除极薄煤层外，在小倾角工作面也应选用轮轨式行走机构。

(4) 根据顶底板性质选型

顶底板性质主要影响顶板管理方法和支护设备的选择。因此，选择采煤机时应同时考虑选择何种支护设备。例如，不稳定顶板，控顶距应当尽量小，应选用窄机身采煤机和能进行复合支护的支架。底板松软，不宜选用拖钩刨煤机、爬底板式采煤机，而应选用靠输送机支承和导向的滑行刨煤机、骑槽式采煤机和对底板接触比压小的液压支架。

（5）按工作面的生产能力选型

采煤机的生产能力应大于工作面的设计生产能力。采煤机的生产能力受牵引速度以及移架速度、刮板输送机输送能力和其他因素的影响。液压调速的采煤机，由于受到主泵压力、排量的限制，进一步提高牵引速度和牵引力有一定困难，因此只能满足一般生产能力的要求。对于高产高效工作面，要求采煤机的实际牵引速度达到 10～12 m/min，其设计牵引速度为15 m/min 左右，这时可供选择的只有大功率的轮轨啮合式电牵引采煤机。

三、选型内容

选择采煤机时，主要应确定以下内容，见表 2-4-2。

表 2-4-2　　采煤机选型内容

内容	说明
采煤机的结构形式	滚筒数目、调高方式、行走方式及行走控制方式等
采煤机的主要工作参数	截割高度、截深、截割速度、牵引速度、牵引力、生产能力、装机功率和采煤机最大结构尺寸等

四、采煤机选型方案

采煤机是综采工作面生产的中心设备，所以在综采设备选型中首先要选好采煤机。采煤机主要应确定的参数是截割高度、牵引速度、装机功率。这三个参数决定着采煤机的生产能力，其余参数均与这三个主要参数成一定比例关系。选型过程中，还应根据所开采煤层的特性，综合考虑其他参数。采煤机的可靠性是至关重要的，要根据煤层地质条件和各制造厂的现有产品认真论证。在机型基本确定的情况下，订货时，如滚筒直径、截深等参数，厂家均可按用户要求提供。

复习思考题

1. 采煤机有哪些主要技术参数？如何选择或计算？
2. 煤的坚固性系数和截割阻抗对采煤机的功率选择有何影响？
3. 煤层厚度对选择采煤机有哪些影响？
4. 煤层倾角对选择采煤机有哪些影响？
5. 煤层顶底板性质对选择采煤机有哪些影响？

第五章　采煤机使用维护

第一节　采煤机维护保养

采掘设备(包括液压支架、泵站系统)必须有维修和保养制度并有专人维护，保证设备性能良好。

一、采煤机运行安全规定

《煤矿安全规程》规定，使用滚筒式采煤机采煤时，必须遵守下列规定：

(1) 采煤机上装有能停止工作面刮板输送机运行的闭锁装置。启动采煤机前，必须先巡视采煤机四周，发出预警信号，确认人员无危险后，方可接通电源。采煤机因故暂停时，必须打开隔离开关和离合器。采煤机停止工作或者检修时，必须切断采机煤前级供电开关电源并断开其隔离开关，断开采煤机隔离开关，打开截割部离合器。

(2) 工作面遇有坚硬夹矸或者黄铁矿结核时，应当采取松动爆破处理措施，严禁用采煤机强行截割。

(3) 工作面倾角在15°以上时，必须有可靠的防滑装置。

(4) 使用有链牵引采煤机时，在开机和改变牵引方向前，必须发出信号。只有在收到反向信号后，才能开机或者改变牵引方向，防止牵引链跳动或者断链伤人。必须经常检查牵引链及其两端的固定连接件，发现问题，及时处理。采煤机运行时，所有人员必须避开牵引链。

(5) 更换截齿和滚筒时，采煤机上下3 m范围内，必须护帮护顶，禁止操作液压支架。必须切断采煤机前级供电开关电源并断开其隔离开关，断开采煤机隔离开关，打开截割部离合器，并对工作面输送机施行闭锁。

(6) 采煤机用刮板输送机作轨道时，必须经常检查刮板输送机的溜槽、挡煤板导向管的连接情况，防止采煤机牵引链因过载而断链；采煤机为无链牵引时，齿(销、链)轨的安设必须紧固、完好，并经常检查。

二、采煤机检查

对采掘设备的维修、保养实行“班检”“日检”“周检”“月检”，这是一项对设备强制检修的有效措施。

(一) 班检

(1) 检查处理外观卫生情况，保持各部清洁，无影响机器散热、运行的杂物。

(2) 检查各种信号、仪表情况，确保信号清晰、仪表显示灵敏可靠。

(3) 检查各部连接件是否齐全、紧固，特别要注意各部对口、盖板、滑靴及防爆电气设备的连接与紧固情况。

(4) 检查牵引链、连接环及张紧装置连接固定是否可靠，有无扭结、断裂现象，液压张紧装置供液压力是否适宜，安全阀动作值整定是否合理。

(5) 检查导向管、销轨(销排)连接固定是否可靠，发现有松动、断裂或其他异常现象和损坏等，应及时更换处理。

(6) 补充、更换短缺、损坏的截齿。

(7) 检查各部手柄、按钮是否齐全、灵活、可靠。

(8) 检查电缆、电缆夹及拖缆装置连接是否可靠，是否有扭曲、挤压、损坏等现象，电缆不许在槽外拖移(用电缆车的普采工作面除外)。

(9) 检查液压与冷却喷雾装置有无泄漏，压力、流量是否符合规定，雾化情况是否良好。

(10) 检查急停、闭锁、防滑装置与制动器性能是否良好，动作是否可靠。

(11) 倾听各部运转声音是否正常，发现异常要查清原因并处理好。

(二) 日检

(1) 进行班检各项检查内容，处理班检处理不了的问题。

(2) 按润滑图表要求，检查、调整各腔室油量，对有关润滑点补充相应的润滑油、润滑脂。

(3) 检查处理各渗漏部位。

(4) 检查供水系统零部件是否齐全，有无泄漏、堵塞，发现问题及时处理好。

(5) 检查滚筒端盘、叶片有无开裂、严重磨损及齿座短缺、损坏等现象，发现有较严重问题时应考虑更换。

(6) 检查电气保护整定情况，搞好电气试验(与电工配合)。

(7) 检查电动机与各传动部位温度情况，如发现温度过高，要及时查清原因并处理好。

(三) 周检

(1) 进行日检各项检查内容，处理日检难以处理的问题。

(2) 检查各部油位、油质情况，必要时进行油质化验。

(3) 认真检查处理对口、滑靴、支撑架、机身等部位相互间连接情况和滚筒连接螺栓的松动情况并及时紧固。

(4) 检查牵引链链环节距伸长量，发现伸长量达到或超过原节距的3%时，即应更换。

(5) 检查过滤器，必要时清洗更换。

(6) 检查电控箱，确保腔室内干净、清洁、无杂物、压线不松动，符合防爆与完好要求。

(7) 检查电缆有无破损，接线、出线是否符合规定。

(8) 检查接地设施是否符合《煤矿安全规程》规定。

(四) 月检

(1) 进行周检各项检查内容，处理周检难以解决的问题。

(2) 处理漏油，取油样检查化验。

(3) 检查电动机绝缘、密封、润滑情况，必要时补充锂基润滑脂。

三、采煤机检修维护注意事项

在检修维护采煤机时，应遵守有关规定并要做到以下几点：

(1) 坚持“四检”制，不准将检修时间挪作生产或他用。

(2) 严格执行对采煤机安全运行的有关规定。

(3) 充分利用检修时间，合理安排人员，认真完成检修计划。

(4) 检修标准按《煤矿机电设备完好标准》执行。

(5) 未经批准严禁在井下打开行走部机盖。必须在井下打开行走部机盖时，需由矿机电部门提出申请，经矿机电领导批准后实施。

开盖前，要彻底清理采煤机上盖的煤矸等杂物，清理四周环境并洒水降尘，然后在施工部位上方吊挂四周封闭的工作帐篷，检修人员在帐篷内施工。

(6) 检修时，检修班长或施工组长要先检查施工地点、工作条件和安全情况，再把采煤机各开关、手把置于停止或断开的位置，并打开隔离开关(含磁力启动器中的隔离开关)，闭锁工作面输送机。

(7) 注油清洗要按油质管理细则执行，注油口设在上盖的，注油前要先清理干净所有碎煤杂物。注油后要清除油迹，并加密封胶，然后紧固好。

(8) 检修结束后，按操作规程进行空运转，试验合格后再停机、断电，结束检修工作。

(9) 检查螺纹连接件时，必须注意防松螺母的特性，不符合使用条件及失效的应予更换。

(10) 在检查及施工过程中，应做好采煤机防滑工作。注意观察周围环境变化，确保安全施工。

第二节　采煤机故障分析与处理

采煤机由复杂的机械传动系统、电气系统和液压系统等组成，由于其工作条件恶劣，使用中出现故障在所难免，长时间的故障停机会造成巨大的经济损失。采煤机结构复杂，出现故障不容易查找，特别是液压系统和电气系统的故障，所以只有掌握正确的分析方法，才能及时准确地找出故障并加以排除。

在努力提高采煤机可靠性和耐用性的同时，还需大力发展采煤机故障诊断技术，这样有助于及早发现故障，防止故障扩大，提供尽可能详细的故障信息，帮助维修人员迅速定位和处理故障，实现由事后维修转变为事前维修，减少停机时间。

一、概述

(一) 判断故障的一般方式

根据实践经验，判断故障常需集听、摸、看、量来综合分析。

听：听取当班司机介绍发生故障前后的运行状态、故障征兆等，必要时可开机听运转声响判断故障的部位，但要特别注意，在未查清故障前，不准长时间开机。

摸：用手摸可能发生故障点的外壳，根据温度变化情况和振动判断故障的性质。用手摸液压系统有无泄漏，特别是主泵配流盘管接头密封处有无泄漏来判断故障点。

看：现场观察采煤机运转时液压系统高低压变化情况，判断液压系统工作是否正常，元件是否完好。

量：通过仪表测量绝缘电阻、压力、流量和温度，判断电气系统情况、油质污染情况、主泵和马达的漏损情况。检查伺服机构是否失灵，高、低压安全阀，背压阀开启关闭情况是否正常，各种保护是否正常等。

根据听、摸、看、量取得的材料进行综合分析，一般就能准确地找出故障原因。

（二）判断故障的顺序

为准确迅速地查找到故障点，除必须了解故障的现象和发生过程，还应掌握科学合理的顺序，即先部件、后元件，先外部、后内部。采用排除法，缩小查找范围。

（1）先划清部位。首先判断是电气故障、机械故障还是液压系统故障，并确定故障部位。

（2）从部件到元件。确定部件后，再根据故障的现象和前面所述的判断故障的程序查找到具体元件即故障点。

（三）采煤机故障处理的一般步骤和原则

处理采煤机故障时一般可按下列步骤进行：

（1）首先了解故障的现象和发生过程。

（2）分析引起故障的原因。

（3）做好排除故障的准备工作。

在排除故障之前要把工具、备件和材料等准备好，同时把机器周围清理干净，特别是在井下打开行走部盖板时，必须先在采煤机上方用篷布或塑料布挡好，以免杂物煤矸石掉入油池中。

在查找故障原因时，正确判断是一种十分重要的工作，在没有把握时，可以按照听、摸、看、量，按照先简单后复杂、先外部后内部的原则来处理。判断故障要细致准确，切不可盲目更换液压元件来试探性处理。

处理故障要彻底，更换的液压元件要合格。液压元件一定要事先检查，确认合格才能往采煤机上安装。

（四）井下修理采煤机时的注意事项

为了使修理工作顺利地进行，在井下修理采煤机时必须注意：

（1）工具、备件、材料必须准备充分。更换的备件要规格型号相符，最好是用全新的备件，若是修复的备件，必须通过鉴定确保符合要求。

（2）在排除故障时，必须将采煤机周围清理干净，并检查周围顶板支护情况，在采煤机上方挂好篷布防止碎石掉入油池中，或冒顶片帮伤人。

（3）在拆卸过程中要记清相对位置和拆卸顺序，必要时将拆下的零部件做标记，以免安装过程中接错。

（4）处理完毕后，一定要清理现场并清点工具，检查机器中有无杂物，然后盖上盖板，注入新油并进行试运转。试运转合格后，检修人员方可离开现场。

二、液压系统故障分析与处理

（一）液压牵引采煤机牵引无力或不牵引

（1）补油泵吸油过滤器堵塞，补油压力、流量不足，热交换不能正常进行，导致主泵无压力或压力、流量不足。

处理：清洗堵塞的过滤器，过滤或更换污染的油液。

（2）补油泵损坏，压力、流量不足或无流量。

处理：更换损坏的补油泵。

（3）低压安全阀损坏或调定值过低。

处理：更换损坏的安全阀，或重新调定到额定值。

(4) 补油系统有外泄漏，补油压力、流量不足，主油路低压侧补不进油。

处理：查清补油系统泄漏部位，紧固松动的螺母，更换损坏的密封件或其他元件，消除泄漏。

(5) 主液压泵损坏或泄漏量大，引起无流量或流量不足。

处理：更换(或修复)损坏或泄漏量大的主液压泵。

(6) 液压马达损坏或泄漏量大。

处理：更换或修复液压马达。

(7) 主油路有外泄漏，供液压力、流量不足。

处理：检查泄漏原因，紧固松动的螺栓，更换损坏的密封件或其他元件，消除外泄漏。

(8) 高压安全阀损坏或整定值过低。

处理：更换损坏的高压安全阀，或重新整定到额定值。

(9) 调速机构失压。

处理：按规定整定调速失压阀到 1.5～1.6 MPa 及以上。

(10) 去伺服阀的阻尼油管堵塞。

处理：拆开阻尼管，用高压疏通。

(11) 伺服变量机构进入杂物，卡、堵严重，不能动作。

处理：更换调速机构。

(12) 恒压与功控系统动作失误。

处理：检查、调整远程调压阀和功控电磁阀。

(二) 采煤机只能单向牵引

(1) 伺服变量机构的液控单向阀控制油路或伺服阀回油路被堵塞或阀芯卡死，回油路不通，造成采煤机无法换向。

处理：检修液控单向阀或伺服阀，清除堵塞异物，必要时换油。

(2) 伺服变量机构由随动阀到液控单向阀或液压缸之间的油管有泄漏，造成采煤机不能换向。

处理：紧固所有松动的螺栓，更换损坏的密封，更换或修复漏液的油管。

(3) 伺服变量机构调整不当，主液压泵角度摆不过来(不能超过零位)，造成采煤机不能换向。

处理：调整伺服变量机构，直至主液压泵能灵活地通过零位。

(4) 电位器或电磁阀损坏造成采煤机无法换向。

处理：修复或更换损坏的电气元件。

(5) 补油单向阀有一个闭合不严。

处理：修复或更换单向阀。

(三) 液压行走部产生异常声响

(1) 主液压回路系统缺油。

处理：查清引起缺油的原因并处理。

(2) 液压系统中混有空气。

处理：查清进入空气的原因，排净系统中的空气。

(3) 主油路系统有外泄漏。

处理:查清泄漏原因及部位。紧固松动的螺栓,更换损坏的密封或其他液压元件。

(4) 液压泵或马达损坏。

处理:查清原因,更换泵或马达。

(四) 补油热交换系统压力低或无压

(1) 油箱油位太低或油液黏度过高,油质污染,产生吸空。

处理:按规定加注油液,及时全部更换新油。

(2) 过滤器堵塞。

处理:按规定时间更换或清洗过滤器滤芯。

(3) 背压阀整定值低或因主系统油液不清洁,背压阀的主阀芯或先导孔堵塞。

处理:清洗、调整背压阀或更换损坏的背压阀。

(4) 补油系统或主管路漏油严重。

处理:更换漏油的油管和密封件,如果是补油系统的油管漏油,液压箱上的补油压力表的压力和背压压力就会明显下降。

(5) 补油泵安全阀整定值低或损坏。

处理:对补油泵的安全阀按要求整定,损坏时要更换。

(6) 电动机反转。

处理:纠正电动机转向。

(7) 吸油管密封损坏,管路接头松动,管路漏气或油质黏度高。

处理:拧紧松动的接头,更换密封和吸液管。

(8) 补油泵轴花键推光或泵损坏。

处理:更换补油泵空心轴,泵损坏时更换新泵。

(五) 主回路的背压阀压力低

(1) 如果主回路管路、密封管等元件泄漏量大,补油热交换系统的油液就会从主回路的损坏部位漏出,使补油量增多,压力达不到规定要求,背压压力也会随之降低,操作、控制系统压力就随之降低,甚至消失。

(2) 因主回路系统混入杂质,热油交换时,杂质通过背压阀口时堵塞主阀芯或先导阀的先导孔,使得低压侧的压力建立不起来。

(3) 主回路内长时间存在杂质,就会在系统内主泵、马达以及各阀内不断循环,加上系统内油液的泄漏,使系统油温升高,造成密封元件老化,液压元件磨损量增加,使得主泵、马达磨损严重,泄漏量增多,压力自然降低,不能正常工作。

(六) 采煤机牵引速度慢

(1) 调速机构拉杆调整不正确或者轴向间隙过大,达不到规定值,调速时主泵摆角小。

处理:调整拉杆到正确位置。

(2) 制动器未松开,牵引阻力大。

处理:接通制动器压力油源,松闸。

(3) 牵引阻力大,行走机构轴承损坏严重、落道或者滑靴轮丢失。

处理:确定行走部位损坏程度,及时更换,如果是落道应及时上道,滑靴丢失应及时安装。

(4) 控制压力偏低。

处理：见补油热交换系统的故障处理。

（七）斜轴式轴向柱塞变量泵使用不久配油盘损坏

（1）液压油严重污染，油中机械杂质超限，配油副产生磨粒磨损，引起配油盘磨损超限或烧坏配油盘。

处理：修复或更换配油盘，必要时更换液压泵并换油。

（2）行走部液压油中水分超限，引起油液乳化或油液氧化变质，油膜强度下降，在配油副间出现边界摩擦，导致配油盘磨损超限而损坏。

处理与预防措施同本部分（1），但要注意查清引起油中水分超限的原因并排除。

（3）油液污染和机械杂质超限，使补油元件或管路堵塞或因补油回路本身故障，导致主油路流量不足，在液压泵配油副间出现边界摩擦，导致配油盘损坏。

处理：查清引起油量不足的原因并处理，更换污染、杂质超限的油液。

（4）用油品种不当，油的黏度过低，配油副间呈现半干摩擦，导致配油盘很快损坏。

处理方法同本部分（1）。

（八）液压行走部过热

（1）冷却水流量不足或无冷却水。

处理：清除冷却水系统的堵塞物，或打开关闭的阀门，确保水路畅通，保证供水质量与冷却效果。

（2）冷却水短路，行走部得不到冷却。

处理：查清冷却水短路的部位并消除故障。

（3）齿轮磨损超限，接触精度低。

处理：更换磨损超限的齿轮并换油，必要时换行走部。

（4）轴与孔、轴承外套与座孔配合间隙不当。

处理：更换轴、轴承，修理孔座。

（5）油量过多或过少。

处理：调整到规定的油位。

（6）用油不当，油的黏度过高或过低，或油中含水、杂质过多。

处理：换成规定品种、牌号的油液。

（7）液压系统有外泄漏。

处理：查清外泄漏的部位及泄漏原因并处理。

（九）附属液压系统无流量或流量不足

（1）油箱油位过低，调高泵吸不上油。

处理：把油加到规定油位。

（2）吸油过滤器堵塞导致泵的流量太小。

处理：清洗或更换过滤器，必要时换油。

（3）液压泵损坏或泄漏量过大。

处理：修复或更换液压泵。

（4）系统有外泄漏，引起流量不足。

处理：查清泄漏的部位并处理好。

（十）采煤机滚筒不能调高或升降动作缓慢

(1) 调高泵损坏，或泄漏量太大而流量过小。

处理：修复或更换损坏的泵。

(2) 调高千斤顶损坏或活塞杆腔与活塞腔之间串油。

处理：修复或更换损坏的千斤顶。

(3) 安全阀损坏或压力整定值过低。

处理：更换损坏的安全阀，或重新整定其动作值。

(4) 油管损坏、接头松动、密封失效引起外泄漏，导致系统供油量不足。

处理：紧固松动的接头，更换损坏的油管和密封。

(5) 液压锁损坏（阀座、弹簧、密封损坏，顶杆磨损超限等）、阀芯卡死，或控制油路堵塞，打不开回油路。

处理：修复或更换损坏的液压锁。

(6) 换向阀损坏或密封失效。

处理：修复或更换损坏的换向阀。

(7) 油位过低或吸油过滤器严重堵塞，液压泵的压力、流量不足。

处理：按规定的油位加油；清洗或更换吸油过滤器；必要时换油。

（十一）开机后摇臂立即上升或下降

主要原因是控制系统失灵。控制按钮失灵，更换按钮；控制阀卡死或磨损，更换控制阀；操作手把松脱，紧固或更换操作手把。

（十二）滚筒升起后自动下降

液压锁损坏，修复或更换液压锁；液压缸串油，更换液压缸；安全阀损坏，更换安全阀；管路漏油，紧固接头，更换损坏的密封或其他元件。

（十三）挡煤板翻转动作失灵

(1) 附属液压系统的液压泵损坏，泵无流量或流量不足。

处理：修复或更换损坏的泵。

(2) 油液污染，液压泵吸油过滤器堵塞，泵的流量太小。

处理：清洗堵塞的过滤器，更换被污染的油液。

(3) 液压泵安全阀整定值过低或损坏。

处理：重新调到额定动作值或更换液压泵安全阀。

(4) 液压缸保护安全阀动作值太低或安全阀损坏。

处理：重新整定到额定动作值或更换安全阀。

(5) 挡煤板翻转液压缸（液压马达）漏油或串油。

处理：更换或修复损坏的液压缸（液压马达）。

(6) 换向阀损坏或卡死。

处理：修复或更换损坏的阀。

(7) 液压系统有外泄漏。

处理：拧紧松动的接头，更换损坏的密封、油管、接头等元件，消除泄漏。

（十四）液压泵箱漏油严重

原因：机外管路漏油；过轴油封损坏，轴承磨损严重；油封套磨损严重。

处理：更换损坏的油管和接头密封；拆开对口，确定漏油处，拆出内、外齿轮和定位盘，更换油封，轴承磨损严重时更换新件；必要时更换油封套（耐磨套），装好轴后调整轴向间隙，间隙应在0.20～0.30 mm之间。

三、机械及其他故障原因和处理

（一）截割部齿轮、轴承损坏

(1) 设备使用时间过长，零件磨损超限，甚至接近或达到疲劳极限。

预防：在地面检修采煤机时，尽可能将齿轮和轴承更换成新的，并确保检装质量，保障良好的润滑，减少磨损。

(2) 操作不慎，造成滚筒截割输送机铲煤板、液压支架顶梁（或前梁）或铰接顶梁，使截割部齿轮、轴承承受巨大冲击载荷。

预防：加强支架工、司机的工作责任心，提高操作技术，严格执行操作规程。司机要正确规范地操作采煤机，及时掌握煤层及顶底板情况，尽量避免冲击载荷。

(3) 缺油或润滑油不足，齿轮副或轴承副之间出现边界摩擦，引起齿轮轴很快磨损失效。

预防：各润滑部位按规定加够润滑油脂，并按“四检”要求，及时检查、补充或更换润滑油脂。

（二）截割部减速器过热

(1) 使用的润滑油品种规格不当，油的黏度过高或过低。

处理：换成规定牌号的润滑油。

(2) 油位过高或过低。

处理：按规定注油量调整油位。

(3) 油中水分超限，或油脂变质，使得油膜强度降低。

处理：换油，并注意按“四检”要求，经常检查油质，发现油不合格及时更换。

(4) 齿轮、轴承磨损超限，接触精度低而引起发热。

处理：更换截割部，或设备大修时，尽可能地选用新的且质量较高的齿轮和轴承。

(5) 截割负荷超限。

处理：根据采煤机状况和系统综合生产能力，适当调整牵引速度。如果是煤质硬，而牵引速度快，则降低牵引速度。如果是因为截割较硬的夹矸引起截割部减速箱过热，则应放震动炮。

(6) 无冷却水，或冷却水的压力、流量不足。

处理：无冷却喷雾水不得开机割煤。抓好对冷却喷雾设施的检查维护，提高供水质量，确保冷却效果。

(7) 冷却器损坏或冷却水短路。

处理：更换冷却器，查清短路原因及部位。注意抓好对供水装置的检修和维护。

（三）牵引式行走采煤机断链

(1) 牵引链使用时间过长，链环磨损超限，节距伸长量超过原节距的3%，导致强度不满足要求或卡链而断链。

(2) 牵引链“拧麻花”，当通过链轮时咬链而引起断链。

(3) 连接环安装使用不规范，缺弹簧张力销。

（4）采煤机滑靴变形、煤壁侧滑靴掉道，导致运行阻力过大而引起断链。

（5）中部槽、铲煤板、挡煤板相互间闪缝、错茬，外部阻力过大而引起断链。

（6）牵引链两端无张紧装置，呈刚性连接，采煤机运行方向后面的牵引链松弛，导致松边链轮间窝链（平链轮易发生此类故障）增加运行阻力，造成断链。

（7）牵引链或链接头质量不合格，造成断链。

（四）采煤机机身振动

（1）遇到工作面有坚硬夹矸或硫化铁夹层时，没有按《煤矿安全规程》要求提前放震动炮处理而用机组强行切割。

（2）采煤机滚筒上的截齿，尤其是端面截齿中的正截齿（指向煤壁）短缺、合金刀头脱落、截齿磨钝而未能及时补充或更换，引起机身剧烈振动。截齿短缺及不合格的越多，振动就越厉害。及时补充、更换脱落或不合格的截齿，就可以解决并预防此类故障的发生。

（五）采煤机灭尘效果差

（1）喷雾泵的压力及流量满足不了要求。

（2）供水管路有外泄漏，引起压力、流量不足。

（3）供水管路截止阀关闭或未全部打开，流量太小。

（4）过滤器堵塞。

（5）未使用过滤器，供水质量差，引起喷嘴堵塞。

（6）喷嘴丢失未能及时补充，水呈柱状喷出。

（7）安全阀损坏或整定值太低，造成供水压力不够。

（六）水路或喷嘴堵塞

（1）供水质量差，使用未经充分沉淀和过滤的井下水直接输往冷却、喷雾系统，容易堵塞水路或喷嘴。

（2）不使用喷雾泵和水过滤器，或过滤器未及时清除杂质，水中机械杂质超限堵塞水路和喷嘴。

（3）冷却水硬度高，在高温作用下，易形成沉淀物附在管壁上，造成冷却水路堵塞。

（七）采煤机截割部常见漏油故障

（1）滚筒轴头浮动油封失去弹性而漏油。

处理：先将采煤机开到端头或开一个循环缺口，摘开滚筒离合器，把电动机隔离手把打到零位，拆下轴头，取下损坏的浮动油封，清理两侧面的煤尘；观察轴承磨损情况，必要时更换轴承，再将新浮动油封上好，装好轴头，用锁丝锁紧螺栓。

（2）内喷雾供水装置处油封损坏，造成漏油。

处理：将摇臂放到水平位置，闭锁输送机，用六角扳手拆出内喷雾供水装置，取出损坏的组合油封，再拆出大齿轮内的油封盒，更换新的油封。按相反顺序装入油封盒和内喷雾供水装置。

（3）摇臂与截割箱的油封损坏而串油。

截割部隔墙油封损坏串油，会导致摇臂内的油全部串入截割箱内，使摇臂缺油严重，造成摇臂内的轴承和齿轮因缺油而损坏。截割箱的油量太多，油温升高，使采煤机不能够正常运转。因此，必须引起高度重视。

（4）一轴油封漏油。

处理：开截割箱对口螺丝，拆下油封端盖，更换新油封。更换油封时，仔细检查一轴内的轴承磨损程度，如果损坏，必须更换。

（5）润滑泵油管损坏或冷却器损坏漏油。

处理：更换漏油的油管和损坏的冷却器。

（6）三轴油封处漏油。

处理：拆出外剪切盘和压板，更换第一道、第二道油封；按相反顺序装配（注意：装好压板后，用锁丝锁紧螺母）。

复习思考题

1. 采煤机安全运行规定有哪些？
2. 处理采煤机常见故障的一般步骤与原则是什么？
3. 处理采煤机故障时应注意哪些事项？
4. 造成液压牵引采煤机牵引无力或不牵引的原因是什么？如何处理？
5. 造成采煤机调高装置包括摇臂升降故障的原因有哪些？如何处理？
6. 引起截割部减速器过热的原因有哪些？
7. 造成采煤机牵引链断链的原因有哪些？
8. 引起采煤机电动机温度过高的原因有哪些？

第三篇 采煤工作面支护设备

采煤工作面顶板及围岩是多层非连续介质，同时存在断层等地质构造和强烈冲击地压等地质灾害，工作面支护是煤矿开采的首要条件。采煤工作面支护设备是支撑和维护采煤工作面控顶区顶板，为采煤创造安全作业空间的设备。按结构特点和支护方式不同分为单体支架、液压支架和特种支架。单体支架是由单体支柱与顶梁组成的支护设备，单体支柱为支撑于顶板或顶梁和底板之间的单根杆状构件。单体支柱按材质和结构分为木支柱、金属支柱和液压支柱。木支柱与金属支柱已经淘汰，液压支柱又分为单体液压支柱和液压切顶支柱。与单体液压支柱配套使用的是金属铰接顶梁。特种支架按结构与功能分为工作面锚杆支架、刚性或柔性掩护支架和气囊支架。特种支架仅适用于特定工作面支护。

综采是煤矿安全高效生产的根本保证，而液压支架是综采系统的核心。20世纪70年代，我国从国外引进液压支架等综采设备，由于对液压支架与围岩关系和综采工作面矿压规律认识不足，支护技术理论缺乏，引进的液压支架因不适应煤层赋存条件而导致综采试验失败。液压支架受力状态取决于矿山压力，以及结构内外力相互作用关系、工艺系统等诸多因素，如何合理确定液压支架参数，保证其适应性、让缩性和可靠性是不同于一般采掘机械的特殊难题。经过40多年的自主研发，液压支架寿命由5 000次循环提高到60 000次循环，已经研制出了适应各种煤层条件的液压支架。

第一章　单体支护设备

第一节　单体液压支柱

由缸、活柱、阀等零件组成，以专用油或高含水液压液（含乳化液）等为工作液，供矿山支护用的单根支柱称为单体液压支柱。

单体液压支柱按其供液方式不同，分为外供液式（简称外注式）支柱和内供液式（简称内注式）支柱。按工作行程不同，支柱分为单伸缩（单行程）支柱和双伸缩（双行程）支柱。按使用材质不同，支柱分为钢质支柱和轻合金支柱。

一、活塞式单体液压支柱

（一）内注式单体液压支柱

内注式单体液压支柱是在人力作用下靠支柱内部液体循环达到支撑顶板的目的。其主要由顶盖、通气阀、安全阀、活柱体、油缸体、支柱活塞、曲柄滑块机构等零件组成。

内注式单体液压支柱包括升柱与初撑、承载、卸载回柱三个过程。但由于支柱结构复杂，维护维修费用高，劳动强度大，生产成本高，已趋于淘汰。

（二）外注式单体液压支柱

外注式单体液压支柱是在工作面乳化液泵站提供的压力液体作用下达到支撑顶板目的的，也包括升柱与初撑、承载、卸载回柱三个过程。

外注式单体液压支柱的结构如图 3-1-1 所示，主要由顶盖 1、加长段 2、圆弧焊缝 3、三用阀 4、柱头 5、圆弧焊缝 6、手把体 7、活柱 8、油缸 9、复位弹簧 10、活塞 11、底座 12 等组成。

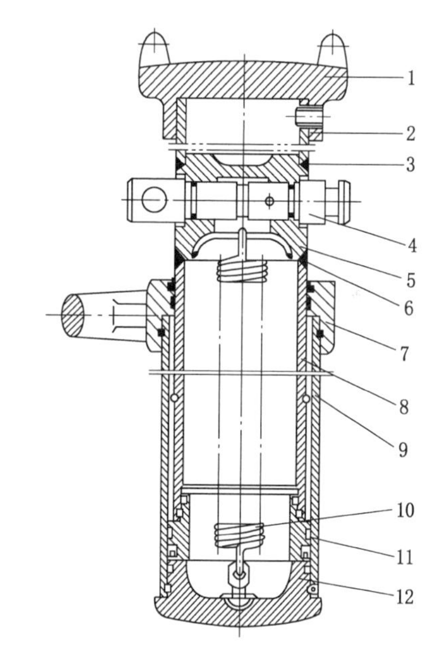

1—顶盖；2—加长段；3，6—圆弧焊缝；4—三用阀；5—柱头；7—手把体；8—活柱；9—油缸；10—复位弹簧；11—活塞；12—底座。

图 3-1-1　外注式单体液压支柱

1. 升柱与初撑

升柱与初撑时，用注液枪插入支柱三用阀的注液孔中，然后操作注液枪手把，从乳化液泵站来的高压液体由三用阀中的单向阀进入支柱下腔，活柱升起。当支柱撑紧顶板不再升高时，松开注液枪手把，拔出注液枪。这时支柱内腔的压力为泵站压力，支柱给予顶板的支撑力为初撑力。

2. 承载

当顶板压力超过三用阀中安全阀限定的工作阻力时，安全阀打开，液体外溢，支柱内腔压力随之降低，支柱下缩。当支柱所受载荷低于额定工作阻力时，安全阀关闭，腔内液体停止外溢。上述现象在支柱支护过程中重复出现。因此，支柱的载荷始终保持在额定工作阻力左右。

3. 卸载回柱

扳动卸载手把打开卸载阀，柱内的工作液体排出柱外，活柱在自重和复位弹簧的作用下缩回，完成卸载降柱过程。

二、悬浮式单体液压支柱

悬浮式单体液压支柱是20世纪末研发出的新型外注式单体液压支柱，其克服了活塞式单体液压支柱存在的焊缝断裂、内泄漏、操作不便等缺陷，实现了无焊缝、无柱头、无活塞的结构，具有工作行程大、使用范围广、抗偏载能力强、使用安全可靠等特点，在生产实践中得到了良好的应用效果。悬浮式单体液压支柱分为单伸缩支柱和双伸缩支柱两大类。

（一）单伸缩悬浮式单体液压支柱

单伸缩悬浮式单体液压支柱的结构如图3-1-2所示，主要由顶盖1、悬浮盖2、活柱3、手把阀体4、油缸5、复位弹簧6、底座7、三用阀8等零部件组成。包括升柱和初撑、承载、卸载回柱三个过程，支柱的控制由三用阀8完成。

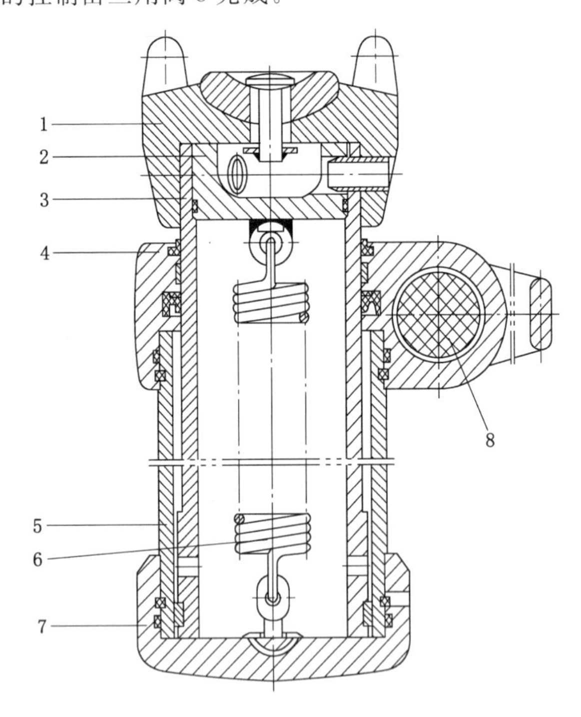

1—顶盖；2—悬浮盖；3—活柱；4—手把阀体；
5—油缸；6—复位弹簧；7—底座；8—三用阀。

图3-1-2　单伸缩悬浮式单体液压支柱

1. 升柱和初撑

压力液体从三用阀8进入到油缸与活柱间的环形腔体内，再从活柱3下部的径向通孔进入活柱内腔，在压力液体的作用下，活柱3、悬浮盖2、顶盖1上升并支撑顶板。当支柱在顶板压力下支撑时，顶盖 1、悬浮盖 2、活柱 3 在轴向受压，同时活柱内腔的液压力沿轴向通过悬浮盖 2 作用在顶盖上，形成了与顶板压力方向相反的力。

2. 承载

当顶板压力超过支柱额定工作阻力时，安全阀打开，液体外溢，支柱内腔压力随之降低，支柱下缩。当支柱所受载荷低于额定工作阻力时，安全阀关闭，腔内液体停止外溢。上述现象在支柱支护过程中重复出现，支柱的载荷始终保持在额定工作阻力附近。

3. 卸载回柱

使用卸载手把打开卸载阀，支柱内的工作液体排出柱外，活柱在自重和复位弹簧的作用下缩回，完成卸载降柱过程，收回支柱。

(二) 双伸缩悬浮式单体液压支柱

双伸缩悬浮式单体液压支柱的结构如图 3-1-3 所示，主要由顶盖 1、悬浮盖 2、活柱 3、缸套 4、手把阀体 5、油缸 6、中缸 7、复位弹簧 8、底座 9、三用阀 10 等零部件组成。

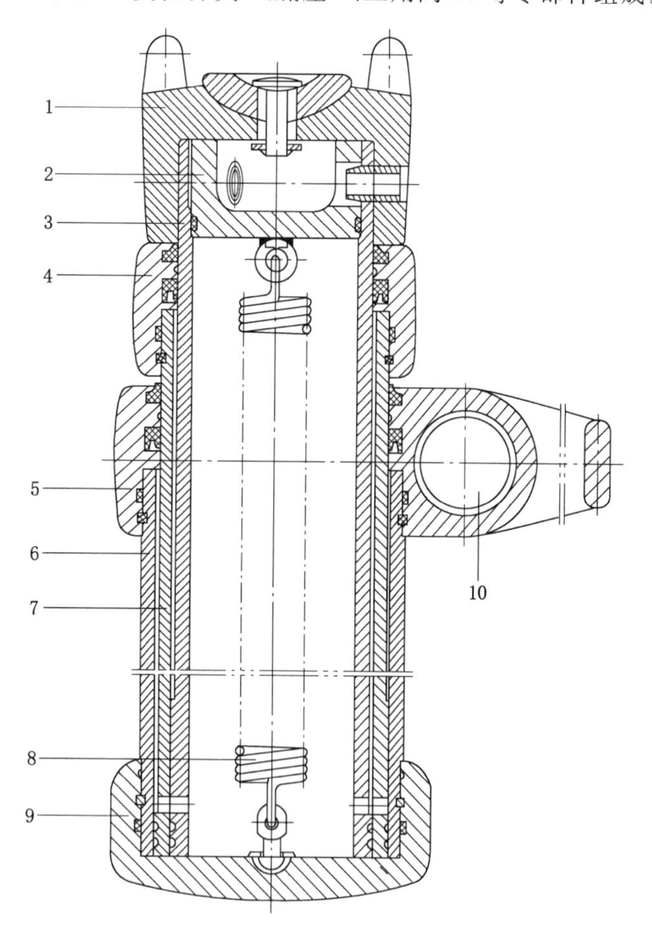

1—顶盖；2—悬浮盖；3—活柱；4—缸套；5—手把阀体；
6—油缸；7—中缸；8—复位弹簧；9—底座；10—三用阀。

图 3-1-3　双伸缩悬浮式单体液压支柱

1. 升柱和初撑

压力液体从三用阀 10 进入油缸 6 与中缸 7 之间的环形腔体内，再从中缸 7 下部的径向通孔进入活柱 3 与中缸 7 之间的环形腔体内，然后从活柱 3 下部的径向通孔进入活柱内腔。在压力液体的作用下，活柱 3、悬浮盖 2、顶盖 1 上升并支撑顶板，同时，中缸 7 及缸套 4 也上升至限位高度，此时支柱的工作阻力为活柱 3 的工作阻力。

2. 承载

当顶板压力超过活柱 3 额定工作阻力后，安全阀打开，液体外溢，活柱 3、悬浮盖 2、顶盖 1 下降，当顶盖 1 下降并压在缸套 4 上并超过中缸 7 的额定工作阻力后，顶盖 1、悬浮盖 2、活柱 3、缸套 4 及中缸 7 同时下降。

3. 卸载回柱

卸载和回柱与单伸缩悬浮式单体液压支柱的过程相同。

三、单体液压支柱配套部件

(一) 三用阀

三用阀的结构如图 3-1-4 所示，由单向阀、安全阀和卸载阀组装而成，分别承担支柱的注液升柱、过载保护和卸载降柱功能。单向阀由钢球 3、小弹簧、尼龙阀座和注液阀体 2 等组成。安全阀为平面密封式，由安全阀针 8、安全阀垫 9、阀座 16、导向套 10、安全阀弹簧 11 等组成。卸载阀主要由连接螺杆 6、卸载阀垫 4、卸载弹簧 5 等组成。卸载时，扳动卸载手把，安全阀套 7 右移，压缩卸载弹簧，使卸载阀垫与右阀体 1 内的台阶脱开，活柱内的高压液体从此间隙中排出，支柱下降。

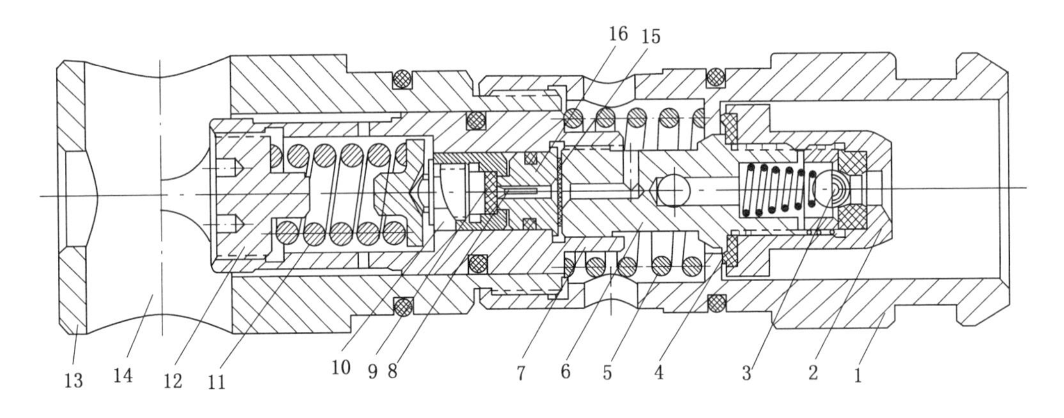

1—右阀体；2—注液阀体；3—钢球；4—卸载阀垫；5—卸载弹簧；6—连接螺杆；
7—安全阀套；8—安全阀针；9—安全阀垫；10—导向套；11—安全阀弹簧；
12—调压螺钉；13—左阀体；14—卸载手把安装孔；15—过滤网；16—阀座。

图 3-1-4　三用阀

(二) 注液枪

注液枪是专用于向外注式支柱注液的工具，如图 3-1-5 所示。注液升柱时，将注液管 1 插入三用阀阀体中，并将锁紧套 2 卡在三用阀的环形槽中。扳动手把 12，顶杆 11 右移而打开单向阀，工作液体便经单向阀、注液管进入支柱。注液结束后，松开手把，单向阀关闭，顶杆复位，残存在单向阀和注液管中的高压工作液体经顶杆 11 与密封圈和防挤圈 9 之间的间隙泄出柱外，这样才能将注液枪取下。

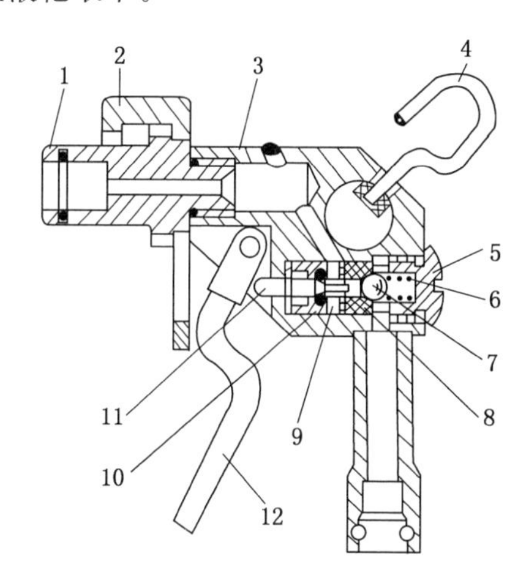

1—注液管；2—锁紧套；3—枪体；4—挂钩；5—螺钉；6—单向阀复位弹簧；
7—阀芯；8—阀座；9—密封圈和防挤圈；10—隔离套；11—顶杆；12—手把。

图 3-1-5　注液枪

第二节　金属顶梁

顶梁是采煤工作面位于支柱之上顶板之下，传递顶板压力的支撑梁。顶梁按连接方式分为铰接式顶梁和非铰接式顶梁。铰接式顶梁是梁体端头焊有铰接结构部件的顶梁。非铰接式顶梁是梁体端头无铰接结构部件的顶梁。单体液压支柱必须与顶梁配合使用才能有效地用于水平或缓倾斜煤层采煤工作面顶板支护。

铰接顶梁的结构如图 3-1-6 所示，由梁体 1、调角楔 2、销子 3、接头 4、定位块 5、耳子 6 和夹口 7 等组成。梁体 1 的断面为箱形结构，由扁钢组焊而成。

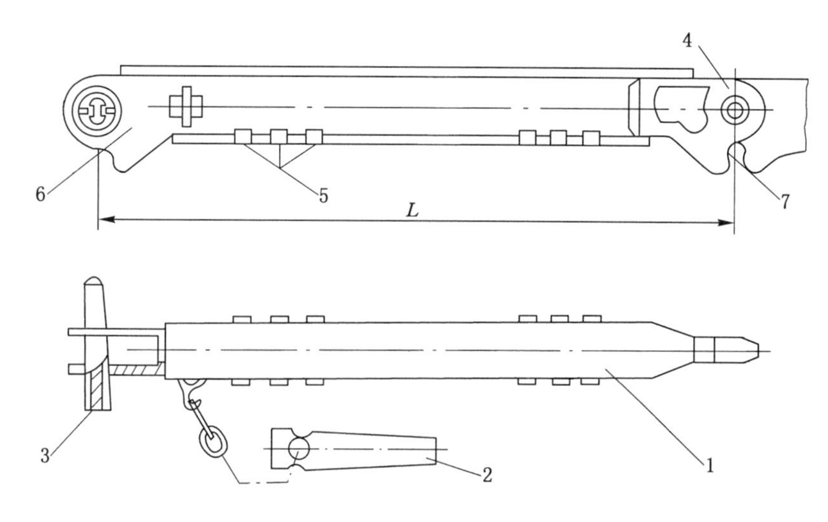

1—梁体；2—调角楔；3—销子；4—接头；5—定位块；6—耳子；7—夹口。

图 3-1-6　铰接顶梁

架设顶梁时，先将要安设的顶梁右端接头 4 插入已架设好的顶梁一端的耳子中，然后用销子穿上并固紧，以使两根顶梁铰接在一起。最后将调角楔 2 打入夹口 7 中，顶梁就可悬臂支撑顶板。待新支设的顶梁已被支柱支撑时，应及时将调角楔拔出，以免因顶板下沉将调角楔咬死。

选用顶梁时，应使其长度与采煤机截深相同或成整数倍。

第三节　切顶支柱

切顶支柱是由单根立柱和单根推拉千斤顶组成的支柱。它依靠液压传动原理完成支撑顶板、推移输送机和立柱的前移。切顶支柱是用于普采和炮采工作面，与单体液压支柱配合使用的采煤工作面支护设备，具有切顶和推移输送机的作用。它布置在工作面切顶线单体支柱之间，取代木垛、密集支柱、丛柱等特种支柱，起到支撑和切断顶板作用，其千斤顶可用于推输送机和移柱。

如图 3-1-7 所示，切项支柱主要由立柱 1、复位橡胶块 2、控制阀 3、推移千斤顶 4、底座 5、操纵阀 6 等组成。立柱由顶盖、底座、油缸、活柱（包括加长杆）及装在其上的元部件组成。

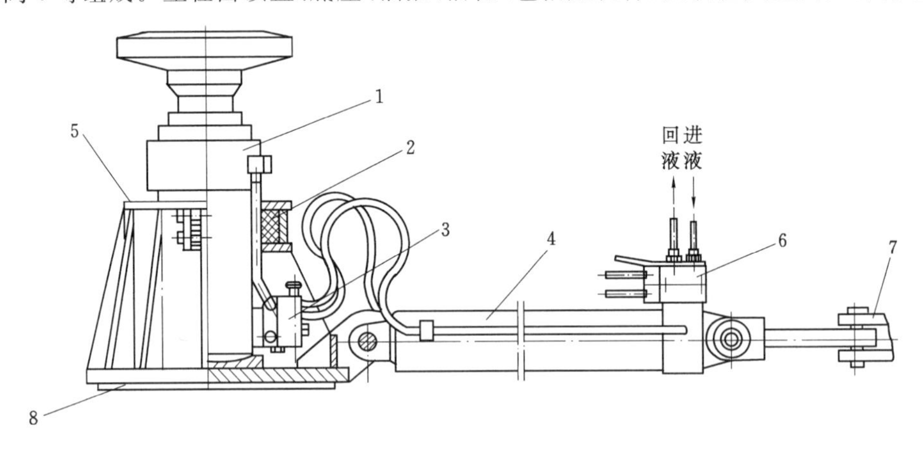

1—立柱；2—复位橡胶块；3—控制阀；4—推移千斤顶；5—底座；
6—操纵阀；7—连接头；8—防滑筋。

图 3-1-7　切顶支柱

切顶支柱的工作原理是：

（1）升柱：把操纵阀 6 的手柄扳到升柱位置，从泵站来的高压液体经控制阀 3 进入支柱的下腔，使立柱活柱升起支撑顶板。同时，立柱上腔的液体通过工作面总回液管回到泵站油箱。

（2）推移输送机：把操纵阀 6 的手柄扳到移溜位置，高压液体即进入推移千斤顶 4 的活塞腔，使千斤顶的活塞杆伸出，推动输送机前移。同时，活塞杆腔内的液体经总回液管到油箱。

（3）降柱：把操作阀手柄扳到降柱位置，高压液体即在进入立柱上腔的同时，打开控制阀 3 中的液控单向阀，使立柱活柱回缩。

（4）支柱前移：降柱后把操纵阀手柄扳至移柱位置，高压液体即进入推移千斤顶活塞杆腔，使活塞杆回缩，支柱即以输送机为支点被拉前移。

该切顶支柱的特点是：① 立柱上有螺纹加长杆，可无级调高，结构简单，适应煤层厚度较大的变化；② 立柱的中部设有复位橡胶块 2，可改善立柱的受力状况；③ 柱帽与活柱为球面接触，可适应顶板的起伏；④ 顶盖、底座均有防滑筋 8，可适应倾角小于 15°的条件。

第四节　滑移顶梁液压支架

滑移顶梁液压支架是介于液压支架和单体液压支柱之间的一种支护设备，由顶梁与液压立柱组成，以液压为动力，前后顶梁互为导向而前移。一般适用于缓倾斜、顶板完整和网下开采的薄或中厚煤层，也用于厚煤层网下放顶煤工作面。在端头支护中时有应用。

滑移顶梁支架按支撑方式分卸载式与半卸载式两种。

卸载式滑移顶梁支架如图 3-1-8 所示，前梁和后梁可交替卸载滑移。滑移顶梁由箱体内装有推拉千斤顶的前梁和后梁组成，前、后梁之间用钢板连接，前梁可沿该钢板滑动。通过钢板，前、后梁可互相将对方悬起。立柱分别支撑在前梁与后梁下方。

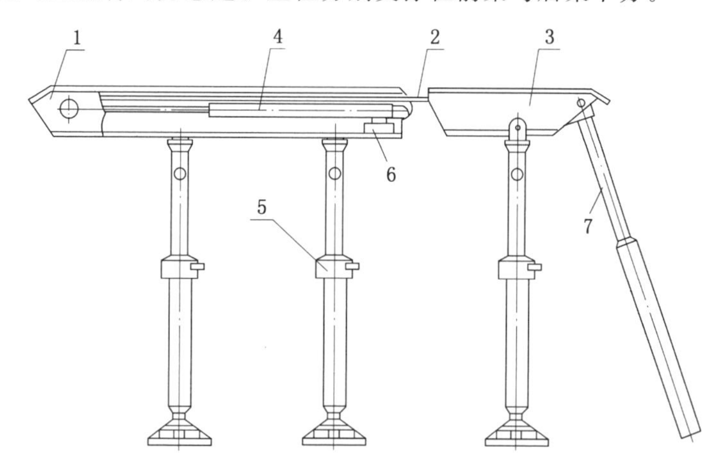

1—前梁；2—钢板；3—后梁；4—移架千斤顶；5—单体液压支柱；
6—双向阀；7—摩擦支柱。

图 3-1-8　卸载式滑移顶梁支架

支架的操作过程是：先将前梁卸载，此时后梁仍撑紧顶板并通过钢板将前梁连同其下方的支柱悬吊起来，再利用推拉千斤顶将它向前滑移一个步距。待前梁下方支柱选好最佳支撑位置后进行升柱，使前梁撑紧顶板。然后，后梁卸载，在钢板作用下，后梁与其下方的支柱被悬吊起来并借助推拉千斤顶作用，滑移跟进一个步距。当下方悬吊支柱摆正位置后升柱，后梁撑紧顶板，支架完成一个工作循环。

半卸载式滑移顶梁支架如图 3-1-9 所示，在主滑移顶梁卸载时，尚有其他支护构件支撑或临时支撑顶板的滑移。半卸载式滑移顶梁支架的顶梁由前梁和后梁组成，在前梁和后梁上均有可滑动副梁，副梁上装有垫板和立柱。顶梁箱体中设有弹簧拉杆和推拉千斤顶。

支架的工作过程是：主前梁卸载，而前梁的副梁仍然支撑顶板，被悬吊的主前梁与立柱向前滑移一个步距。然后，升悬吊立柱，使主前梁支撑顶板。随后将前梁的副梁卸载，向前

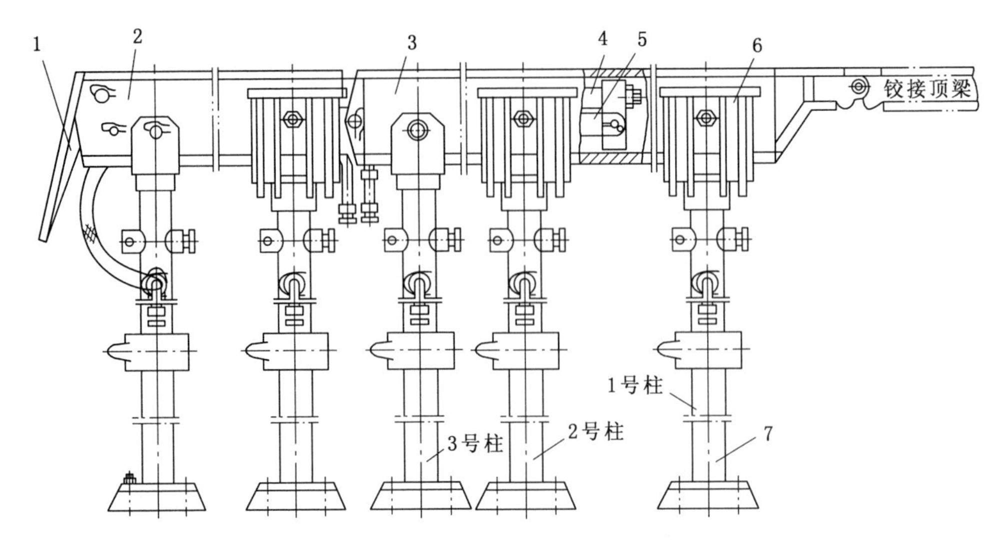

1—挡矸板；2—主后梁；3—主前梁；4—拉杆；5—推拉千斤顶；6—副梁；7—立柱。

图 3-1-9　半卸载式滑移顶梁支架

滑移一个步距后升柱，使副梁撑紧顶板。接着再使主后梁卸载，后梁上的副梁仍然支撑顶板，被悬吊的主后梁与立柱向前滑移跟进一个步距，然后升悬吊立柱使主后梁支撑顶板。最后将后梁的副梁卸载向前滑移一个步距后升柱，使副梁撑紧顶板，支架完成一次工作循环。

半卸载式滑移顶梁支架类型较多，动作方式各异，但工作原理相似。

复习思考题

1. 说明单体液压支柱的类型。
2. 说明活塞式单体液压支柱的结构特点及工作原理。
3. 说明单伸缩、双伸缩悬浮式单体液压支柱的工作原理。
4. 说明三用阀和注液枪的功用。
5. 简述金属铰接顶梁的功用和架设方法。
6. 说明放顶支柱的功用和工作原理。
7. 说明滑移顶梁液压支架的类型和工作过程。

第二章　液压支架工作原理和分类

第一节　液压支架工作原理

液压支架是以液压为动力，实现升降、前移等运动，进行顶板支护的设备。它与滚筒采煤机（或刨煤机）、可弯曲刮板输送机、刮板转载机及带式输送机等形成了一个有机的整体，实现了包括采煤、支护、运输等主要工序的综合机械化采煤工艺。

液压支架的主要动作有升架、降架、推移输送机和移架。这些动作是利用乳化液泵站提供的高压液体，通过液压控制系统控制不同功能的液压缸来完成的。每架支架的液压管路都与工作面主管路并联，形成各自独立的液压系统（图 3-2-1），其中液控单向阀和安全阀设在本架内，操纵阀可设在本架或邻架内，前者为本架操作，后者为邻架操作。

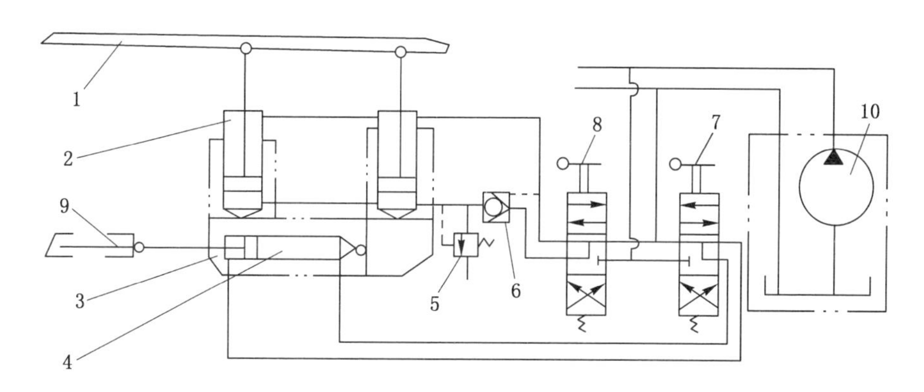

1—顶梁；2—立柱；3—底座；4—推移千斤顶；5—安全阀；
6—液控单向阀；7，8—操纵阀；9—输送机；10—乳化液泵。

图 3-2-1　液压支架工作原理

一、支架升降

支架的升降依靠立柱 2 的伸缩来实现，其工作过程如下。

（1）初撑。操纵阀 8 处于升柱位置，由泵站输送来的高压液体，经液控单向阀 6 进入立柱的下腔，同时立柱上腔排液，于是活柱和顶梁升起，支撑顶板。当顶梁接触顶板，立柱下腔的压力达到泵站的工作压力后，操纵阀置于中位，液控单向阀 6 关闭，从而立柱下腔的液体被封闭，这就是支架的初撑阶段。此时，支架立柱在达到泵站额定压力时产生的工作力之和（忽略摩擦力）称为初撑力。支架的初撑力为

$$P_c = \frac{\pi}{4} D^2 p_b n \tag{3-2-1}$$

式中　D——立柱的缸径；

　　　p_b——泵站的工作压力；

　　　n——每架支架的立柱数。

（2）承载。支架初撑后，进入承载阶段。随着顶板的缓慢下沉，顶板对支架的压力不断增加，立柱下腔被封闭的液体压力将随之迅速升高，液压支架受到弹性压缩，并由于立柱缸壁的弹性变形而使缸径产生弹性扩张，这一过程就是支架的增阻过程。当下腔液体的压力超过安全阀5的动作压力时，高压液体经安全阀5泄出，立柱下缩，直至立柱下腔的液体压力小于安全阀的动作压力时，安全阀关闭，停止泄液，从而使立柱工作阻力保持恒定，这就是恒阻过程。此时，支架立柱在其安全阀设定开启压力时产生的工作力之和（忽略摩擦力）称为工作阻力，它是由支架安全阀的调定压力决定的。支架的工作阻力为

$$P = \frac{\pi}{4}D^2 p_a n \tag{3-2-2}$$

式中　p_a——支架安全阀的调定压力。

（3）卸载。当操纵阀8处于降架位置时，高压液体进入立柱的上腔，同时打开液控单向阀6，立柱下腔排液，于是立柱（支架）卸载下降。

由以上分析可以看出，支架工作时的支撑力变化可分为三个阶段（图3-2-2）。即：开始升柱至单向阀关闭时的初撑增阻阶段 t_0，初撑后至安全阀开启前的增阻阶段 t_1，以及安全阀出现脉动卸载时的恒阻阶段 t_2，这就是液压支架的阻力-时间特性。它表明液压支架在低于额定工作阻力下工作时，具有增阻性，以保证支架对顶板的有效支撑作用；在达到额定工作阻力时，具有恒阻性；为使支架恒定在此最大支撑力，又具有可缩性，支架在保持恒定工作阻力的情况下，能随顶板下沉而下缩。增阻性主要取决于液控单向阀和立柱的密封性能，恒阻性与可缩性主要由安全阀来实现，因此安全阀、液控单向阀和立柱是保证支架性能的三个重要元件。

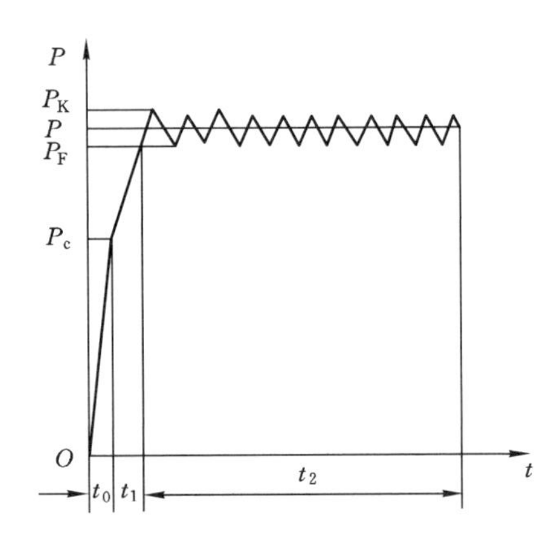

图3-2-2　液压支架工作特性曲线

二、支架的移动和推移输送机

支架和输送机的前移，由底座3上的推移千斤顶4来完成。

需要移架时，先降柱卸载，然后通过操纵阀使高压液体进入推移千斤顶4的活塞杆腔，活塞腔回液，以输送机为支点，缸体前移，把整个支架拉向煤壁。

需要推移输送机时，支架支撑顶板，高压液体进入推移千斤顶4的活塞腔，活塞杆腔回液，以支架为支点，活塞杆伸出，把输送机推向煤壁。

第二节　液压支架分类

液压支架按架型结构及与围岩关系分为支撑式、掩护式和支撑掩护式支架三种架型。按适用采高分为薄煤层支架、中厚煤层支架、大采高支架和特大采高支架四类。按适用采煤

方法分为一次采全高支架、放顶煤支架、铺网支架和充填支架。按在工作面中的位置分为基本支架、过渡支架、端头支架和超前支架。按控制方式分为液压手动控制支架和电液控制支架。用于年产 500 万 t 以上工作面或依用户要求按高可靠性设计的支架为 A 类支架，A 类之外的其他支架及放顶煤工作面支架为 B 类支架。

液压支架型号组成如图 3-2-3 所示，主要由产品类型代号、第一特征代号和主参数组成。如果这样表示仍难以区分时，再增加第二特征代号、补充特征代号以至设计修改序号。

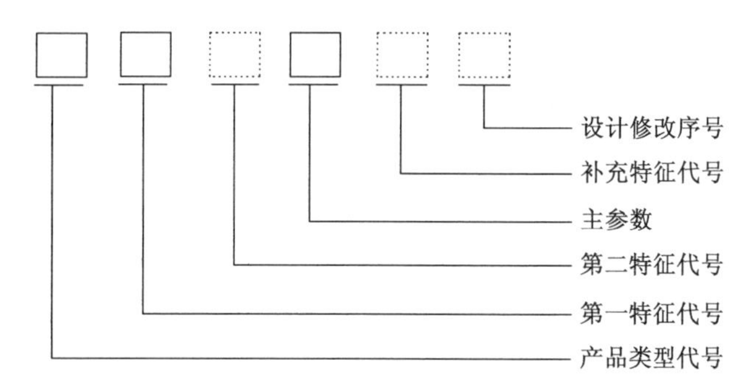

图 3-2-3　液压支架型号组成

产品类型代号表明产品类别，用汉语拼音字母 Z 表示。第一特征代号用于一般工作面支架时表明支架的架型结构，用于特殊用途支架时表明支架的特殊用途。主参数代号依次用支架工作阻力、支架的最小高度和最大高度 3 个参数，均用阿拉伯数字表示。参数与参数之间用“/”隔开。参数量纲分别为 kN 和 dm。高度值出现小数时，最大高度舍去小数，最小高度四舍五入。

如果用产品类型代号、第一特征代号、第二特征代号、主参数代号仍难以区别或需强调某些特征时，则用补充特征代号。补充特征代号进一步用支架的结构特点、主要部件的结构特点或者支架控制方式来区分。一般根据需要可设 1～2 个，但力求简明，以能区别为限。

一、支撑式支架

在顶梁和底座之间通过立柱支撑而没有掩护梁的支架称为支撑式支架（图 3-2-4）。底座为箱式，内装复位机构，整体前移。一般有两排或三排立柱，每排立柱有两根。大多数在底座上布置四根立柱，构成一稳定的支撑垛。

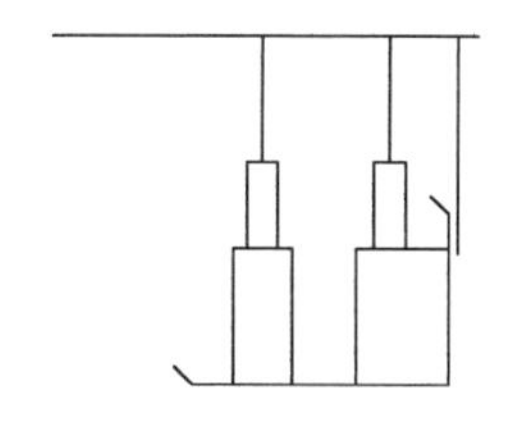

图 3-2-4　支撑式支架结构形式

复位机构设置在底座箱中，通过橡胶或复位千斤顶扶定立柱缸体，同时允许缸体轴向微量窜动。当顶梁受到水平推力时，立柱出现倾斜，复位机构在立柱倾斜力作用下发生变形，使立柱对顶板的水平推力有一定抵抗能力。当降架后，立柱随橡胶或复位千斤顶作用而正位，保证立柱在升架时能以正常状态撑紧顶板。支架前移由推移千斤顶实现。

支撑式支架的结构特点是：顶梁较长；立柱多，一般为 4～6 根，且垂直支撑；支架后部设复位装置和挡矸装置，以平衡水平推力和防止矸石窜入支架的工作空间内。

支撑式支架的支护性能是：支撑力大，且作用点在支架中后部，故切顶性能好；对顶板重复支撑次数多，容易把本来完整的顶板压碎；抗水平载荷能力差，稳定性差；护矸能力差，矸石易窜入工作空间；支架的工作空间和通风断面大。适用于缓倾斜、顶板稳定的薄与中厚煤层。

二、掩护式支架

掩护式支架是在顶梁和底座之间通过两根立柱支撑并具有掩护梁的支架。一般用于直接顶中等稳定以下、顶板周期来压不强烈的采煤工作面。

根据立柱和平衡千斤顶支点方式不同，掩护式支架分为支掩掩护式支架、支顶掩护式支架和支顶支掩掩护式支架三种。

(1) 支掩掩护式支架(图 3-2-5)有四连杆稳定机构，两根立柱支撑在掩护梁上，短顶梁与掩护梁铰接，有平衡千斤顶。分为插底式支掩掩护式(底座插入刮板输送机中部槽下)支架[图 3-2-5(a)]和不插底式支掩掩护式支架[图 3-2-5(b)]两类。立柱通过掩护梁对顶板进行间接支撑，支撑效率低，顶梁短，控顶距小；多数在顶梁与掩护梁之间设有平衡千斤顶，少数支架只设机械限位装置；顶梁后部与掩护梁构成的"三角带"易卡进矸石，影响顶梁摆动，故一般在顶梁后端挂有挡板，作业空间狭窄，通风面积小；插底式支架配用专门的下部带托架的输送机，支架底座前部较长，伸入输送机下部，对底板比压小，是不稳定顶板和软底板工作面的主要架型。不插腿式支架配套通用型刮板输送机，底座前端对底板比压大。

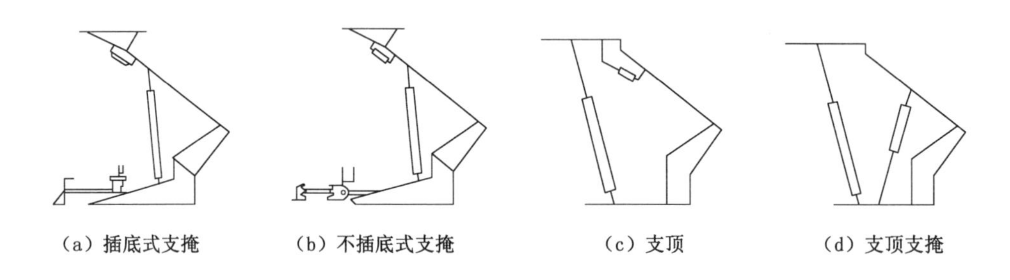

图 3-2-5　掩护式支架结构形式

(2) 支顶掩护式支架[图 3-2-5(c)]有四连杆稳定机构，两根立柱支撑在顶梁上，平衡千斤顶设在顶梁与掩护梁之间。立柱经过顶梁直接对顶板进行支撑，支撑效率高，顶梁比支掩掩护式支架长，顶梁后端与掩护梁铰接，作业空间和通风断面均大于支掩掩护式支架；支架底座前端对底板比压较大。

(3) 支顶支掩掩护式支架[图 3-2-5(d)]为有四连杆稳定机构、两根立柱支撑在顶梁上、平衡千斤顶设在掩护梁与底座之间的掩护式支架。工作特点和支顶掩护式支架类似。

掩护式支架的主要特点是：单排立柱支撑，加上平衡千斤顶的作用，支撑合力距离煤壁较近，可较为有效地防止端面顶板的早期离层和破坏；平衡千斤顶可调节合力作用点的位置，增强了支架对难控顶板的适应性；顶梁相对较短，对顶板的反复支撑次数少，减少了对直接顶板的破坏；顶梁和底座较短，便于运输、安装和拆卸；质量较支撑掩护式支架轻，投资少，可降低投资 5%～10%；支架能经常给顶板以向煤壁方向的水平支护力，有利于维护顶板的完整；底座前端对底板的比压一般大于四柱支架，但是通过优化设计可以改善底座对底板的比压分布，适应"三软"工作面，如果配备抬底结构，更有利于快速移架；支架动作简短，有利于快速移架及与电液系统配套。掩护式支架一般适用于破碎顶板及部分中等稳定顶板，且对煤层厚度变化较大的工作面适应性较强。随着掩护式支架工作阻力的加大和结构设计的优化，其适用范围正迅速加大。

三、支撑掩护式支架

支撑掩护式支架是在顶梁和底座之间通过四根立柱支撑并且具有掩护梁的支架(图 3-2-6)，按其稳定机构形式可分为四连杆支撑掩护式支架、伸缩杆式(直线型)支架、单摆杆式支架和单铰点式支架四种。四连杆支撑掩护式支架有四连杆稳定机构，四根立柱支撑在顶梁上[图 3-2-6(a)]，一般称为支撑掩护式支架。

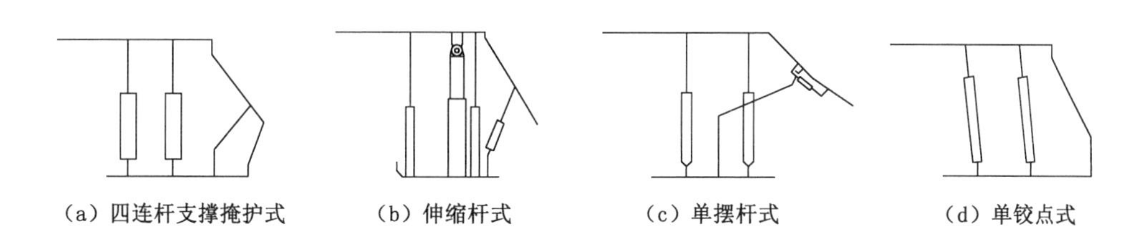

图 3-2-6　支撑掩护式支架结构形式

支撑掩护式液压支架的主要特点是：由于有两排立柱，顶梁和底座都较长，通风断面大，但整架运输不方便，采煤工作面的开切眼宽度要求较大；前、后立柱载荷往往差别较大，四根立柱工作阻力很难共同发挥出来，立柱的实际支撑效率较低；支架的伸缩值较小，适应煤层厚度的变化能力较小；支架的支撑合力距切顶线近，切顶能力强，适用于较稳定的顶板；由于立柱较多，支架升、降速度慢；质量较大，造价较高。

四、掩护式支架的优点

通过对掩护式支架和支撑掩护式支架的比较，可以看出掩护式支架具有以下优点：支护能力强，顶梁相对较短，支护面积小，在相同工作阻力条件下支护强度高；采用整体顶梁，顶梁相对较短，结构简单可靠，顶梁前端支撑力大，有利于保持梁端顶板的完整性，减少由于超前压力作用造成的片帮和冒顶；与围岩的相互作用关系合力；两柱受力均衡，支架的支撑能力能充分发挥，避免了支撑掩护式支架前后排立柱受力不均衡现象的产生；操作单排立柱，移架速度快；平衡千斤顶具有调节支架顶梁合力作用点的功能，对顶板的适应性强；支架的稳定性优于支撑掩护式支架。支架的结构稳定性是由四连杆机构(支架的稳定机构)保证的，横向稳定性取决于四连杆机构参数和销孔间隙。由于掩护式支架尺寸紧凑，因此稳定性优于支撑掩护式支架。支架的质量相对较轻。

目前，液压支架架型的发展趋势是高工作阻力、高可靠性的掩护式液压支架。一些传统上采用支撑掩护式支架的矿区也已大量采用掩护式支架。新设计和生产的掩护式支架已经克服了早期同类支架的缺陷，主要表现在以下几方面：

(1) 通过参数优化，克服了平衡千斤顶的局限性，避免支架出现“高射炮”现象。

(2) 通过增大工作阻力，提高支架支护能力和切顶能力，能适应坚硬顶板。

(3) 采用抬底座装置，克服支架易扎底问题，实现顺利移架。

(4) 如果采用电液控制系统，则对平衡千斤顶的控制更有利。

复习思考题

1. 简述液压支架的工作原理，理解液压支架工作特性曲线。
2. 阐述液压支架的型号表示方法。
3. 支撑式支架、掩护式支架、支撑掩护式支架的主要特点各有哪些？其适用条件如何？
4. 掩护式支架和支撑掩护式支架比较，具有哪些优点？
5. 解释初撑力、工作阻力，掌握初撑力、工作阻力的计算方法。

第三章　液压支架结构

第一节　薄煤层液压支架

各国对薄煤层的定义差别很大。我国《煤炭生产技术与装备政策导向》规定：厚度在0.8(含)～1.3 m的煤层为薄煤层，0.8 m以下的煤层为极薄煤层。我国薄煤层矿区分布广泛，一些矿区随着中厚煤层的不断开采，薄煤层储量占据的比例将相对增加。

支架最小高度不大于1 m，能适用于1.3 m以下薄煤层的支架称为薄煤层支架。薄煤层支架的结构特点是：

(1) 支架的调高范围大。薄煤层支架高度低，操作不太方便，立柱很少用带机械加长段结构，大多采用双伸缩立柱提高伸缩比，防止支架被“压死”。特别是掩护式液压支架，立柱倾角较大，在低位状态工作时，支护效率较低。

(2) 顶梁长，控顶距大，保证有足够的通风断面和方便的人行通道。薄煤层支架设计，如何设置人行通道是十分重要的。在瓦斯含量大，对通风有特殊要求的综采工作面，大多设计成双人行通道。支撑掩护式支架，前立柱前留有人行通道，在前、后柱间再设计一个人行通道；两柱掩护式立柱前后各设一通道，这样利于通风，便于行人。对于通风没有特殊要求的综采工作面，大多设计成两柱掩护式液压支架，在柱前设置人行通道。

(3) 梁体薄。薄煤层支架由于其伸缩比大，且最低高度很低，所以结构件设计既要满足强度要求，又要截面高度尺寸尽可能小。为此，结构件大多采用高强度钢板、箱型结构，顶梁前部有的设计成板式结构，甚至是几层弹簧钢板叠加。

(4) 结构交叉布置。薄煤层支架由于其最低位置的高度十分低，结构件除了尽量薄之外，结构件间尽量采用空间交错布置。所以，前连杆大多设计成单连杆，后连杆设计成双连杆，在最低位置时，前、后连杆可以侧投影重叠而不干涉。底座设计成分底座、活连接，左、右底座中间为推移机构布置的空间。对于两柱掩护式支架，平衡千斤顶和推移千斤顶采取交错布置，以保证最大重合度。由于柱前大多为人行通道，所以薄煤层支架推杆前部大多设计成板式，厚度为50～70 mm。人行通道最小要求宽0.6 m，净高0.4 m。

(5) 结构简单。薄煤层支架结构要尽量简单，以减少事故；顶梁可设计成整梁，适当加宽顶梁宽度；一般可不设置可活动侧护板。

(6) 控制系统自动化。薄煤层工作面行人困难，所以操作系统最好实现成组控制、自动控制或邻架控制，以减轻工人体力劳动强度，并提高安全程度、工作效率及产量。

图3-3-1所示为ZY1800/05/14S型薄煤层掩护式液压支架。

顶梁为整体顶梁，不带活动侧护板，顶梁宽度取1 400 mm。支架配刨煤机作业，由于支架不能跟机操作，要推进几刀之后才能拉支架，为减少空顶距，要求顶梁带伸缩梁，行程

600 mm。考虑到伸缩梁有不伸和伸出两种可能,在确定立柱上铰点在顶梁上的位置时要兼顾这两种情况。伸缩梁不伸时,立柱上铰点位置使顶梁前后比为 2.2∶1;伸缩梁伸出时,前后比为 2.9∶1。确定立柱上铰点位置还要考虑对底板比压的影响。由于本支架要求底座前端比压小于 1.5 MPa,所以控制立柱上铰点垂足到底座前端距离为 430 mm。顶梁前端采用伸缩梁结构,为减小顶梁前端厚度,伸缩梁和伸缩梁千斤顶采用前、后连接方式布置。

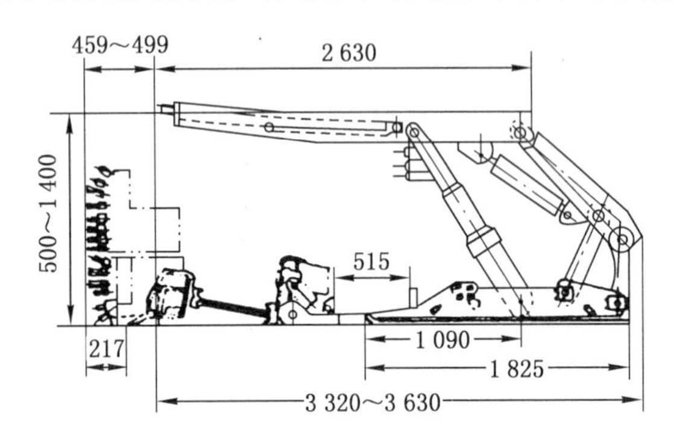

图 3-3-1　ZY1800/05/14S 型掩护式液压支架

底座为分底座,前端采用活连接,底座后端通过整体后连杆将底座后端连在一起,这样左、右底座前端可分别微量抬起以适应不平底板。右底座外侧设计有一框架,框架内装定量推进器,此框架也可以控制底座下滑,起导向作用。

左、右底座中间设置厚 60 mm 的板式推杆,后上部重叠布置推移千斤顶;后连杆为整体连杆,以保证支架刚度;前连杆设计成单杆,布置在推移千斤顶上方。

两根立柱分别作用在左、右底座中心处,中心距 850 mm,两个平衡千斤顶从平面图看布置在推移液压缸和立柱中间,中心距为 300 mm。这样,支架在最低位置时,立柱、平衡千斤顶、前连杆、推移千斤顶空间交错,形成最小高度,而彼此又不干涉。

推输送机和拉支架都是分段成组进行,一组 10 节或 20 节中部槽同时一次推,定量推进。推输送机的同时,顶梁上伸缩梁定量跟踪伸出,以避免空顶距太大。拉支架是 1、3、5、7、9 一组同时前移,然后是 2、4、6、8、10 一组亦同时前移。移动步距可以一组步距为 300 mm、另一组步距 600 mm 为一步,需根据顶板状况决定。支架操作在设计上既能成组控制,如出现故障,也可以每架手动操作。

第二节　中厚煤层液压支架

支架最大高度小于或等于 3.8 m,能适用于 1.3 m 以上最小采高的支架称为中厚煤层支架。中厚煤层支架使用量大面广,其原因是中厚煤层赋存量大,同时也是最适合高产高效综合机械化开采的支架。实际应用中,由于中厚煤层的煤层条件各不相同,需要适应不同煤层条件的液压支架。

一、适应“三软”条件的液压支架

所谓“三软”,即顶板软,易冒落;煤层软,易片帮;底板软,底板允许的比压小于 6 MPa。

“三软”条件支架宜选用掩护式和插腿式掩护支架,因为这两种支架顶梁较短,支架支撑的合力靠近煤壁，使得靠近煤壁处支撑能力较强，也有条件改善底座对底板的比压。

（一）顶梁

由于顶板软，支架顶梁应尽可能短。如插腿式掩护支架，顶梁短，可以减少对顶板反复支撑的次数，减轻其破碎度，使顶梁不易冒空。为了防止煤壁片帮冒顶，顶梁带有伸缩梁，当煤壁出现片帮时，及时伸出伸缩梁，维护新裸露的顶板，避免或减缓出现架前冒顶事故；护帮板伸出可以护住煤壁，有利于阻止煤壁片帮。

（二）底座

底座是支架将顶板压力传递到底板并稳固支架的部件。它必须具有足够的强度和刚度，还要求对底板起伏不平的适应性要强，对底板接触比压要小。控制底座支反力在底座上作用点的位置，可减少底座前端对底板的比压。对于掩护式支架，立柱上铰点在底座上的垂足距底座前距离，是衡量底座比压的重要数据。一般讲，对于软底板此值应大于 500 mm。如有可能，此值越大，底座前端对底板比压越小，这可视具体尺寸而定。支架在实际工作时，底座和底板的摩擦因数 $f=0.15$ 左右出现的概率较大，就是说底板对底座的支反力作用点还将后移。如支架高 3 m，立柱上铰点垂足距底座前端距离为 550 mm，再加上摩擦力造成的水平分力使合力作用点后移，其值为 0.45 m，为此，合力作用点离底座前端距离将为 1 000 mm。

（三）抬底装置

为了在软底板条件下或跨在浮煤上的支架能正常行走，在支架设计上应尽可能减少底板比压，同时支架也采取一些特殊设计，如抬底装置。抬底装置有以下几种形式。

1. 压推移杆式抬底装置

图 3-3-2 所示是压推移杆式抬底装置，在过桥前面或后面设置一抬底千斤顶，此千斤顶可设计成固定式或摆动式。固定式抬底千斤顶在工作期间一直通过推杆压住底板将底座前端抬起拉架，千斤顶在工作期间承受一侧向力。摆动式千斤顶是在开始拉支架行走瞬间将底座前端抬起，随着支架前移，千斤顶将向前倾斜。

2. 撬板式抬底装置

如图 3-3-3 所示，在底座前端设置一副耳板，耳板上连接有包住底座前端的撬板，在底座上设置一抬底千斤顶，此千斤顶以底座为支点，压向撬板。在千斤顶作用下，撬板绕铰接轴转动，将底座前端抬起。撬板抬起时和底座间形成一个夹角，使底座前移阻力减小，易于拉架。

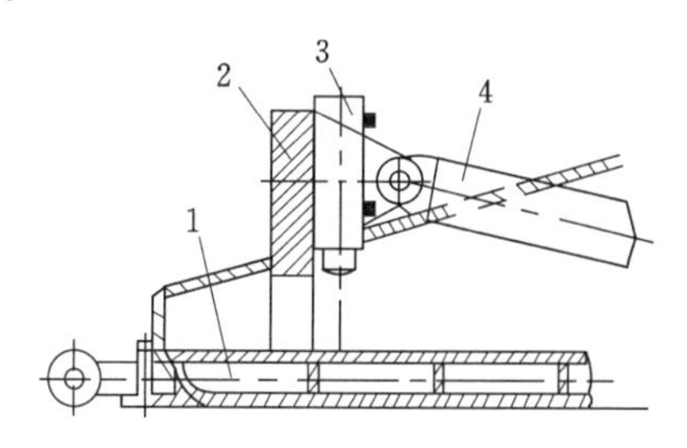

1—推杆；2—底座过桥；

3—抬底千斤顶；4—推移千斤顶。

图 3-3-2 压推移杆式抬底装置

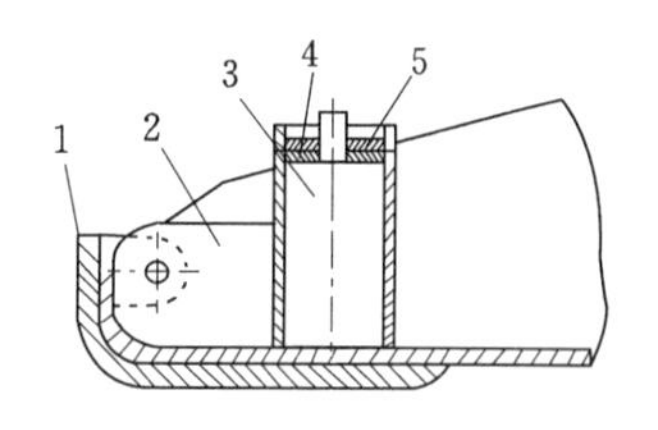

1—撬板；2—底座；

3—抬底千斤顶；4—压盘；5—半环。

图 3-3-3 撬板式抬底装置

3. 邻架抬底装置

在实际生产过程中，有的底板遇水泥化，支架行走十分困难，采用一种以邻架底座为支点的“拐杖”式抬底方法是十分有效的。两个大行程千斤顶上部连接在要移动支架的顶梁上，下部支在邻架底座上。这两个千斤顶给初撑力后，将要行走的支柱降柱，由于顶梁被这两个“拐杖”支住，无法下降，底座势必抬起，这时拉架就非常容易了。这种方法由于千斤顶行程较大，一般较为有效，只是辅助时间长。

（四）掩护梁

掩护梁长，水平线夹角又比较小，掩护梁上堆积的矸石比较多，也就是说掩护梁上又增加一个重力，在这个力的作用下，顶梁上合力作用点后移，其结果是减少底座前端对底板的比压，这是“三软”支架设计的原则之一。它要具有调整顶梁上合力作用点位置的能力，此能力大小根据需要及可能做到的程度确定。

设计“三软”条件下掩护式支架的掩护梁夹角，除了要考虑掩护梁上需堆积一定量矸石，以求调整底板比压外，同时也要考虑掩护梁上滑矸的能力，所以在支架设计或优化的过程中，掩护梁在支架最低工作高度时，掩护梁和水平线夹角不得小于17°。

二、适应坚硬顶板的液压支架

坚硬顶板工作面顶板不易冒落，直接顶或基本顶悬顶时间长。一旦冒落，瞬间顶板压力显著增大，支架立柱安全阀来不及释放，立柱可能遭破坏。因此，对坚硬顶板液压支架设计的要求是：

（1）根据直接顶和基本顶岩性、分类级别与截高及配套设备，确定支护强度和工作阻力，支架要有足够的切顶能力。

（2）应尽量减小掩护梁长度，增大掩护梁与水平面之间的夹角，减小掩护梁在水平面上的投影长度。如有的支架在低位状态时，掩护梁与垂线夹角仍有30°左右，相当于一般支架在高位状态时的掩护梁夹角。在工作高度时，掩护梁大部分都能被顶梁所遮盖是较为理想的。另外，掩护梁结构设计，除保证必要的强度和刚度之外，还要具有抗冲击能力。

（3）支架掩护梁间的密封可严些，顶梁架间密封要求不十分严格，因为顶梁间漏矸的可能性较小。

（4）支架立柱应设置大流量安全阀，以避免顶板冲击压力造成支架过载较大。为此，安全阀流量的选择应考虑立柱缸径、冲击载荷来压的程度。对于有冲击载荷的顶板，如不采取顶板处理措施，立柱应安设一大一小两个安全阀以确保支架安全。

（5）考虑冲击载荷影响，支架结构件安全系数应提高，至少应比通常支架安全系数提高20%。

（6）应考虑支架可能承受的水平方向冲击力。支架结构件设计，摩擦因数取值应考虑$f=0.4$时水平力对支架强度的影响。

（7）顶梁侧护板采用折页式，后连杆在低位时和水平线夹角为负值。

三、适应高产高效要求的液压支架

为了实现采煤工作面的高产高效，液压支架应结构简单、可靠性高；支架在操作中，辅助时间应尽量短，采用手动快速移架系统进行单机操作，每架操作时间应不大于10 s，可通过采用电液控制系统，实现工作面支架成组程序控制；对小的断层、地质构造，支架不需采取特殊措施即可移架、行走、支护顶板；对支架前少量的浮煤不需处理，支架即可顺利行走；对于进入架内的浮煤，支架不需特殊处理即可正常操作，增强支架适应能力。

ZY4000/14/32 型掩护式支架如图 3-3-4 所示，其结构特点是：

(1) 采用整体顶梁，以增加靠近煤壁处的支护能力。由于运输长度有要求，整体顶梁无法下井，将顶梁设计成双销式机械连接的整体顶梁。刚性顶梁运输时可将铰接梁前销拆下，使铰接前梁下垂，减少支架运输长度。顶梁前端设计有潜入式伸缩梁，伸缩量为 600 mm。

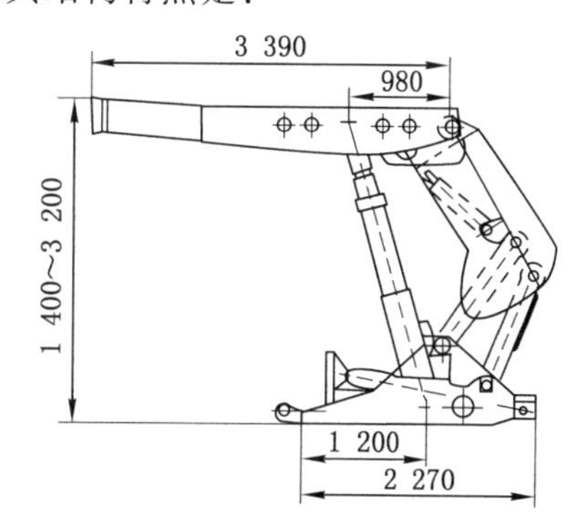

图 3-3-4　ZY4000/14/32 型掩护式支架

(2) 在支架工作高度内掩护梁与水平线夹角为 72°～33°。前连杆设计成单杆和立柱重合布置，这样既可减少运输长度又可提高下柱窝断面处的强度。

(3) 底座前端采用封底式，适应软底板。底座前部设计有大过桥，底座后部中间设计成箱型结构，将左、右两部分连成一整体，增强支架的刚性和抗扭能力。

(4) 支架底座后部设计有后调千斤顶，当支架后部下滑时，通过后调千斤顶可以把支架调正。

(5) 支架设计有抬底千斤顶，个别支架底座陷底时，可用抬底千斤顶将底座抬起前移。

(6) 支架设计有防倒、防滑装置的预留耳座和必要的附件，当需要采取措施时可以装上防倒、防滑装置。

为了提高该支架在井下使用的可靠性，支架设计要求有了大幅度提高，将国内支架设计规范要求的摩擦因数 $f=0\sim0.3$ 改为 $f=-0.3\sim0.3$。支架承受的扭矩值也提高一倍，从而大大提高了支架的可靠性。

(7) 采用短推杆结构。千斤顶和推杆前后布置，千斤顶采用浮动活塞式或差压原理实现拉架力大、推溜力小的要求。

第三节　大采高液压支架

支架最大高度大于 3.8 m，能适用于 3.5 m 以上最大采高的支架称为大采高支架。大采高支架设计的重要技术要求是应保证支架的稳定性和对大截高煤层的适应性。

支架高度较高，给支架工作带来了一些技术上的难题，如支架的稳定性，防倒、防滑以及防片帮问题等。其结构特点如下：

(1) 由于支架高度较高，立柱伸缩比较大，立柱采用双伸缩或三伸缩，以便在运输时降低支架高度，减少支架运输的困难。

(2) 采用前探护帮装置，架设伸缩前探梁和能回转 180°的护帮装置，用来防止由于采高大而产生的片帮，做到前探支护。

(3) 支架四连杆机构销轴与销孔配合间隙是影响支架横向稳定性的重要因素。销轴与销孔最大配合间隙小于 1.7 mm。在空载条件下，支架处于最大高度时，顶梁水平状态相对底座中心线最大偏移量应小于 80 mm。

(4) 大采高支架必须设置防倒、防滑装置或预留连接耳座。可将工作面排头三架支架组成“锚固站”,作为全工作面支架保持横向稳定性的基础。

(5) 大采高支架一般应设置双向可调的顶梁和掩护梁活动侧护板,侧推力应大于支架重力。侧护板弹簧筒应有足够的推力,或者在千斤顶液压管路上安设限压阀,以保证大采高支架受横向水平力时保持相邻顶梁之间的正常距离。侧护板限压阀应具有立柱升柱时闭锁和降柱时自动卸载的功能,以保证顺利移架。

(6) 大采高支架应设置底座调架机构。工作面支架每架设置一组调架机构,一般安装在底座后部。底调装置的推力应大于支架的重力。当支架支撑时,用底调装置顶住邻架底座,防止支架横向滑移;当支架移架时,用底调装置调整支架与邻架的间距。

(7) 当支架最大高度大于 4.5 m 时,在矿井运输和配套条件允许的情况下,应优先采用支架中心距 1.75 m,底座宽度在保证移架时不咬架的前提下,应尽可能加宽,以提高支架的横向稳定性。底座宽度一般为中心距减去 100～150 mm。当中心距为 1.5 m 时,底座宽度一般取 1 350～1 400 mm;当支架中心距为 1.75 m 时,底座宽度一般取 1 600～1 650 mm。

ZY6000/25/50 型掩护式液压支架,可配套大截面刮板输送机和滚筒采煤机,截深 1 m,配套生产能力日产 1.5 万 t。其结构如图 3-3-5 所示,主要特点是:

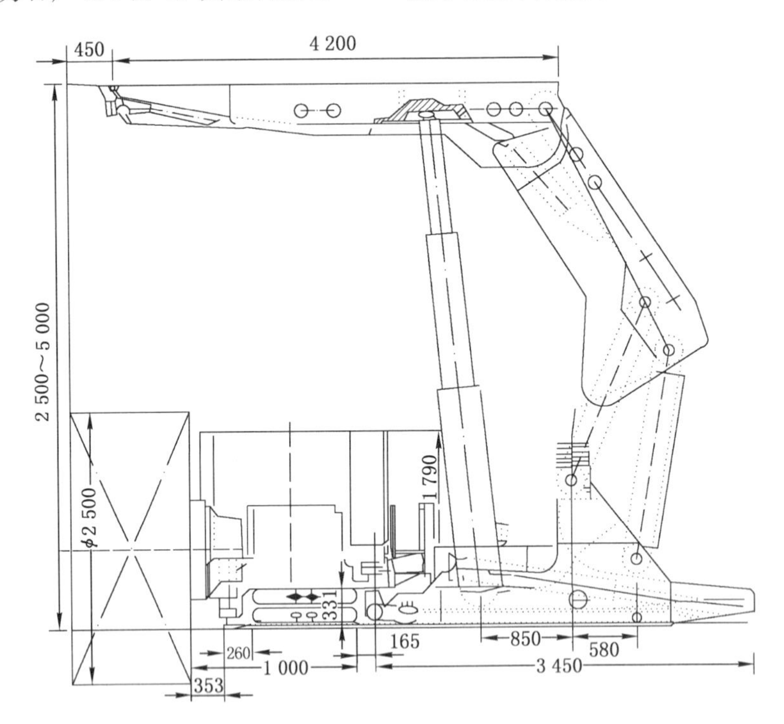

图 3-3-5　ZY6000/25/50 型掩护式液压支架

(1) 整体顶梁,结构简单可靠。

(2) 双 180 缸径的平衡千斤顶,调节力矩大。

(3) 刚性分体底座,有利排除矸石和浮煤。

(4) 反向推拉长推杆式推移机构,拉架力大。

(5) 采用双向可调的活动侧护板,4 个 80 缸径的侧推千斤顶,调架力较大。

(6) 采用 320 缸径的双伸缩立柱。

(7) 结构件采用高强度钢板,按高可靠性原则设计。

(8) 采用 350 L/min 级快速移架系统。

第四节　特大采高液压支架

支架最大高度大于或等于 6.0 m 以上的支架称为特大采高支架。在新技术革命的引领下,以长壁综采为主的安全高效矿井建设取得了前所未有的新进展,综采工作面生产能力大幅度提高,出现了一矿一面年产煤炭数百万吨乃至千万吨的安全高效集约化生产模式。目前已使用 8.8 m 特大采高综采成套装备,取得了重大经济效益和社会效益。

ZY12000/28/64D 型特大采高液压支架(图 3-3-6)是"年产千万吨级矿井大采高综采成套装备与关键技术"中的关键设备之一。主要技术特点是:

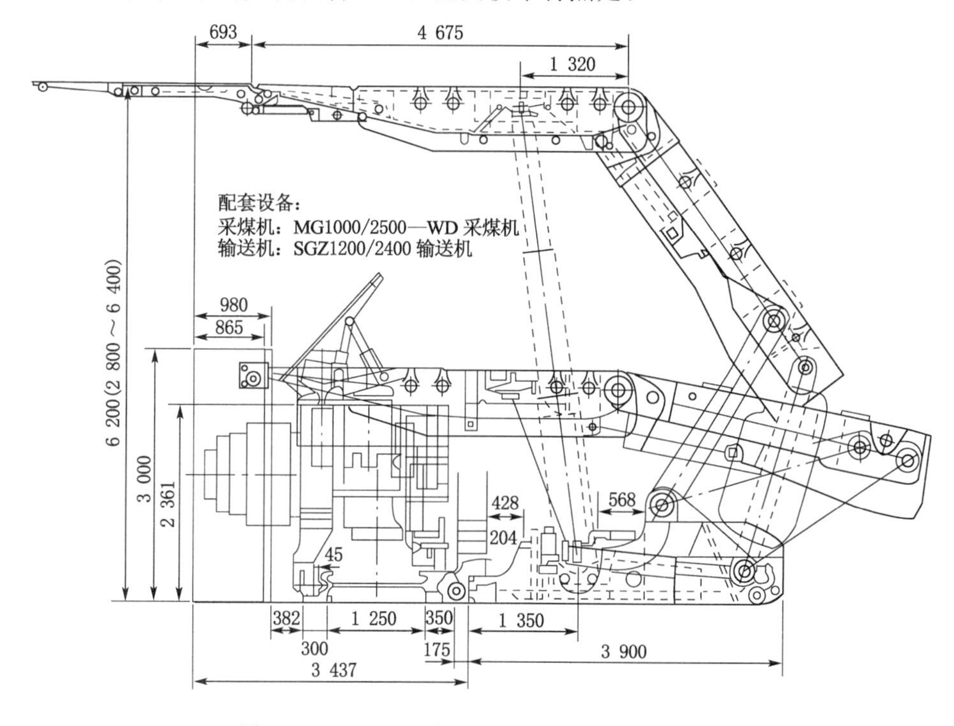

图 3-3-6　ZY12000/28/64D 型特大采高液压支架

(1) 配套特大功率采煤机、刮板输送机等设备,工作面年生产能力可达到 10 Mt 以上。

(2) 设计两级护帮机构,其中一级护帮板由四连杆机构控制,可以反转 180°,由一根缸径为 160 mm 的千斤顶控制;二级护帮板由两根缸径为 100 mm 的千斤顶控制。总护帮长度达 3 000 mm,能有效控制工作面煤壁片帮现象的发生。

(3) 设计带双侧活动侧护板的整体顶梁,顶梁侧护板由两根缸径为 100 mm 的千斤顶控制,加大了侧护板的调节能力。顶梁前端支撑力大。

(4) 顶梁侧护板加后护板,保证了顶梁与掩护梁铰接点处的封矸性能。

(5) 将双向液压锁及安全阀固定在一级护帮千斤顶和平衡千斤顶上,使千斤顶的高压液体不经过高压胶管直接排出，提高了支架的安全性能。

(6) 设计一根缸径为250 mm的平衡千斤顶，其平衡力可以达到1 255～2 125 kN，提高了支架的调节能力和适应性。

(7) 立柱缸径为420 mm，立柱安全阀调定压力控制在45 MPa以内，确保了立柱的安全性。

(8) 为了提高支架的初撑力，将泵站供液压力提高到37.5 MPa，使支架的初撑力达到工作阻力的86%以上。

(9) 前后连杆均采用分体结构，有效减轻了后连杆的重量。

(10) 可靠的支架抬底机构解决了支架扎底及排浮煤问题，提高了支架移架速度。

(11) 底座中挡后部箱体的下板可以作为推杆的导向板，推移千斤顶收回后，千斤顶与推杆之间的固定销轴与压块均暴露在箱体外面，拆卸方便。

(12) 支架推杆后部与推移千斤顶的连接形式采用大销轴横装，上面通过两个压块由两个从前面拆卸的小销轴固定，安装拆卸方便，且当销轴弯曲变形时也能方便拆卸。固定压块的销轴由U形卡固定。

(13) 设计底调千斤顶并配备防倒防滑机构，解决了支架的防倒防滑问题。

(14) 各主要部件均设计吊环、扶手、防滑板等安全设施。

(15) 配备电液控制系统，加大供液系统的流量，使支架的循环时间在8 s以内。

第五节　特种液压支架

一、放顶煤液压支架

放顶煤液压支架是随着放顶煤开采方法应运而生的。我国放顶煤液压支架发展从低位放顶煤液压支架的研制开始，经历了高位、中位放顶煤液压支架，现在又回到低位放顶煤液压支架。

高位放顶煤液压支架的放煤口处于支架的上部，即顶梁上。一般使用单输送机运送采煤机的落煤和放下的顶煤，使工作面运输系统简单。但由于放煤口较高，煤尘较大，支架顶梁较短，容易出现架前顶煤放空而造成支架失稳或移架困难现象。

中位放顶煤液压支架的放煤口位于支架高度的中部，即掩护梁上。工作面为双输送机，一前一后分别运输采煤机的落煤和放落的顶煤。由于工作面有两套独立的出煤系统，采煤和放煤间干扰较少，可以实现采、放平行作业，提高工作面生产率。

低位放顶煤液压支架的放煤口位于支架后部掩护梁的下方，其后输送机直接放在底板上或在底座后方的拖板上。由于适应性强，在急倾斜煤层和缓倾斜中硬煤层、“三软”煤层放顶煤综采中都取得了成功。

为了提高放顶煤开采效率，满足特厚煤层放顶煤开采合理采放比和提高采出率要求，采用大采高放顶煤支架是有效途径之一。大采高放顶煤支架集大采高支架和放顶煤支架的特点于一体，采煤机截割高度达到3～5 m，在《煤矿安全规程》规定的采放比范围内，放顶煤开采最大煤层厚度可达14～20 m。目前已研制了7 m大采高放顶煤液压支架。

目前放顶煤工作面推广使用的主导架型有正四连杆四柱式低位放顶煤液压支架、反四连杆四柱式低位放顶煤液压支架和单摆杆四柱式低位放顶煤液压支架。

反四连杆低位放顶煤液压支架的结构如图 3-3-7 所示，该支架为双输送机配备，其结构和性能特点是：

(1) 采用双前连杆和单后连杆结构的宽形反向四连杆机构，布置在前后立柱之间，提高了支架的抗偏载能力和整体稳定性。

(2) 大插板式尾梁放煤机构，其尾梁千斤顶可双位安装，既可支设在顶梁上，也可支设在底座上，一般状态是支设在顶梁上。后部放煤空间大，为顺利放煤创造了良好的作业环境，可充分发挥后部输送机的运输能力，操作维修方便。尾梁摆动有利于落煤，插板伸缩值大，放煤口调节灵活，对大块煤的破碎能力强，可显著提高顶煤的采出率。

(3) 支架为四柱支撑掩护式支架，后排立柱支撑在顶梁与四连杆机构铰接点的后端，可适应外载集中作用点变化，切顶能力强。

(4) 顶梁相对较长，掩护空间较大，通风断面大，而且对顶板的反复支撑可使较稳定的顶煤在矿压作用下预先断裂破碎，利于放煤。

(5) 反向四连杆机构经过总体参数优化设计，连杆力较小，是一般正向四连杆机构连杆力的 50%～70%，支架的结构可靠性高。

(6) 底座对底板比压分布合理，前端比压较小，能适应软底板条件，移架阻力小，有利于顺利移架。

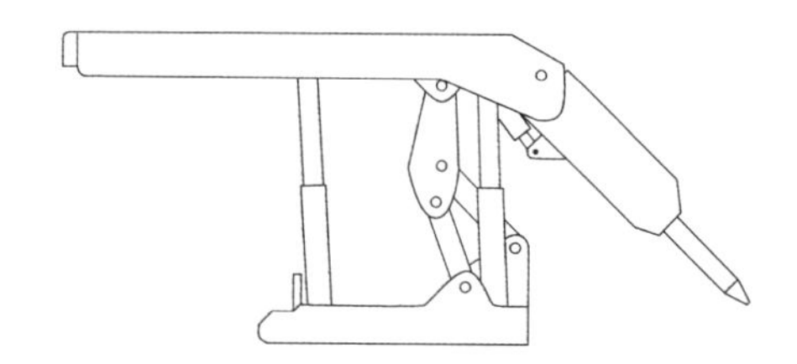

图 3-3-7　反四连杆低位放顶煤液压支架

与正四连杆低位放顶煤支架相比，反四连杆低位放顶煤支架的主要优点是改善了前后立柱受力不均状况，增大了放煤空间，提高了对顶煤和底板的适应性。其缺点是架间人行通道随采高降低而减小，为增大人行通道需加长顶梁，增大支架尺寸和支护面积。

二、大倾角液压支架

适用于煤层倾角 35°以上的支架称为大倾角液压支架。由于工作面倾角大，作业环境恶劣，因此特别要保证支架的强度和工作的稳定性和安全性。

(1) 当截高为 3 m、倾角为 30°时，顶板对支架的合力作用点已经位于底座的外边，此时支架的掩护梁受侧向力非常大。因此大倾角液压支架在设计和制造过程中要保证支架有足够的强度，尤其是掩护梁要有较大的安全系数。

(2) 支架安装在倾角大于 20°的工作面时，在非支撑状态或自由状态时，自身失去稳定性。为了防止支架倒架和下滑，要求支架配备防倒、防滑机构。

(3) 支架在倾角 20°～55°条件下工作时，顶板冒落碎石或片帮煤块在重力作用下产生很大的加速度，将威胁工人安全。工人在倾斜的支架通道内行走和作业，应有完善的防护装置。为了增加支架的稳定性，在支架设计时，应尽量增加支架的底座宽度，降低支架本身的重心。

大倾角液压支架除了应满足普通液压支架的技术要求之外，还应满足以下特殊要求：

(1) 为了防止升、降架时矸石伤人，液压系统应采用邻架控制。

(2) 严格控制四连杆机构销孔的间隙，四连杆机构销孔与销轴的间隙应小于 1.6 mm，连接耳座轴向最大配合间隙应小于 1.2 mm。

(3) 支架应有足够的初撑力，初撑力与工作阻力之比不小于 83%，并应配备初撑力保持阀，使支架保证达到初撑力。

(4) 移架机构在收回位置时，推移机构与底座前端单边侧向间隙不应小于 30 mm。

(5) 在支架设计最大使用角度时，应保证支架的一侧活动侧护板推出和收回后，支架最大和最小总体宽度满足工作面最大倾斜角对宽度的要求。

(6) 支架的活动侧护板应为双侧活动侧护板。侧护板应满足相邻两支架前、后错动一个步距时，保证移架方向不小于 200 mm 的重合量；相邻两架高差 200 mm 时，保证顶梁侧护板在高度方向上有不小于 200 mm 的重合量。

(7) 当工作面倾角大于 35°时，支架的人行道处应设有可靠的人行梯子和扶手。

(8) 当工作面倾角大于 35°时，在采煤机机道与人行作业空间之间，支架上应有隔离装置，以防止煤块或矸石伤人。

(9) 支架的纵向设有可安装防护板的吊钩。

(10) 在工作面的下端口应布置有特殊支架构成的下排头支架组，并按有关试验条款进行防倒、防滑、移架、调架等性能试验，要求支架操作方便、动作灵活、工作可靠。

ZYD3400/23/45 大倾角液压支架如图 3-3-8 所示，主要特点如下：

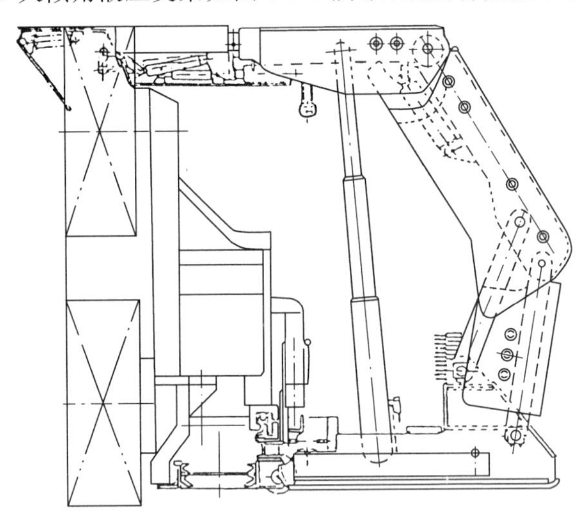

图 3-3-8　ZYD3400/23/45 大倾角液压支架

(1) 顶梁有伸缩梁、前梁、向上翻转的护帮板，可适应对不平顶板的支护，也给处理顶板事故带来方便。

(2) 设有二级护帮装置，加大了维护煤壁的面积，可有效地防止煤壁片帮和顶板抽顶冒空。

(3) 严格控制四连杆轴与孔的配合间隙，使支架初撑时不会造成较大的横向偏斜，改善支架的受力状况。

(4) 采用大缸径的平衡千斤顶，两个平衡千斤顶的推拉力分别为 904 kN 和 1 260 kN，提高了平衡千斤顶对支架的调节能力。

（5）在支架的顶梁和掩护梁间设有机械限位装置，当顶梁和掩护梁间的夹角达到170°时，机械限位起作用，保护平衡千斤顶。

（6）在工作面下端配有3架一组的排头支架，这3架支架顶梁用防倒千斤顶相连，防止支架歪倒，并配有防滑机构。

（7）工作面中部支架也设有防倒、防滑机构，支架的顶梁上配有防倒千斤顶，底座上设有导向梁。

三、充填液压支架

充填与采煤一体化技术应用于“三下”压煤、工业广场保护煤柱、房柱式开采遗留煤柱、有冲击矿压危险煤层等煤炭资源的开采，也适用于煤与矸石分离开采、矸石回填工艺。

（一）充填液压支架设计特点

从充填液压支架受力和支架主动加载对顶板变形的影响分析可以得出，充填液压支架设计相对于传统液压支架设计已发生了变化，由传统液压支架的护顶、护帮和挡矸转变为控制支架上方直接顶与基本顶的整体性和维护最大的充填空间。因此，充填液压支架的性能要求如下：

（1）充填液压支架必须具备合理的调高范围。与传统液压支架类似，充填液压支架需尽量满足煤层厚度的变化，以提高煤炭采出率，因此充填液压支架需具备合理的高度、调高范围和伸缩比。

（2）充填液压支架为充填机构提供足够的工作空间。充填液压支架后部要安装多孔底卸式刮板输送机，为保证输送机能够正常工作和检修，充填液压支架尾部必须提供可供输送机工作所需要的空间。矸石的充填高度直接影响充填质量。因此，充填液压支架的后顶梁应足够高，即多孔底卸式输送机悬挂高度尽可能增大。

（3）充填液压支架必须在结构和功能上与充填卸料输送机形成配套。充填液压支架的后顶梁要与多孔底卸式输送机用单挂链连接，为了方便管理和检修，支架后顶梁高度必须可以调整。按照采煤与充填工艺的设计要求，必须在支架后顶梁下部设计滑道，使输送机能够在伸缩机构的作用下在支架后顶梁下部滑动，滑道长度应不小于采煤机的截深。

（4）需要夯实机构将充填物料压实。由于矸石在松散状态下的可压缩量较大，为了保证充填效果，以减少顶板来压时的下沉量，充填液压支架需要设计夯实机构将矸石压实并充满采空区，尤其是后顶梁与多孔底卸式输送机之间的空间必须尽量充满。

（5）充填液压支架尾梁必须有足够的强度。由于充填液压支架比普通液压支架增加了后顶梁结构，支架的控顶范围增大，顶板对支架特别是对支架后顶梁的压力比较大，后顶梁下还需要悬挂多孔底卸式输送机，如果支架后顶梁强度不够，会造成顶梁上部顶板提前下沉量过大，直接影响充填质量。

（二）充填液压支架的结构

充填液压支架指适用于充填开采工作面，并具有充填机构的支架或支架组。充填液压支架是综合机械化充填开采工作面主要设备之一，通过对固体充填采煤方法和技术的理论和实践研究，逐步形成了六柱支撑式充填液压支架和四柱支撑式充填液压支架。

六柱支撑式充填液压支架如图3-3-9所示，主要由前顶梁、立柱、底座、四连杆机构、后顶梁、充填物料刮板输送机、夯实机构等构成。后顶梁由两根斜立柱支撑，以增加支架后顶梁的支护强度和稳定性。充填物料刮板输送机机身悬挂在后顶梁上，用于充填材料的运输，与充填液压支架配合使用，实现工作面的整体充填。夯实机构安装在支架底座上，对充填材料进行夯实。

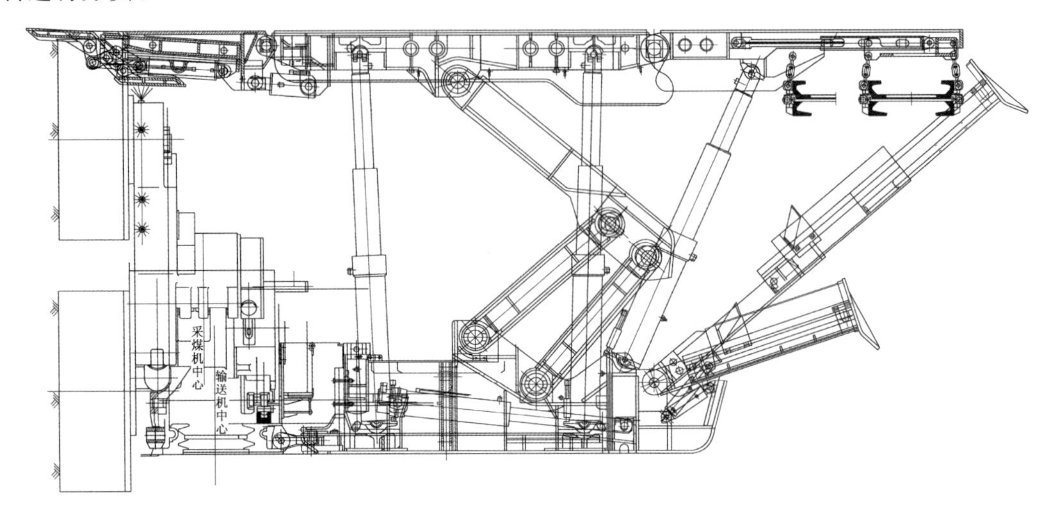

图 3-3-9　六柱支撑式充填液压支架

六柱支撑式充填液压支架的结构特点如下：

(1) 支架采用前后顶梁、Y 形正四连杆六柱支撑式结构形式，采用 Y 形上连杆，上部两处与前顶梁铰接，提高支架的抗扭能力。在 Y 形上连杆中间留有观察口，便于观察后部的充填程度。

(2) 支架前顶梁采用整体结构，结构简单，可靠性好，承受端部载荷大，前端支撑能力强。可设置全长侧护板，提高顶板覆盖率，改善支护效果，减少架间漏矸。

(3) 前顶梁前端带伸缩梁。采煤机割煤后，伸缩梁伸出，对裸露顶板起到临时支护作用。

(4) 护帮板铰接在伸缩梁前端，有利于对煤壁片帮的控制。

(5) 前顶梁采用单侧活动侧护板，后顶梁前端单侧带有侧护板，可有效防止矸石落入工作空间。

(6) 后顶梁采用两根立柱支撑，以提高支架后顶梁的支护能力。

(7) 后顶梁下部设置滑道，能使充填输送机在后刮板伸缩千斤顶的作用下在支架后顶梁下部滑动。

(8) 夯实机构采用两级伸缩结构，以增加其伸缩比，减小支架整体尺寸。机构可拆卸。

四柱支撑式充填液压支架与六柱支撑式充填液压支架主体结构相似，主要不同点在于取消了后立柱，改用后部水平千斤顶支撑后顶梁。

四、端头支架

采煤工作面端头指采煤工作面与回采巷道交叉的地点。工作面端头一般布置有刮板输送机机头部(机尾部)、刮板转载机机尾等，其设备相互关联，不仅要求设备之间连接尺寸配套，还要求设备区内顶板维护状态良好。

端头支架指用于工作面端头处的液压支架。端头支架分普通工作面端头支架、放顶煤端头支架和特种端头支架。普通工作面端头支架是指和普通掩护式或支撑掩护式支架配套使用的端头支架,按端头支架与转载机的配套关系又分为中置式、偏置式和后置式端头支架。放顶煤端头支架是指和放顶煤支架配套使用的端头支架。根据转载机与端头支架的配套关系分为偏置式和中置式端头支架。特种端头支架是诸如用于铺网分层开采工作面的铺网端头支架和应用于拱形巷道或大倾角工作面的横向移动式端头支架等。

端头支架的特点是:

(1) 有较大的支护空间。工作面端头处于上下平巷与工作面的连接处,机械设备较多,又是人员的安全出口,因此端头支架的顶梁一般较长,支护空间较大,以便适应机械设备安装和移动的要求。

(2) 有较大的支撑力。端头顶板暴露面积大,时间长,支架应有较大的工作阻力。因此端头支架多是支撑式或支撑掩护式的。

(3) 端头支架一般具有支护和锚固两种作用。一种用来支护端头顶板,另一种用来固定输送机的机头或机尾。

(4) 端头支架具有较高的稳定性和强度。

目前使用的普通工作面偏置式端头支架种类很多,但结构上大同小异。图 3-3-10 所示是 ZFT8100/20/28 偏置式放顶煤端头支架的简图。

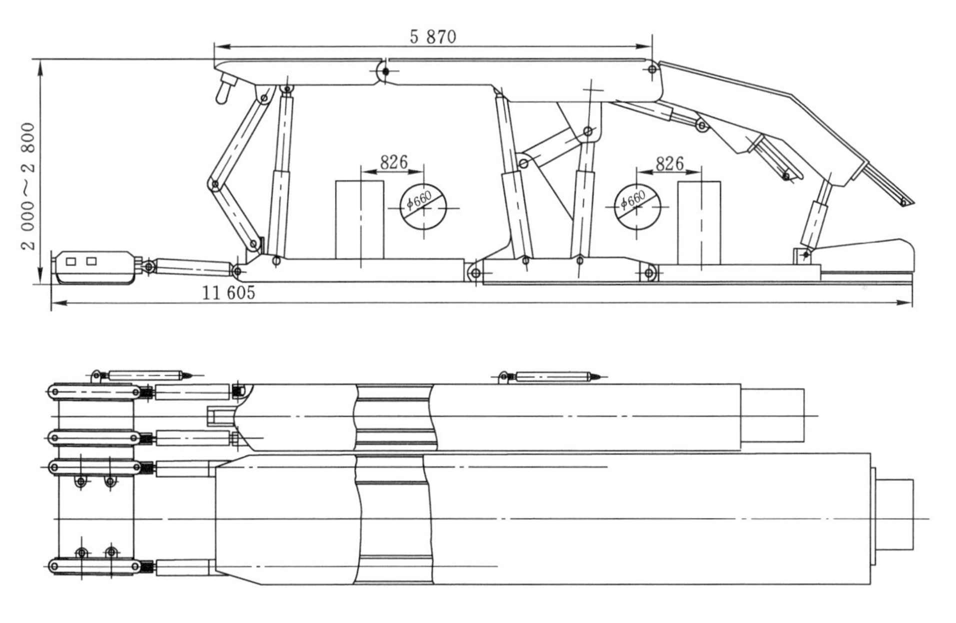

图 3-3-10　ZFT8100/20/28 偏置式放顶煤端头支架

支架的工作过程为:操作移机头千斤顶,分别使前部输送机机头和后部输送机机头前移一个步距。主架的移动是先降主架立柱,使支架顶梁脱离顶板,操纵主架两个推移液压缸,将主架拉一个步距;再升主架立柱,使主架撑住顶板;操作主架插板千斤顶和尾梁千斤顶,将插板上面的煤放到转载机机尾上,放完后立即将插板伸出,完成主架放煤。副架移动是先降副架立柱,使支架顶梁脱离顶板,操纵副架两个推移液压缸,将副架拉一个步距,再升副架立柱,使副架撑住顶板;操作副架插板千斤顶和尾梁千斤顶,将副架插板上的煤放到后部刮板输送机槽内,放完后将插板伸出,完成副架放煤动作。最后同时操作主、副架 4 个推移液压缸,将推移梁和转载机向前推一个步距,即完成了一个循环。

第六节　液压支架结构选择

根据液压支架各部件的功能和作用，其组成可分为四部分：

(1) 承载结构件，如顶梁、掩护梁、底座、连杆、尾梁等。其主要功能是承受和传递顶板和垮落岩石的载荷。

(2) 液压缸，包括立柱和各类千斤顶。其主要功能是实现支架的各种动作，产生液压动力。

(3) 控制元部件，包括液压系统操纵阀、单向阀、安全阀等各类阀，以及管路和液压、电控元件。其主要功能是操纵控制支架各液压缸动作及保证所需的工作特性。

(4) 辅助装置，如推移装置、护帮（或挑梁）装置、伸缩梁（或插板）装置、活动侧护板、防倒防滑装置、喷雾装置等。这些装置是为实现支架的某些动作或功能所必需的装置。

一、顶梁

顶梁是直接与顶板接触，承受顶板压力，并为立柱、掩护梁等提供必要连接点的部件。顶梁的结构形式直接影响到支架对顶板的支护性能，支架常用的顶梁形式有整体顶梁和铰接分体顶梁（铰接顶梁）两种。铰接顶梁的前段称为前梁，后段为主梁，一般简称顶梁。

（一）整体顶梁

整体顶梁（图 3-3-11）结构简单，承载能力及可靠性好；顶梁对顶板载荷的平衡能力较强；前端支撑力较大；可设置全长侧护板，有利于提高顶板覆盖率，改善支护效果，减少架间漏矸。这种结构的顶梁对顶板的适应性较差，一般用于平整的顶板。为改善接顶效果和补偿焊接变形，整体顶梁前端（800～1 000 mm）一般上翘 1°～3°。

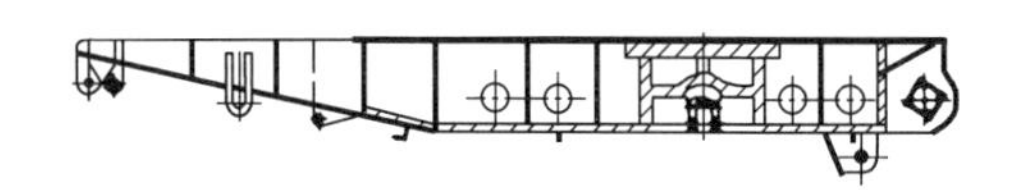

图 3-3-11　整体顶梁

（二）铰接顶梁

铰接顶梁如图 3-3-12 所示，前梁千斤顶的一端连接在主梁上，另一端连接在前梁上，用来控制前梁的升降，支撑靠近煤壁处的顶板，同时还可以调整前梁的上、下摆角，以适应顶板起伏不平的变化。这种顶梁对顶板的适应性较好，但前梁千斤顶必有足够的支撑力和连接强度。

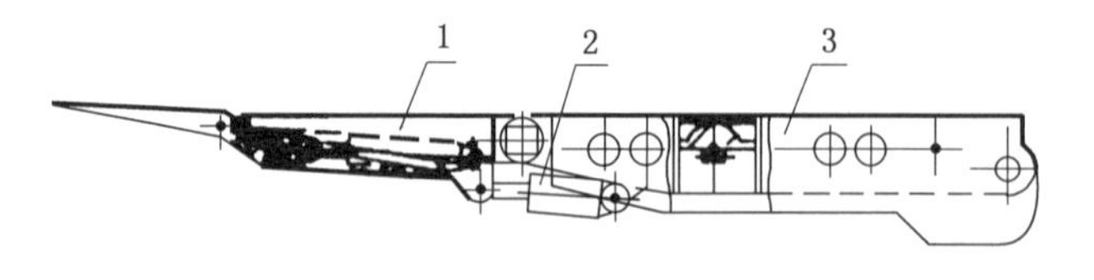

1—前梁；2—前梁千斤顶；3—主梁。

图 3-3-12　铰接顶梁

为使支架实现“立即”支护，前探梁要做得很长，这样就增加了组合顶梁的长度，使控顶距增大。为此可在前梁上设置伸缩梁，由伸缩千斤顶控制其伸出和缩回，并在主梁梁内加设支撑千斤顶，控制前梁的承载和卸载（升和降）。在铰接顶梁的前梁上可设置内伸式（亦称潜入式）伸缩梁，或外伸式（亦称手套式）伸缩梁，如图 3-3-13 所示。铰接顶梁空顶距小，支架承载能力大，并能用前伸梁临时支护刚裸露的顶板，使顶板支护及时，有利于顶板的管理。

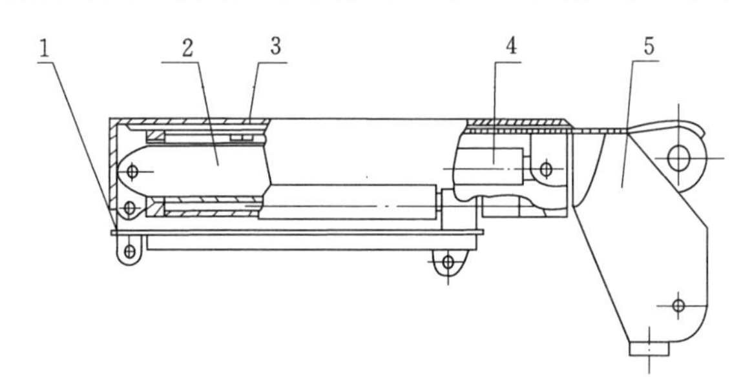

1—托板；2—导向梁；3—梁盖；4—千斤顶；5—前梁。

图 3-3-13　带外伸式伸缩梁的前梁

伸缩梁一般是为了实现超前支护而设置的，其伸缩值可以根据使用要求确定，一般为600～800 mm。内伸式伸缩梁，结构可靠性好，但接顶效果较差。外伸式伸缩梁，接顶效果好，但结构可靠性较差，易变形。也可采用内伸和外伸相结合的结构形式。

二、掩护梁

掩护梁是掩护式和支撑掩护式支架的重要承载构件，其作用是隔离采空区，掩护工作空间，防止采空区冒落的矸石进入工作面，同时承受采空区部分冒落矸石的纵向载荷以及顶板来压时作用在支架上的横向载荷，当顶板不平整或者支架倾斜时，掩护梁还将承受扭转载荷。

掩护梁是钢板焊接的箱式结构。掩护梁上端与顶梁或主梁铰接，下端多焊有与前、后连杆铰接的耳座，通过前、后连杆与底座相连，形成四连杆机构。梁内均焊有固定侧护千斤顶及弹簧的套筒。梁上两侧挂有侧护板。有的掩护梁上焊有立柱的柱窝及平衡千斤顶或限位千斤顶的连接耳座。掩护梁的结构形式有折线型和直线型两种，如图 3-3-14 所示。

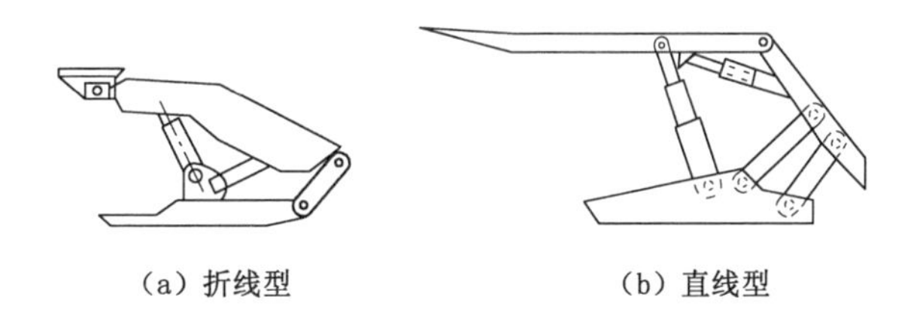

(a) 折线型　　**(b) 直线型**

图 3-3-14　掩护梁的不同结构形式

(1) 折线型掩护梁。指梁体较长，立柱支撑在掩护梁上，梁前端铰接较短的顶梁。这种掩护梁承载能力大，掩护面积大，只用于掩护式支架。当支架歪斜时，架间密封性差。

(2) 直线型掩护梁。指梁体比折线型短，与其铰接的顶梁较长，在顶梁和掩护梁之间要设限位千斤顶或者平衡千斤顶。这种形式的掩护梁支架，立柱大多支撑在顶梁上。这种掩护梁结构简单、工艺性好，易于加工和运输，所以，多数支架采用此种形式的掩护梁。

三、底座

底座是将支架承受的顶板压力传至底板并稳固支架的承载部件，要求具有足够的强度和刚度，对底板的起伏不平的适应性要强，对底板的平均接触比压要小，要有足够的空间为立柱、推移装置提供必要的安装条件，要便于人员的操作和行走，要有一定的重量和面积来保证支架的稳定性，同时还要有一定的排矸能力。

支架底座常用形式有整体刚性底座和底分刚性底座。

整体刚性底座如图 3-3-15 所示，中挡前部一般是高度 50～100 mm 小箱形结构，中挡后部上方为箱形结构，推移千斤顶一般安装在箱形体之下。立柱柱窝前一般设计一过桥，以提高底座的整体刚性和抗扭能力。整体刚性底座的整体刚度和强度好，底座接底面积大，有利于减小对底板的比压，但推移机构处易积存浮煤碎矸，清理较困难，一般用于软底板条件下的工作面支架。

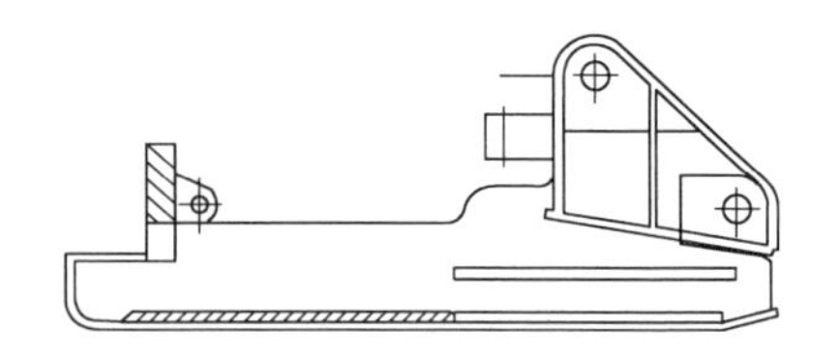

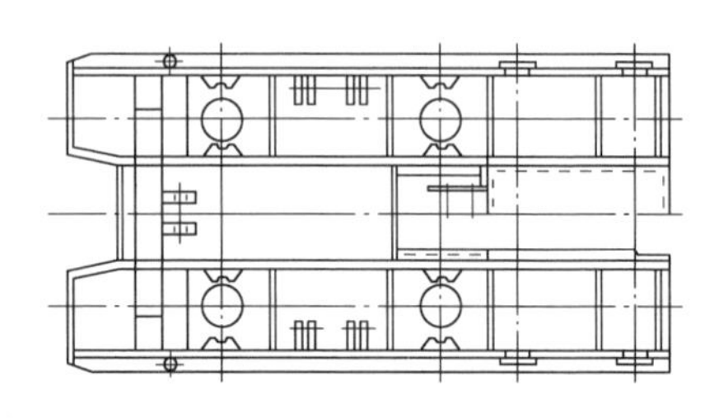

图 3-3-15　整体刚性底座

底分刚性底座如图 3-3-16 所示，底座底板为中分式，推移机构直接落在煤层底板上，前立柱柱窝前有过桥，中挡后部上方为箱形结构。由于底分刚性底座中挡底板分体，推移装置处的浮煤、碎矸可随支架移架从后端排到采空区，不需人工清理，适应高产高效要求，但减少了底座接底面积，增大了对底板的比压。目前，高产高效工作面液压支架一般均采用底分刚性底座。

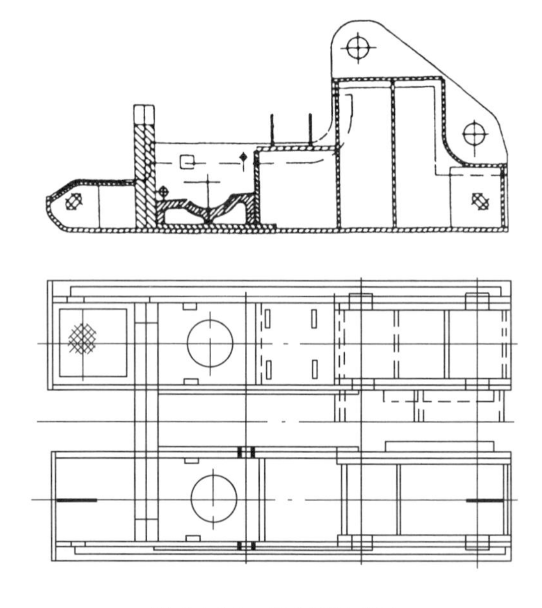

图 3-3-16　底分刚性底座

总体来说，各种形式的底座前端均做成滑橇形，可减小支架的移动阻力，避免移架时出现啃底现象。底座与立柱均采用球面接触，并用限位板或销轴限位，以防止因立柱偏斜而受到横向载荷，或防止支架在升降过程中立柱脱出柱窝。

四、侧护装置

侧护装置的作用是消除支架间隙，防止顶板破碎矸石落入架下工作空间。支架侧护装置一般由侧护板、弹簧筒、侧推千斤顶、导向杆和连接销轴等组成。侧护装置的伸缩动作是在支架卸载后进行的，由侧推千斤顶和伸出弹簧控制。

支架常用的活动侧护板形式有直角式单侧活动侧护板、直角式双侧可调活动侧护板和折页式单侧活动侧护板。

直角式单侧活动侧护板如图 3-3-17 所示，侧护板一侧为固定式，一侧为活动式。固定侧护板即是梁的边筋板，可增加梁体强度，减轻支架重量。直角式单侧活动侧护板适用于工作面倾角较小(15°以下)的缓倾斜煤层或水平煤层，具有挡矸密封性和导向性好的特点。

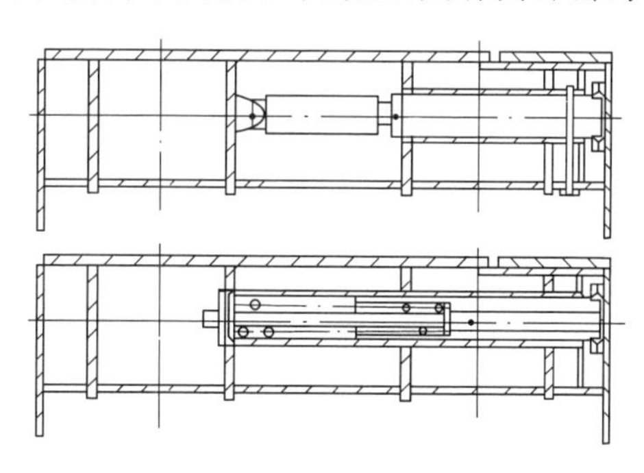

图 3-3-17　直角式单侧活动侧护板

直角式双侧可调活动侧护板可根据工作面倾角方向，调整一侧固定，另一侧活动，适应性强，可用于各种支架。

折页式单侧活动侧护板的主要特点是结构简单，千斤顶可以布置在梁体的外侧，便于拆装和维修。但挡矸密封性差，且移架时导向性差。主要用于顶板比较稳定或坚硬顶板条件的支撑掩护式支架。

顶梁侧护板高度一般取 250～500 mm，薄煤层支架取下限，大采高支架取上限。掩护梁侧护板和后连杆侧护板高度一般根据支架最大高度时侧护板水平尺寸等于移架步距加 100～200 mm 搭接量的原则确定。

五、推移装置

推移装置是液压支架必备的辅助装置，担负着推移输送机和移架任务。推移装置由推移杆、推移千斤顶和连接头等主要零部件组成，其中推移杆是决定推移装置形式和性能的关键部件。支架对输送机的推力应大于输送机的设计推力，移架力一般应为支架重量的 2.5～3 倍。移架装置在回收位置时，与输送机的相对水平位置向上抬起的距离不小于 200 mm(薄煤层支架不小于 100 mm)，下落时不小于 100 mm。

推移杆的常用形式有正拉式短推移杆和倒拉式长推移杆两种。

短推移杆的一般结构如图 3-3-18 所示，是由钢板组焊而成的箱形结构件。推移千斤顶一般采用浮动活塞式千斤顶或双作用千斤顶差动连接，结构简单紧凑，但千斤顶只能由活塞杆腔进液实现移架，难以

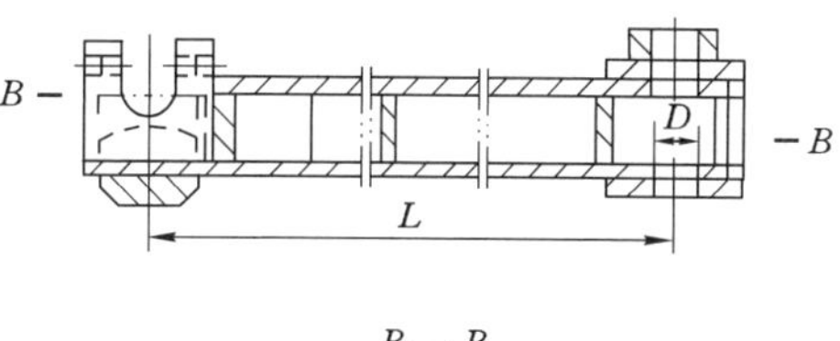

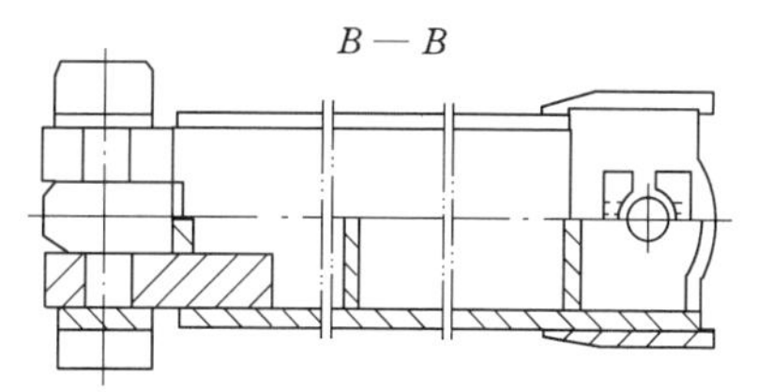

图 3-3-18　短推移杆

提高移架力。

长推移杆常用形式有框架式、整体箱式和铰接式。框架式长推移杆的结构如 3-3-19 所示，由前后两段组成，前段为箱式结构，后段为双杆式结构和导向块。具有千斤顶活塞腔进液移架、活塞杆腔进液推移输送机的特点，移架力大，且移架时推移千斤顶作用力对底座前端产生垂直向上的分力，可将底座前端向上抬起，有助于顺利移架。

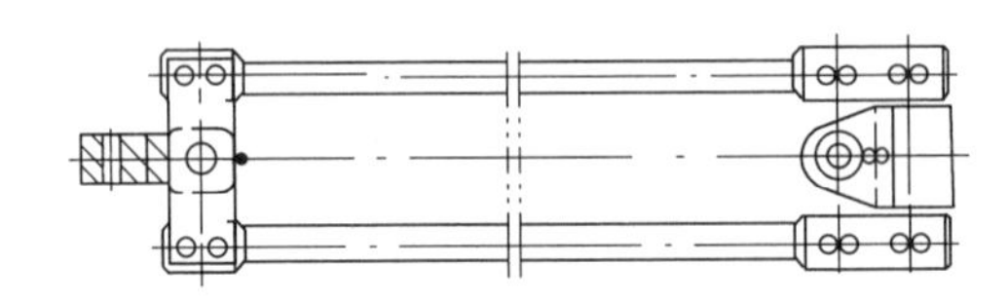

图 3-3-19　框架式长推移杆

六、护帮装置

《煤矿安全规程》规定：当采高超过 3 m 或煤壁片帮严重时，液压支架必须设护帮板。当采高超过 4.5 m 时，必须采取防片帮伤人措施。护帮装置设计选型的依据是综采工作面基本条件——煤层的物理性质、顶板情况（有无伪顶，直接顶的稳定性）、工作面截割高度、采煤机截深等。

（一）护帮形式

工作面截割高度低于 4.0 m 时，采用一级护帮装置就能满足要求，在顶板软、煤层软的工作面可以考虑使用二级护帮装置。工作面截割高度大于 4.0 m 时，通常采用二级护帮装置，只有在顶板、煤层条件很稳定的工作面才使用一级护帮装置。工作面截割高度大于 5.0 m 时，要求采用二级护帮装置。

液压支架中心距大于 1.5 m、截割高度大于 6 m 的特大采高液压支架可以考虑采用复合护帮装置。

（二）护帮高度和宽度

根据综采工作面煤壁片帮的规律，液压支架护帮装置的护帮高度不小于最大截割高度的 1/3，最低不能小于工作面最大截割高度的 1/4。一级护帮板的长度要与工作面截深相适应，最大长度不能大于截深与液压支架梁端距之和。二级护帮板的长度等于护帮高度减去一级护帮板长度和护帮机构在顶梁（前梁）铰接点的高度。

护帮板宽度与液压支架中心距和煤壁稳定性相关。煤层越软，层理、节理越发育，煤壁越易片帮，护帮板应越宽；反之，可以适当设计窄一点。液压支架的中心距越大，需要支护的煤壁越宽，护帮板应越宽，但不能超过梁体宽度。通常，护帮板宽度比支架中心距窄 200～500 mm。护帮板设计成梯形，前窄后宽，相差 50～100 mm。二级护帮板的宽度通常比一级护帮板的宽度窄 100～200 mm。

（三）护帮装置的结构形式

根据护帮千斤顶和护帮板的连接方式，将护帮装置分为简单铰接式和四连杆式两种。根据护帮板数量将护帮机构分为一级护帮、二级护帮、三级护帮和复合护帮。

简单铰接式护帮装置的护帮板直接铰接在整体顶梁、铰接前梁或伸缩梁（设计有伸缩梁时)的前端,护帮千斤顶活塞杆直接与护帮板铰接,护帮千斤顶缸体与顶梁(前梁或伸缩梁附属机构)铰接,如图 3-3-20(a)所示。这种形式的护帮机构结构简单,但挑起力矩小,而且当顶梁(或前梁)带伸缩梁时,机构收回时梁体厚度大,难以实现护帮板翻转 180°。当护帮机构仅作为护帮使用时,机构翻转角度大于 90°即可。

四连杆式护帮装置的护帮板与整体顶梁、铰接前梁或伸缩梁的连接方式与简单铰接式护帮装置相同,不同的是护帮板与护帮千斤顶不直接铰接,而是在它们之间增加一个四连杆机构。四连杆机构的使用扩大了护帮装置的翻转角度,既能保证护帮装置的挑起角度,又能保证收回后的状态,图 3-3-20(b)所示为其收回状态。四连杆式护帮装置能把护帮千斤顶的推力更有效地传递到煤壁或顶板上,所以四连杆式护帮装置的挑起力矩大,护帮能力和及时支护能力更大,但其结构相对复杂,加工精度要求高。四连杆式护帮装置的连杆由于受到结构限制容易损坏,因此结构设计时必须充分保证连杆的强度和刚度。

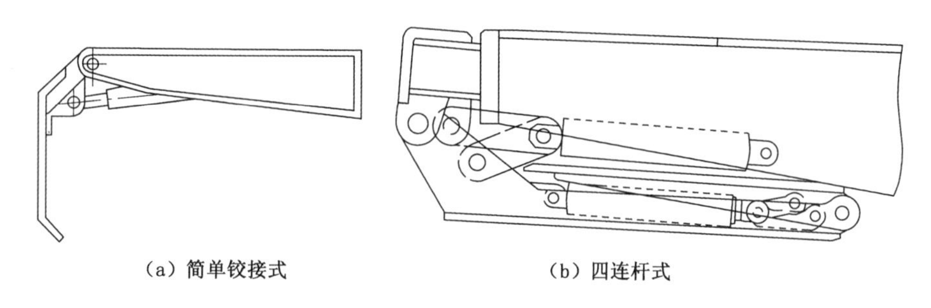

(a) 简单铰接式　　(b) 四连杆式

图 3-3-20　护帮装置结构形式

七、立柱

立柱是液压支架实现支撑和承载的主要部件,它直接影响支架的工作性能。液压支架的发展对立柱的长度、缸径、密封、形式等诸多方面提出许多新的要求。目前,立柱主要有以下几种形式。

(一) 单伸缩双作用立柱

单伸缩双作用立柱属于液压无级调高液压缸,结构简单,工作可靠,制造成本较低,但调高范围小,一般使用在调高范围要求不大的支架上,特别是放顶煤支架大多采用此种支柱。

(二) 单伸缩双作用带机械加长杆立柱

单伸缩双作用带机械加长杆立柱如图 3-3-21 所示,结构比较简单,调高范围较大,有液压无级和加长杆有级调高两种方式,实际应用中经常用液压无级调高。操作人员可根据采煤工作面煤层厚度的变化及时调整机械加长杆的高度(有级调高)以满足支护要求。调整加长杆高度费时、费力,如果调整不及时,会出现支架被压死或顶空问题。此种立柱多用于煤层厚度变化较大的中厚煤层支架上。由于这种立柱主要承载部件的强度匹配较合理,为了降低成本,一些厚煤层支架上也采用了这种结构的立柱。

(三) 双伸缩双作用立柱

图 3-3-22 所示为双伸缩双作用立柱,外活柱 2 与缸体 1 构成一级缸,又与内活柱 3 构成二级缸。油口 10 进压力液,油口 12 排液,外活柱伸出。当一级缸行程结束后,一级缸活塞

腔压力升高，打开底阀 6，压力液进入二级缸活塞腔，油口 11 排液，内活柱伸出。降柱时，油口 11，12 同时进压力液，油口 10 排液，一级缸先下降，当顶杆碰到凸台 9 时，底阀 6 打开，二级缸排液下降。

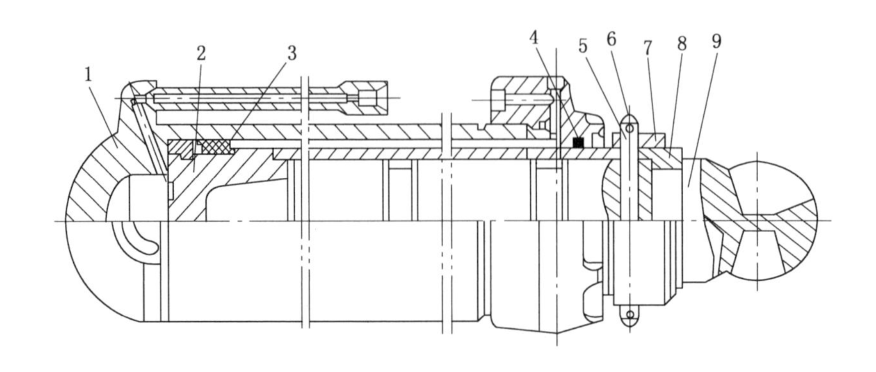

1—缸体；2—活塞；3—密封圈；4—防尘圈；5—销轴；
6—开口销；7—卡套；8—卡环；9—加长杆。

图 3-3-21　单伸缩双作用带机械加长杆立柱

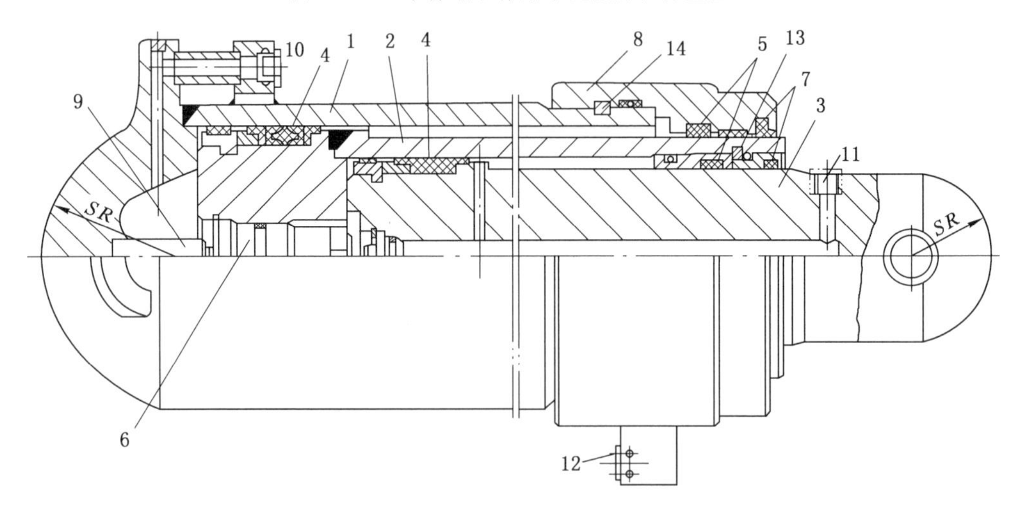

1—缸体；2—外活柱；3—内活柱，4—鼓形圈；5—蕾形圈；6—底阀；
7—防尘圈；8—缸盖；9—凸台；10，11，12—油口；13—对开卡环；14—钢丝。

图 3-3-22　双伸缩双作用立柱

双伸缩双作用立柱调高范围大，属液压无级调高，操作方便灵活，但结构复杂，加工要求高，成本高。多用于薄煤层和大采高、特大采高支架上。此种立柱中缸内压力较高，在缸径较小时谨慎使用。

(四) 三伸缩双作用立柱

三伸缩双作用立柱一般为三级液压无级调高，有的在双伸缩立柱上加一段接长杆，主要是为了增加立柱的调高范围。三伸缩双作用立柱结构复杂，第三级缸内压力很高，对材料和加工都要求很高。目前国内已开始使用这种立柱。

八、千斤顶

千斤顶按其结构不同可分为柱塞式和活塞式两种；按用途可分为护帮千斤顶、前梁千斤顶、侧护千斤顶、平衡千斤顶、推移千斤顶和防倒防滑千斤顶等。

千斤顶的结构和立柱基本相同，其主要区别是：千斤顶的活塞杆较短且直径较小；千斤顶两端头多为适于铰接的销孔耳座结构；千斤顶的调节范围比较小，且均为单伸缩式结构；立柱活塞一般为整体式结构，而千斤顶大多为组合式结构。

九、四连杆机构

四连杆机构是液压支架的掩护梁与底座之间用前、后连杆连接形成的机构。四连杆机构的作用概括起来有两个：其一是当支架升降时，借助四连杆机构可使支架顶梁前端点的运动轨迹呈近似双纽线，从而使支架顶梁前端点与煤壁间距离的变化大大减少，提高了管理顶板的性能；其二是使支架能承受较大的水平力。

四连杆机构有两种结构形式，一种为前、后连杆都为单杆式；另一种是后连杆为整体铸钢件或焊接件，前连杆为左右分置的单杆铸钢件或焊接件，这样可增大支架的有效利用空间。

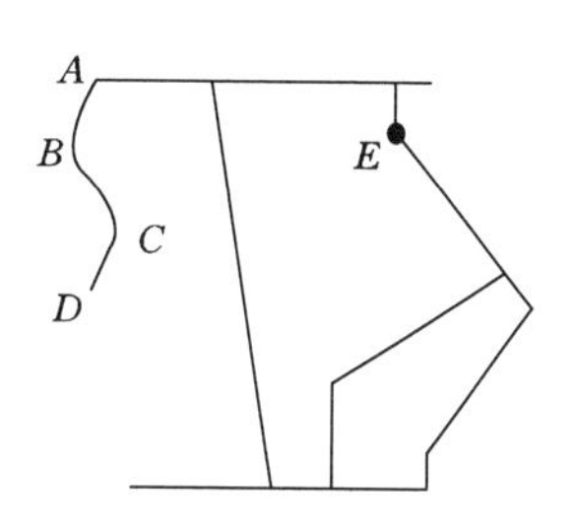

图 3-3-23　支架四连杆机构的运动轨迹

支架升降时顶梁的运动轨迹是由四连杆机构决定的，即由顶梁与掩护梁铰接点 E 的轨迹所决定。根据机构运动学分析，E 点的运动轨迹一般为一条双纽线，如图 3-3-23 所示。合理设计四连杆参数，即可控制 E 点的运动轨迹，改善支架支护性能，减少连杆受力。

为了保持支架梁端距的稳定，一般应控制梁端摆动幅度（30～80 mm）。液压支架的纵向稳定性完全是由四连杆机构决定的，而不取决于立柱的多少。

十、防滑防倒装置

当工作面倾角较大时，需要采用防滑防倒装置来防止支架下滑和倾斜。防滑防倒装置是利用装设在支架上的防滑防倒千斤顶在调架时产生一定的推力，以防支架下滑、倾倒，并进行架间调整的一种装置。

几种防滑防倒装置如图 3-3-24 所示。图 3-3-24(a)所示是在支架的底座旁边装设一个与防滑撬板 3 相连的防滑调架千斤顶 4，移架时千斤顶推出，推动撬板顶在邻架的导向板上，起导向防滑作用，而顶梁之间装有防倒千斤顶 2 防止支架倾倒。图 3-3-24(b)所示与上述情况基本相同，两个防倒千斤顶装在底座箱的上部，通过其动作，达到防滑防倒和调架的作用。这种形式的防滑防倒装置多用于垛式支架。图 3-3-24(c)所示是在相邻两支架的顶梁（或掩护梁）与底座之间装一个防倒千斤顶 2，通过链条或拉杆分别固定在各支架的顶梁和底座上，用 2 防倒，用 4 调架。

十一、抬底装置

液压支架的抬底装置指抬底千斤顶。抬底千斤顶（图 3-3-25）一般设置在底座前过桥前或后，拉支架时，稍降架，操纵抬底千斤顶伸出，以推移杆上表面为支点，使底座前端抬起而脱离底板。底座通过抬底千斤顶下端沿推移杆滑行，从而实现支架的顺利前移。

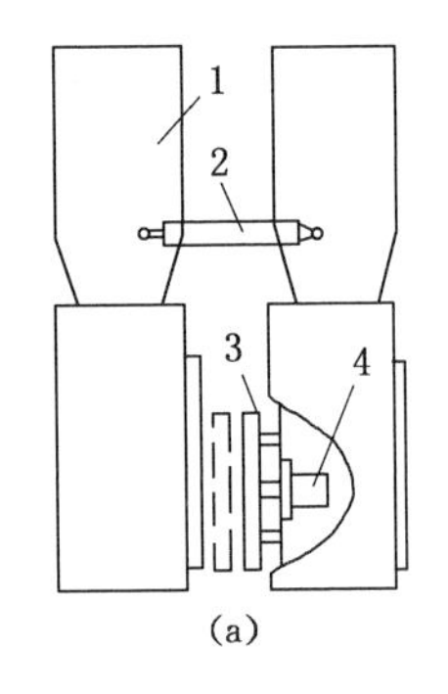

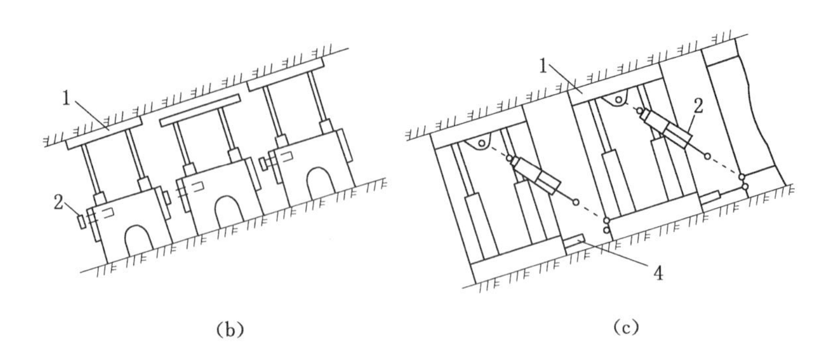

1—顶梁；2—防倒千斤顶；3—防滑撬板；4—防滑调架千斤顶。

图 3-3-24　防滑防倒装置形式

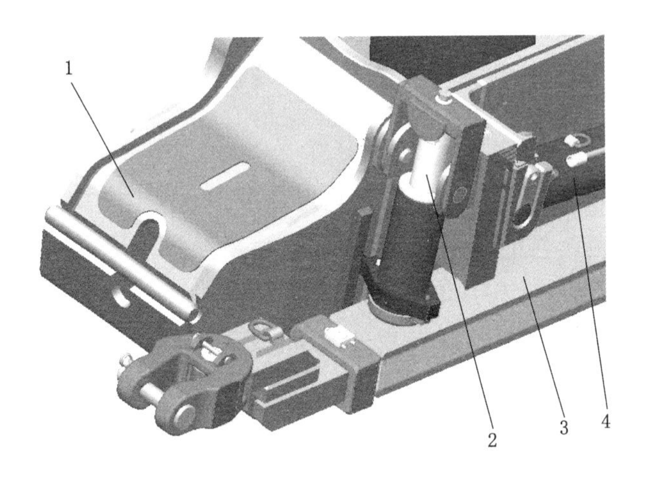

1—底座；2—抬底千斤顶；3—推移杆；4—推移千斤顶。

图 3-3-25　抬底装置

当工作面底板条件较好时，支架正常使用过程中，架前浮煤是不可避免的。拉架时，如底座不抬起，会造成浮煤在架前堆积，严重时会影响移架。采用抬底装置，可使支架跨在浮煤上前移，不需人工清理，有利于快速移架。当工作面底板条件较差时（如底板松软、泥岩遇水膨胀等），支架底座前端易扎底，造成支架行走困难。高产高效工作面的实践表明，液压支架抬底装置是提高工作面移架速度、减少工艺环节的重要措施。

十二、液压控制系统

液压支架按控制方式分液压手动控制支架和电液控制支架。液压手动控制支架是采用液压手动控制系统的支架，分为液压直动和液压先导本架控制和邻架控制。电液控制支架是采用电液控制系统的支架。

液压支架电液控制系统由计算机、传感器和液压回路控制部件等装置组成，其核心是通过程序控制的电子信号来驱动电液阀动作，将手动操作变为计算机控制的电子信号操作。

采用电液控制系统是液压支架提高移架速度的最有效技术途径，既是实现高产高效的基础，又是实现生产自动化的技术基础，支架电液控制系统已成为采煤工作面生产技术水平的重要标志。

液压支架电液控制系统(图 3-3-26)主要由主控制台(MCU)、远程数据传输控制单元和电液控制单元组成。主控制台一般设在工作面运输巷内，也可以根据具体情况不设主控制台，只设支架控制器。电液控制单元主要包括支架控制器、电源箱、电液控制阀(电磁先导阀、主控制阀)、液电信号转换元件(压力传感器、位移传感器)等。

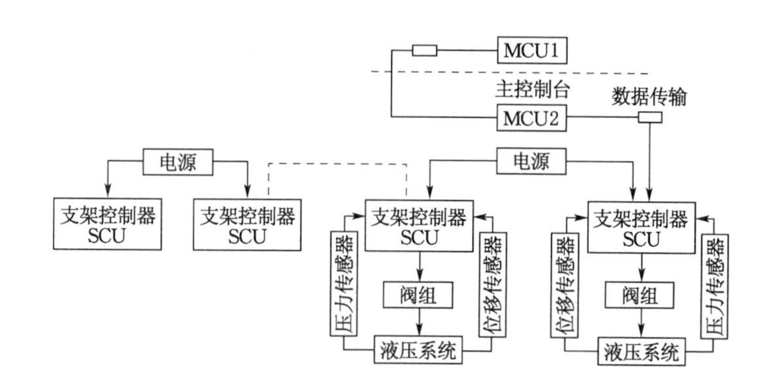

图 3-3-26　液压支架电液控制系统组成

液压支架电液控制系统的核心部件是隔爆兼本安电源、支架人机操作界面、支架控制器及电磁先导阀等。操作人员在支架人机操作界面实现与系统的交互，通过支架控制器驱动电磁先导阀，由先导阀实现电液信号的转换，最后由主阀将液压信号放大，控制液压缸的动作，从而实现支架的动作控制。支架动作过程可以通过压力、位移和角度传感器等进行监测，实现支架动作的闭环控制。工作面支架电液控制系统可以通过井下运输巷的监控主机进行集中控制与集中管理，实现工作面支架自动控制。

第七节　乳化液泵站

液压支架和外注式单体液压支柱的工作液体是由乳化液泵站提供的。乳化液泵站由乳化液泵、乳化液箱和其他附属设备组成。

一、乳化液泵

XRB_2B 型乳化液泵如图 3-3-27 所示。电动机经齿轮减速箱传动曲轴 1，曲轴 1 有三曲拐，互成 120°，两端由双列向心球面滚子轴承支承。连杆 2 的大端为剖分式结构，内装钢背高锡铝合金轴瓦，具有良好的承载、抗疲劳和耐磨性能。连杆小端内装钢套，与滑块 3 用销轴铰接。滑块与滑道孔之间由活塞环密封，以防止曲轴箱润滑油外漏。

传动箱内采用飞溅润滑。在连杆大端的轴瓦盖上有两个油孔，当曲轴顺时针旋转(不允许反转)时，浸入油中的下孔将油带起后从上孔排出，从而使曲轴颈与轴瓦间得到润滑。三个滑道孔上方是小油池，通过小孔漏油去润滑滑道、连杆和滑块铰接面。

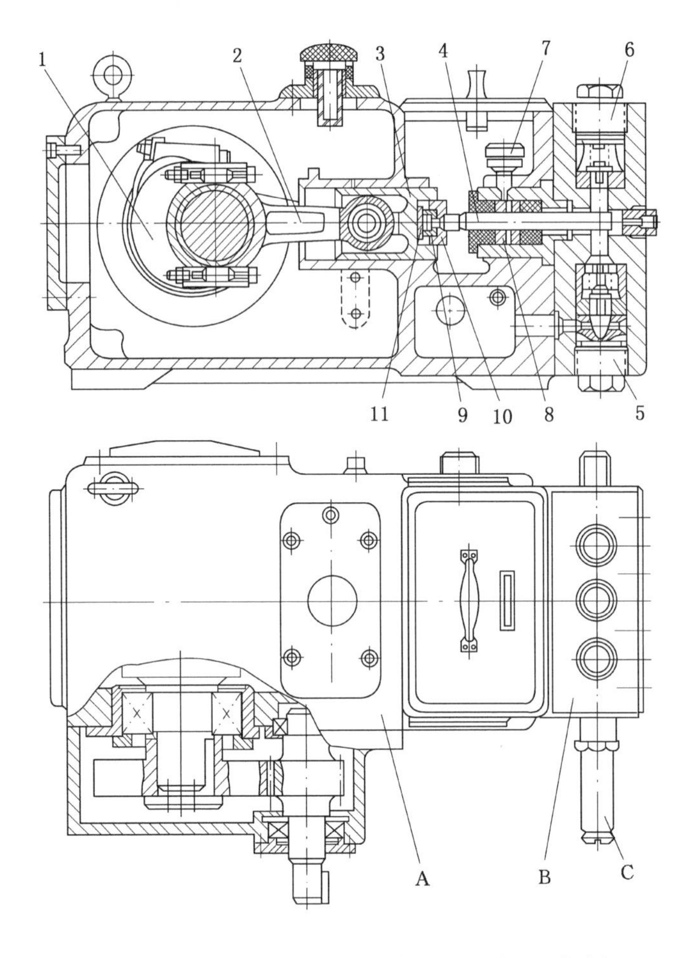

1—曲轴；2—连杆；3—滑块；4—柱塞；5—吸液阀；6—排液阀；
7—注油杯；8—导向铜环；9—半圆环；10—螺套；11—承压块；
A—传动箱；B—泵头体；C—安全阀。

图 3-3-27　XRB_2B 型乳化液泵

柱塞孔右端装有排气螺塞。吸、排液阀 5、6 为菌形锥阀，阀芯和阀座的材料为 9Cr18，柱塞材料为 38CrMoAlA，表面氮化，硬度高且耐磨，芯部调质。柱塞左端通过两个半圆环 9 和螺套 10 与滑块连接，并压在承压块 11 上。这种连接方式更换柱塞方便。承压块受压变形后可翻转使用。

箱体与泵头体用缸体连接，内装导向铜环 8 支承并引导柱塞。柱塞与缸体上设有多道 V 形密封圈。当密封圈磨损后，可旋转外边的压紧螺母将密封圈压紧。通过注油杯 7 可向密封圈与柱塞间加润滑脂。

一般每个乳化液泵站应配置两台乳化液泵，两泵可并联供液或轮换工作。

二、乳化液箱

乳化液箱是储存、回收、过滤和沉淀乳化液的设备。XRXTA 型乳化液箱如图 3-3-28 所示。

吸液管 8 接泵的吸液口，泵排出的压力液经排液管 9、自动卸荷阀 10 和交替双进液阀 18 到通往工作面的主供液管 7。从支架返回的乳化液经主回液管 16 依次流过沉淀室 1、消泡室 2、磁性过滤室 3、过滤网槽 14，除去乳化液中的悬浮微粒、泡沫和铁磁物质，进入工作液室 4。

箱体 19 侧面有液位观察窗 20，左下方有一溢流管 21，可排除箱内过多的液体。在箱体另一端的下部，设有清渣盖 17，用于清除沉淀室中的沉淀物。

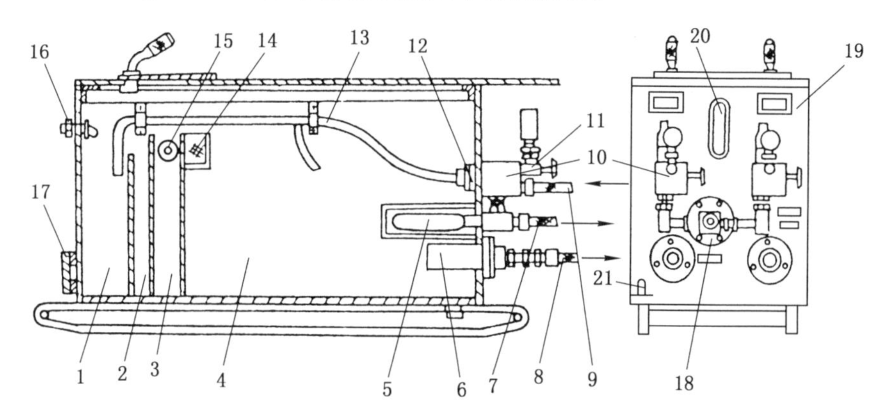

1—沉淀室；2—消泡室；3—磁性过滤室；4—工作液室；5—蓄能器；
6—吸液过滤器和断路器；7—主供液管；8—吸液管；9—排液管；10—自动卸荷阀；
11—压力表开关；12—回液断路器；13—卸载回液管；14—过滤网槽；15—磁性过滤器；
16—主回液管；17—清渣盖；18—交替双进液阀；19—箱体；20—液位观察窗；21—溢流管。

图 3-3-28　XRXTA 型乳化液箱

三、泵站液压系统

泵站液压系统应满足如下要求：

(1) 当支架动作时，系统能即时供给高压液体；当支架不动作时，泵仍照常运转，但自动卸载；当支架动作受阻、工作液体压力升高超过允许值时，能限压保护。为此，泵站系统中必须装设自动卸载装置。

(2) 要设手动卸载阀，以实现泵的空载启动。

(3) 系统中要装单向阀，以防止停泵时液体倒流。

(4) 为能在拆除支架或检修支架管路时泄出管路中的液体，应加手动泄液阀。

(5) 应设有缓冲减振的蓄能器。

由于工作面支架的立柱和千斤顶所需的液压力不同，需要泵站供给不同的压力液。据此，泵站分有高压泵液压系统、高压-低压泵液压系统和高压泵-减压阀液压系统。

XRB_2B 型泵站液压系统如图 3-3-29 所示。其工作过程是：启动前先打开手动卸载阀 e、使泵空载启动，这时泵排出的乳化液经手动卸载阀直接回乳化液箱；启动后，关闭手动卸载阀，从泵排出的高压乳化液经单向阀 a 向工作面供液；当工作面不用液或用液量很小时，系统压力上升，直至打开先导阀 c 和自动卸载阀 d，实现自动卸载。当系统过载，安全阀 2 开启溢流，实现过载保护。交替截止阀 6 的作用是保证任一台泵工作都能通过一条管路向工作面供液。

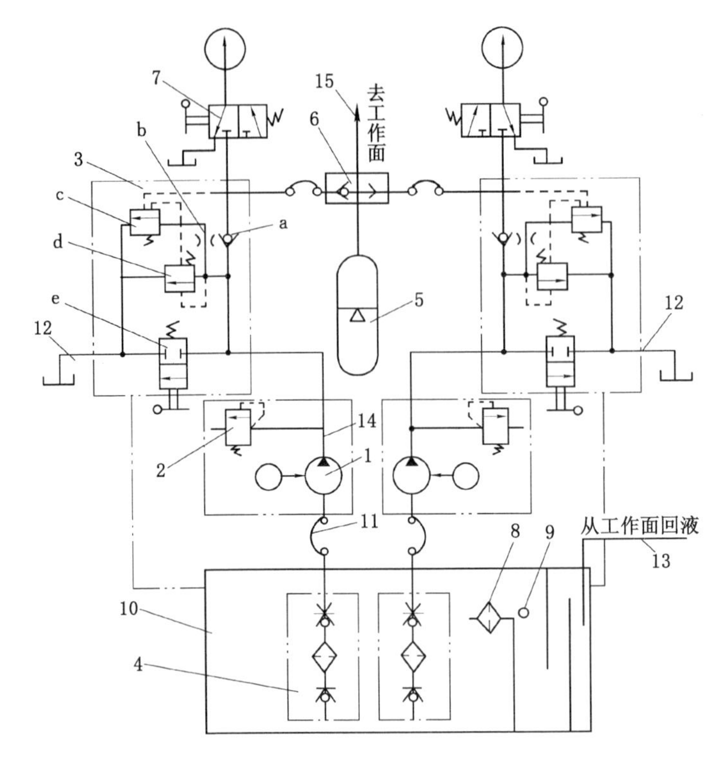

1—乳化液泵;2—安全阀;3—卸载阀组;4—吸液断路器;5—蓄能器;6—交替截止阀;
7—压力表开关;8—过滤槽;9—磁性过滤器;10—乳化液箱;11—吸液管;
12—卸载回液管;13—主回液管;14—排液管;15—主供液管;
a—单向阀;b—节流阀;c—先导阀;d—自动卸载阀;e—手动卸载阀。

图 3-3-29　XRB_2B 型泵站液压系统

复习思考题

1. 简述液压支架的分类。
2. 薄煤层液压支架的结构特点是什么?
3. 说明液压支架抬底装置的类型。
4. 说明在坚硬顶板条件下液压支架设计的要求。
5. 简述特大采高液压支架的特点。
6. 简述低位放顶煤液压支架的特点。
7. 简述对大倾角液压支架的要求。
8. 简述端头支架的作用及其组成部分。
9. 简述液压支架的组成部分及其功能。
10. 简述顶梁、掩护梁、底座、侧护装置、推移装置、护帮装置、防倒防滑装置、立柱的类型及其特点。
11. 简述乳化液泵站的功用和组成。
12. 简述 XRB_2B 型乳化液泵站液压系统的工作过程。

第四章 顶板分类与液压支架选型

第一节 采煤工作面顶板组成及分类

一、顶板组成

采场围岩包括煤层上方的直接顶、基本顶和煤层下方的直接底板。它们的机械性质和运动特征对工作面支护设备选型和支护参数选择至关重要。

煤层采动后，因顶板出现变形、断裂和垮落，煤体被压松和发生片帮，支护设备的载荷增大和底板鼓起等原因引起矿山压力显现。

随着采煤工作面从开切眼向前推进，采空区直接顶悬露面积逐渐增大，其下沉和变形也随之增大。当推进到初次垮落步距（从开切眼到工作面初次切顶线的距离）时，直接顶开始冒落，形成冒落带Ⅰ（图 3-4-1）。直接顶冒落后，基本顶悬露出来。随着工作面向前推进，基本顶在矿压作用下不断产生裂隙和变形，形成裂隙带Ⅱ。当达到极限垮落步距 L_0 时发生断裂和垮落，即基本顶初次来压。以后随着工作面推进，基本顶呈周期垮落。在弯曲下沉带Ⅲ中，裂隙很少，仅岩层间有离层现象，它对支护设备的载荷影响不大。

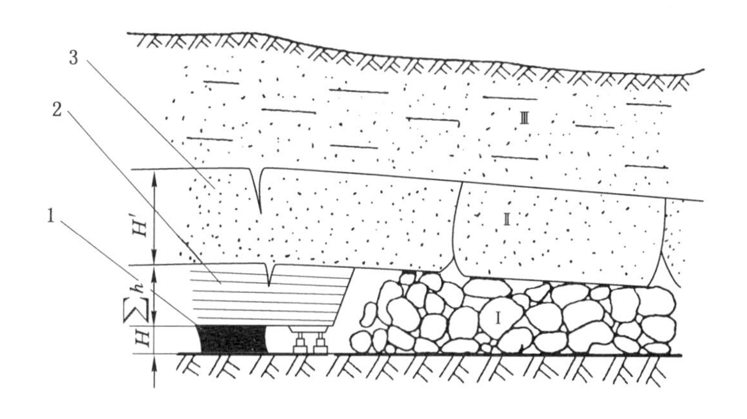

1—煤层；2—直接顶；3—基本顶；

Ⅰ—冒落带；Ⅱ—裂隙带；Ⅲ—弯曲下沉带。

图 3-4-1 采煤工作面顶板和矿压显现

二、顶底板稳定性特征及分类

（一）直接顶稳定性划分

直接顶是工作面支架首要的支护对象。对直接顶的稳定性评价，是支架结构和支护参数选择的首要依据。研究表明，影响顶板稳定性的主要因素是：

(1) 组成顶板岩石的坚硬程度和脆性特征。一般用单轴抗压强度表征其坚硬程度，用抗拉强度反映其脆性特征。

(2) 顶板岩层分层厚度和分层强度沿厚度的分布。涉及刚度较大的岩层（承载层）和刚度较小的岩层（随动层）的厚度及相对关系。

(3) 顶板岩体的完整程度。主要以节理弱面的发育程度来表征，包括分层厚度和节理特征（密度、方向、组数）。

以上 3 个指标是反映直接顶稳定性的基本要素。从岩层控制的需要出发，有必要对直接顶的稳定性进行实用性分类。

研究表明，直接顶初次垮落步距是综合反映其稳定性的权威性指标。直接顶初次垮落步距(l_z)与直接顶分层厚度、岩石单轴抗压强度、裂隙密度密切相关。直接顶稳定性分类指标见表 3-4-1。

表 3-4-1　　直接顶稳定性分类指标

项目	1 类（不稳定）		2 类（中等稳定）	3 类（稳定）	4 类（非常稳定）
	1a（极不稳定）	1b（较不稳定）			
基本指标	$l_z \leqslant 4$ m	4 m$< l_z \leqslant$8 m	8 m$< l_z \leqslant$18 m	18 m$< l_z \leqslant$28 m	28 m$< l_z \leqslant$50 m
辅助指标	泥岩、泥页岩；节理裂隙不发育；分层厚度 0.13～0.41 m；抗压强度小于 38 MPa；综合弱化常量 0.10～0.23	泥岩、碳质泥岩；节理裂隙较发育；分层厚度 0.15～0.42 m；抗压强度 10～60 MPa；综合弱化常量 0.18～0.38	致密泥岩、粉砂岩、砂质页岩、砂岩；节理裂隙不发育；分层厚度 0.16～0.86 m；抗压强度 26～66 MPa；综合弱化常量 0.18～0.42	砂岩、石灰岩；节理裂隙很少；分层厚度 0.33～1.0 m；抗压强度 32～99 MPa；综合弱化常量 0.28～0.59	致密砂岩、石灰岩；节理裂隙极少；分层厚度 0.37～1.1 m；抗压强度 22～56 MPa；综合弱化常量 0.37～0.59

（二）基本顶矿压显现分级

基本顶是指位于煤层直接顶之上，抗弯刚度较大，较难垮落的岩层或岩层组合，其运动特征对于综采工作面支架设计和选型有重要意义。研究表明，基本顶断裂对工作面压力显现的影响程度取决于以下因素：

(1) 基本顶初次或周期来压步距，它是基本顶厚度、抗拉或抗压强度及被裂隙弱化程度的综合反映；

(2) 直接顶垮落后的充填程度，通常用直接顶厚度与采高的比值表示；

(3) 采高，在直接顶厚度一定的情况下，采高愈大，矿压显现愈强烈。

引入基本顶分级界限 D_L，得到基本顶压力显现分级界限及相应的典型条件，见表3-4-2。

表 3-4-2　　基本顶压力显现分级界限及相应的典型条件

项目		基本顶压力显现等级				
					Ⅳ级	
		Ⅰ级（来压不明显）	Ⅱ级（来压明显）	Ⅲ级（来压强烈）	来压很强烈Ⅳa	来压极强烈Ⅳb
分级界限		$D_L \leqslant 895$	$895 < D_L \leqslant 975$	$975 < D_L \leqslant 1\ 075$	$1\ 075 < D_L \leqslant 1\ 145$	$D_L \geqslant 1\ 145$
典型条件	区间	N=1～2　3～4	N=1～2　3～4	N=1～2　3～4	N=1～2　3～4	N=1～2
	M=1	L_0<37　37～41	L_0=41～47　47～54	L_0=54～72　72～82	L_0=82～105　105～120	L_0>120
	M=2	L_0<30　30～34	L_0=34～38　38～43	L_0=43～58　58～66	L_0=66～85　85～96	L_0>96
	M=3	L_0<24　24～27	L_0=27～31　31～35	L_0=35～46　46～53	L_0=53～68　68～78	L_0>78
	M=4	L_0<19　19～22	L_0=22～27　27～31	L_0=31～41　41～47	L_0=47～55　55～62	L_0>62

注：L_0——基本顶初次来压步距，m；N——直接顶充填系数，为直接顶厚度与采高的比值；M——煤层开采厚度，m。

长壁工作面的开采边界条件，如周围未采、一侧采空、两侧采空等因素对围岩应力及基本顶断裂步距有一定的影响，特别是当基本顶初次来压步距超过工作面长度 1/2 时，影响显著。为此，需要进行基本顶初次来压步距的等效值计算。

（三）采煤工作面底板分类

对综采工作面围岩控制有重要影响的是直接底板对支架的抗压入特性。实测研究表明，底板抗压入特性可分为脆性、塑脆性和塑性类型。每种类型又可分为增阻型和降阻型两类，其共同特点是，在支架未压入底板前，底板具有线弹性特征，具有不同的抗压缩刚度，而支架或支柱压入底板后抗压缩刚度显著降低，顶板下沉量显著增大。

为便于进行底板控制的优化设计，需对底板进行分类。底板分类的基本原则是：根据实测的底板容许极限载荷作为基本指标、底板抗压入刚度作为辅助指标对工作面底板进行分类，以此作为支架选型和围岩可控性分类的基本依据，避免支架或支柱在相应类别工作面压入底板。采煤工作面底板分类标准见表 3-4-3。

表 3-4-3　　采煤工作面底板分类标准

底板类别		基本指标	辅助指标	参考指标
名称	代号	容许比压 p_p/MPa	容许刚度 S_p/(MPa/mm)	容许单向抗压强度 R_p/MPa
极软	Ⅰ	$p_p < 3.0$	$S_p \leqslant 0.10$	$R_p \leqslant 8.5$
松软	Ⅱ	$3.0 < p_p \leqslant 6.0$	$0.10 < S_p \leqslant 0.38$	$8.5 < R_p \leqslant 13.2$
较软	Ⅲa	$6.0 < p_p \leqslant 10$	$0.38 < S_p \leqslant 0.75$	$13.2 < R_p \leqslant 19.6$
	Ⅲb	$10 < p_p \leqslant 16$	$0.75 < S_p \leqslant 1.32$	$19.6 < R_p \leqslant 29.1$
中硬	Ⅳ	$16 < p_p \leqslant 32$	$1.32 < S_p \leqslant 2.82$	$29.1 < R_p \leqslant 54.6$
坚硬	Ⅴ	$p_p > 32$	$S_p > 2.82$	$R_p > 54.6$

第二节　液压支架参数确定

一、支架高度

一般应首先确定支架适用煤层的平均截割高度，然后确定支架高度。

支架最大结构高度

$$H_{max} = M_{max} + S_1 \tag{3-4-1}$$

支架最小结构高度

$$H_{min} = M_{min} - S_2 \tag{3-4-2}$$

式中　M_{max}、M_{min}——煤层最大、最小截割高度，mm。

S_1——考虑伪顶冒落的最大厚度。对于大采高支架取 200～400 mm，对于中厚煤层支架取 200～300 mm，对于薄煤层支架取 100～200 mm。

S_2——考虑周期来压时的下沉量，移架时支架的下降量和顶梁上、底板下的浮矸之和。对于大采高支架取 500～900 mm，对于中厚煤层支架取 300～400 mm，对于薄煤层支架取 150～250 mm。

支架的最大结构高度与最小结构高度之差为支架的调高范围。调高范围越大，支架适用范围越广，但过大的调高范围给支架结构设计造成困难，可靠性降低。支架最大结构高度和最小结构高度取值应符合规定。

支架最大结构高度和最小结构高度的确定，还要考虑立柱的稳定性。大采高支架采用双伸缩立柱，由于采高加大带来立柱偏心载荷和初始挠度加大，更易发生缸口渗漏和缸体带液等情况。因此，立柱全伸出状态应比普通支架的立柱留有更大的导向重合量。

支架的最大结构高度与最小结构高度之比称为支架的伸缩比。

$$K_s = H_{max}/H_{min} \tag{3-4-3}$$

二、支护强度和工作阻力

支架有效工作阻力与支护面积之比定义为支护强度。支护强度和工作阻力的确定是综采设备选型中最主要的问题之一，需要在液压支架与围岩力学相互作用研究的基础上，综合分析不同地质、技术条件下支护强度的确定方法。我国已制定了不同顶板等级的支护强度标准，支护强度除可按规定选用外，还可按经验公式估算。

$$q = KM\rho \times 10^{-5} \quad \text{MPa} \tag{3-4-4}$$

式中　K——作用于支架上的顶板岩石厚度系数，一般取 5～8；

M——采高，m；

ρ——岩石密度，一般取 2.5×10^3 kg/m³。

在截割高度大于 4.5 m 后，即使基本顶属于Ⅱ级，基本顶来压强度已升至来压强烈和剧烈程度，在选择液压支架支护强度及工作阻力时必须按支架承受基本顶来压强烈的载荷考虑，即按Ⅲ级或Ⅳ级基本顶来确定特大采高液压支架的支护强度和工作阻力。

支架支撑顶板的有效工作阻力为

$$Q = qF \times 10^3 \quad \text{kN} \tag{3-4-5}$$

式中　F——支架的支护面积，m²。

$$F = (L + C)(B + K) \quad \text{m}^2 \tag{3-4-6}$$

式中　L——支架顶梁长度，m；

C——梁端距，m；

B——支架顶梁宽度，m；

K——架间距，m。

根据我国研制使用大采高液压支架的经验，一般将以上公式计算的工作阻力再加上20%～30%的安全系数，其结果作为设计支架的工作阻力。

有效工作阻力与支架工作阻力之比值，称为支架的支撑效率 η。支撑式支架的支撑效率为 100%；掩护式和支撑掩护式支架，由于顶梁与掩护梁铰接，立柱斜撑，故支撑效率总是小于 1，初选支架时可取 80%左右。

三、中心距和宽度

由于工作面液压支架与刮板输送机配套连接，因而支架中心距一般与工作面输送机一节中部槽长度相等。目前液压支架中心距有 1.25 m、1.5 m、1.75 m 和 2.05 m 四种。大采高(≥5 m)、高工作阻力(≥9 000 kN)支架一般采用 1.75 m 中心距，特大采高(≥6.5 m)液压支架中心距宜采用 2.05 m。为适应中小煤矿工作面快速搬家的要求，轻型支架中心距可采用 1.25 m。

影响支架中心距的因素主要有：

(1) 支架稳定性。加大中心距可使支架底座接底宽度增大，从而提高支架在工作面有倾角工况下的适应能力。同时由于结构件几何宽度增加，也使支架自身结构的侧向稳定性得到提高。

(2) 结构布置。支架采高加大，相应工作阻力提高，质量加大，立柱和推移千斤顶缸径也相应增大，结构布置要求支架中心距加大。

(3) 经济技术合理性。大采高工作面的长度一般较长，在 300 m 左右。加大支架中心距有利于加快工作面推进速度，减少液压元件数量，降低工作面支架故障。

支架宽度是指顶梁的最小和最大宽度。宽度的确定应考虑支架的运输、安装和调架要求。支架顶梁一般装有活动侧护板，侧护板行程一般为 170～200 mm。当支架中心距为 1.5 m 时，最小宽度一般取 1 400～1 430 mm，最大宽度一般取 1 570～1 600 mm。当支架中心距为 1.75 m 时，最小宽度一般取 1 650～1 680 mm，最大宽度一般取 1 850～1 880 mm。

四、初撑力

初撑力大小对支架的支护性能和成本都有很大影响。较大的初撑力能使支架较快达到工作阻力，减慢顶板的早期下沉速度，增加顶板的稳定性。但对乳化液泵站和液压元件的耐压要求提高。

由式(3-2-1)可知，液压支架的初撑力取决于泵站工作压力、立柱数和立柱的缸径。若要提高支架的初撑力，可以采取以下几个措施：

(1) 增加立柱数，即支架的立柱数越多，初撑力越大，但增加立柱数会使支架尺寸变大，结构更加复杂，所以一般不用此方法来实现初撑力的提高。

(2) 加大立柱的缸径。目前国内立柱缸径已到 600 mm，这种办法可以实现初撑力的提高。

(3) 提高泵站工作压力。即泵站压力越高，初撑力越大。通过提高泵站工作压力来实现支架初撑力的提高，是目前发展的趋势。

一般取初撑力为支架工作阻力的(0.6～0.8)倍。

五、移架力和推移力

移架力与支架结构、质量、煤层厚度、顶底板性质等有关。移架力一般为支架重量的2.5～3倍。一般薄煤层支架的移架力为100～150 kN；中厚煤层支架为150～300 kN；厚煤层支架为300～400 kN。推移力一般为100～150 kN。

当推移千斤顶与刮板输送机、液压支架采用一般连接时，推移力大于移架力。当推移千斤顶采用倒装，与刮板输送机、液压支架连接时的移架力大于推移力。

六、梁端距和顶梁长度

支架升降时顶梁的运动轨迹是由四连杆机构决定的，即由顶梁与掩护梁铰点E的轨迹所决定。梁端距(图3-4-2)指移架后顶梁端部至煤壁的距离。梁端距是考虑由于工作面顶板起伏不平造成输送机和采煤机的倾斜，以及采煤机割煤时垂直分力使摇臂和滚筒向支架倾斜，为避免割顶梁而留的安全距离。支架高度越大，梁端距也应越大。

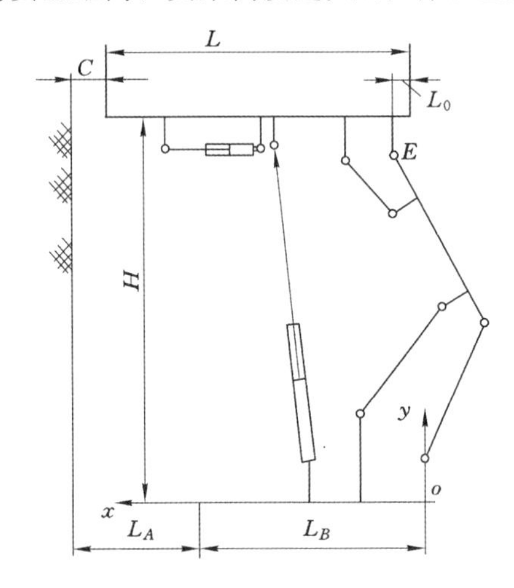

图3-4-2　液压支架尺寸关系

当采用即时支护方式时，一般大采高支架梁端距应取350～480 mm，中厚煤层支架梁端距应取280～340 mm，薄煤层支架梁端距应取200～300 mm。

顶梁长度受支架形式、配套采煤机截深(滚筒宽度)、刮板输送机尺寸、配套关系及立柱缸径、通道要求、底座长度、支护方式等因素的制约。减小顶梁长度，有利于减小控顶面积，增大支护强度，减少顶板反复支护次数，保持支架结构紧凑，减轻重量。

当采用即时支护方式时，一般大采高支架梁端距应取350～480 mm，中厚煤层支架梁端距应取280～340 mm，薄煤层支架梁端距应取200～300 mm。

顶梁长度受支架形式、配套采煤机截深(滚筒宽度)、刮板输送机尺寸、配套关系及立柱缸径、通道要求、底座长度、支护方式等因素的制约。

$$L = L_A + L_B - x_E + L_0 - (C + C_d) \tag{3-4-7}$$

式中　L_A——刮板输送机与采煤机的配套尺寸，mm；

L_B——底座长度，mm；

x_E——顶梁与掩护梁铰接点相对于后连杆下铰点的水平距离，mm；

L_0——顶梁与掩护梁铰接点后段的水平尺寸，mm；

C——梁端距，mm；

C_d——采煤机截深。

当采用即时支护方式时，$C_d=0$；当采用滞后支护方式时，C_d 等于采煤机截深。

减小顶梁长度，有利于减小控顶面积，增大支护强度，减少顶板反复支护次数，保持支架结构紧凑，减轻重量。

第三节　综采工作面设备配套

综采工作面系统集成配套主要包含工作面采煤、运输、支护、供液、供电、防尘等系统相关设备的选型与配套关系的协调设计，同时满足工作面排水、通风、防火、监测监控等系统的要求。综采工作面设备的合理选型配套，是充分发挥设备生产效能，保证工作面高产高效和经济安全生产的基本前提。综采工作面成套设备是结构上相互联系、功能上相互配合、运动上协调一致的有机整体。

综采工作面系统集成配套的基本内容如图 3-4-3 所示。

一、综采工作面设备集成配套基本原则

(1) 煤矿综采工作面系统集成配套设计应以煤层赋存条件、开采方法选择、工作面长度、机采高度、巷道断面尺寸、矿井建设目标等为主要依据。

(2) 煤矿综采工作面系统集成配套设计应以本质安全性、技术可行性、经济合理性、设备可靠性、设备技术前瞻性为基本原则。

(3) 煤矿综采工作面系统集成配套设计应与矿井整体系统设计相匹配。

(4) 综采设备及配套的供液、供电、排水、通风、防尘、防火、监测监控等辅助设备的技术参数应适应工作面煤层赋存条件，满足工作面开采高度、长度、倾角、矿山压力、瓦斯、煤尘、防灭火等要求，同时还应满足巷道尺寸、巷道布置方式(机轨合一布置或机轨分开布置)、设备下井与井下运输尺寸等要求。

(5) 综采设备及配套辅助设备的尺寸、功能、能力、寿命应能够相互协调匹配，工作面主要综采设备的大修周期应大于一个综采工作面的开采时间，其他辅助设备的维修周期与寿命应满足工作面生产的需要。

(6) 综采设备应具有较高的可靠性、通用性与技术前瞻性，设备的生产能力应大于工作面生产能力，并考虑综采设备全寿命服务周期对设备产能的要求，避免设备的生产能力富裕系数过大或过小。综采工作面设备应能够满足左、右工作面互换的需要。

(7) 大采高综采、大采高综放、特大采高综采、特大采高综放工作面设备应具有较高的稳定性，其中大采高综采与特大采高综采工作面两端头过渡段优先选择大梯度一次性过渡配套方式，提高煤炭资源回采率；大采高综放、特大采高综放工作面设备应满足采放高度比、煤炭资源回采率等要求。大采高综采、大采高综放、特大采高综采、特大采高综放工作面需要配套可靠的煤壁防护装置，防止发生煤壁片帮伤人等安全事故。

(8) 大倾角综采、大倾角综放工作面设备应适应大倾角工作面对设备装机功率、稳定性、安全防护等的要求，配套可靠的防倒、防滑和防飞矸装置与措施。

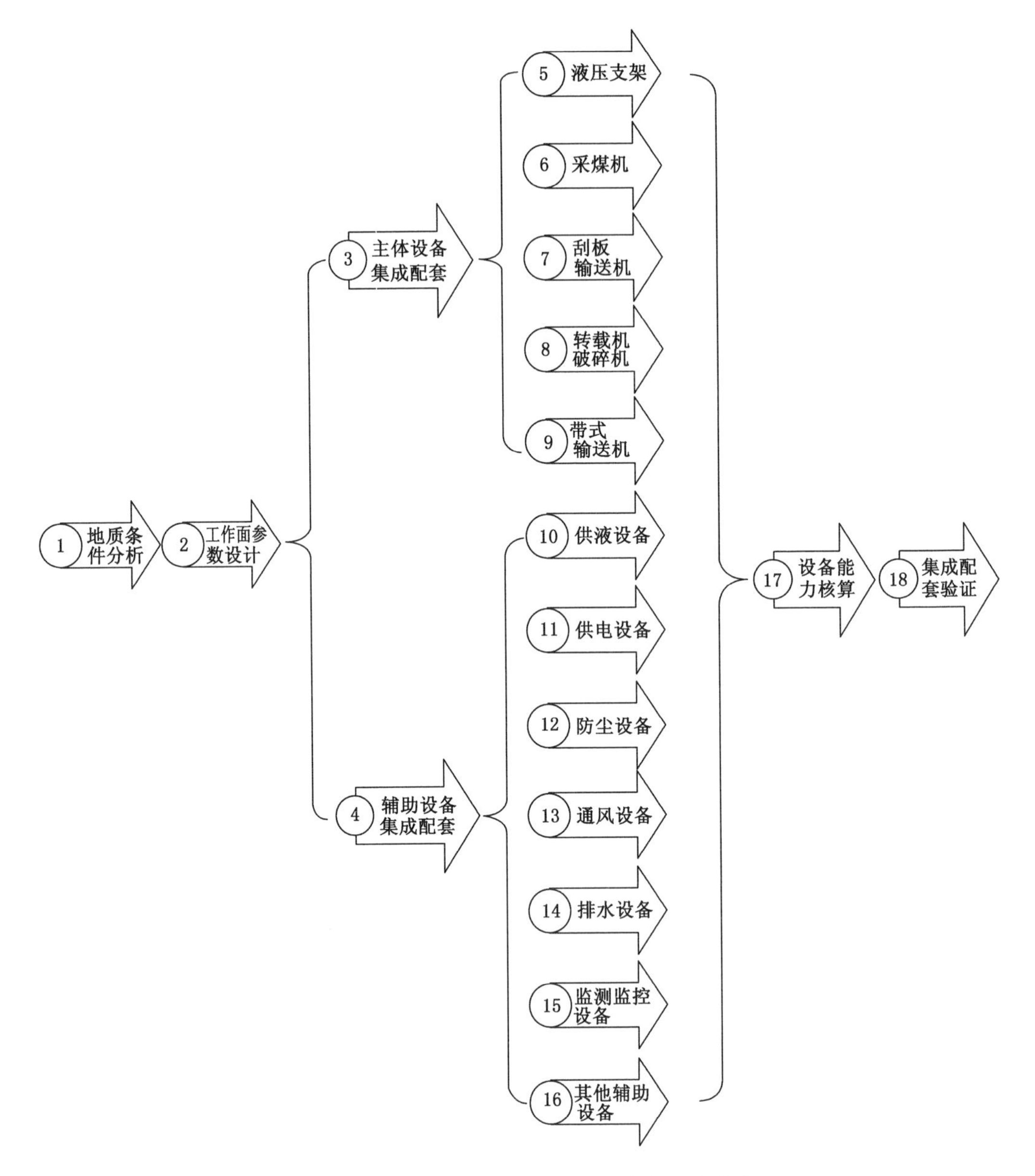

图 3-4-3　综采工作面系统集成配套的基本内容

(9) 应选择通信接口、协议等开放的设备，保证设备之间能够实现通信与协调控制。

二、综采设备生产能力配套

(1) 采煤机生产能力应与工作面的生产任务要求相适应，不小于工作面设计生产能力。

(2) 工作面刮板输送机的输送能力应大于采煤机的生产能力。

(3) 转载机的输送能力应大于工作面刮板输送机的输送能力。

(4) 破碎机的破碎能力应与工作面生产中可能出现的大块煤岩等状况相适应，不小于转载机输送能力。

(5) 带式输送机的输送能力应大于转载机的输送能力。

（6）液压支架的移架速度应与采煤机的牵引速度相适应。

（7）乳化液泵站输出压力与流量应满足液压支架初撑力及其移架速度要求。

（8）液压支架移架方式应与综采工作面生产能力相适应。

（9）平巷、上（下）山运输系统以及采区车场能力都应和综采工作面生产能力相适应。

（10）综采工作面生产能力应和供风量一致。

三、综采设备性能配套

综采工作面设备性能配套，主要解决各设备性能间相互制约的问题，从而充分发挥设备性能，以满足高效生产的需要。

（一）输送机与采煤机性能配套

（1）工作面输送机的结构形式及附件必须与采煤机的结构形式相匹配，如采煤机的行走机构、滑靴结构与输送机中部槽的匹配效果。

（2）采煤机过煤高度和下切深度满足要求，采煤机摇臂与输送机机头、机尾的匹配满足自开切口的需要。

（3）刮板输送机机头和机尾处宜布置变线槽，保证采煤机与刮板输送机在机头和机尾处不存在干涉。

（4）采煤机在刮板输送机弯曲段或过渡段上运行时能满足截割三角煤的需要。

（二）输送机与液压支架性能配套

（1）输送机的中部槽与液压支架的推移千斤顶连接装置的间距和连接机构相匹配。

（2）刮板输送机机头和机尾传动部处需布置过渡支架，其形式和尺寸应满足刮板输送机传动部安装更换和架前行人通道的通畅要求。

（3）刮板输送机机头、机尾应根据配套需要布置过渡支架，过渡支架与电动机减速器各部位最小间隙应满足要求。

（三）采煤机与液压支架性能配套

（1）采煤机的截割高度范围与支架最大结构高度和最小结构高度相适应。

（2）液压支架的推移行程应保证刮板输送机推移步距和采煤机截深一致。

（3）最小截割高度时采煤机与液压支架顶梁下沿的过机间隙满足要求。

四、综采设备结构尺寸配套

综采设备结构尺寸配套指工作面综采设备间的空间位置关系、几何结构尺寸关系配套，主要包括工作面“三机”中部断面、机头段、机尾段配套。如果工作面采用端头支架支护，还应考虑端头支架与刮板输送机和转载机的配套。

设备结构尺寸配套的目的是在已选型设备的基础上，保证各配套设备（采煤机、液压支架和刮板输送机）啮合正常，空间位置关系与几何结构尺寸合理，各设备间不能有干涉现象或有影响工作面正常生产的因素，实现各设备的优化配置，使各设备发挥出各自的能力和性能，提高成套设备的可靠性、稳定性和协调性。

工作面机头、机尾断面配套主要解决的问题是采煤机割透机头、机尾处底板三角煤，保证工作面煤流运行流畅，保证支架充分接顶。工作面“三机”中部断面尺寸配套如图3-4-4所示，采用不同高度的行走箱，采煤机可以获得不同的机面高度，以适应不同的截割高度范围。

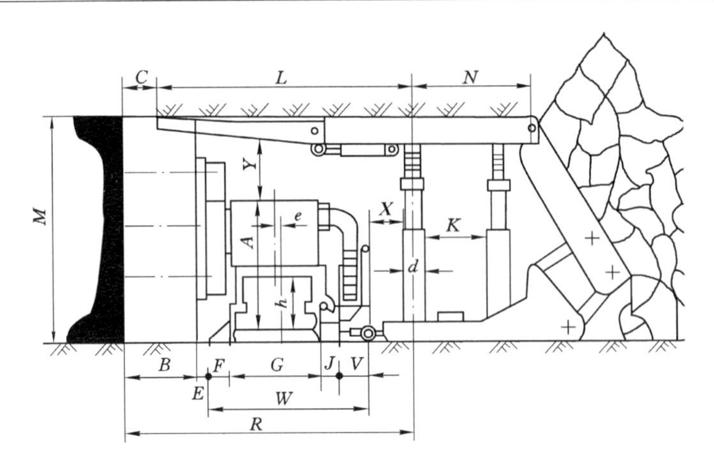

图 3-4-4　工作面“三机”中部断面尺寸配套

（一）支架支撑高度 H 与采煤机机面高度 A 之间的关系

如图 3-4-4 所示，当采煤机处于支架最小支撑高度 H_{min} 的情况下，其机面至支架顶梁底面仍要保持一个过机高度 Y 值，通常 $Y \geqslant 200$ mm。

$$Y = H_{min} - (A + \delta) \tag{3-4-8}$$

式中　δ——顶梁厚度，mm。

若机面高度 A 过大，超过了支架最小支撑高度，煤层变薄时支架可能降不下来，采煤机就会截割顶板；若 A 过小，则导致采煤机与输送机中部槽间的过煤高度 h 值过小，煤流通过困难。综合两方面考虑，应保证过煤高度在 250～300 mm 范围内，以便煤流顺利从采煤机下通过。

（二）综采工作面设备横向配套尺寸

综采工作面的机道宽度就是割煤并移架后从支架前柱中心线至煤壁的距离，因此，综采工作面机道宽度就是无立柱空间宽度 R。采用及时支护的综采工作面机道宽度应包括一个截深的宽度。如图 3-4-4 所示，由图可知

$$R = B + E + W + X + d/2 \tag{3-4-9}$$

式中　B——截深，mm；

E——煤壁与铲煤板间应留的间隙，一般取 100～150 mm；

W——工作面输送机宽度，mm；

X——支架前柱与输送机电缆槽间的距离，一般为 150～200 mm；

d——立柱外径，mm。

为了减小无立柱空间宽度 R，保证铲煤板端与煤壁间距离 E 及采煤机电缆拖移装置对准输送机的电缆槽，采煤机机身中心线常相对于输送机中部槽中心线向煤壁方向偏移一距离 e，其大小随机型而定。

从安全的角度出发，无立柱空间宽度 R 越小越好。为了防止移架后支架前柱与电缆槽相碰且保证采煤机司机的人身安全，前柱与电缆槽之间必须留有间隙，一般取 X=150～200 mm。

根据《煤矿安全规程》的规定，人行道宽度 $K \geqslant 800$ mm，人行道的位置可设在前后柱之间，也可设在前柱与输送机之间，因设备而异。

从顶梁尺寸看，$R=L+C$，L 为顶梁悬臂长度，C 为梁端距。梁端距越小越好，以增大支架对顶板的覆盖率，但由于底板沿走向起伏不平会导致上滚筒倾斜而截割顶梁，因此必须保持一定的梁端距，一般 $C=250\sim350$ mm（薄煤层取小值）。顶梁后部尺寸 N 与支架结构有关。

液压支架梁端距应保证采煤机仰采达 5°时，滚筒与液压支架顶梁前端有不小于 50 mm 的间隙，梁端距 C 按下式计算：

$$C = H\tan5^\circ + (B_1 - B_2) + 50 \tag{3-4-10}$$

式中　C——梁端距，mm；

H——支架最大高度，mm；

B_1——采煤机滚筒最大宽度，mm；

B_2——支架推移输送机步距，mm。

推移千斤顶的行程应较截深大 100～200 mm，以保证在液压支架与输送机不垂直时也能移输送机、拉架够一个截深。

五、配套的验证

首次配套设备下井前应在地面进行成套设备的联合试运转，保证工作面顺利安装应用。

地面联合试运转设备铺设长度应不小于 30 m，铺设设备需包含液压支架、采煤机、刮板输送机以及其他主要配套设备（如中部、过渡、端头、超前等液压支架，刮板输送机部分中部槽，机头、机尾所有变线槽等），检验整套设备是否符合工作面设备总体布置要求。

验证单机设备应具有的所有功能，检验设备在组装、空载运转过程中存在的问题。单机设备在独立运转合格后，方可进行整套设备联合试运转。

整套设备联合试运转，首先检验各设备是否按照配套图纸生产，再检验设备配套关系是否正确，连接方式是否合理，检修空间是否合适，操作方式是否合理，自动控制方式是否安全可靠，工作面信号传输、接收、显示是否正常，整套装备运转状态是否正常。

复习思考题

1. 简述顶底板稳定性特征及分类。
2. 解释液压支架调高范围、伸缩比、支护强度、支撑效率概念。
3. 说明液压支架主要参数的确定方法。
4. 简述综采工作面设备配套的原则。

第五章　液压支架使用维护

液压支架是综合机械化采煤工作面的重要设备,使用前操作人员需经过培训,了解支架的基本结构和工作原理,为设备的正常使用提供保证。

第一节　液压支架操作

液压支架一般都具有升架、降架、移架和推移输送机四个基本动作,根据需要,会有调架、防倒、防滑等辅助动作。

一、升架

升架时先将操纵阀打到升架阀位,使支架升起撑紧顶板,当支撑力达到支架初撑力时,再将操纵阀打回中位。升架时要确保立柱下腔液体压力达到泵站额定压力后,才能将操纵阀打回中位。

二、降架

降架时先将操纵阀打到降架阀位,当支架降至所需高度时,即将操纵阀打回中位,以停止降架。降架时,要注意观察与邻架的关系,控制降架高度。正常情况下,降架高度不超过300 mm。

三、移架

支架的前移是以输送机为支点,靠推移千斤顶的收缩来实现的。移架时将操纵阀打到移架阀位,当前移一个步距后,再将操纵阀打回中位,支架即处于新的工作位置上。

在采用没有液控单向阀的推移液压系统时,为了保证移架时输送机不后退,操作时需要先把相邻支架的操纵阀打到推移输送机阀位后,再移动本架支架。

在移架过程中容易发生支架倾倒现象,所以必须注意观察支架的工作状态、顶底板变化等情况,一旦发生倒架事故,应立即处理。根据具体情况,可采用斜撑柱扶架、千斤顶扶架或绞车拉架等方法。

当工作面顶板条件较好时,移架工作可滞后采煤机后滚筒 1.5 m 左右进行,一般不超过 5 m。当顶板较破碎时,移架工作则应在采煤机前滚筒割煤后立即进行,以便及时支护新暴露的顶板,防止发生局部冒顶。移架方式有脱顶移架、擦顶移架和边降边移三种。移架方式主要根据顶板情况和支架结构来确定。

四、推移输送机

前推输送机是以支架为支点,靠推移千斤顶的伸出来实现的。推移输送机时,先将操纵阀打到推移输送机阀位,当前推一个步距后,再将操纵阀打回中位。

推移输送机一般滞后采煤机割煤滚筒 10～15 m(约 8～10 架支架)进行。推移输送机时,根据工作面具体情况,可采用逐架推移输送机、间隔推移输送机或几架同时推移输送机等方式。推移输送机时应注意调整推移步距，使输送机除推移段有弯曲外，其他部分应保证平直。

五、液压支架辅助动作

（一）侧护

掩护式支架和支撑掩护式支架都设有侧护板，以防止架间漏矸和方便调架。正常情况下，侧护板靠弹簧力作用向外伸出，使支架间互相靠紧。当需要调架或扶架时，通过侧推千斤顶使侧护板伸出，即可实现调架或扶架。调架一般在安装和移架过程中进行，要尽量保持支架间距相等。由于工作面不直、微斜、长度变化及支架下滑等因素的影响，支架的间距经常发生变化。如果间距变宽，则容易引起架间悬露顶板的冒落；如果间距变窄，则移架时容易发生顶梁碰撞、卡架，甚至损坏支架部件。因此，要随时注意对支架间距的调整。

（二）护帮

护帮装置靠护帮千斤顶控制。工作时，操作操纵阀使护帮千斤顶伸出，护帮板摆动到与煤壁紧贴位置。采煤机通过时，护帮千斤顶缩回，将护帮板收回。

（三）调架

支架一般都设有调架千斤顶，它安装在相邻支架底座之间。厚煤层支架由于支撑高度高、质量大，在底座一侧还设有侧推调架千斤顶。调架千斤顶配合支架侧推千斤顶和侧护板千斤顶共同动作进行调架。

（四）平衡千斤顶

平衡千斤顶是掩护式液压支架的一个重要部件，能否正确使用它，对支护效果影响很大。

(1) 在空载条件下或移架过程中，用平衡千斤顶的拉力保持顶梁呈水平状态或所需要的角度，可以使相邻支架保持良好的密封状态，防止窜矸，使移架顺利进行。

(2) 利用平衡千斤顶的推拉力，改变支架支撑力的作用位置。当平衡千斤顶呈推力时，可增大顶梁前部的支撑力，有利于支撑和维护较破碎的顶板；当平衡千斤顶呈拉力时，使顶梁后部支撑力提高，增强了支架的切顶能力。

(3) 根据工作面顶底板状况，用平衡千斤顶调整支架的顶梁，使顶梁与顶板接触良好，以改善支护状况。

(4) 平衡千斤顶推拉力的大小能明显改变支架底座对底板的比压。

六、液压支架存储和运输

(1) 支架检验合格后，各接头开口处应加装封闭堵塞；支架降到运输状态高度，活动侧护板和护壁机构收回，推移机构缩回，同时使支架主进、回液管的两端插入本架平面截止阀的接口内，使架内管路系统成封闭状态。

(2) 支架在气温低于 0 ℃运输时，各液压元件和液压系统内均应更换防冻液。条件许可时排净液压缸及管路系统的乳化液即可。

(3) 支架下井前应准备吊具和专用平板车，并在地面进行吊装试验。

(4) 支架搬运时，各零部件必须捆紧、系牢、轻吊、轻放，不得使高压软管或其他部件露出架体之外，以防损坏。

(5) 支架应在库房或有遮盖的条件下贮存。凡存放三个月以上者，要重新更换液压系统和元件中的工作液。

七、液压支架使用注意事项

(1) 操作者必须经过培训，熟悉支架性能、结构及各元件的性能和作用，熟练准确地按操作规程进行各种操作。

(2) 移架之前，要认真清理架前、架内的浮煤和碎矸，以免影响移架。

(3) 认真检查管路有无被砸、被挤情况，防止胶管和接头损坏。

(4) 认真检查顶梁与掩护梁，掩护梁与连杆，连杆与底座，立柱、千斤顶与架体间的连接销子有无脱落、窜出、弯曲现象，并及时处理。

(5) 爱护设备，不允许用金属件、工具等硬物碰撞液压元件，尤其要避免碰伤立柱、千斤顶活塞杆的镀层。

(6) 液压支架工作面一般不允许爆破，如遇特殊情况必须爆破时，应对爆破区域内的支架立柱、千斤顶、软管等采取可靠的保护措施，并经支架工严格、认真检查同意后方可爆破。爆破后，要加大通风量，尽快排除有害气体和煤尘。

(7) 操作动作完成后，将手柄放回原位，以免发生误动作。

(8) 支架的各种阀类以及各种液压缸，均不允许在井下调整和解体修理。若有故障时，只能用合格的同类组件更换。

(9) 井下更换零部件时，要关闭截止阀，使受检支架与主供、回液管路断开，严禁带压作业。

(10) 备用的各种软管、阀类、液压缸等都必须用堵头封好油口，只允许在使用地点打开。使用前，接头部分必须用乳化液清洗干净。

(11) 如果工作面支架较长时间不需供液时，应关闭泵站。

(12) 当底板出现台阶时，支架工必须采取措施，把台阶的坡度减缓。若底板松软，支架下陷到输送机的水平以下时，要用木楔垫好底座，或用抬架机构调正底座。

(13) 若顶板出现冒落空洞，应及时用坑木或板皮塞顶，使支架顶梁能较好地支撑顶板。

(14) 应根据不同水质，选用适当牌号的乳化油，按5%：95%的油水比例配制乳化液。在使用过程中，应经常检查其性能。

(15) 当需要用支架起吊输送机中部槽时，必须将该架和左右相邻的几架支架的推移千斤顶与输送机的连接销脱开，以免在起吊过程中将千斤顶的活塞杆蹩弯。

(16) 应经常保持底板上没有浮煤、浮矸，以保持支架实际的支撑能力，有利于管理顶板。

(17) 要注意及时清除支架顶梁上冒落的坚硬石块，使支架保持良好接顶状况，防止支架顶梁遭到破坏。

(18) 调架时，要注意保持支架顶梁和底座相对位置正确，特别是支撑高度较大的支架，严防顶梁和底座产生相对横向移位，以免支架受力状态恶化。

(19) 使用液压支架时，要随时注意采高的变化，防止支架“压死”事故。支架被“压死”，就是活柱完全被压缩，而没有行程，支架无法降柱，也不可能前移。使用中要及早采取措施，进行强制放顶或加强无立柱空间的维护。在顶板冒落处，必须用木垛填实，浮煤、浮矸要清理干净，使支架处于正常工作状态。一旦出现“压死”支架情况，有以下三种处理方法：

① 利用一根辅助千斤顶(推移千斤顶或备用的立柱)与被“压死”的立柱串联，当给辅助千斤顶供液时，则被“压死”的立柱下腔压力增大。这样反复升柱，待顶板稍有松动、活柱稍

有小量行程时，就可拉架前移。

② 爆破挑顶。在用上法仍不能拉架时，如果顶板条件允许，则采用放小炮挑顶的办法来处理。爆破要分次进行，每次装药量不宜过多。只要能使顶板松动，立柱稍微升起，就可拉架前移。

③ 爆破拉底。在顶板条件不好，不适于挑顶时，可采用拉底的办法。它是在底座前的底板处打浅炮眼，装小药量进行爆破，将崩碎的底板岩石块掏出，使底座下降。当立柱有小量行程时，就可拉架前移。在顶板破碎的情况下，用拉底的方法处理压架时，为了防止局部冒顶，可在支架两侧设临时抬棚。

（20）液压支架使用时要注意解决初撑力偏低的问题。初撑力偏低的主要原因是乳化液泵站压力低，系统漏液，操作时充液时间短。所以操作者要随时检查调整泵站供液压力，防止系统漏液。操作时，要特别注意掌握充液时间，达到初撑力后方可把手柄拉到中位。使用初撑力保持阀，在技术上比较好地解决了初撑力大小的控制问题。

第二节　液压支架维护与保养

综采设备投资较大，为了延长其服务期限，保证支架能可靠地工作，除了严格遵守操作规程之外，还必须对液压支架加强维护保养和及时进行检查维修，使支架经常处于完好状态。

一、液压支架完好标准

（1）支架的零部件齐全、完好，连接可靠合理。

（2）立柱和各种千斤顶的活塞杆与缸体动作可靠、无损坏、无严重变形、密封良好。

（3）金属结构件无影响正常使用的严重变形，焊缝无影响支架安全使用的裂纹。

（4）各种阀密封良好，不窜液、漏液，动作灵活可靠。安全阀的压力符合规定数值，过滤器完好，操作时无异常声音。

（5）软管与接头完好无缺、无漏液、排列整齐、连接正确、不受挤压，U 形销完好无缺。

（6）泵站供液压力符合要求，所用液体符合标准。

二、液压支架五检内容和要求

液压支架五检：班随检、日小检、周中检、月大检、总检。

（1）班随检：生产班维修工跟班随检，着重维修保养支架和处理一般故障。

（2）日小检：检修班维护和检修支架上可能已发生的故障部位和零部件，基本上能保证三个班正常生产。

日小检的内容和要求如下：

① 液压支架系统有无漏液、窜液现象，发现立柱和前梁有自动下降现象时，应寻找原因并及时处理。

② 检查所有千斤顶和立柱用的连接销，看其有无松脱，如有要及时紧固。

③ 检查所有软管，如有堵塞、卡扭、压埋和损坏，要及时整理更换。

④ 检查立柱和千斤顶，如有弯曲变形和伤痕要及时处理，影响伸缩时要修理或更换。

⑤ 推移千斤顶要垂直于工作面输送机，其连接部分要完好无缺，如有损坏要及时处理。

⑥ 当支架动作缓慢时，应检查其原因，及时更换堵塞的过滤器。

(3) 周中检:对设备进行全面维护和检修,对损坏、变形较大的零部件和漏、堵的液压件进行“强制”更换。

(4) 月大检:在周检的基础上每月对设备进行一次全面检修,统计出其完好率,找出故障规律,采取预防措施。

(5) 总检:一般在设备换岗时进行,主要是统计设备完好率,验证故障规律,找出经验教训,特别要处理好在井下不便处理的故障,使设备处于完好状态。

三、液压支架保养

(1) 组建维修队伍,配备与维修量相适应的设备和必需的试验设备。

(2) 建立健全设备维护检修制度,并认真贯彻执行。

(3) 分台建立设备技术档案,以便掌握设备质量状况,积累经验,为科学管理综采设备提供依据。

(4) 液压系统维修原则是:井下更换,井上检修。

(5) 任何人不得随意调整安全阀工作压力,不允许随意更改管路的连接系统。

(6) 没有合格证书或检修后未经调压试验的安全阀,不允许使用。

(7) 处理单架故障时,要关闭本架的截止阀;处理总管路故障时,要停开泵站,不允许带压作业。

(8) 液压件装配时必须清洗干净,相互配合的密封面要严防碰伤。

(9) 组装密封件时应注意检查密封圈唇口是否完好,密封圈与挡圈的安装方向是否正确,密封件通过的加工件上应无锐角和毛刺。

(10) 准备足够的安装工具,凡需要专用工具拆装的部位必须使用专用工具。

(11) 井下检修设备要各工种密切配合,注意安全,检修后要认真动作几次,确认无误之后方可使用。

(12) 检修人员必须经过培训,考试合格后才能上岗。

(13) 检修完的部件按标准中的有关条款进行试验,未经检查合格的不允许投入使用。

第三节　液压支架故障处理

液压支架常见故障及处理方法列于表 3-5-1。

表 3-5-1　液压支架常见故障及处理

部位	故障现象	可能原因	处理方法
立柱	乳化液外漏	(1) 密封件损坏或尺寸不合适; (2) 沟槽有缺陷; (3) 接头焊缝有裂纹	(1) 更换密封件; (2) 处理缺陷; (3) 补焊
	不升或升速慢	(1) 截止阀未打开或打开不够; (2) 泵压低、流量小; (3) 立柱外漏或内窜液; (4) 系统堵塞; (5) 立柱变形	(1) 打开截止阀并开足; (2) 查泵压、液源和管路; (3) 更换; (4) 清洗和排堵; (5) 更换

续表 3-5-1

部位	故障现象	可能原因	处理方法
立柱	不降或降速慢	(1) 截止阀未打开或打开不够； (2) 液控单向阀打不开； (3) 操纵阀动作不灵； (4) 顶梁或其他部位有蹩卡； (5) 管路有泄漏、堵塞	(1) 打开截止阀并开足； (2) 检查压力是否过低，管路有无堵塞； (3) 清理手把处堵塞的矸尘或更换操纵阀； (4) 排除障碍物并调架； (5) 排除漏、堵或更换管路
	自降	(1) 安全阀泄液或调定压力值低； (2) 液控单向阀不能闭锁； (3) 立柱至阀连接板一段管路有泄漏； (4) 立柱内泄漏	(1) 更换； (2) 更换； (3) 查清，更换、检修； (4) 其他原因排除后仍降，则更换立柱
	支撑力达不到要求	(1) 泵压低； (2) 操作时间短，未达到泵压即停止供液； (3) 安全阀调压低，达不到工作阻力； (4) 安全阀失灵	(1) 调泵压，排除管路堵塞； (2) 操作时充液足够； (3) 更换安全阀，并按要求调定安全阀开启压力； (4) 更换安全阀
千斤顶	不动作	(1) 截止阀未打开或管路过滤器堵塞； (2) 千斤顶变形、不能伸缩； (3) 与千斤顶连接件蹩卡	(1) 打开截止阀、清除堵塞的过滤器； (2) 更换； (3) 排除蹩卡
	动作慢	(1) 泵压低； (2) 管路堵塞； (3) 几个动作同时操作，造成短时流量不足	(1) 检修泵并进行调压； (2) 排除堵塞； (3) 协调操作，尽量避免过多的动作同时操作
	个别联动现象	(1) 操纵阀窜液； (2) 回液阻力影响	(1) 检修或更换操纵阀； (2) 发生于空载情况，不影响支撑
操纵阀	作用力达不到要求	(1) 泵压力低； (2) 操作时间过短，未达到泵站压力； (3) 闭锁液路漏液，达不到额定工作压力； (4) 安全阀开启压力低； (5) 阀、管路漏液； (6) 单向阀、安全阀失灵，造成闭锁超阻	(1) 调整泵压力； (2) 延长操作时间； (3) 更换漏液元件； (4) 调定安全阀的工作压力； (5) 检修或更换阀和管路； (6) 检修或更换单向阀和安全阀
	漏液	(1) 密封件损坏或规格不对； (2) 沟槽有缺陷； (3) 焊缝有裂纹	(1) 更换密封件； (2) 处理缺陷； (3) 补焊
	不操作时有液体流动或有活塞杆缓动现象	(1) 钢球与阀座密封不好，内部窜液； (2) 阀座上密封件损坏； (3) 阀座密封面有污物	(1) 更换； (2) 更换； (3) 多动作几次，如果无效则更换
	操作时液流声大，且立柱、千斤顶动作缓慢	(1) 阀芯端面不平，与阀垫密封不严，进、回液窜通； (2) 阀垫、中间阀套处密封件损坏	更换
	阀体外渗液	(1) 接头和片阀间密封件损坏； (2) 连接片阀的螺钉、螺母松动； (3) 端面密封不好，手把端套处渗漏	(1) 更换； (2) 拧紧螺母； (3) 更换

续表 3-5-1

部位	故障现象	可能原因	处理方法
操纵阀	操作手把折断	(1) 重物碰击； (2) 与片阀垂直方向重压手把； (3) 材质、制造缺陷	更换
	手把不灵活，不能自锁	(1) 手把处掉进碎矸、煤粉过多； (2) 压块或手把工作凸台磨损； (3) 手把摆角小于 80°	(1) 及时清理，采取防护措施； (2) 更换； (3) 摆足角度
液控单向阀和双向锁	不能闭锁液路	(1) 阀与安全阀结合面密封损坏； (2) 密封垫损坏； (3) 液中杂质卡住，不密封； (4) 卸载顶杆卡住，没有复位； (5) 与之配套的安全阀损坏	(1) 检修，更换； (2) 更换； (3) 充液几次，仍不密封则更换； (4) 更换顶杆及复位弹簧； (5) 更换
	闭锁腔不能回液，立柱、千斤顶不能回缩	(1) 顶杆变形、折断，顶不开钢球； (2) 控制液路阻塞，不通液； (3) 顶杆处密封件损坏，向回路窜液； (4) 顶杆与套或中间阀卡塞，使顶杆不能移动	(1) 更换； (2) 拆检控制液管，保证畅通； (3) 更换，检修； (4) 拆检
安全阀	达不到调定工作压力就开启	(1) 未按要求调定开启压力； (2) 弹簧疲劳； (3) 井下调定	(1) 重新调定； (2) 更换； (3) 更换，井下严禁调定安全阀
	降到关闭压力不能及时关闭	(1) 阀芯与阀体等有蹩卡现象； (2) 弹簧失效； (3) 密封面粘住； (4) 阀芯、弹簧座错位	(1) 更换，检修； (2) 更换； (3) 更换，检修； (4) 更换，检修
	不到额定工作压力就开启	(1) 未按要求调定开启压力； (2) 弹簧疲劳； (3) 井下调动	(1) 重新调整； (2) 更换； (3) 更换，井下严禁调动
	渗漏	(1) O 形密封圈损坏； (2) 阀芯与 O 形圈不能复位	(1) 更换； (2) 更换安全阀
	外载超过额定压力，安全阀不能开启	(1) 弹簧力过大，不符合性能要求； (2) 阀芯、弹簧座、弹簧变形卡死； (3) 杂质脏物堵塞，阀芯不能移动，过滤器堵死； (4) 调了调压螺钉，使阀实际超调	(1) 更换； (2) 更换，检修； (3) 更换，清洗； (4) 更换，重新调定
其他阀类	截止阀关不严或不能开关	(1) 阀座磨损； (2) 其他密封件损坏； (3) 进液方向和阀座、减震阀位置装反； (4) 手把紧，转动不灵活； (5) 球阀凹槽裂损，转把不能带动旋转	(1) 更换； (2) 更换； (3) 检查，调位； (4) 拆检； (5) 更换
	回液断路阀失灵，造成回液倒流	(1) 阀芯损坏，不能密封； (2) 弹簧力弱或损坏，阀芯不能复位密封； (3) 阀壳内与阀芯的密封面破坏，密封失灵； (4) 杂质、脏物卡塞不能密封	更换

续表 3-5-1

部位	故障现象	可能原因	处理方法
其他阀类	过滤器堵塞或烂网，不起作用	(1) 杂质、脏物堵塞； (2) 过滤网破损； (3) 密封件损坏，造成外泄漏	(1) 定期清洗； (2) 更换； (3) 更换
辅助元件	高压软管损坏漏液	(1) 胶管被挤、砸破； (2) 胶管过期、老化； (3) 接头扣压不牢； (4) 升降、移架时胶管被挤坏； (5) 高低压胶管误用	(1) 更换； (2) 更换； (3) 更换，重新扣压； (4) 更换，把好管卡； (5) 更换，加强管理
	管接头损坏	(1) 升降移架中挤坏； (2) 装卸困难，加工尺寸或密封件不合规格	(1) 更换； (2) 更换，检修
	U 形卡折断、丢失	(1) U 形卡质量不合格； (2) 装卸时敲击折断； (3) U 形卡不合规格	(1) 更换； (2) 更换，防止重击； (3) 更换

第四节　乳化液泵站故障处理

乳化液泵站常见故障及处理方法列于表 3-5-2。

表 3-5-2　　乳化液泵站常见故障及处理

故障现象	可能原因	处理方法
启动后无压力	(1) 卸载阀单向阀阀面泄漏； (2) 卸载阀主阀卡住、落不下	(1) 检查阀面、清除杂物； (2) 检查清洗主阀
压力脉动大，流量不足甚至管道振动噪声严重	(1) 泵吸液腔空气未排尽； (2) 柱塞密封损坏，排液时漏液，吸液时进气； (3) 吸液过滤器堵塞； (4) 吸液软管过细过长； (5) 吸、排液阀动作不灵，密封不好； (6) 吸、排液阀弹簧断裂； (7) 蓄能器无压力或压力过高	(1) 拧松泵放气螺堵、螺钉，放尽空气； (2) 检查柱塞副，修复或更换密封； (3) 清洗过滤器； (4) 调换吸液软管； (5) 检查阀组、清除杂物，使动作灵活、密封可靠； (6) 更换弹簧； (7) 充气或放气
柱塞密封处泄漏严重	(1) 柱塞密封圈磨损或损坏； (2) 柱塞表面有严重划伤拉毛	(1) 更换密封圈； (2) 更换或修磨柱塞
泵运转噪声大，有撞击声	(1) 滑块压紧螺母松动； (2) 轴瓦间隙加大； (3) 泵内有杂物； (4) 联轴器有噪声，电动机与泵轴轴线不同轴	(1) 拧紧压紧螺母； (2) 更换轴瓦； (3) 清除杂物； (4) 检查联轴器，调整电动机与泵轴轴线；
箱体温度过高	(1) 润滑油不足或过多，润滑油太脏； (2) 轴瓦损坏或曲轴颈拉毛	(1) 加油或清洗油池，换油； (2) 修锉曲轴或调换曲轴

续表 3-5-2

故障现象	可能原因	处理方法
泵压力突然升高超过卸载阀或安全阀调定压力	(1) 安全阀失灵； (2) 卸载阀主阀芯卡住不动作或阻尼孔堵塞	(1) 检查、调整或调换安全阀； (2) 检查、清洗卸载阀
支架停止供液时卸载阀动	(1) 卸载阀单向阀漏液； (2) 去支架的输液管漏液； (3) 先导阀泄漏	(1) 检查、清洗单向阀； (2) 检查、更换输液管； (3) 检查先导阀阀面及密封
压力调不上去	(1) 先导阀中节流孔堵或下节流孔堵塞； (2) 推力活塞密封圈损坏； (3) 先导阀座和阀芯的密封有杂物或损坏严重，漏损大	(1) 清除堵杂物； (2) 更换密封圈； (3) 清除杂物或更换阀座和阀芯
卸载阀不卸载	(1) 节流孔堵塞； (2) 先导阀有蹩卡； (3) 管路系统漏液严重	(1) 清除杂物； (2) 拆装检查先导阀； (3) 排除管路系统漏液
乳化液温度高	单向阀密封不严，正常供液时漏液	更换或研磨阀芯和阀座

复习思考题

1. 液压支架使用注意事项有哪些？
2. 液压支架的完好标准是什么？
3. 液压支架常见故障有哪些？其处理方法是什么？
4. 乳化液泵站常见故障有哪些？其处理方法是什么？

第四篇　掘进设备

巷道掘进与支护是煤矿地下开采的关键技术之一，是保证煤矿安全、快速、高效建设与生产的必要基础。我国地下开采煤矿每年新掘进的巷道总长度超过 12 000 km，其中煤、煤岩巷道占比 80%以上，是我国规模最大的地下工程。巷道掘进速度、效率、成本显著影响煤矿的产量与效益。

掘进包括割煤(岩)、运输、支护(临时支护、永久支护)、通风、降尘等多个工序，每个工序及各工序之间的相互协同均影响成巷速度。我国煤矿巷道掘进工艺经历了人工、钻爆法、综合机械化掘进的发展过程。

掘进设备按掘进工艺分为钻眼爆破法掘进设备和综合机械化掘进设备两类。完成钻爆法掘进工序所需的设备，主要有钻(凿)孔机械、装载机械、转载机械及修整巷道的机械等。钻(凿)孔机械是在煤岩体上钻(凿)孔的机械；装载机械是将爆落的煤岩装入矿车或其他运输设备中的机械；转载机械承接由装载机械卸入的煤岩，并将其卸入矿车或其他运输设备内的机械；巷道支护设备是将巷道支护构件或加固材料敷设到巷道顶板和侧帮上的机械；修整巷道设备用于巷道挑顶、卧底、刷帮等作业。

综合机械化掘进设备直接用掘进机械完成破落煤岩、装载、转载及支护等工序，实现这些工序的平行作业。煤巷普遍采用综合机械化掘进，掘进设备主要有三种类型：悬臂式掘进机、连续采煤机及掘锚机组。前两者掘进与支护分离，需配套锚杆钻机、锚杆钻车等支护施工设备，而掘锚机组将割煤、运输、临时支护、永久支护设计为有机的整体，有利于实现掘支平行作业。锚杆、锚索支护是我国煤矿巷道的主体支护方式，已根据我国煤矿巷道地质与生产条件，开发出锚杆支护成套技术，广泛应用于不同类型的巷道，取得良好的技术经济效益。

全断面岩巷掘进机在掘进速度、施工质量、效率和对不稳定煤层适应能力方面较好。全断面岩巷掘进机是通过旋转刀盘并推进使滚刀破碎岩石，集掘进、支护、出渣等工序为一体的全断面隧道施工设备，是隧道施工机械化、智能化发展的方向和趋势。

第一章　凿岩机械

凿岩机械是钻凿岩孔的机械。

凿岩机是具有冲击和回转机构用于钻凿岩孔的机器，是按冲击破碎原理进行工作的，如图 4-1-1 所示。工作时活塞做高频往复运动，不断地冲击钎尾。在冲击力的作用下，呈尖楔状的钎头将岩石压碎并凿入一定深度，形成一道凹痕。活塞退回后，钎杆转过一定角度，活塞向前运动，再次冲击钎尾，又形成一道新的凹痕。两凹痕之间的扇形岩块被由钎头产生的水平分力剪碎。活塞不断地冲击钎尾，并从钎杆的中心孔连续输入压缩空气或压力水，将岩渣排出孔外，即可形成一定深度的圆形钻孔。

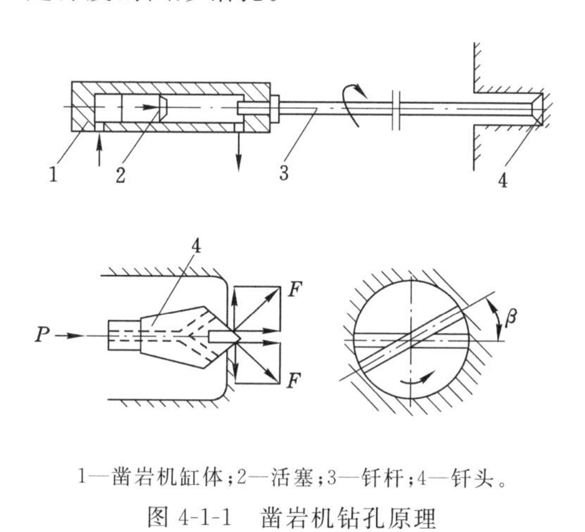

1—凿岩机缸体；2—活塞；3—钎杆；4—钎头。

图 4-1-1　凿岩机钻孔原理

各类凿岩机的构造原理基本相似，只是在动力方式上有所不同。按动力不同可分为气动凿岩机、液压凿岩机、水压凿岩机、电动凿岩机和内燃凿岩机五类。

第一节　气动凿岩机

气动凿岩机是以压缩空气或气体为动力的凿岩机，其结构简单、工作可靠、使用安全，在煤矿中应用较早且较多。按操作方式不同，分为手持式凿岩机、气腿式凿岩机和导轨式凿岩机三种。按频率不同分为低频凿岩机（冲击频率 42 Hz 以下）和高频凿岩机（冲击频率 42 Hz 以上）。按转钎机构不同可分为内回转凿岩机和独立回转凿岩机。

手持式凿岩机用手握持，靠凿岩机自重或操作者施加推压力进行凿岩。其功率小、机重较轻，但手持作业劳动强度大、钻孔速度慢，通常用于钻凿小直径浅孔。

气腿式凿岩机用气腿支承和推进，可减轻劳动强度，提高钻孔效率，用于在岩石巷道钻凿孔径 24～42 mm、孔深 2～5 m 的水平或倾角较小的孔，使用广泛。

导轨式凿岩机装在凿岩钻车推进器的导轨上进行凿孔。这种凿岩机重量较重，冲击能量大，采用独立的回转机构，转矩较大，凿孔速度较快，可显著减轻劳动强度，改善作业条件，适用于钻凿孔深 5～10 m、孔径 40～80 mm 的硬岩炮眼。

气动凿岩机虽然种类较多，但结构基本相似，均由冲击配气机构、转钎机构、排屑机构和润滑机构等组成。

气腿式凿岩机的结构如图 4-1-2 所示，钎杆的尾端装入凿岩机 2 的机头钎套内，注油器 3 连接在风管 5 上，使压气中混有油雾，对凿岩机内零件进行润滑，水管 4 供给清除岩粉用的水，支腿 6 支撑凿岩机并提供工作所需的推进力。

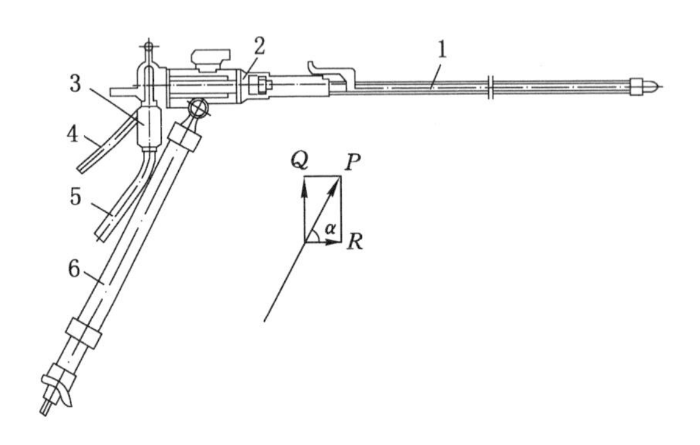

1—钎杆；2—凿岩机；3—注油器；4—水管；5—风管；6—支腿。

图 4-1-2 气腿式凿岩机的结构

一、冲击配气机构

它是使气动凿岩机实现活塞往复运动以冲击钎尾的机构。常用的配气机构有被动阀配气机构、控制阀配气机构和无阀配气机构三种。

（一）被动阀配气机构

依靠活塞往复运动时压缩前后腔气体，形成高压气垫推动配气阀变换位置，有球阀、环状阀和碟状阀三种，其中球阀已很少使用。环状阀和碟状阀配气机构动作原理基本相似（图 4-1-3）。压缩空气按图 4-1-3(a)所示箭头所示方向进入气缸后腔推动活塞进入冲击行程，当活塞前进到关闭排气孔时，气缸前腔成为密封腔，其压力随着活塞的前移而上升，此压力通过气孔作用于配气阀后腔，当压力超过压缩空气压力时配气阀换位，压缩空气按图 4-1-3(b)所示箭头方向进入前腔，使活塞返回，待活塞关闭排气口后，后腔压力上升，又推动配气阀换位。配气阀的不断换位使活塞往复运动，冲击钎尾。

（二）无阀配气机构

无独立的配气阀，靠活塞在运动过程中位置变换实现配气，有活塞尾杆配气和活塞大头配气两种。活塞尾杆配气机构的配气过程如图 4-1-4 所示。冲击行程开始时，压缩空气经柄体沿图 4-1-4(a)所示箭头方向进入气缸后腔，此时，气缸前腔与大气相通，活塞向前运动，在活塞配气杆关闭进气孔后，气缸后腔内的压缩空气膨胀做功，继续推动活塞加速向前，当活塞大头打开排气孔后，活塞在自身惯性作用下仍然向前滑行，并以很高的速度冲击钎尾，完成冲击行程。此时，配气尾杆打开配气体上的回程气孔，压缩空气进入气缸前腔，活塞开始返回。返回行程[图 4-1-4(b)]与冲击行程一样，经过进气、膨胀和惯性滑行三个阶段。

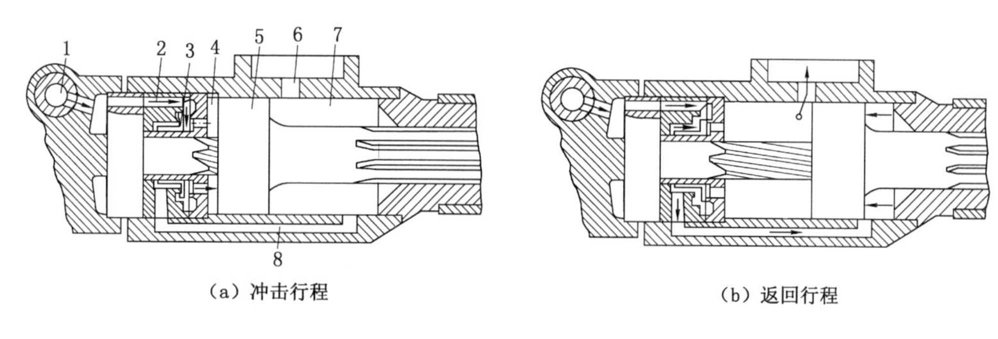

1—压气入口；2—气道；3—配气阀；4—气缸后腔；
5—活塞；6—排气口；7—气动前腔；8—气路通道。

图 4-1-3　环状阀配气机构

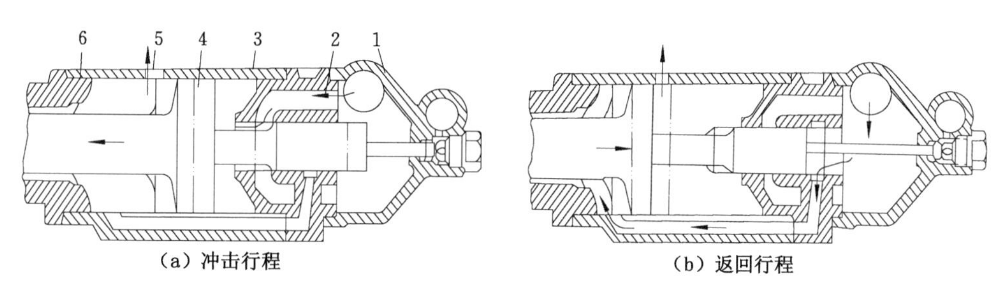

1—柄体；2—配气体；3—气缸；4—活塞；5—排气口；6—导向套。

图 4-1-4　活塞尾杆配气机构

二、转钎机构

转钎机构是指使气动凿岩机钎杆回转的机构，有内回转转钎机构和外回转转钎机构两种。

（一）内回转转钎机构

如图 4-1-5 所示，当活塞 4 往复运动时，通过螺旋棒 3 和棘轮机构，使钎杆每被冲击一次转动一定的角度。由于棘轮机构具有单向间歇转动特性，冲程时棘爪处于顺齿位置，螺旋棒转动，活塞依直线向前冲击。回程时，棘爪处于逆齿位置，阻止螺旋棒转动，迫使活塞转动，从而带动转钎套和钎杆转动一定角度。内回转转钎机构多用于轻型手持式或气腿式气动凿岩机。

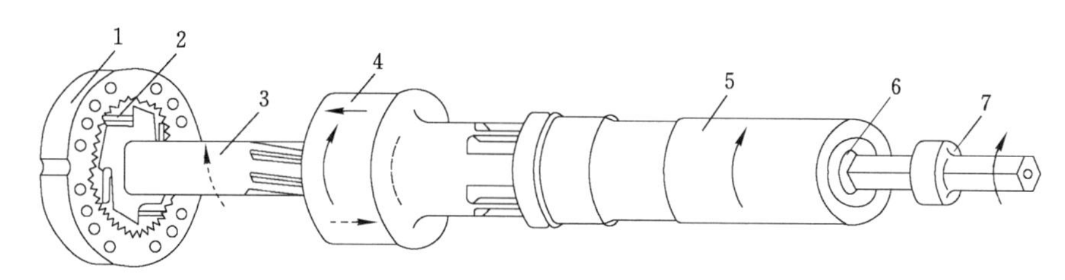

1—棘轮；2—棘爪；3—螺旋棒；4—活塞；5—转钎套；6—钎尾套；7—钎杆。

图 4-1-5　内回转转钎机构

（二）外回转式转钎机构

外回转转钎机构由独立的气动马达经齿轮减速驱动钎杆转动，具有转速可调、转矩大、转动方向可变等特点，有利于装拆钎头、钎杆。外回转转钎机构多用于重型导轨式气动凿岩机。

三、排屑机构

排屑机构是指用水冲洗排除孔内岩屑的机构。凿岩机驱动后，压力水经水针进入钎杆中心孔直通炮孔底，与此同时有少量气体从螺旋棒或花键槽经钎杆渗入炮孔底部，与冲洗水一起排除孔底岩屑。在凿深孔和向下凿孔时，孔底的岩屑不易排出，可扳动凿岩机的操纵手柄到强吹位置，使凿岩机停止冲击，停止注水，压缩空气按强吹气路从操纵阀孔进入，经过气缸气孔、机头气孔、钎杆中心孔渗入孔底，实现强吹，把岩屑泥水排除。

四、润滑机构

润滑机构是指向凿岩机各运动件注润滑油，以保证正常凿岩作业的机构。一般在进气管上安装一台自动注油器，实现自动注油，油量大小可用调节螺钉调节。压缩空气进入注油器后，对润滑油施加压力，在高速气流作用下，润滑油形成雾状，在含润滑油的压缩空气驱动凿岩机的同时，各运动零件相应被润滑。

第二节 液压凿岩机

液压凿岩机是以液压油为动力介质的凿岩机。与气动凿岩机相比，具有能量消耗少、凿岩速度快、效率高、噪声小、易于控制、钻具寿命长等优点，但其对零件加工精度和使用维护技术要求较高。液压凿岩机一般安装在凿岩钻车的钻臂上工作，可钻凿任何方位的炮孔，钻孔直径通常为 30～65 mm，适用于以钻眼爆破法掘进的矿山井巷、硐室和隧道的钻孔作业，是一种高效的凿岩设备。

液压凿岩机按操作方式可分为支腿式和导轨式两种，其中导轨式应用最为普遍。导轨式液压凿岩机将凿岩机装在凿岩钻车钻臂的推进器上，沿导轨推进凿岩。按质量又可分为轻型（50 kg 以下）、中型（50～100 kg）和重型（100 kg 以上）三种。轻型主要用于钻凿小直径浅孔，重型用于钻凿大直径深孔。

液压凿岩机主要由冲击机构、蓄能机构、转钎机构、排屑机构等组成，如图 4-1-6 所示。

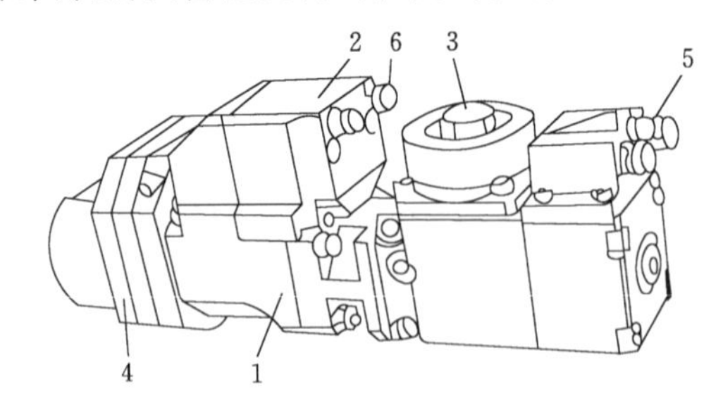

1—冲击机构；2—转钎机构；3—蓄能器；4—机头；5—冲击进油口；6—转钎进油口。

图 4-1-6　液压凿岩机的结构

一、冲击机构

按配油结构分为有阀式和无阀式两种。有阀式冲击机构按回油方式可分为单腔回油和双腔回油。按配油阀与冲击活塞相对位置又可分为单腔回油套阀式冲击机构和单腔回油柱阀式冲击机构。

有阀式冲击机构由活塞、缸体和配油阀等组成。压力油通过配油阀和活塞的相互作用不断改变活塞两端的受压状态,使活塞在缸体内往复运动并冲击钎尾做功。无阀式冲击机构由活塞、缸体组成,通过活塞运动时位置的改变实现配油。无阀式冲击机构在技术上尚未成熟。液压凿岩机多数采用单腔回油套阀式、单腔回油柱阀式和双腔回油柱阀式等。单腔回油柱阀式冲击动作原理与单腔回油套阀式相似,只是配油阀不同。

(一)单腔回油套阀式冲击机构

活塞两端和配油阀两端的受压面积都不相同,受压面积小的一端始终处于高压,另一端由活塞和配油阀互相控制交替地进油和回油,使活塞往复移动从而冲击钎尾。冲击原理如图 4-1-7 所示,冲击由回程、回程换向、冲程和冲程换向四个过程组成。

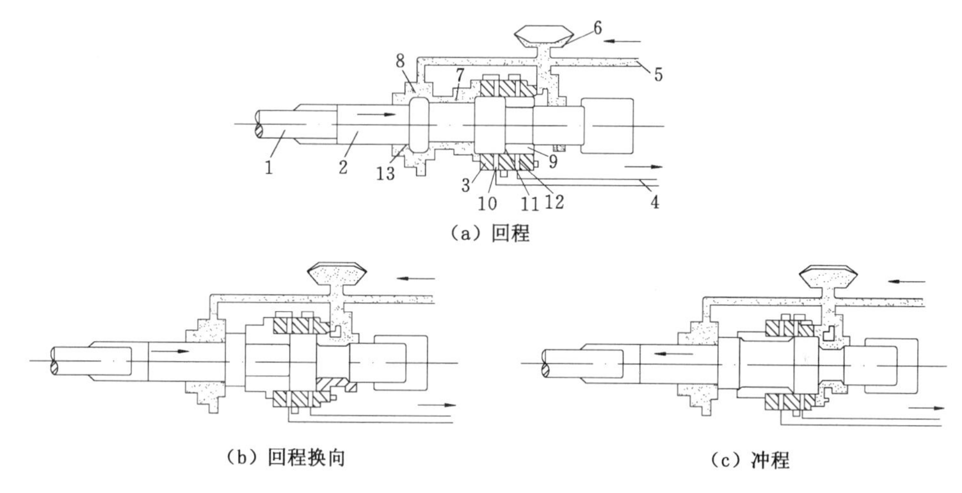

1—钎尾;2—活塞;3—套阀;4—低压回油;5—高压进油;
6—蓄能器;7—配油腔;8—液压缸前腔;9—液压缸后腔;10—控制油口;
11—后腔受压面;12—低压回油口;13—前腔受压面。

图 4-1-7 单腔回油套阀式冲击机构

(1)回程:活塞冲击钎尾前瞬间,高压油从油缸前腔进入配油腔,将阀推向后端,封闭油缸后腔的进油通道,并把低压回油口打开,释放油缸后腔的压力,使活塞向后回程运动。当活塞回程到关闭低压回油口时,多余的高压油储存于蓄能器中。

(2)回程换向:当活塞回程到打开控制油口时[图 4-1-7(b)],配油腔内的高压油卸压,套阀前端面失压后,套阀在后端高压油作用下前移换向,高压油进入油缸后腔,使活塞减速到停止并反向进入冲击行程。

(3)冲程:活塞前后腔处于高压状态[图 4-1-7(c)],在前后腔压差作用下向前进入冲程运动。冲程时要求活塞快速前进,所需高压油流量大,这时高压蓄能器储存的能量释放,向后腔补充,直到冲击钎尾。

(4)冲程换向:在冲击钎尾前瞬间[图 4-1-7(a)],前腔与配油腔已接通,高压油作用到配油阀的前端面,使套阀后移换向,此时活塞已将能量传递给钎尾,冲击结束,恢复到回程初始位置。进入下一循环。

(二) 双腔回油柱阀式冲击机构

该机构活塞两端的直径相同。由配油柱阀控制,前后腔交替进油和回油,实现活塞往复冲击运动。冲击动作原理如图 4-1-8 所示。

(1) 冲击[图 4-1-8(a)]:压力油从 P 口进入,通过柱阀、主油路到活塞后腔,前腔回油经过主油路柱阀回油箱。活塞在后腔压力油作用下开始冲程,当把活塞后端控制油孔打开时,高压油经后端控制油路推动柱阀左移换向,同时活塞冲击钎尾。

(2) 回程[图 4-1-8(b)]:压力油经柱阀主油路进入活塞前腔,活塞后腔回油,经主油路柱阀回到油箱,活塞开始回程。当打开调节塞的油孔时,高压油经前端控制油路进入柱阀左端油室,推动柱阀右移换向,柱阀换向后高压油进入后腔,使冲击活塞减速停止并进入下一个冲击行程。

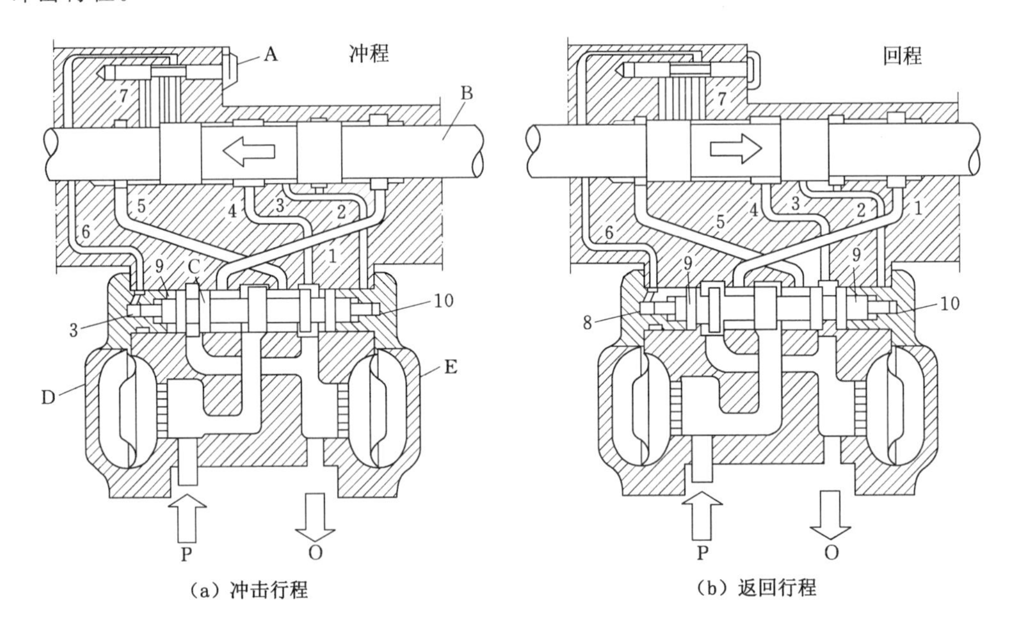

(a) 冲击行程 (b) 返回行程

A—调节塞;B—活塞;C—柱阀;D—高压蓄能器;E—回油蓄能器;
1,5—主油路;2,6,7,9—控制油路;3,4—回油油路;8,10—柱阀左右油室。

图 4-1-8 双腔回油柱阀式冲击机构

二、蓄能机构

每台液压凿岩机大都采用一个或两个蓄能器,主要作用是蓄能和稳压。冲击行程时活塞速度很高,所需的瞬时流量往往是平均流量的几倍,为此,在冲击机构的高压侧装有蓄能器,将回程过程中多余的流量以液压能形式储存于蓄能器中,待冲击行程时释放出来。蓄能器还能吸收液压系统的脉冲和振动,蓄能器有隔膜式和活塞式两种,大多采用隔膜式。

缓冲装置多采用液压缓冲机构,如图 4-1-9 所示。钎杆 1 装在反冲套筒 2 内,反冲套筒的后面加反冲活塞 5,在反冲活塞的锥面上承受高压油。当钎杆反弹力经反冲套筒 2 传给反冲活塞 5 后,反冲活塞向后运动,把反弹力传给高压油路 4 中的蓄能器,蓄能器将反冲能量吸收。为提高反冲效果,蓄能器应尽量靠近缓冲器的高压油室。

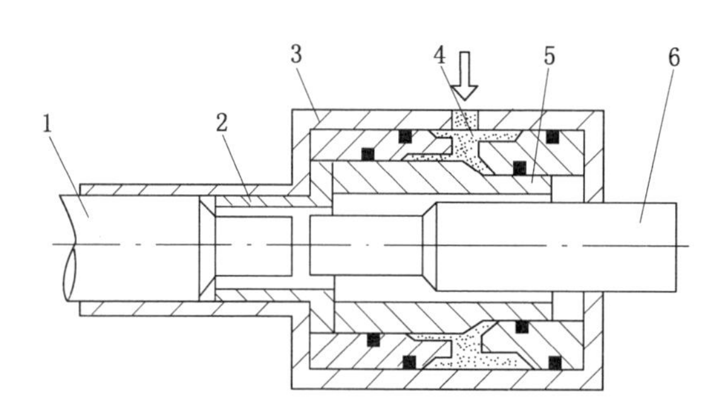

1—钎杆；2—反冲套筒；3—缓冲器外壳；4—高压油路；5—反冲活塞；6—冲击锤。

图 4-1-9　液压缓冲机构

三、转钎机构

转钎机构是指凿岩时使钎杆转动的机构，有内回转和外回转两种。内回转机构利用冲击活塞回程能量，通过螺旋棒和棘轮机构，使钎杆每被冲击一次转动一定角度，为间歇回转。内回转机构输出转矩小，多用于轻型支腿式液压凿岩机。外回转机构又称独立回转机构，一般用单独的液压回路驱动液压马达经过齿轮减速，带动钎杆旋转，为连续回转，可无级调速并可反向旋转。它输出转矩大，多用于导轨式液压凿岩机，其液压马达有齿轮马达、叶片马达和摆线马达三种。

四、排屑机构

排屑机构是指用水冲洗排除孔内岩屑的机构。供水方式有中心供水和侧式供水两种。中心供水与气动凿岩机相同，冲洗水从后部通过水针进入钎杆、钎头流入孔底，冲洗水压 0.3～0.4 MPa。这种冲洗方法多用于轻型液压凿岩机。侧式供水的冲洗水直接从凿岩机机头水套进入钎尾、钎杆和钎头。这种结构水路短，密封可靠，水压高(1.0～1.2 MPa)，冲洗排屑效果好，多用于导轨式液压凿岩机。

第三节　凿岩钻车

凿岩钻车是支承、推进和驱动一台或多台凿岩机实施钻孔作业，并具有整机行走功能的凿孔设备，用于矿山巷道掘进及其他隧道施工。凿孔直径一般为 30～65 mm，凿孔深度为 2～5 m。凿孔时能准确定位定向，并能钻凿平行炮孔。可与装载机械及运输车辆配套，组成掘进机械化作业线。

一、工作原理

如图 4-1-10 所示，凿岩钻车主要由凿岩机、钻臂(包括推进器)、行走机构、控制系统、操作台和动力源(泵站)等组成。凿岩机普遍采用导轨式液压凿岩机。钻臂(图 4-1-11)用于支承和推进凿岩机，并可自由调节方位，以适应炮孔位置的需要。为完成平巷掘进，凿岩钻车应实现下列运动：① 行走运动，以便钻车进入和退出工作面；② 推进器变位和钻臂变幅运动，以实现在断面任意位置和任意角度钻眼；③ 推进运动，以使凿岩机沿钻孔轴线前进和后退。

(1) 推进器运动。由推进器实现。推进器的作用是凿岩时完成推进或退回凿岩机的动作，并对钎具施加足够的推力。

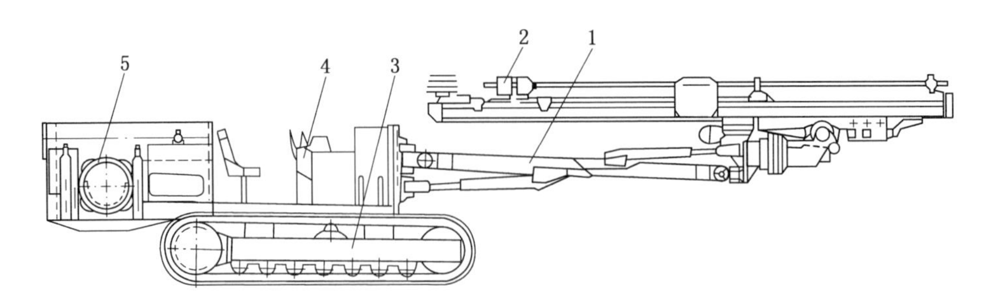

1—钻臂；2—凿岩机；3—行走机构；4—操作台；5—动力源。

图 4-1-10　凿岩钻车

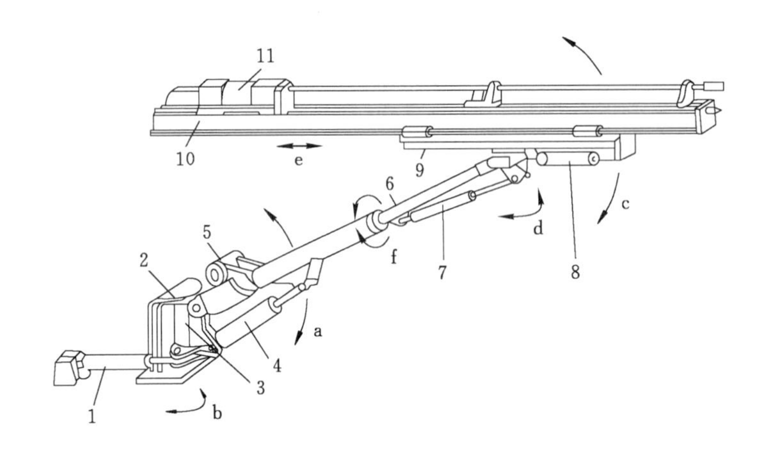

1—摆臂液压缸；2—钻臂座；3—转轴；4—钻臂液压缸；5—钻臂旋转机构；6—钻臂；
7—俯仰液压缸；8—摆角液压缸；9—托盘；10—推进器；11—凿岩机
a—钻臂起落；b—钻臂摆动；c—推进器俯仰；d—推进器水平摆动；
e—推进器补偿；f—钻臂旋转。

图 4-1-11　钻臂

(2) 推进器变位。在摆角液压缸 8(图 4-1-11)的作用下，可实现推进器的水平摆动，通过俯仰液压缸 7 可实现推进器的俯仰运动，以钻凿不同方向的炮眼。在补偿液压缸的作用下，推进器做补偿运动，使导轨前端的顶尖始终顶紧在岩壁上以增加钻臂的工作稳定性，并在钻臂因位置变化引起导轨顶尖脱离岩壁时起距离补偿作用。

(3) 钻臂变幅。摆臂液压缸 1 使钻臂摆动，钻臂液压缸 4 实现钻臂升降，液压马达-棘轮组成的钻臂旋转机构 5 可使钻臂绕自身轴线旋转 360°。

控制系统包括液压控制系统、电控系统、气水路控制系统等。控制系统应具有下列几种功能：凿岩机具、钻臂和行走机构的驱动与控制；支承与稳定机构、动力源和照明的控制等。其中凿岩机具的驱动与控制是凿岩钻车控制系统的核心，它包括推进回路、防卡钎控制回路、开机轻打回路以及自动退钻回路等。

动力源主要形式是液压泵站。液压泵站由原动机、液压泵、油箱、过滤器、冷却器及保护控制元件等组成。原动机带动液压泵把压力油输送到各执行元件，实现各种动作和功能。

二、主要部件结构

（一）推进器

根据凿岩工作的需要，推进器产生的轴向推力的大小和推进速度应能调节，以使凿岩机在最优轴推力下工作。推进器按工作原理不同有螺旋式推进器、液压缸式推进器、链式推进器三种。

液压缸式推进器如图 4-1-12 所示，推进液压缸的两端装有导向绳轮，钢丝绳的一端固定在导轨上，另一端绕过导向绳轮固定在托盘上，调节装置可控制钢丝绳的张紧程度。由于活塞杆固定在导轨上，工作时缸体移动，就牵引钢丝绳带动凿岩机沿导轨进退。根据动滑轮原理，凿岩机的移动速度和行程为液压缸推进速度和行程的 2 倍，而作用在凿岩机上的推力只有液压缸推力的一半。这种推进器的特点是传动简单，重量轻，推进行程大，但钢丝绳拉伸变形大，需调节其张紧程度，寿命也较短。改为链条传动，可延长使用寿命。

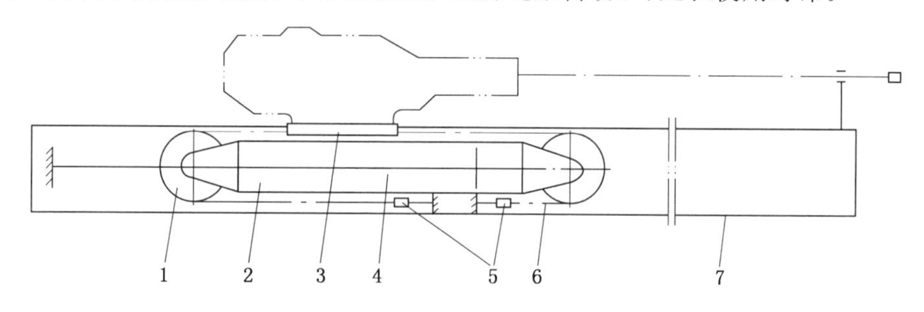

1—导向绳轮；2—推进液压缸；3—托盘；4—活塞杆；
5—调节装置；6—钢丝绳；7—导轨。

图 4-1-12　液压缸式推进器

（二）钻臂

钻臂是用于支承和推进凿岩机，并可自由调节方位以适应炮孔位置需要的机构，对钻车的动作灵活性、可靠性及生产率有很大影响。按钻臂的结构特点及运动方式不同有直角坐标式钻臂和极坐标式钻臂两类。

1. 直角坐标式钻臂

如图 4-1-11 所示，直角坐标式钻臂是利用钻臂液压缸和摆臂液压缸使钻臂上下左右按直角坐标位移的运动方式确定孔位的钻臂。它由臂杆、推进器、自动平移机构和各个起支撑作用的支承缸等组成。钻臂上装有翻转机构，推进器在翻转机构的推动下可绕臂杆轴线旋转任意角度。推进器还可通过俯仰液压缸和摆角液压缸灵活调整钻孔角度和位置。直角坐标式钻臂操作程序多，定位时间长，但其结构简单，适合于钻凿各种纵横排列的炮孔。

臂杆支撑凿岩机及各构件的重量并承受凿岩过程中的各种反力。有定长式和可伸缩式两种。

2. 极坐标式钻臂

极坐标式钻臂如图 4-1-13 所示，利用钻臂后部的回转机构，可使整个钻臂绕后部轴线旋转 360°。由臂杆、回转机构、推进器、自动平行机构和各个起支撑作用的支撑缸等组成。钻臂液压缸调节钻臂夹角，以调节钻臂投影到工作面上的旋转半径。岩孔的位置由旋转半径和钻臂旋转角度来确定。极坐标式钻臂确定孔位操作程序少，定位时间短，便于钻凿周边孔,但对操作程序的要求比较严格,司机操作的熟练程度对定位时间影响较大。

极坐标式钻臂的臂杆、推进器、自动平移机构等与直角坐标式钻臂基本相同。

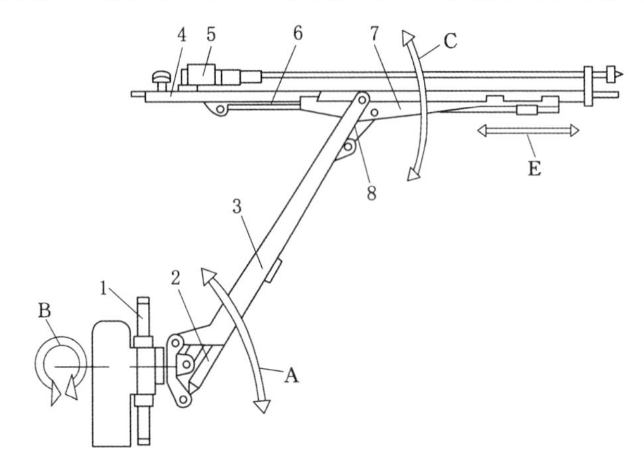

1—回转机构;2—钻臂液压缸;3—钻臂;4—推进器;

5—凿岩机;6—补偿液压缸;7—托架;8—俯仰液压缸。

图 4-1-13　极坐标式钻臂

（三）平移机构

为提高破岩效果,现代凿岩机广泛采用直线掏槽法作业,因而要求钻车能钻凿出平行炮孔,几乎所有现代钻车的钻臂都装设了自动平移机构。凿岩钻车的自动平移机构是指当钻臂移位时,托架和推进器随机保持平行移位的机构,简称平移机构。

凿岩钻车的平移机构主要有机械平移机构、液压平移机构和电液平移机构三种类型。目前应用较多的是液压平移机构和机械四连杆式平移机构。

1. 机械平移机构

机械平移机构常用的有内四连杆式和外四连杆式两种。图 4-1-14 所示为机械内四连杆式平移机构。由于平行四连杆安装在钻臂的内部,故称内四连杆式平移机构。有些钻车的连杆装在钻臂外部,则称外四连杆式平移机构。

钻臂在升降过程中,四边形 $ABCD$ 的杆长不变,其中 $AB=CD$,$BC=AD$,AB 边固定而且垂直于推进器。根据平行四边形的性质,AB 与 CD 始终平行,亦即推进器始终做平行移动。

当推进器不需要平移而钻带倾角的炮孔时,只需向俯仰液压缸一端输入液压油,使连杆 2 伸长或缩短($AD \neq BC$)即可得到所需要的工作倾角。

内四连杆式平移机构的优点是连杆安装在钻臂内部,结构简单,工作可靠,平移精度高,因而在小型钻车上得到广泛应用。其缺点是不适应于大中型钻臂,因为它连杆很长,刚性差,机构笨重。如果连杆外装,则容易碰弯,工作也不安全;对于伸缩钻臂,这种机构便无法应用。

2. 液压平移机构

目前国内外凿岩钻车广泛应用液压平移机构,其优点是结构简单,尺寸小,重量轻,工作可靠,不需要增设其他杆件结构,只利用液压缸的特殊连接,便可达到平移的目的。液压平移机构适用于各种不同结构的钻臂,便于实现空间平移运动,平移精度准确。其工作原理如图 4-1-15 所示。

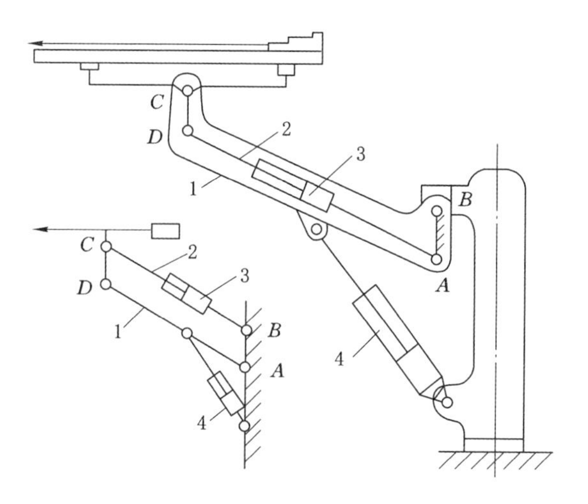

1—钻臂；2—连杆；3—俯仰液压缸；4—钻臂液压缸。

图 4-1-14　机械内四连杆式平移机构

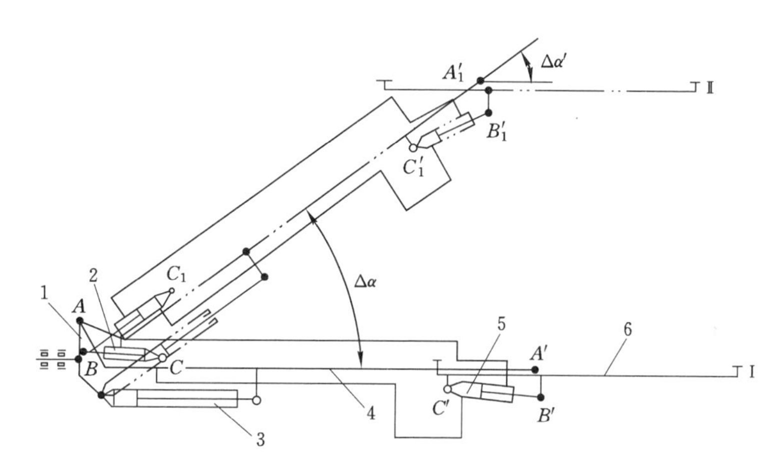

1—回转座；2—平动液压缸；3—钻臂液压缸；4—钻臂；5—俯仰液压缸；6—托架。

图 4-1-15　液压自动平移机构工作原理

液压平移机构利用缸径相同、相应腔相连的引导液压缸和俯仰液压缸，借助压力油来传递运动，以实现托架在运动过程中的自动平移。当钻臂摆动 $\Delta\alpha$ 角从Ⅰ位运动到Ⅱ位时，迫使平动液压缸 2 的活塞杆伸出，将小腔的压力油排入俯仰液压缸 5 的小腔，使其活塞杆缩回同样长度，带动托架反向摆动 $\Delta\alpha'$ 角。合理选择两液压缸的安装位置可使 $\Delta\alpha=\Delta\alpha'$，从而使托架和推进器近似保持原来的水平位置。

复习思考题

1. 简述凿岩机的钻孔原理。
2. 简述气动凿岩机的分类和组成。
3. 简述气动凿岩机冲击配气机构的原理。

4. 简述液压凿岩机的工作原理。
5. 简述液压凿岩机冲击机构的原理。
6. 凿岩钻车需要实现哪些运动？如何实现这些运动？
7. 简述凿岩钻车推进器、钻臂的分类。
8. 简述凿岩钻车液压平行机构的工作原理。

第二章　装载机械

用钻眼爆破法掘进巷道时，工作面爆破后碎落下来的煤岩需要装载到运输设备中运离工作面，实现这一功能的设备称为装载机械。按行走方式分为轨轮式、履带式、轮胎式和雪橇式。按驱动方式分为电动驱动、气动驱动、电液驱动。按作业过程的特点分为间歇动作式和连续动作式两类。间歇动作式装载机械是工作机构摄取物料时为间歇动作的装载机，主要有耙斗装载机、后卸式铲斗装载机、侧卸式铲斗装载机和挖掘装载机等形式。连续动作式装载机械是工作机构摄取物料时为连续动作的装载机，主要有扒爪装载机、立爪装载机和扒爪立爪装载机等。

第一节　耙斗装载机

耙斗装载机是用耙斗做装载机构的装载机，适用于矿山平巷和倾角30°以下斜井巷道掘进装岩，其装载能力一般为15～200 m^3/h。

耙斗装载机可使装岩与凿岩工序平行作业，爆破后先把迎头的岩石迅速扒出，即能进行凿岩作业，与此同时，可将尾轮悬挂在左、右帮上进行装岩作业，缩短了掘进循环的时间。

耙斗装载机按驱动方式可分为电动、气动和电液传动。按卸载方式可分为料槽卸载式和刮板转载机卸载式。

一、组成和工作过程

各种型号的耙斗装载机结构虽有不同，但其工作原理基本相同。现以P-30B型耙斗装载机为例，介绍耙斗装载机的组成和工作过程。

如图4-2-1所示，耙斗装载机主要由耙斗、尾轮、固定楔、绞车、台车、料槽、导向轮、托轮、操纵机构和电气部分等组成。

耙斗以自重落在料堆的上表面，钢丝绳牵引使耙齿插入料堆扒取物料，然后沿巷道底板进入料槽，岩石通过卸料口（或刮板转载机）卸至后面的运输设备。为了使耙斗能往复运行，采用双滚筒绞车牵引，工作滚筒的钢丝绳牵引耙斗前进，空程滚筒的钢丝绳绕过固定在工作面上的尾轮牵引耙斗后退。两个操纵手柄分别控制两个滚筒刹车带的开合，实现扒装物料的动作。

为了缩短调车时间，当掘进断面较大时，在耙斗装载机后面连接调车盘，成为带调车盘的耙斗装载机，从而实现机械化调车，提高装岩能力，但一般需铺设双轨。如果在单轨巷道掘进，在宽度允许的情况下，也可在耙斗装载机后面铺设调车盘或用人工调车的浮放道岔，以减少调车时间。

二、耙斗

耙斗是用绞车牵引往复运动，直接扒取松散煤岩的斗状构件。根据物料比重的大小有不同形式的耙斗，分为耙式、箱式和半箱式。耙式耙斗没有侧板，20 世纪 60 年代以前曾用于扒取岩石；箱式耙斗两侧有侧板，适应较软、松散、细碎的物料；半箱式耙斗用于扒取块度大、密度大的物料。在装载行程中，耙斗被向前牵引，耙斗的自重使它逐渐插入料堆，耙斗内的物料，沿着耙斗的尾帮升高并向前翻滚，耙斗被逐渐装满，插入料堆的阻力也随着增大。当耙斗的自重和插入阻力达到平衡后，插入料堆的深度就不再增加。因此，耙斗的形状和重量直接影响耙斗装载机的生产率。

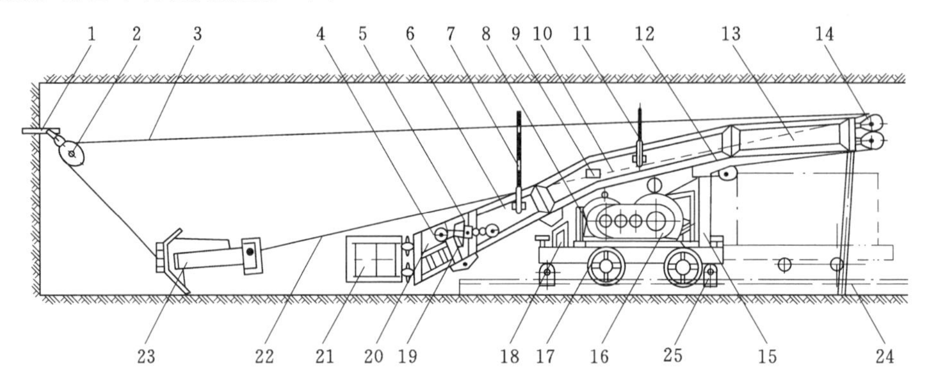

1—固定楔；2—尾轮；3—返回钢丝绳；4—簸箕口；5—升降螺杆；6—连接槽；7，11—钎子；8—操纵机构；9—按钮；10—中间槽；12—托轮；13—卸料槽；14—头轮；15—支柱；16—绞车；17—台车；18—支架；19—护板；20—进料槽；21—簸箕挡板；22—工作钢丝绳；23—耙斗；24—撑脚；25—卡轨器。

图 4-2-1　P-30B 型耙斗装载机

耙斗结构如图 4-2-2 所示，由斗齿和斗体组成。斗体用钢板焊接而成，斗齿与斗体铆接。斗齿有平齿和梳齿之分，多使用平齿。斗齿材料为 ZGMn13，磨损后可更换。尾帮后侧经牵引链 8 和钢丝绳接头 1 连接，拉板 4 的前侧与钢丝绳接头 6 连接，绞车上工作钢丝绳和返回钢丝绳分别固定在钢丝绳接头 6 和 1 上。

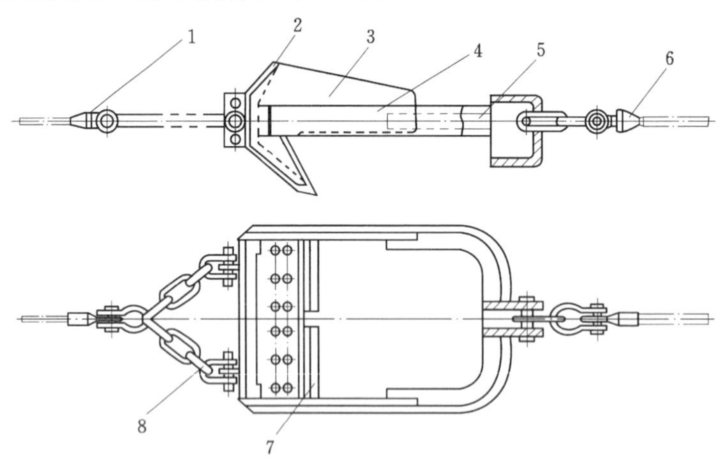

1，6—钢丝绳接头；2—尾帮；3—侧板；4—拉板；5—筋板；7—斗齿；8—牵引链。

图 4-2-2　耙斗结构

三、绞车

耙斗装载机的绞车是牵引耙斗运动的装置，能使耙斗往复运行，迅速换向，并适应冲击负荷较大的工况，一般均为双滚筒结构，也有三滚筒结构的。它与耙斗、尾轮还可组成耙矿绞车。按结构形式可分为行星轮式绞车、圆锥摩擦轮式绞车和内胀摩擦轮式绞车三种，应用最广泛的是行星轮式绞车。

行星齿轮传动的双滚筒绞车传动系统如图 4-2-3 所示。它有两个滚筒，可以分别操纵。电动机经减速器传动两套行星轮系的中心轮，两滚筒以轴承支承在轴上，各与其行星齿轮传动的系杆连接在一起。每个行星轮系的内齿圈外有带式制动闸。耙斗装载机工作时，电动机和中心轮始终转动，而工作滚筒和回程滚筒是否转动则视制动闸是否闸住相应的内齿圈而定。内齿圈的制动闸放松(图中Ⅰ)，中心轮经行星轮带动内齿圈空转，而系杆和滚筒不转动。当内齿圈被抱死时(图中Ⅱ)，迫使系杆和滚筒转动，其转动方向和中心轮转动方向相同。若要某个滚筒卷绳时，则将相应的内齿圈抱死。

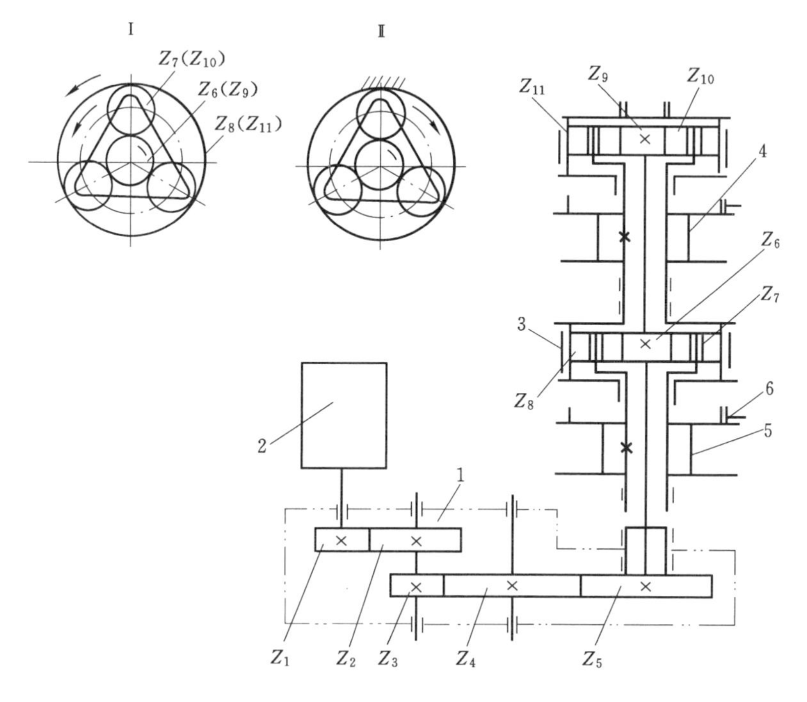

1—减速器；2—电动机；3—刹车闸带；4—空程滚筒；5—工作滚筒；6—辅助刹车。

图 4-2-3　行星齿轮传动的双滚筒绞车传动系统

耙斗返回阻力很小，可加快速度返回，故回程滚筒的转速大于工作滚筒的转速。为防止两滚筒在工作时由于滚筒转动惯性不能及时停车，而产生钢丝绳乱绳现象，引起卡绳事故，在每一滚筒上装有一辅助闸。

当两个操作手把都放松时，电动机空转，耙斗不动，如此可以避免频繁启动电动机。

三滚筒绞车由一个工作滚筒和两个空程滚筒组成。工作时只要在工作面的左右两侧各安装一个固定楔，挂上尾轮，两个空程滚筒的钢丝绳分别绕过两个尾轮连接在耙斗尾帮上，控制两个空程滚筒的操作手柄，就可在扇形面积内扒取物料，不需要再移动尾轮。

四、台车

台车是耙斗装载机的机架和行走部分，并承载着装载机的全部重量。台车由台车架、车轮、弹簧碰头等组成。在台车上安有绞车、操纵机构以及支撑中间槽的支架和支柱。台车前后部挂有四套卡轨器，用以在耙斗装载机工作时固定台车。

五、料槽

耙斗扒取物料后通过料槽卸载到运输设备中。为便于运输和安装，料槽分成几节，由挡板、进料槽、中间槽和卸料槽等组成。中间槽安装在台车的支架和支柱上，而进料槽和卸料槽分别与中间槽用螺栓连接。簸箕口与两侧的挡板用销轴连接，与连接槽之间通过钩环连接。

挡板的作用是引导耙斗进入料槽，又可防止岩渣向两侧散失。簸箕口靠自重紧贴底板。进料槽的中部安装有升降装置，用于调节簸箕口的高低。中间槽有两个弯曲部分，装有可拆卸的耐磨弧形板。卸料槽在靠近端部的位置开有卸料口。卸料槽的尾部装有滑轮组，钢丝绳从滚筒引出，绕过滑轮组后分别接在耙斗的前部和后部，以便往返牵引耙斗。在卸料槽的后部还安装有弹簧碰头，用以减轻耙斗卸载时的冲击。

第二节 铲斗装载机

铲斗装载机用铲斗从工作面底板上铲取物料，将物料卸入矿车或其他运输设备，是煤矿岩巷掘进时使用较多的一种装载机械。煤矿使用的主要是直接卸载式，按卸载方式不同分为后卸式、侧卸式和前卸式三种。后卸式和侧卸式在煤矿井下使用较多。

一、后卸式铲斗装载机

后卸式铲斗装载机主要用于中小断面巷道掘进的装载作业，生产能力一般为 15～140 m^3/h。按装载方式分直接装车式和带转载机式两种。前者体积小，机动灵活，使用方便；后者转载机下方可容纳大吨位矿车。

我国已能制造多种轨轮式铲斗装载机，其工作原理和结构基本相似，见以 ZYC-20B 型后卸式铲斗装载机为例予以讲述。

（一）组成与工作原理

铲斗装载机的结构如图 4-2-4 所示，主要由铲斗 2、翻转机构 6、回转机构 4、行走机构 1 和操纵机构等组成。

装岩开始时，在距料堆 1～1.5 m 处放下铲斗 2，使其贴着地面，开动行走机构 1，借助惯性将铲斗插入料堆，同时开动翻转机构 6，铲斗边插入边提升。铲斗装满后，行走机构后退，并继续提升铲斗，与铲斗连在一起的斗臂 3 沿回转机构 4 上的滑道滚动，直到铲斗向后翻转到末端位置（图中虚线位置），碰撞缓冲弹簧 5，铲斗内的物料借助于惯性抛出，卸入机器后部的矿车内。卸载后，铲斗靠自重和缓冲弹簧的反力从卸载位置返回到铲装位置，同时行走机构换向，机器又向前冲向料堆，开始下一次装载循环。

为了把轨道两侧的物料装走，在铲斗下落过程中，铲斗可向巷道两侧最大摆动 30°。

（二）铲斗提升及稳定机构

提升机构的作用是使铲斗从装岩位置提升到卸载位置。铲斗装载机的提升机构由提升链、托轮、提升电动机、减速器、卷筒等部分组成，如图 4-2-5 所示。

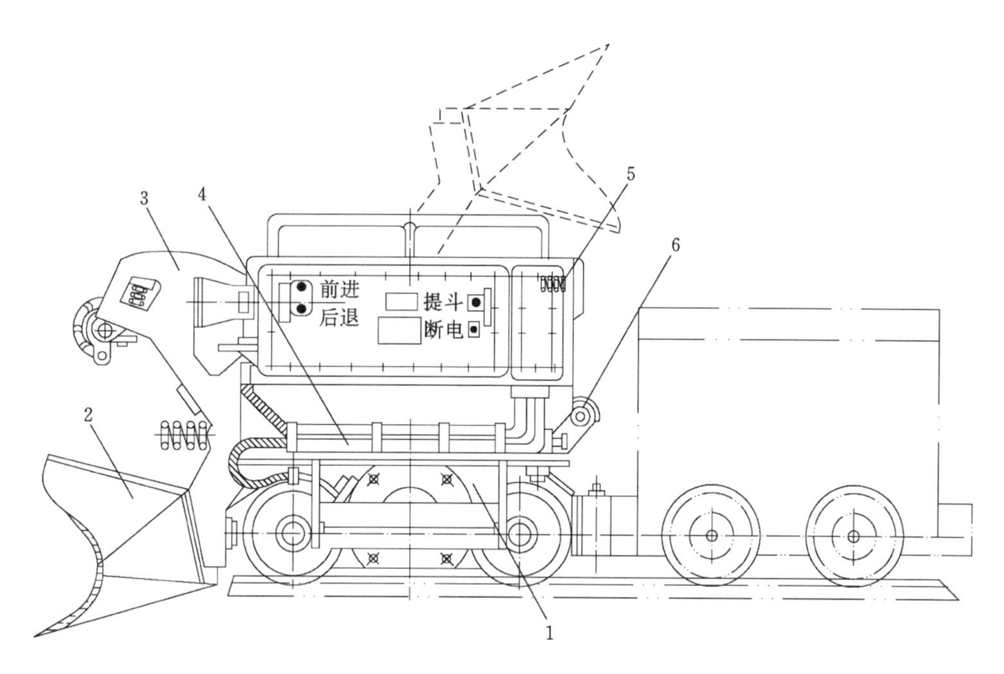

1—行走机构；2—铲斗；3—斗臂；4—回转机构；5—缓冲弹簧；6—翻转机构。

图 4-2-4　ZYC-20B 型铲斗装载机

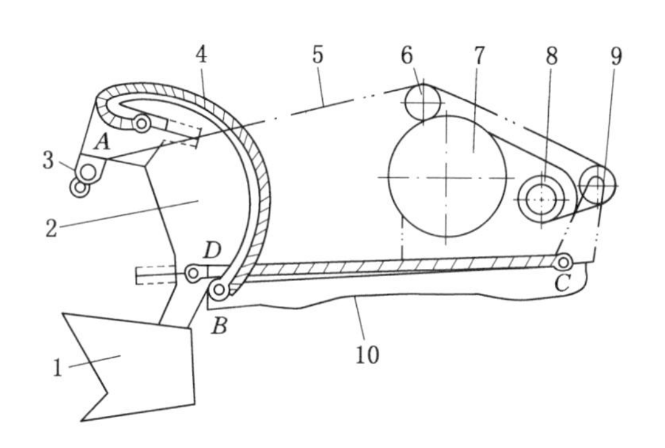

1—铲斗；2—斗臂；3—连接轴及套筒；4—稳定钢丝绳；5—提升链；

6—托轮；7—提升电动机；8—卷筒；9—导向链轮；10—回转平台。

图 4-2-5　提升机构示意图

提升电动机 7 与减速器用法兰连接，减速器出轴端装有卷筒 8，其上缠绕提升链 5，提升链的一端固定在此卷筒上，另一端绕过导向链轮 9、托轮 6 固定在斗臂上套筒的中部。导向链轮的心轴固定在回转平台 10 上。开动提升电动机时，经减速器使卷筒回转，提升链不断缠绕到卷筒上，铲斗 1 被逐渐提升，并沿回转平台上的滑道滚动。

提升链由并排的多块链板组成，多层缠绕在卷筒上，故卷筒的轮缘比较高。为了避免缠绕半径突然变化引起提升速度突变，卷筒的轮毂由几段圆弧面组成。这几段圆弧面的曲率半径是递增的，相邻两段圆弧面连接处的公法面通过这两圆弧面的曲率中心轴，使连接圆滑过渡。

每个斗臂的滚动边都有两条凹槽，其内能嵌入稳定钢丝绳 4(两条)。其中一条的前端与回转平台前端在 B 点铰接，后端经弹簧与斗臂上 A 点连接。另一条钢丝绳的前端与斗臂上的 D 点经弹簧连接，后端与回转平台尾部 C 点连接。

(三) 回中机构

铲斗装载机的铲斗工作机构和提升机构都安装在回转平台上。为了扩大铲斗的装载宽度，靠人力将回转平台向左、右回转一定的角度，使铲斗能铲取工作面两侧的岩石。卸载时为了使岩石能卸入矿车，必须使铲斗恢复到正中位置。

铲斗回中机构的结构如图 4-2-6 所示。鼓轮 1 是一个圆柱体，在圆柱面上开有三角槽，而三角槽两侧边是对称的螺旋线。鼓轮轴 11 的两端经轴承(图中未画出)支承在底座 3 上，滚轮 7 处于三角槽缺口处。固定在行走机架 6 上的滚轮轴 2 处于通过止推轴承中心的机器纵轴线上，并通过底座上的圆弧形缺口伸出。图中所示位置表示回转平台连同铲斗处于向工作面左侧铲取岩石的位置。当提升铲斗时，铲斗带动连杆 9 和摇杆 8，使鼓轮 1 的三角槽缺口的左侧面与滚轮接触，而滚轮位置是固定不动的，于是迫使鼓轮连同回转平台和铲斗工作机构绕回转中心向右转动，直到滚轮处于三角槽缺口的顶端回到正中位置。这时，铲斗正好处于卸载位置。同理，向右侧铲装时，回转平台和铲斗向右回转，在提升铲斗过程中，鼓轮三角槽的右侧面贴紧滚轮，迫使鼓轮和回转平台向左转动，滚轮恢复到正中位置。

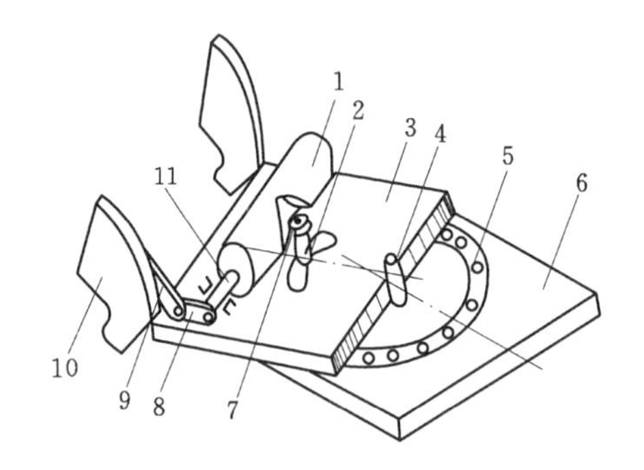

1—鼓轮；2—滚轮轴；3—底座；
4—中心轴；5—平面止推轴承；
6—行走机架；7—滚轮；8—摇杆；
9—连杆；10—斗臂；11—鼓轮轴。

图 4-2-6　铲斗回中机构

(四) 行走机构

铲斗装载机的行走机构由轨轮、箱体、电动机、回转托盘及铲斗座等部分组成。前后轮轴的传动系统为对称布置。四个车轮均为主动轮，目的是加大装载机的牵引力，增大铲斗插入料堆深度，提高生产率。

二、侧卸式铲斗装载机

侧卸式铲斗装载机用铲斗从底部铲取爆落的煤岩，而后机器退到卸载点，铲斗向一侧翻转进行卸载。主要用于矿山平巷和倾角 18°以下斜巷以及其他矿山工程中铲装爆落的松散岩石，也可作为材料和设备的短途运输设备。侧卸式装载机适用的巷道断面，取决于装载机自身的最大宽度(履带或铲斗的宽度)、卸载时的最大高度以及配套设备。与刮板转载机配套时，最小适用断面约 6 m^2。与矿车配套时，巷道断面不小于 10 m^2。

侧卸式铲斗装载机按铲斗臂的结构形式分为固定斗臂、伸缩斗臂和摆动斗臂三种。大多数侧卸式铲斗装载机采用固定斗臂结构。

侧卸式铲斗装载机(图 4-2-7)由工作机构、行走机构、液压系统、电气系统和操纵系统等组成。装载机工作时，首先将铲斗 1 放到最低位置，开动行走机构 2，使机器前进。借助行走机构的力量，使铲斗插入料堆。铲斗插入料堆后，在机器前进的同时开动两个翻斗液压缸 5(图 4-2-8)，使铲斗上升装满物料。铲斗升到一定高度后，机器退至卸料处，操纵侧卸液压缸 6(图 4-2-8),将斗内物料卸入(直接或通过带式输送机)矿车。然后,铲斗恢复原位,同时,装载机回到装载料堆处,至此完成一个工作循环。

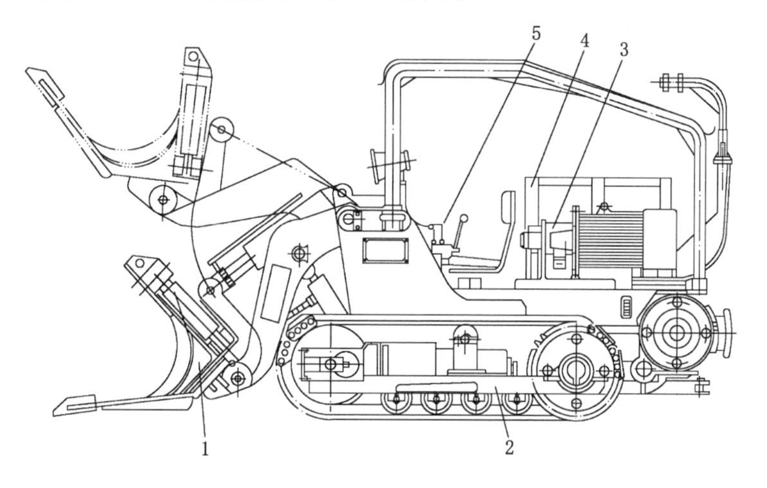

1—铲斗;2—行走机构;3—液压装置;4—电气系统;5—操纵系统。

图 4-2-7　侧卸式铲斗装载机

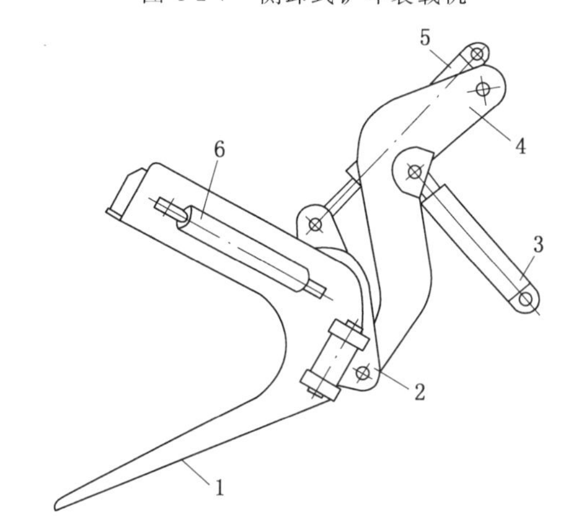

1—铲斗;2—铲斗座;3—升降液压缸;4—斗臂;5—翻斗液压缸;6—侧卸液压缸。

图 4-2-8　工作机构示意图

如图 4-2-8 所示,工作机构由铲斗 1、铲斗座 2、侧卸液压缸 6、翻斗液压缸 5、升降液压缸 3 和斗臂 4 等组成。

铲斗是直接铲装物料的斗形构件,一般采用耐磨钢板焊接制成。铲斗容积为 0.45～2.0 m^3,其最先插入料堆底部的部分称为斗唇,有平斗唇和弧形斗唇两种。平斗唇铲斗插入阻力较大,但清理巷道散落岩石的效果较好;弧形斗唇铲斗插入阻力较小,适于铲装硬岩。铲斗可以制成一侧敞开或两侧均敞开的形式。

斗臂是铲斗和铲斗座的支撑和升降机构,后端部与装载机的机架铰接。固定式斗臂多采用 H 形框架,它与翻斗液压缸、铲斗座和机架共同组成双曲柄摇杆机构;伸缩式斗臂一般为内外两层矩形断面套接的悬臂梁,外层为主臂(定臂),内层为动臂,动臂的前端与铲斗座相连,主臂与动臂之间安装液压缸,液压缸活塞杆直接推动动臂伸缩。当采用双伸缩臂时,为了扩大装载面，两个伸缩臂还可以分别做横向摆动；摆动式斗臂可以上下和左右摆动，其横断面多为矩形。

履带行走机构实现装载机的行走功能，给予工作机构在铲装岩石时所需的插入力和承载机器的总重量，由履带、引导轮、支重轮、托链轮、驱动链轮、行走液压马达(或风动马达、电动机)、张紧和缓冲装置、履带架和机架等组成。具体见掘进机械履带行走机构。

液压传动系统由液压泵、行走液压马达、油箱、驱动电动机、多路控制阀、压力表、过滤器和管路等组成。先进的液压系统中还采用一系列安全保护元件、自控元件和电磁阀等。

电气系统由防爆开关箱、电动机、照明灯、报警器、控制开关和按钮等组成。动力回路由电动机台数决定。检测与故障显示、安全保护和自动控制回路因机型而异。动力回路的电压有 380/660 V 和 550/1 100 V 两种。电动侧卸式铲斗装载机的行走电动机为绝缘等级和热容量较高的专用电动机。

第三节　扒爪装载机

扒爪装载机是一种用扒爪做工作机构的连续作业装载机，主要用于巷道掘进中装载爆落的煤岩，装载能力一般为 35～200 m^3/h。扒爪装载机有电动和电-液驱动两种。按转载运输机形式分为整体式(多为刮板输送机)和分段式(前段多为刮板输送机，后段多为带式输送机)两种。目前应用较为广泛的扒爪装载机是具有整体运输机、履带行走的电动扒爪装载机。

一、组成与工作原理

这里以 ZMZ_{2A}-17 型扒爪装载机为例，说明其基本组成与工作原理。

如图 4-2-9 所示，扒爪装载机主要由扒爪工作机构、转载机构、行走装置及其动力装置等组成。装载机工作时，先开动扒爪工作机构和转载输送机 7，操纵铲板升降液压缸 3 将铲板降至料堆的底部，然后开动履带行走装置 4，让机器慢速推进，使铲板前缘逐渐插入料堆。此时，扒爪 1 按预定的耙运轨迹运动，落在铲板上的物料被扒爪送入转载输送机 7 的受料口，由刮板链运送到机器后面停放的矿车或其他运输设备。液压缸 3，5 和 13 分别实现装载高度、卸载高度和卸载位置的调整。

二、扒爪工作机构

扒爪工作机构由扒爪机构、驱动装置和铲板等组成。扒爪指沿封闭曲线运动，扒集松散煤或岩石进行装载的蟹螯状工作机构。按结构形式分为曲柄直摇杆式、曲柄弧摇杆式、曲柄偏心盘式、曲柄弧槽导杆式、曲柄直槽导杆式和曲柄带壳装载耙杆式等六种类型(图 4-2-10)。工作原理均属于四连杆机构。早期的扒爪装载机都采用曲柄直摇杆式扒爪机构，其结构简单，但只能用于装煤。曲柄弧槽导杆式扒爪机构能消除岩块被卡住的缺点，其结构也较简单，用于装载岩石。

扒爪机构由主动圆盘、装载耙杆、摇杆等组成。有些扒爪装载机在装载耙杆外侧装有副扒爪，以扩大耙取宽度。对称布置的左、右装载耙杆与相应的主动圆盘和摇杆(或固定销、偏心盘)组成两套互相对称的曲柄摇杆机构。两个主动圆盘相向回转，驱动左右两个装载耙杆在铲板表面上做平面复合运动。两个装载耙杆的运动相位差为 180°，当一个装载耙杆耙取铲板上的物料时，另一个装载耙杆处于返回行程，使装载工作连续进行。为了保证两装载耙杆的相位差，两个主动圆盘中间装有同步轴。

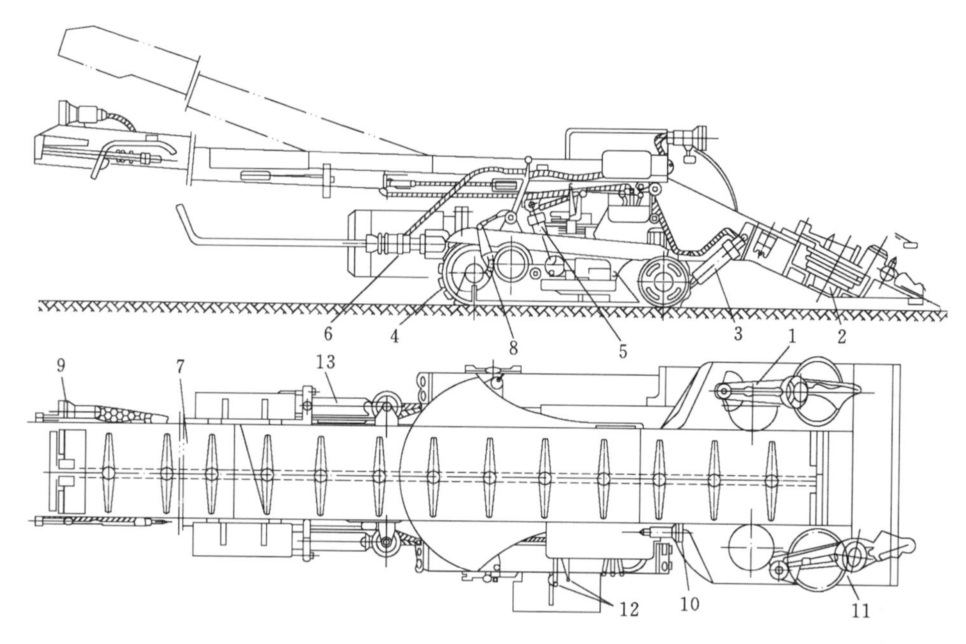

1—扒爪；2—扒爪减速器；3—铲板升降液压缸；4—履带行走装置；5—转载机升降液压缸；6—电动机；7—转载输送机；8—紧链装置；9，10—照明灯；11—铲板；12—操纵手把；13—转载机摆动液压缸。

图 4-2-9 ZMZ_{2A}-17 型扒爪装载机

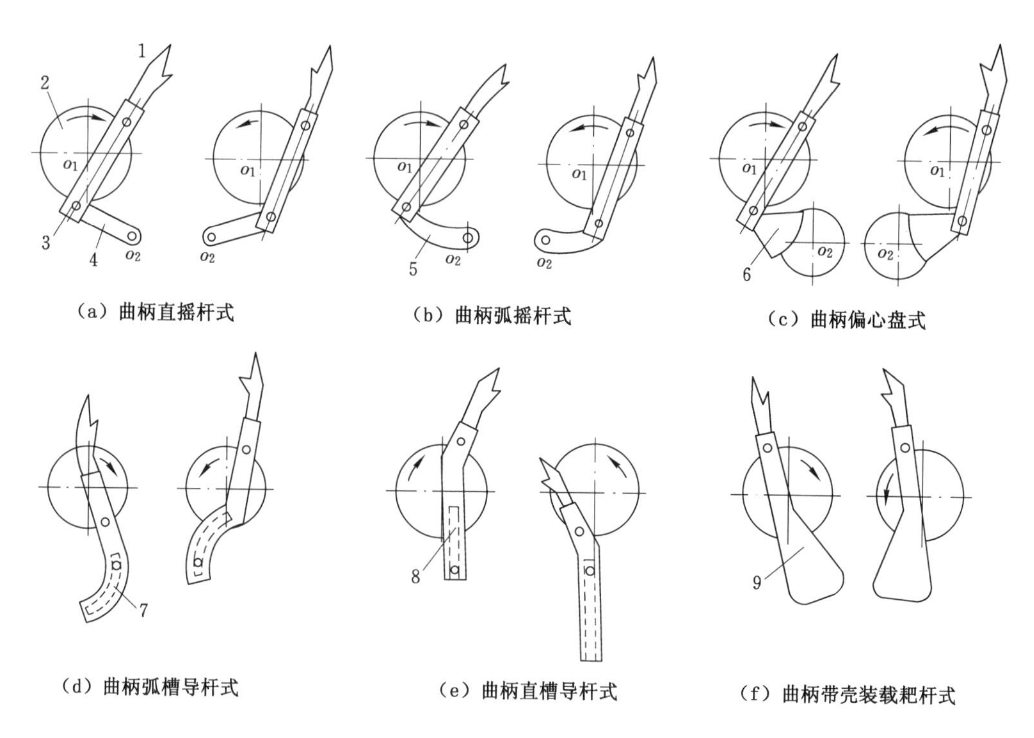

1—扒爪；2—主动圆盘；3—装载耙杆；4—直摇杆；5—弧摇杆；6—偏心盘；7—弧槽导杆；8—直槽导杆；9—带壳耙杆。

图 4-2-10 扒爪机构结构形式

铲板是工作机构的基体，倾斜安装在主机架前端，铲板在前升降液压缸的作用下，可绕水平轴上下摆动。

三、转载机构

转载机构有两种形式：一种是采用一台输送机直接转载；另一种是由两台输送机搭接而成。

采用一台输送机直接转载的扒爪装载机在煤矿使用较多，它主要由回转座、回转台、刮板链、回转液压缸和张紧机构等组成。回转台在回转液压缸的作用下水平回转。回转座在升降液压缸的作用下绕水平轴垂直升降，带动回转台的尾端升降，调节卸载高度。转载机构的后半段可水平回转，前半段与铲板连在一起不能转动，因此中间段侧板采用弹簧钢板。刮板链以前大多采用套筒滚子链，后来大多改用圆环链。张紧机构布置在输送机的卸载端，有弹簧张紧和液压张紧两种形式。弹簧张紧机构的张紧力由调节弹簧的压缩量来控制。液压张紧机构通过液压缸进行张紧，张紧力由调节油压控制，张紧效果较好。

由两台输送机搭接而成的转载机构，前面一台输送机与铲板固定，能随铲板一起升降，采用刮板输送机结构；后面一台输送机大多为带式输送机，卸载端在液压缸的作用下能水平回转和垂直升降。

四、履带行走装置

它由左右两个履带车架和主机架连接成整体(见掘进机械履带行走机构)。重量轻的扒爪装载机，其履带行走机构没有支承轮，整个机器的重量通过下履带架支承到接地履带上，工作过程中下履带架与接地履带之间发生相对滑动，增加了履带行走阻力，但结构较简单，煤矿使用较多。

第四节　立爪装载机

立爪装载机是用立爪从上方及两侧扒取爆落的煤岩，经自身的转载机构卸载的装载机械，适用于矿山巷道和平硐施工，装载能力一般为 90～180 m^3/h。立爪装载机装载阻力小，功率消耗少，装载连续、平稳，生产率高；立爪工作时的受力方向与机器前进方向相同，受力状态合理。轨轮式立爪装载机工作时不存在冲插和前后频繁移动的弊病，易与凿岩台车、梭车或其他转载设备配套使用，组成机械化作业线。

一、组成与工作原理

如图 4-2-11 所示，立爪装载机主要由工作机构、输送机构、行走机构和操纵机构等组成。

装载机接近料堆时，立爪由外向内摆动一定角度扒取物料，装入输送机，由刮板链把物料从输送机前端运到末端，卸入转载设备或直接卸入矿车。工作机构装载物料的过程如下：动臂升起，立爪向外张开(小臂回转亦可同时进行)，动臂落下，立爪向内扒取物料(小臂回转亦可同时进行)。四个动作依次交替进行，也可以两个动作同时进行。

二、工作机构

如图 4-2-12 所示，立爪装载机的工作机构由动臂、小臂、立爪和液压缸等组成。有单立爪式和双立爪式两种结构，多数采用双立爪式。

动臂 3 是用钢板制成的整体 U 形框架结构。U 形框架的两个末端焊有支座 2，可固定在输送机机体两侧伸出的轴头上。动臂在升降液压缸的作用下绕回转中心线 a 转动，实现工作动臂的升降。在动臂上对称地安装有小臂 5。在回转液压缸的作用下，小臂可绕小臂销轴 9 向外、向内回转，工作转角为 80°。当小臂转动时橡胶碰头 8 和 10 起定位和缓冲作用。左右小臂上分别装有立爪 7，立爪下端装有爪齿 11。立爪在扒取液压缸 6 的作用下，能够向外摆动 30°或向内摆动 38°，以扒取物料，并把输送机积渣板上积聚的物料装进刮板输送机。

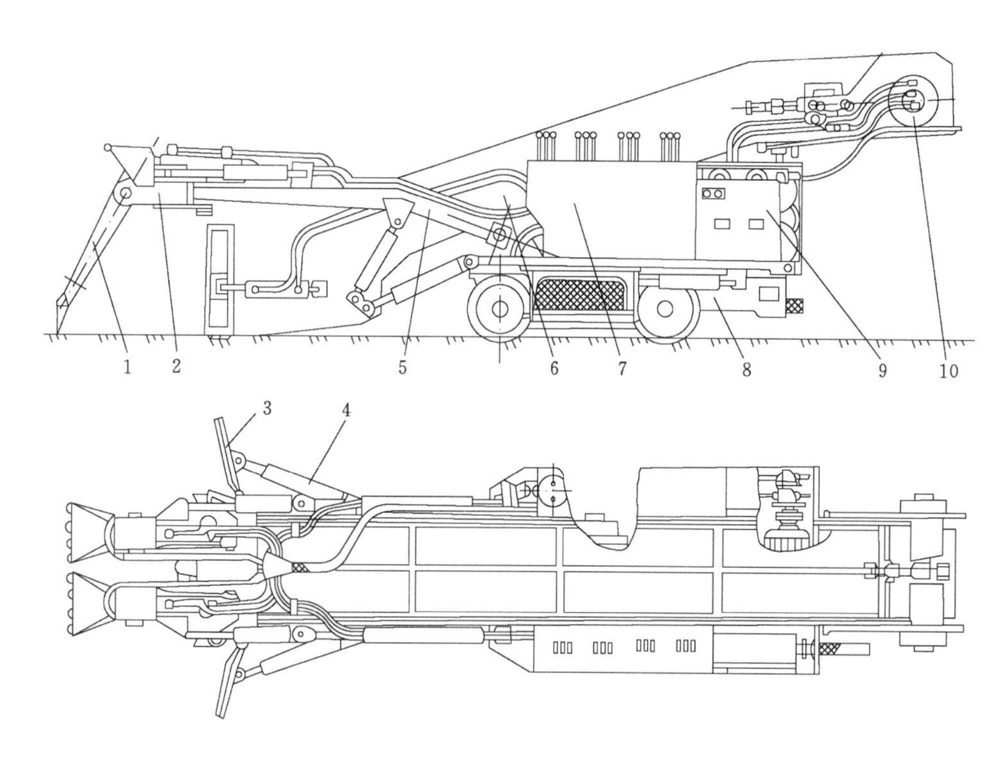

1—立爪；2—小臂；3—积渣板；4—液压缸；5—动臂；6—机架；
7—液压操纵阀；8—行走驱动装置；9—防爆电控箱；10—驱动装置。

图 4-2-11　立爪装载机示意图

工作机构为单立爪时，单立爪布置在动臂的中部，通过回转机构可使立爪向左、向右回转。立爪的爪尖由爪齿和插座组成。爪齿和插座磨损后均可更换。

动臂升降液压缸、小臂回转液压缸和立爪扒取液压缸均由多路换向阀控制。

三、输送机构

输送机构是一台刮板输送机，由机架、驱动装置、积渣板和刮板链等组成。机架前端绕液压缸（或调高丝杆）的支承轴升降时，其末端相应升降一定幅度，有利于卸料。操纵机架后部的液压缸（或调高丝杆）也可使输送机的末端升降。调整机器的运行高度可使卸载高度与输送设备相适应。输送机的前端两侧装有积渣板，依靠液压缸回转，与输送机机架相互配合，将零散的物料聚积成堆以清理巷道底板。输送机的驱动装置大多为电-液驱动，布置在输送机的末端。

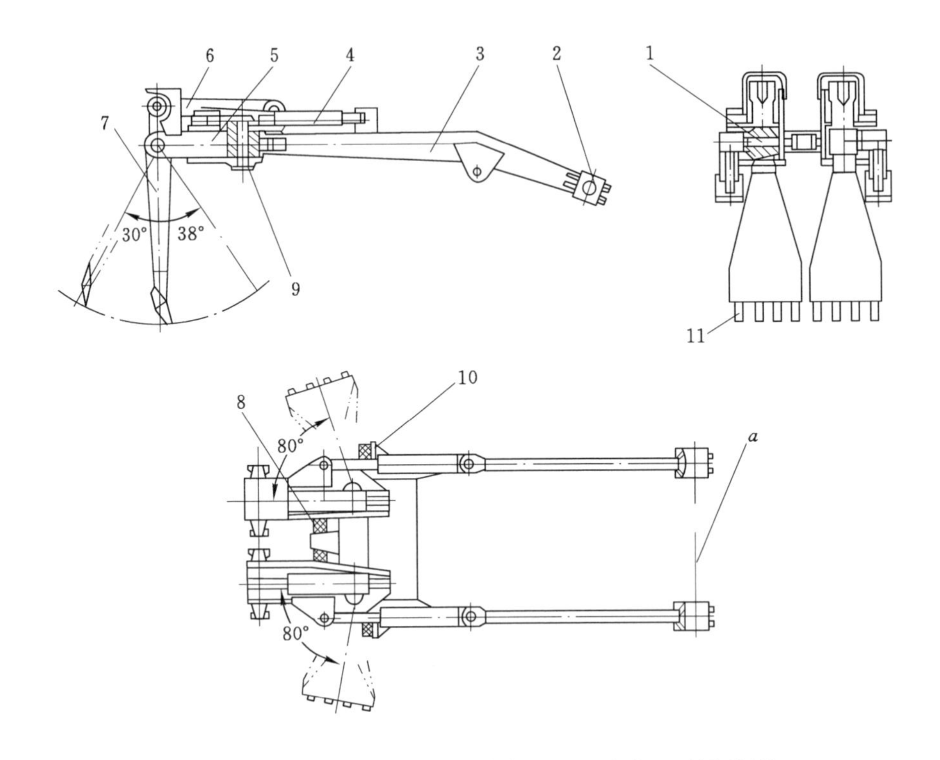

1—扒爪销轴；2—支座；3—动臂；4—小臂液压缸；5—小臂；6—扒取液压缸；
7—立爪；8，10—橡胶碰头；9—小臂销轴；11—爪齿。

图 4-2-12　立爪装载机工作机构

四、行走机构

行走机构按行走方式分为轨轮式、轮胎式和履带式三种，其中轨轮式行走机构用得较多。轨轮式行走机构由行走驱动装置、回转盘和液压缸等组成。行走驱动装置大多采用电液驱动，由液压马达通过齿轮减速器驱动轮对转动。其特点是前后车轮都可作为主动轮，一旦其中一对车轮出轨，可以利用行走机构和工作机构将车轮复位，回转盘由上盘、下盘和钢球组成一个推力轴承，下盘固定在齿轮减速器上，上盘的上平面安装输送机、工作机构和操纵机构等。操纵液压缸使上盘转动时，以上各部件都随着回转，以扩大扒取范围。在机器运行到弯道时，亦能借助回转盘使机器在较小的弯道中通过。轮胎式行走机构的特点是由传动装置驱动轮胎使机器运行。履带行走机构通常由两只液压马达分别驱动左、右履带的链轮，实现机器的前进、后退和转弯等动作。

在具有单一工作机构的扒爪装载机的基础上发展起来的新型高效连续作业的扒爪立爪装载机，用扒爪和立爪工作机构扒取物料，其余组成部分与扒爪装载机大致相同。工作时，立爪松动料堆并向扒爪喂料，扒爪将物料扒入输送机。它既改善了扒爪插入料堆时受阻较大的不良工况，减少了对铲板插入深度的要求，又保证了扒爪的满载作业。当装载黏结性较大的煤岩时，立爪机构完成煤岩松散、集料和送料工作，从而减少扒爪机构可能受到的较大阻力。装载能力一般为 120～180 m^3/h。

复习思考题

1．简述装载机械的分类。
2．试述耙斗装载机的主要组成和工作过程。
3．简述耙斗装载机绞车的类型和工作过程。
4．简述后卸式铲斗装载机和侧卸式铲斗装载机的主要组成和工作过程。
5．简述后卸式铲斗装载机回中机构的工作原理。
6．简述扒爪装载机和立爪装载机的主要组成和工作过程。

第三章　掘进机械

综合机械化掘进设备直接用掘进机械完成破落煤岩、装载、转载及支护等工序，实现这些工序的平行作业。

掘进机械是用于掘进工作面，具有钻孔、破落煤岩和装载等全部或部分功能的机械。根据所掘断面形状分为部分断面掘进机和全断面掘进机。

部分断面掘进机是工作机构通过摆动，顺序破落巷道部分断面的岩石或煤，最终完成全断面切割的巷道掘进机。一般适用于单轴抗压强度小于 60 MPa 的煤、煤岩、软岩水平巷道。但大功率掘进机也可用于单轴抗压强度达 200 MPa 的硬岩巷道。一次仅能截割断面一部分，需要工作机构多次摆动，逐次截割才能掘出所需断面，断面形状可以是矩形、梯形、拱形等多种形状。

煤巷普遍采用综合机械化掘进，掘进设备主要有三种类型：悬臂式掘进机、连续采煤机及掘锚机组。

全断面掘进机是工作机构旋转并连续推进，破落巷道整个断面的掘进机，适用于直径一般为 2.5～10 m 的全岩巷道，岩石单轴抗压强度 50～350 MPa 的硬岩巷道。可一次截割出所需断面，且断面形状多为圆形，主要用于工程涵洞及隧道的岩石掘进。

第一节　悬臂式掘进机

悬臂式掘进机是目前煤矿巷道掘进中应用最广泛的装备。悬臂式掘进机是用悬臂来承载截割机构的掘进机，一般称为掘进机。掘进机根据经济截割岩石硬度的不同分为煤巷掘进机、煤岩巷掘进机和岩巷掘进机，其经济截割岩石硬度分别为 $f \leqslant 5$、$6 \leqslant f \leqslant 8$、$f \geqslant 8$。煤矿井下复杂多变的地质条件，对巷道掘进装备的掘进效率和适应性提出了更高要求。提高掘进装备性能、智能化及综掘工艺水平以实现快速掘进，已经成为煤矿可持续健康发展、安全高效集约化生产的首要任务。

现阶段我国重点煤矿的煤及煤岩巷道掘进主要采用中型和重型掘进机，其截割功率在 120 kW 以上，整机质量在 35 t 以上，适应经济截割普氏系数为 4～6 的煤及煤岩巷，机型主要有 EBZ120、EBZ160、EBZ220、EBZ260、EBH315 等，占掘进机使用量的 80%以上。随着煤矿开采强度的不断增加，全岩巷道掘进的任务也随之增加，未来重型和超重型悬臂式掘进机是综合机械化掘进的主要发展方向。

一、组成、工作原理及分类

（一）组成和工作原理

如图 4-3-1 所示，悬臂式掘进机由截割机构、装运机构、行走机构、液压系统、电气系统和喷雾降尘系统等组成。

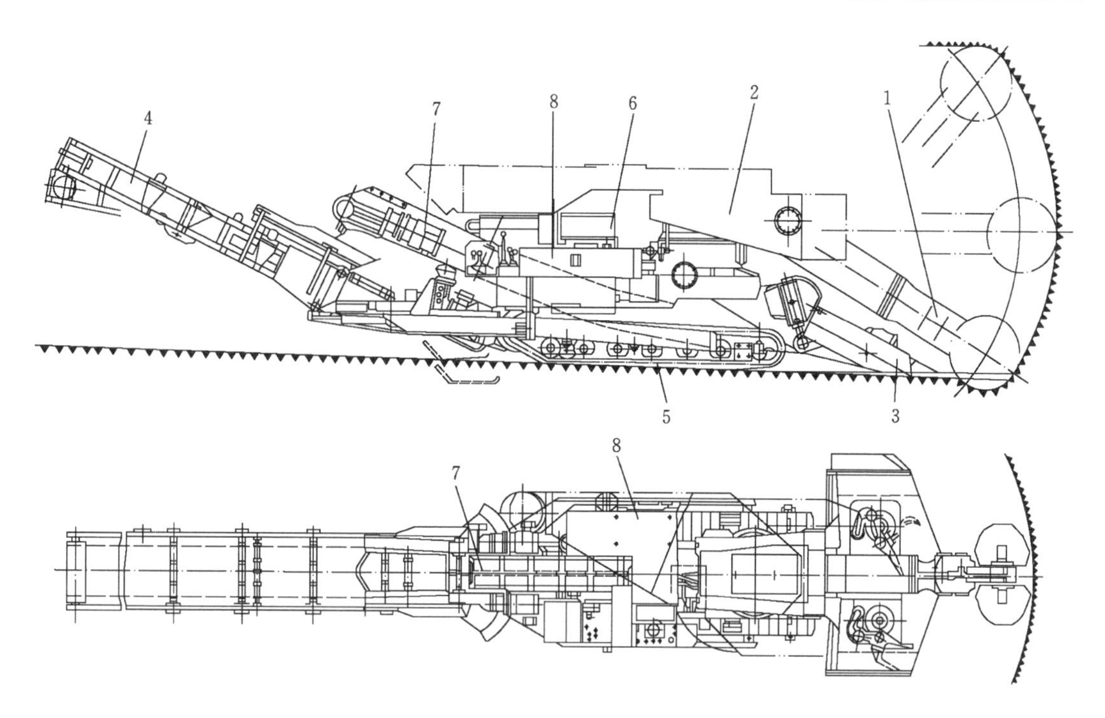

1—切割臂；2—回转台；3—装载机构；4—转载机构；5—行走机构；
6—电控箱；7—运输机构；8—液压系统。

图 4-3-1　掘进机总体结构

1. 截割机构

截割机构是由截割头、齿轮箱、电动机、回转台等组成，是具有破碎煤岩等物料功能的机构。电动机通过减速器驱动截割头旋转，利用装在截割头上的截齿破碎煤岩。截割头纵向推进力由行走机构履带(或伸缩悬臂的推进液压缸)提供。升降和回转液压缸使悬臂在垂直和水平方向摆动，以截割不同部位的煤岩，掘出所需形状和尺寸的断面。

2. 装运机构

装运机构由装载机构和中间输送机两部分组成。电动机经减速后驱动刮板链和扒爪或星轮，将截割破碎下来的煤岩集中装载、转运到后面的转载机或其他运输设备中，运出工作面。

3. 行走机构

行走机构驱动掘进机前进、后退和转弯，并能在掘进作业时使掘进机向前推进。

4. 液压系统

液压系统由液压泵、液压马达、液压缸、控制阀组及辅助液压元件等组成，用以提供压力油，控制悬臂上下左右移动，驱动装运机构中间输送机、集料装置及行走机构的驱动轮，并进行液压保护。

5. 电气系统

电气系统向机器提供动力，驱动掘进机上的所有电动机，同时也对照明、故障显示、瓦斯报警等进行控制，并可实现电气保护。

6. 喷雾降尘系统

喷雾降尘系统是为降低掘进机在作业中产生的粉尘而装备的设施,有喷雾降尘系统和除尘器降尘系统两种形式。喷雾降尘系统由内、外喷雾装置组成,用以向工作面喷射水雾,达到降尘的目的。

(二)分类

悬臂式掘进机按截割头布置方式可分纵轴式掘进机和横轴式掘进机两种。纵轴式掘进机截割头旋转轴线平行于悬臂轴线,横轴式掘进机截割头旋转轴线垂直于悬臂轴线。

1. 纵轴式掘进机

纵轴式掘进机的截割头外廓呈截锥体,如图 4-3-2 所示。工作时,先将截割头钻进煤壁掏槽,然后按一定方式摆动悬臂,直至掘出所需要的断面。

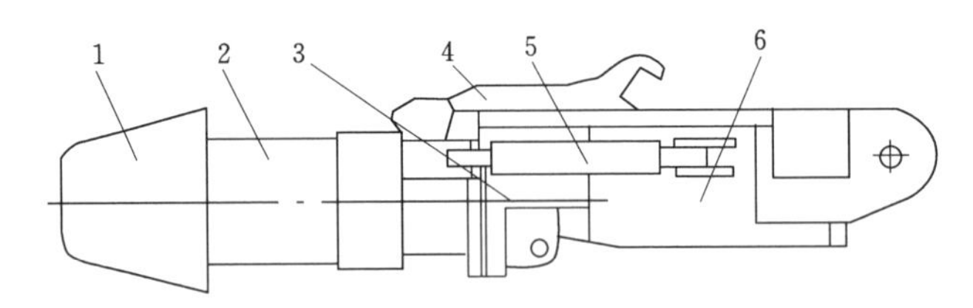

1—截割头;2—悬臂;3—减速器;4—托梁装置;5—推进液压缸;6—电动机。

图 4-3-2 纵轴式掘进机

截割运动为截割头的旋转和悬臂摆动的合成运动,截齿齿尖的运动轨迹近似为平面摆线。工作时,截割头上受有截割反力和用来使截齿保持截割状态的进给力(掏槽时,由行走机构或推进液压缸产生沿悬臂轴线方向的进给力;横摆截割时,由回转液压缸产生与摆动方向相同的进给力),两者近乎保持垂直关系,使得所需要的进给力较小。当悬臂的摆动力过大时,进给力就大,使截齿摩擦增大,若截割力不足,截割头就会被卡住;当摆动力过小,截齿无法截入煤岩壁足够深度,只能在煤岩壁表面上切削而产生粉尘,并使截齿磨损加剧。现代掘进机多通过液压调节装置自动调整悬臂的摆动力和摆动速度,使进给力和截割力相适应,取得良好的截割效果。

由于截割反力的方向和悬臂轴线相垂直,对掘进机产生绕其纵轴线的扭转力矩(倾覆力矩),不利于掘进机的稳定工作。

纵轴式掘进机多采用截锥体截割头,其结构简单,容易实现内喷雾,较易截出光滑轮廓的巷道,便于用截割头开水沟和挖柱窝。截割头上既可安装扁形截齿,也可安装锥形截齿。截割硬岩时,锥形截齿的寿命比扁形截齿长。一般情况下,纵轴式截割头破碎的煤岩向两侧堆积,需用截割头在工作面下部进行辅助装载作业,影响装载效果。由于截割头是埋在被截煤岩中工作,且转速低,因而产尘量较少。

2. 横轴式掘进机

如图 4-3-3 所示,横轴式掘进机的截割头工作时先进行掏槽截割,掏槽进给力来自行走机构,最大掏槽深度为截割头直径的三分之二。掏槽时,截割头需做短幅摆动,以截割位于两半截割头中间部分的煤岩,因而使得操作较复杂。掏槽可在工作面上部或下部进行,但截割硬岩时应尽可能在工作面上部掏槽。悬臂的摆动方式与纵轴式掘进机相同。

横摆截割时,截齿齿尖的运动轨迹近似为空间螺旋线,截割力的方向近乎沿着悬臂的轴线，进给力的方向和截割力的方向近乎一致，与摆动方向近乎垂直，摆动力不作用在进给方向上，进给力主要取决于截割力，所以，掏槽截割时所需要的进给力(推进力)较大，横摆截割时所需要的摆动力较小。由于进给力来自行走机构，使得行走机构需要较大的驱动力，且需频繁开动，磨损加剧。

截割反力使掘进机产生向后的推力和作用在截割头上向上的分力，但可被较大的机重所平衡，因而不会产生倾覆，掘进机工作时的稳定性较好。

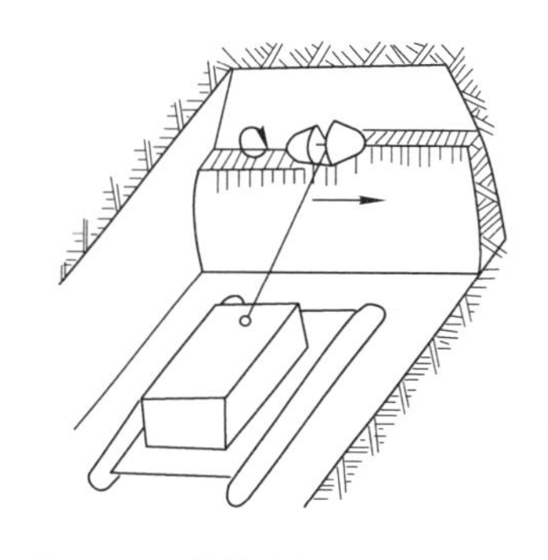

图 4-3-3　横轴式掘进机工作方式

横轴式截割头的形状近似为半椭圆球体，不易截出光滑轮廓的巷道，也不能利用截割头开水沟和挖柱窝。横轴式截割头上多安装锥形截齿，齿尖的运动方向和煤体的下落方向相同，易将截下的煤岩推到铲装板上及时装载运走，装载效率较高。但截割头的转速高、齿数较多，且不被煤岩体所包埋，因而产尘量较多。

综上所述，纵轴式掘进机和横轴式掘进机各有优缺点，应结合煤矿地质条件和掘进机的性能加以选用。近年来，厂家已设计出可安装两种截割头的掘进机，以增强掘进机的适应能力。

二、截割机构

由截割头、截割减速器、电动机、回转台等组成的截割机构。按悬臂长度是否可变，有伸缩式悬臂和不可伸缩式悬臂两种。

(一) 截割头

截割头是掘进机上直接截割、破碎煤岩的构件，其形状、尺寸和其上截齿的排列方式对掘进机的工作性能有重大影响。截割头主要由截割头体、螺旋叶片和截齿座等组成。在齿座里装有截齿，叶片(或头体)上焊有安装内喷雾喷嘴用的喷嘴座。

纵轴式截割头(图 4-3-4)头体为组焊式结构，在头体上焊有截齿座和喷嘴座。头体内设有内喷雾水道，截割头通过键与主轴相连。截割头的外形轮廓有球形、球柱形、球锥形和球锥柱形四种，以球锥形截割头的截齿受力较为合理，因而得到了较多应用。

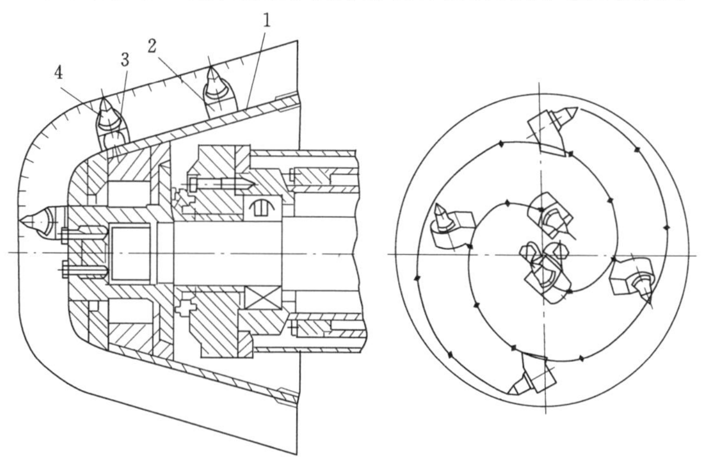

1—截割头体；2—截齿座；3—喷嘴座；4—截齿。

图 4-3-4　纵轴式截割头

截齿的布置方式对截齿、截割头乃至整机受力有较大影响。纵轴式截割头的截齿均按螺旋线方式分布在头体上，螺旋线头数(条数)一般为2～3条。截距对截割效果有较大影响。较大的截距可增加单齿截割力，但截齿的磨损也随之增加，两者应该兼顾。在选择截距时，还应考虑到截割头上不同部位的截齿所受的负荷不同而有所区别，力求各截齿的负荷均匀，以减小冲击载荷和使截齿的磨损速度接近。截齿的合理布置是一个复杂的问题，应针对所截煤岩的机械性质，通过理论分析、计算机模拟、实验及实际使用经验加以合理确定。

如图4-3-5所示，横轴式截割头的头体多为厚钢板组焊结构或螺栓连接结构，由左右对称的两个半体组成。在头体上焊有齿座和喷嘴座，在头体内开有内喷雾水道，装有配水装置。截割头体通过胀套式联轴器同减速器输出轴相连，可起过载保护作用。

截割头的形状较为复杂，其外形的包络面(线)一般是由几段不同曲面(线)组合而成，使用较多的组合形式有圆曲线-抛物线-圆曲线(抛物线)、圆曲线-椭圆曲线-圆曲线等。在设计时，应根据不同的工作条件选择截割头包络曲线的组合形式，力争达到最佳截割效果。横轴式截割头的截齿数量较多，且按空间螺旋线方式分布在截割头体上。螺旋线的旋向为左截割头右旋、右截割头左旋，这样，可将截落的煤岩抛向两个截割头的中间，改善截齿的受力状况，提高装载效果。

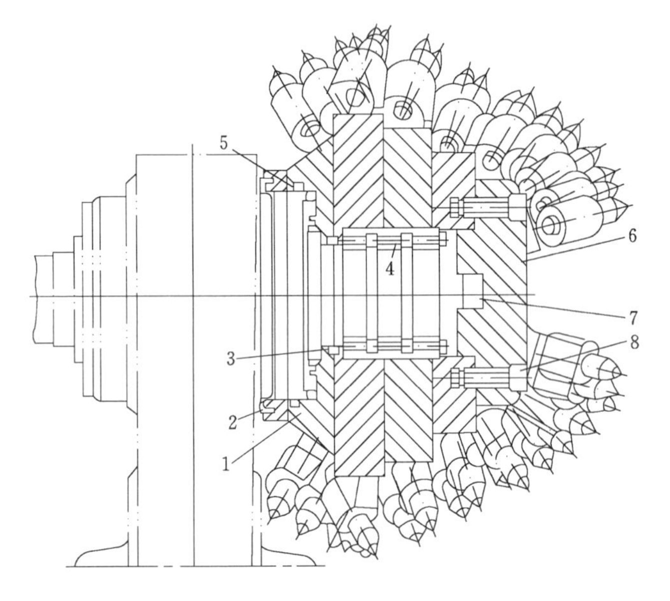

1—截割头体；2—迷宫环；3—O形密封圈；4—胀套联轴器；5—防尘圈；
6—截割头端盘；7—连接键；8—螺栓。

图4-3-5 横轴式截割头

(二) 截割减速器

截割减速器的作用是将电动机的运动和动力传递到截割头。由于截割头工作时承受较大的冲击载荷，因此要求减速器可靠性高，过载能力大；其箱体作为悬臂的一部分，应有较大的刚性，连接螺栓应有可靠的防松装置；减速器最好能实现变速，以适应煤岩硬度的变化，增强掘进机的适应能力。常用的传动形式有圆锥-圆柱齿轮传动、圆柱齿轮传动和二级行星齿轮传动，其传动原理如图4-3-6所示。

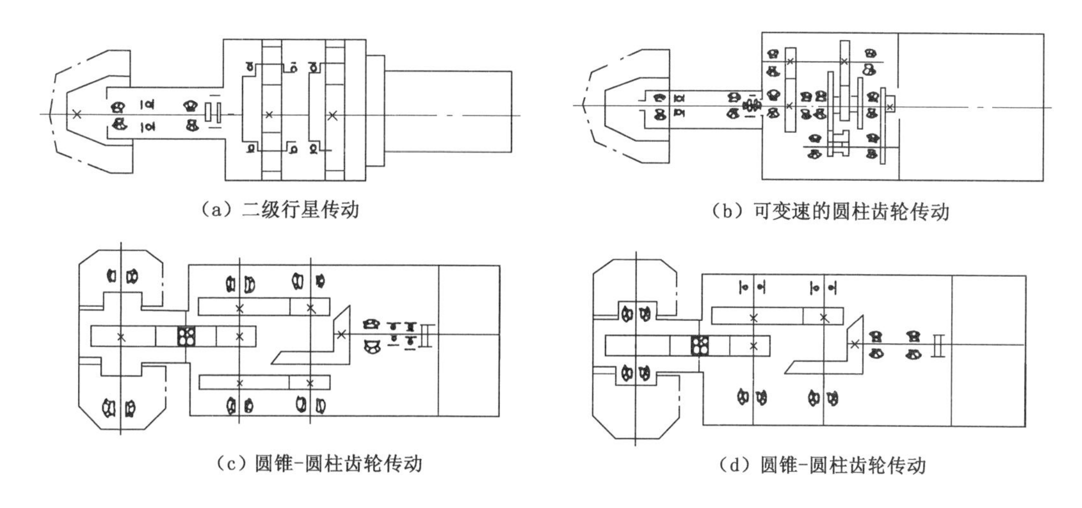

图 4-3-6　截割减速器传动形式

二级行星传动可实现同轴传动，速比大，结构紧凑，传动功率大，多用于纵轴式截割头；圆锥-圆柱齿轮传动的结构简单，能承受大的冲击载荷，易实现机械过载保护，多用于横轴式截割头；实现截割头变速的圆柱齿轮传动，减速箱结构复杂，体积和重量较大。

（三）电动机

为实现较强的连续过载能力，适应复杂多变的截割载荷，并利用喷雾水加强冷却效果，悬臂式掘进机多采用防爆水冷式电动机来驱动截割头。为满足悬臂长度的需要和减小电动机的径向尺寸，可采用串联双转子电动机；为满足截割不同硬度煤岩的需要，避免在减速箱中变速，可采用双速电动机。

（四）悬臂伸缩装置

掘进机掘进时，截割头切入煤壁的方式有两种，一种是利用行走机构向前推进，使截割头切入，这种方式的截割头悬臂不能伸缩，结构比较简单，但行走机构移动频繁；另一种是截割头悬臂可以伸缩，一般利用液压缸的推力使截割头沿悬臂上的导轨移动，使截割头切入煤壁，履带不需移动。

伸缩悬臂有内伸缩和外伸缩两种。

内伸缩悬臂的结构如图 4-3-7 所示，主要由花键套、内外伸缩套、保护套、主轴等组成。截割减速器的输出轴上连接有内花键套，主轴的右端开有外花键，并插入花键套内。主轴的左端通过花键和定位螺钉与截割头相连，使减速器的输出轴驱动截割头旋转。保护套和内伸缩套同截割头相连，但不随截割头转动。外伸缩套则和减速器箱体固连。推进液压缸的前端和保护套相连，后端和电动机壳体相连，在其作用下，保护套带动截割头、主轴和内伸缩套相对于外伸缩套前后移动，实现悬臂的伸缩。这种悬臂的结构尺寸小，移动部件的重量轻，移动阻力较小，有利于掘进机的稳定。但需要较长的花键轴，加工较难，结构也比较复杂。

外伸缩悬臂的结构如图 4-3-8 所示，主要由导轨架、工作臂和推进液压缸等组成。推进液压缸的前端和工作臂相连，后端和导轨架相连。在其作用下，工作臂可相对导轨架做伸缩运动。此种悬臂的结构尺寸和移动重量较大，推进阻力大，不利于掘进机的工作稳定性，但其结构简单，伸缩部件加工容易，精度要求较低。

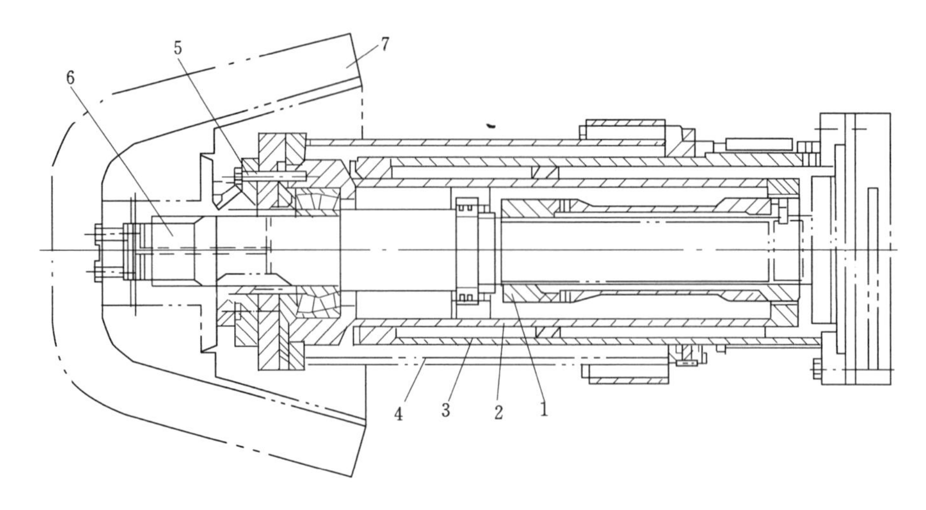

1—花键套;2—内伸缩套;3—外伸缩套;4—保护套;5—定位螺钉;
6—主轴;7—截割头。

图 4-3-7 内伸缩悬臂

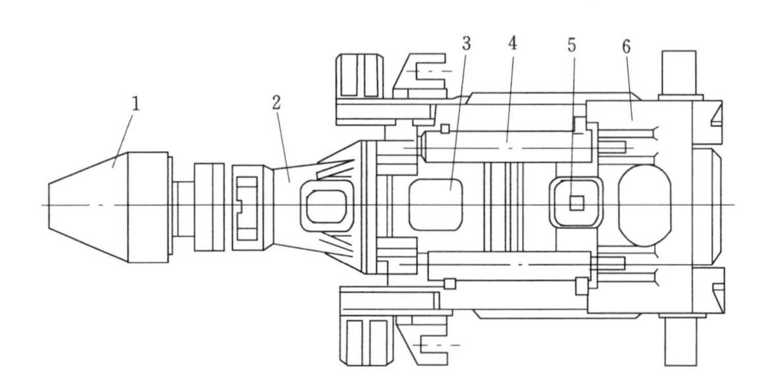

1—截割头;2—工作臂;3—行星减速器;4—推进液压缸;5—电动机;6—导轨架。

图 4-3-8 外伸缩悬臂

伸缩悬臂的伸缩行程应与截割深度(最大掏槽深度)相适应,一般在 0.5～1 m 范围内。推进液压缸的推进力应能克服伸缩部件的移动阻力和沿悬臂轴线方向的截割反力。

(五) 机架和回转台

1. 机架

EBZ120 型掘进机机架如图 4-3-9 所示,它承受着来自截割、行走和装载的各种载荷。掘进机中的各部件均用螺栓或销轴与机架连接,机架为组焊件。

回转台是实现截割机构水平摆动的支承装置,主要用于支承、连接并实现截割机构的升降和回转运动。回转台座在机架上,通过回转轴承用止口、高强度螺栓与机架相连。工作时,在回转液压缸的作用下,带动截割机构水平摆动。截割机构的升降通过回转台上左、右耳轴铰接相连的两个升降液压缸实现。

左、右后支撑腿各通过后支撑液压缸及销轴与后机架连接,其作用为:截割时使用,以增加掘进机的稳定性;窝机时使用,以便履带下垫板自救;履带断链及张紧时使用,以便操作;抬起掘进机后部,以增加卧底深度。

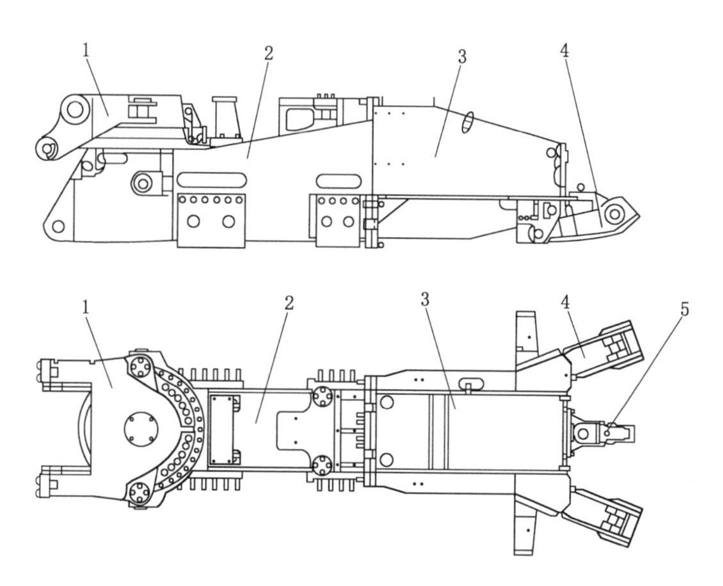

1—回转台；2—前机架；3—后机架；4—后支撑腿；5—转载机连接板。

图 4-3-9　EBZ120 型掘进机机架

2. 回转台

回转台的转动方式有齿条液压缸式和液压缸推拉式。齿条液压缸式的传动原理如图 4-3-10(a)所示，它是利用齿条液压缸推动装在回转体上的齿轮带动回转体转动的，其回转力矩和转角无关。液压缸推拉式的传动原理如图 4-3-10(b)所示，对称布置的两个回转液压缸的后端和机架相连，前端和回转台相连。工作时一推一拉带动回转台转动，其回转力矩和转角有关：当悬臂位于掘进机的纵向轴线位置时回转力矩最大，向两边回转时逐渐减小。此种结构回转台的高度尺寸较小，有利于矮机身设计。

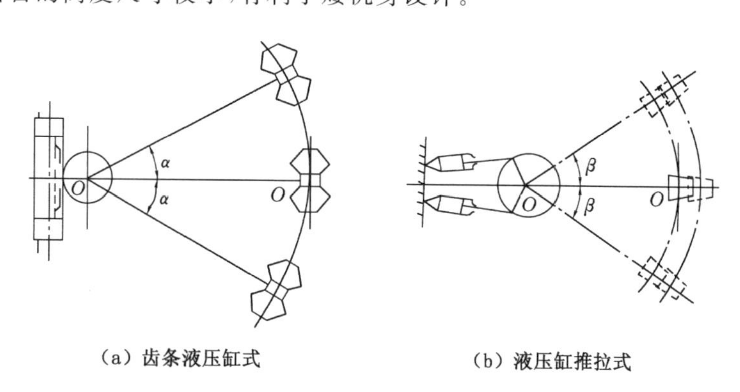

图 4-3-10　回转台转动原理

三、装运机构

装运机构由装载机构和中间输送机两部分组成。

装载机构由电动机(或液压马达)、传动齿轮箱、安全联轴器、集料装置、铲装板等组成。铲装板是基体，呈倾斜安装在主机架前端，后部与中间输送机连接，前端与巷道底板相接触，靠液压缸推动可做上下摆动。为增加装载宽度，有的铲装板装有左右副铲装板，有的则借助一个水平液压缸推动铲装板左右摆动。铲装板上装有集料装置，由铲装板下面的传动齿轮箱带动。

悬臂式掘进机所采用的装载机构形式有扒爪式、刮板式和星轮式三种，见图4-3-11。

(1) 刮板式装载机构。可形成封闭运动，装载宽度大，但机构复杂，装载效果差，应用较少。

(2) 扒爪式装载机构。扒爪式装载机构由偏心盘带动扒爪运动，两扒爪相位差为180°，扒爪尖的运动轨迹为腰形封闭曲线，可将煤岩准确运至中间刮板输送机，生产率高，结构简单，工作可靠，应用较多。

(3) 星轮式装载机构。星轮式装载机构的星轮直接装在传动齿轮箱输出轴上，靠星轮旋转将煤岩扒入中间输送机。工作平稳，动载荷小，装载效果好，使用寿命长，多用于中型和重型掘进机。

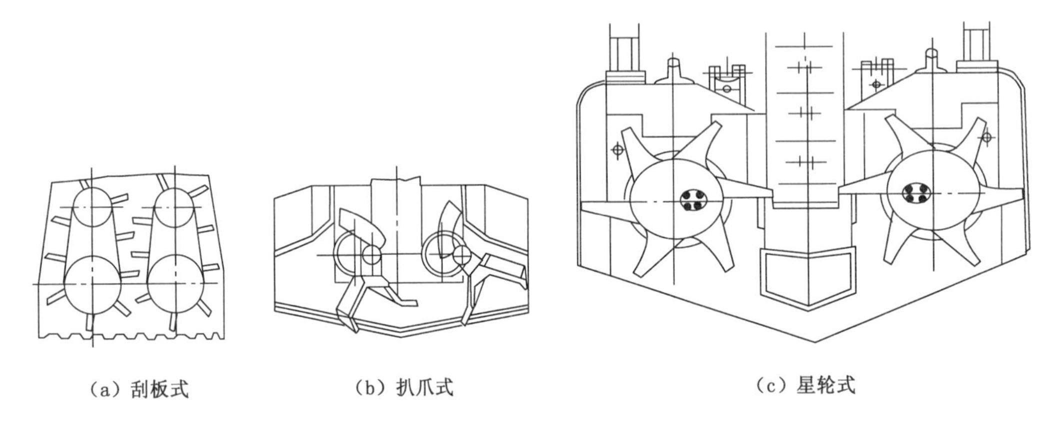

图 4-3-11　装载机构形式

四、行走机构

悬臂式掘进机均采用履带行走机构，用来实现掘进机的调动、转载机牵引，对悬臂不可伸缩式掘进机提供掏槽时所需要的推进力。此外，掘进机的重量和掘进作业中产生的截割反力也通过该机构传递到底板上。

五、液压系统

部分断面掘进机的工作机构的水平和上下摆动，装载机构和转载机构的升降和水平摆动以及掘进机的支撑等，一般均采用液压泵-液压缸系统来实现。另外，除工作机构要求耐冲击、有较大的过载能力而采用电动机单独驱动外，其他机构如装运机构、行走机构也可以用液压泵-液压马达系统驱动。液压驱动具有操作简单、调速方便、易于实现过载保护等优点，但使用维护要求比较高。

EBZ120 型掘进机除截割头的旋转运动外，其余各部分均采用液压传动。一台 55 kW 的电动机通过同步齿轮箱驱动一台双联齿轮泵和一台三联齿轮泵(转向相反)，同时分别向液压缸回路、行走回路、装载回路、输送机回路、转载机回路供压力油，主系统由五个独立的开式系统组成。另外还设有液压锚杆钻机泵站，可同时为两台锚杆钻机提供压力油。液压系统如图 4-3-12 所示。

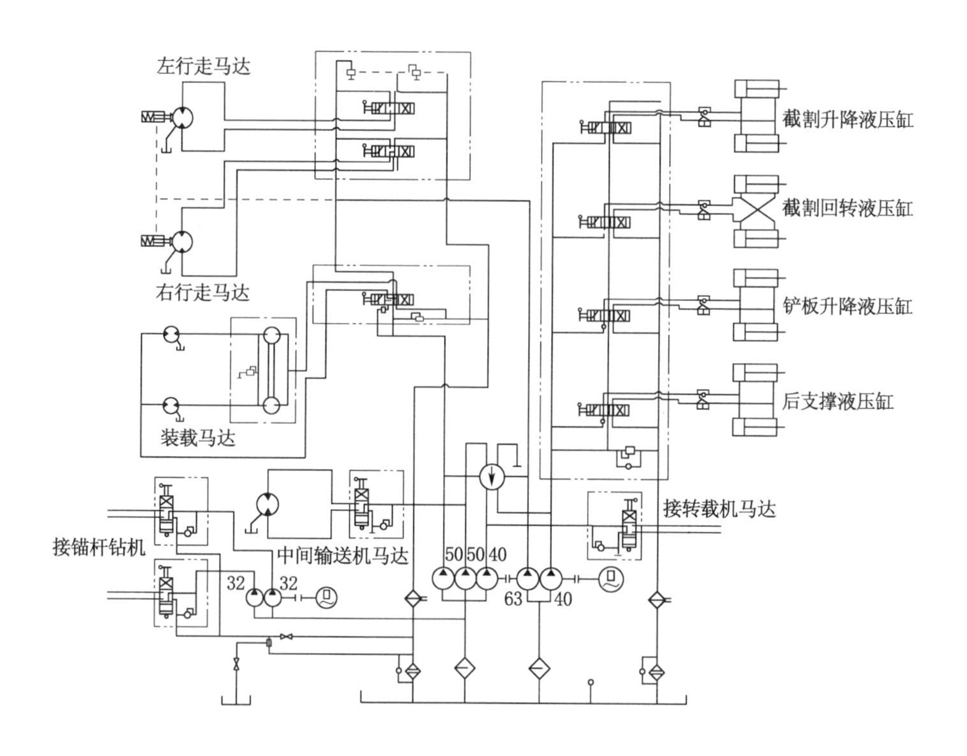

图 4-3-12　液压系统原理图

液压缸回路采用双联齿轮泵的后泵(40 泵)通过四联多路换向阀分别向 4 组(截割升降、回转、铲板升降、支撑)液压缸供压力油。液压缸回路工作压力由四联多路换向阀阀体内的溢流阀调定,调定工作压力为 16 MPa。

截割机构升降、铲板升降和后支撑各两个液压缸,它们各自两活塞腔并接,两活塞杆腔并接。截割机构两个回转液压缸为一个液压缸的活塞腔与另一个液压缸的活塞杆腔并接的形式。为使截割头、支撑液压缸能在任何位置上锁定,不致因换向阀及管路漏损而改变其位置,或因油管破裂造成事故,以及防止截割头、铲板下降过速,使其下降平稳,故在各回路中装有平衡阀。

行走回路由双联齿轮泵的前泵(63 泵)向两个液压马达供油,驱动掘进机行走。行走速度为 3 m/min;当装载星轮不转时,供装载回路的 50 泵自动并入行走回路,此时两个齿轮泵(63 泵和 50 泵)同时向行走马达供油,实现快速行走,其行走速度为 6 m/min。系统工作压力为 16 MPa。回路工作压力由装在两联多路换向阀阀体内的溢流阀调定。通过操作多路换向阀手柄来控制行走马达的正、反转,实现掘进机的前进、后退和转弯。

防滑制动用行走减速器上的摩擦制动器来实现。制动器的开启由液压控制,其开启压力为 3 MPa。制动液压缸的油压由多路换向阀控制。行走回路不工作时,制动器处于闭锁状态。

装载回路由三联齿轮泵的前泵(50 泵),通过齿轮分流器分别向 2 个液压马达供油。用手动换向阀控制马达的正、反转。该系统的工作压力为 14 MPa,通过调节换向阀体上的溢流阀来实现。齿轮分流器内的两个溢流阀的调定压力均为 16 MPa。

输送机回路由三联齿轮泵的中泵(50 泵)向一个(或两个)液压马达供油,用手动换向阀控制马达的正、反转。系统工作压力为 14 MPa，通过调节换向阀体上的溢流阀来实现。

转载机回路由三联齿轮泵的后泵(40 泵)向转载马达供油，通过手动换向阀控制马达的正反转。系统工作压力为 10 MPa，通过调节换向阀体上的溢流阀来实现。

锚杆钻机回路由 15 kW 电动机驱动双联齿轮泵，通过两个手动换向阀可同时向两台液压锚杆钻机供油。

第二节　连续采煤机

连续采煤机是用正面切削式截割机构采煤或掘进的机械。以连续采煤机为主要装备的掘进工作面设备配置按运输方式一般分为两种：一种是间断式运输方式，工作面配置为连续采煤机、梭车、给料破碎机、锚杆钻车、铲车及带式输送机；另一种是连续运输方式，工作面配置为连续采煤机、锚杆钻车、连续运输系统、铲车及带式输送机。连续采煤机在大断面掘进时与锚杆钻车采用交叉换位作业方式。连续采煤机在运输巷掘进作业时，锚杆钻车在回风巷支护，完成 1 个循环时，连续采煤机与锚杆钻车交换位置。

EML340 型连续采煤机是从我国煤层赋存条件、开采特点出发而研制的用于短壁开采和长壁综采工作面的巷道准备，以及满足“三下”采煤、回收煤柱和残采区等煤炭资源回收的机型。适用条件为：单向抗压强度不大于 40 MPa 的煤岩，单向抗压强度小于 100 MPa 的夹矸，适用坡度不大于 17°，顶板较好，允许一定空顶距，矩形全煤断面巷道。

EML340 型连续采煤机主要由截割机构、装运机构、行走机构、主机架、稳定靴、集尘系统、液压系统、电气系统、水冷却喷雾系统、润滑系统等组成(图 4-3-13)。

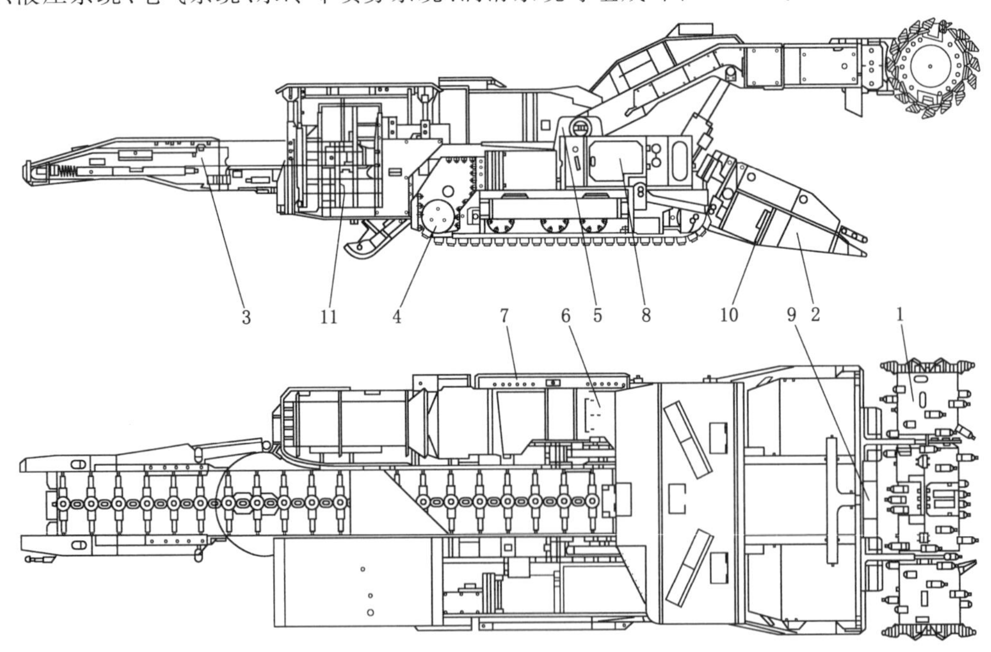

1—截割机构；2—装载机构；3—输送机；4—行走机构；5—机架；6—集尘系统；7—电气系统；8—液压系统；9—水冷却喷雾系统；10—润滑系统；11—操纵系统。

图 4-3-13　EML340 型连续采煤机

一、截割机构

截割机构如图4-3-14所示。主要由截割臂、截割齿轮箱、电动机、滚筒、端盘、液压缸和两套机械保护装置等组成。截割臂为高强板焊接件，前端下折，是固定和支撑截割电动机、截割齿轮箱、滚筒的部件；后端通过一对销轴与主机架铰接；底部装有两根升降液压缸，通过升降液压缸的作用可使截割臂上下摆动，完成滚筒采煤动作。

截割齿轮箱由两台隔爆交流电动机驱动，两台截割电动机以垂直采煤机纵轴方向对称布置在截割臂上方左右两侧，各自通过机械保护装置将动力传至齿轮箱，经左右对称的一级直齿圆柱齿轮、一级圆锥齿轮和一级NGW行星齿轮传动，将两侧动力传递到主轴上，再通过主轴上的花键传至左右侧驱动轮毂和中间侧驱动轮毂上，将动力传至左右侧滚筒和中间滚筒。

截割臂和截割齿轮箱由24条12.9级高强度螺栓连接固定。机械保护装置采用限矩器和扭矩轴。截割电动机轴为空心轴，空心轴外端以外花键与限矩器输入装置相连接。限矩器的输出装置与扭矩轴一端连接。扭矩轴的另一端则穿过电动机的空心轴并以外花键与截割齿轮箱连接。截割电动机通过限矩器、扭矩轴将动力传至截割齿轮箱。

二、装运机构

装运机构由装载机构和输送机构组成。

（一）装载机构

装载机构的结构如图4-3-15所示，主要由铲板、装运电动机、装运减速器、星轮、链轮组件组成。装载机构的左右减速器对称地布置在铲板两侧，分别由2台45 kW交流电动机驱动，每台减速器有2路输出：一路输出到铲板上的星轮，带动星轮转动装载煤岩；另一路输出至链轮组件，为输送机的动力源。

装载机构安装在连续采煤机的前端，通过一对销轴铰接于主机架上，在铲板液压缸的作用下，铲板可绕销轴上下摆动。当截割煤岩时，应使铲板前端紧贴底板，以增强采煤机的截割稳定性。铲板具有浮动功能，当铲板在铲板液压缸的浮动行程范围内浮动，前端遇到向上的阻力时，铲板会在蓄能器的作用下抬高；当前端悬空时，铲板又会在自身重力作用下降低，直到接触底板，使底板的支撑力、液压缸的支撑力与铲板重力达到平衡。此功能使铲板可自动适应底板的凹凸路况，实现沿巷道底板漂浮，而不会使铲板铲入采煤底板轮廓线内。

（二）输送机构

输送机构为单链刮板输送机，其结构如图4-3-16所示，主要由中部槽、输送机尾、刮板链、滚筒与滑板组件、张紧液压缸、机尾摆动液压缸等组成。

输送机位于连续采煤机中部，前端与主机架铰接，中部由输送机升降液压缸支撑。刮板链的驱动链轮安装在铲板上，由装运电动机通过减速器驱动。整个中部槽槽底有耐磨板，中部槽两侧靠机尾处有弹簧螺杆紧链装置。刮板链的张紧还可通过张紧液压缸调节。

三、行走机构

EML340型连续采煤机采用无支重轮履带行走机构，左、右行走机构对称布置，分别由电动机通过减速器直接驱动，由螺栓及内嵌式止口与主机架相连。

右行走机构如图4-3-17所示，主要由行走电动机、行走减速器、导向张紧装置、履带架和履带等组成。动力由电动机输出，通过减速器减速后传递到链轮，由链轮驱动履带实现采煤机的行走调动。

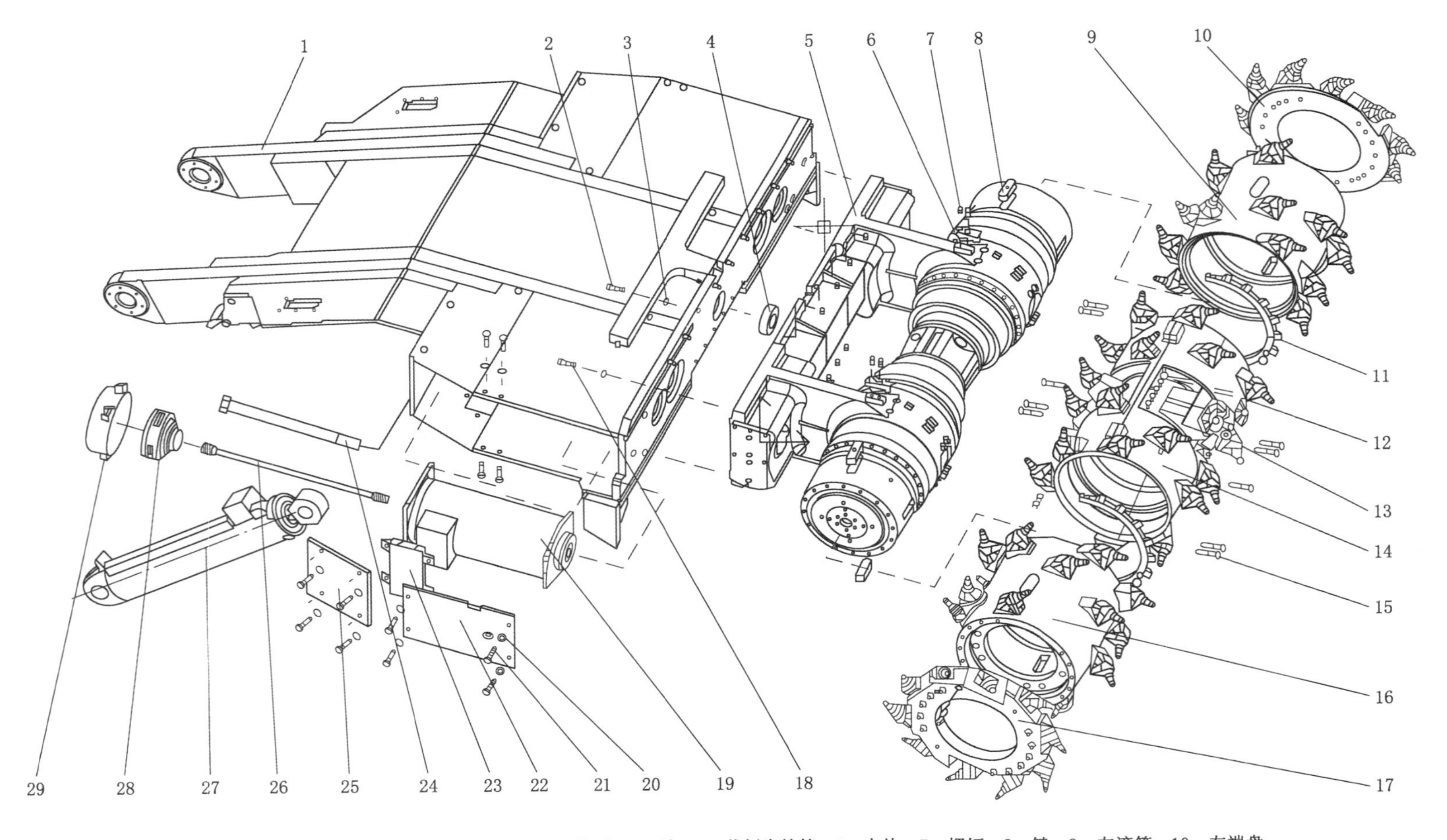

1—截割臂；2，15，18,21—螺栓；3—止动垫圈；4—销；5—截割齿轮箱；6—卡块；7—螺钉；8—键；9—左滚筒；10—左端盘；11—截割环；12—螺母；13，20—垫圈；14—中间滚筒；16—右滚筒；17—右端盘；19—电动机； 22，25—侧盖板；23—盖板；24—长螺栓；26—扭矩轴；27—液压缸；28—限矩器；29—电动机护罩。

图4-3-14 截割机构

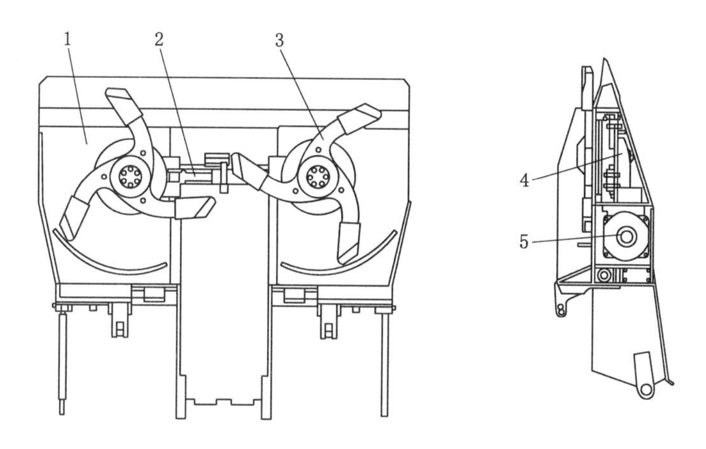

1—铲板;2—链轮组件;3—星轮;4—装运减速器(左右各一);5—装运电动机。

图 4-3-15 装载机构

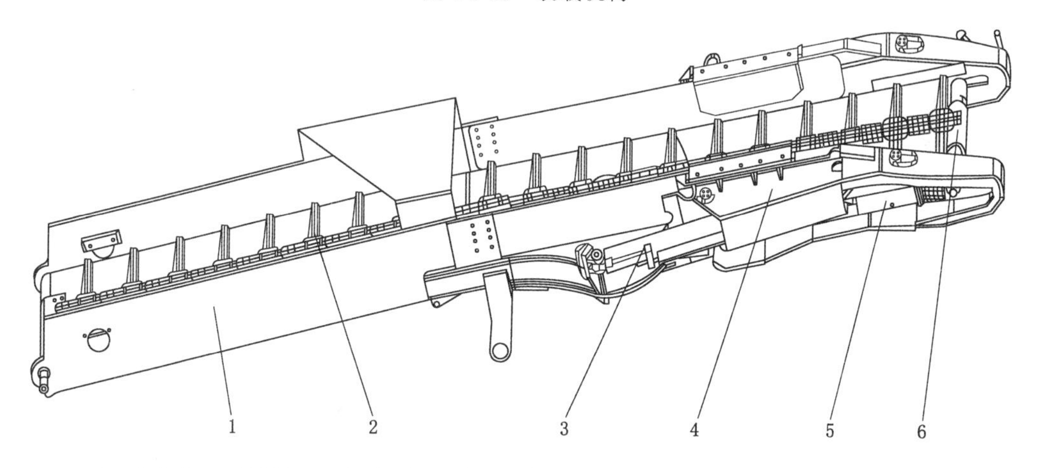

1—中部槽;2—刮板链;3—机尾摆动液压缸;4—输送机尾;5—张紧液压缸;6—滚筒与滑板组件。

图 4-3-16 输送机构

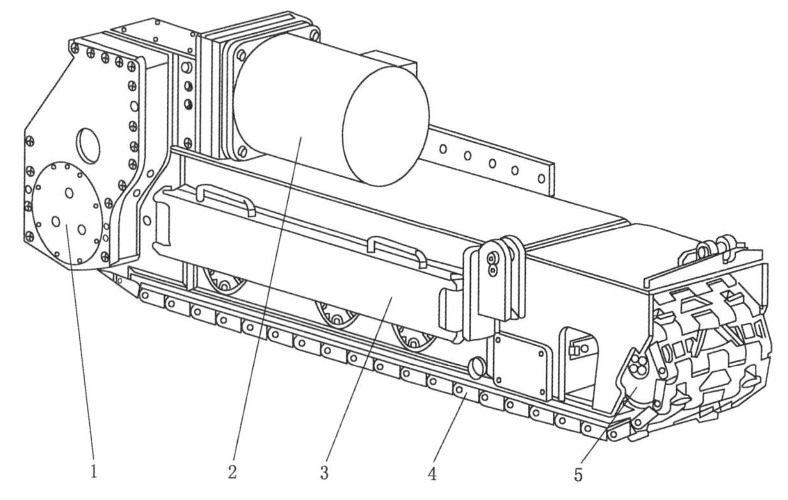

1—行走减速器;2—行走电动机;3—履带架;4—履带;5—导向张紧装置。

图 4-3-17 右行走机构

四、机架

机架是整个连续采煤机的骨架，主要由主机架、后机架、稳定靴等组成。机器的其他部件均用螺栓、销轴及止口与机架相连接，它承受着来自截割、行走和装载机构的载荷，可以保证整机的稳定。主机架、后机架、稳定靴等均为高强板焊接件，结构紧凑，可靠性高。

稳定靴安装在主机架的后下方，由一个倒置的双作用液压缸、靴板及销轴等构成。液压缸缸体端铰接在主机架上，活塞杆端铰接在靴板一端，靴板另一端亦铰接在主机架上。当活塞杆伸出时，靴板绕机架销轴向下回转并支撑在巷道底板上；反之，当活塞杆缩回时，靴板向上回转并抬离地面。

五、集尘系统

EML340 型连续采煤机除配有外喷雾降尘系统外，还有一套湿式除尘系统（图 4-3-18），对工作面含尘气流实行强制性吸出，配合工作面压入式通风组成集尘系统。该系统由吸尘风箱、喷雾杆、过滤器、水滴分离器、泥浆泵和风机组成。除尘装置主体成 L 型，前部吸尘风箱连接在截割臂上方。吸入口为三组朝下的条形通孔，通孔正对截割机构。前部风箱可随截割臂同时升降。后部除尘器包括喷雾杆、过滤器、水滴分离器、风机及其驱动电动机，连接在采煤机机身左上方并固定不动，前后部连接过渡段为连接盖和连接板，可适应前部吸尘风箱随截割臂升降的需要。工作时，风机负压将含尘空气从吸尘风箱吸入，经喷雾杆 8 个喷嘴所形成的水幕，使空气中的粉尘颗粒湿润，然后经过滤网将较大颗粒的粉尘阻挡下来，湿润的含尘气流再进入水滴分离器。水滴分离器的作用是将吸进来的介质重新将其与水分离开，被分离出来的介质汇集到位于水滴分离器下方的污物槽，然后由泥浆泵排出采煤机前部铲板处，过滤后的空气则由风机向采煤机后部排出。

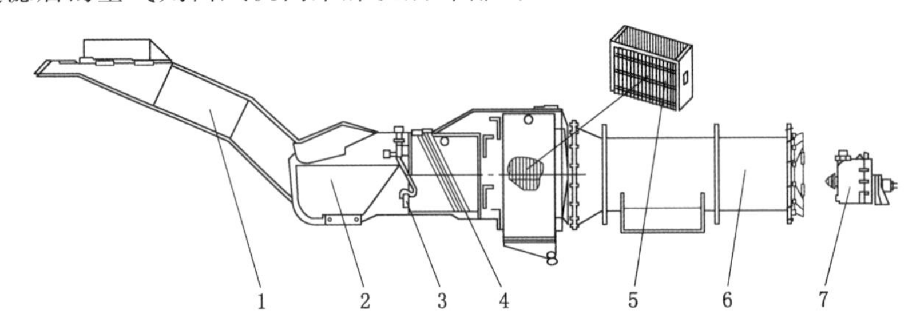

1—吸尘风箱；2—风筒；3—喷嘴；4—除雾垫层；5—水滴分离器；6—风机；7—泥浆泵。

图 4-3-18　湿式除尘系统

六、液压系统

EML340 型连续采煤机的截割机构、装运机构和行走机构采用电动机驱动，其余各部分均采用液压驱动。液压系统包括 1 个 820 L 的油箱，2 个 10 μm 的压力过滤器，1 个 20 μm 的回油过滤器，3 个 250 μm 的节流过滤器，1 个除尘控制阀组和 1 组多路换向阀。系统泵站由一台 45 kW 的电动机驱动一台 88.5/24.2 mL/r 的双联齿轮泵。主泵系统回路采用负载敏感控制，同时分别向各液压缸回路提供压力油，另外系统还设置了自动加油装置为油箱补油，避免了补油时对系统的污染。

七、水冷却喷雾系统

水冷却喷雾系统主要用于降尘、截齿降温、消灭火花、集尘喷雾以及冷却电动机、变频器箱和油箱等，其原理如图 4-3-19 所示。

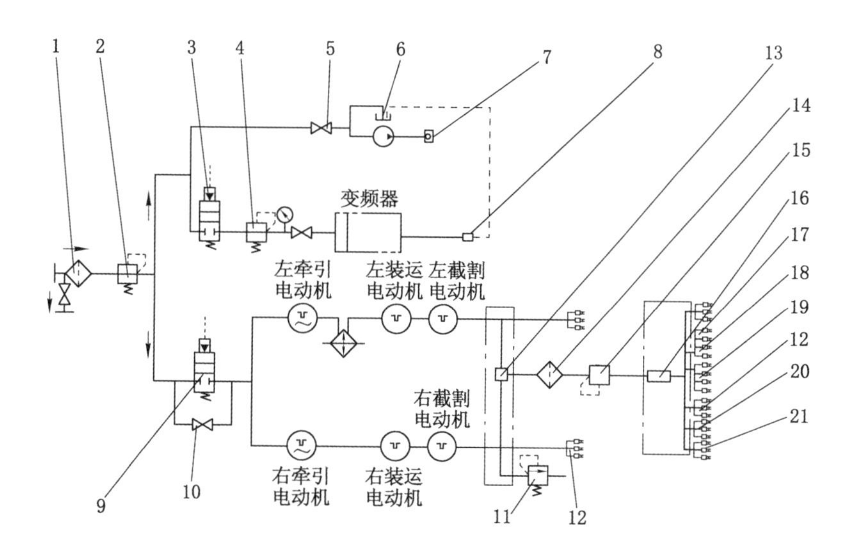

1—反冲洗过滤器；2,4—减压阀；3,9—液控阀；5,10—截止阀；6—污物槽出水管组件；7—泥浆泵泄污口；8—集尘喷嘴；11—安全阀；12—端盘喷雾；13—三通阀；14—Y型过滤器；15—水流量/压力组合开关；16—阀块；17—左滚筒喷雾；18—中间滚筒喷雾；19—右滚筒喷雾；20—铲板喷雾；21—两侧可调喷雾。

图 4-3-19　水冷却喷雾系统原理图

冷却水通过管道先进入球型截止阀，以控制冷却水的通断，在通过 200 μm 的过滤器时，滤去水中杂质后分为 2 路：一路去连续采煤机的主要冷却与喷雾部位；另一路去湿式除尘器。

对于去连续采煤机的主要冷却与喷雾部位的洁净水，当双联齿轮泵启动后，二位二通液控水阀在除尘控制阀组的二位三通电磁阀通电启动后，随即接通，向冷却喷雾系统供压力水，也可经控制台上的手动球阀供水。然后又分 2 路：一路至右行走电动机水套、右装运电动机水套、右截割电动机水套后，并由此分流，一部分水流由右侧截割臂喷嘴喷出，一部分水流经 100 μm 的 Y 型过滤器进入水流量/压力组合开关；另一路经左行走电动机水套、油冷却器、左装运电动机水套、左截割电动机水套后，一部分水流由左侧截割臂喷嘴喷出，一部分水流与来自右侧水流汇合经 Y 型过滤器进入水流量/压力组合开关，并再次分流，分别至左、中、右截割滚筒喷嘴、截割臂窄路喷嘴、左右侧面可调喷嘴和装运铲板喷嘴喷出。

对于去湿式除尘器的冷却水路，经二位二通液控阀在除尘控制阀组的二位三通电磁阀通电启动后，经压力调节阀减压，通过行走变频箱的底部水套降温，接入湿式除尘器，给吸入的污浊空气进行喷雾除尘，形成污物，经污物槽收集，通过泥浆泵输送到截割臂上的污物块最后排放到铲板上。

第三节　掘锚机组

掘锚机组是适用于安全高效矿井煤巷单巷快速掘进的掘锚一体化设备，是在连续采煤机或悬臂式掘进机的基础上发展的新型掘进机型。掘锚机组将掘进与锚护功能有机集成，实现掘进与锚护依次作业或平行作业。目前，掘锚机组主要有两种形式：一种是以连续采煤机为基础的掘锚机组，另一种是悬臂式掘进机机载锚杆机的掘锚机组。以连续采煤机为基础的掘锚机组工作方式有两种：一种为先截割后锚支的掘锚机组，另一种为同时实现掘、锚、支作业的掘锚机组。

新型掘锚机组可以实现掘进断面监控、电机功率自动调节、离机遥控操作及工况监测和故障诊断可视化等功能。如ABM20型掘锚机组电控系统有完善的保护和监控装置，通过计算机进行数据采集、处理显示、传输自控、健康监控、故障诊断等，以确保满足正常运行时间要求。

为了实现在掘进割煤的同时可以打锚杆钻孔作业，ABM20型掘锚机组在总体结构上由两大部件组合，如图4-3-20所示。其一是截割悬臂机构1、2和装载运输机构4、6，通过平移滑架3连接成上部组件，依托其下部的平移滑架（落在主机架上）和前部的装载板（落在地面上）支撑；其二是履带行走装置7和锚杆钻机10、顶梁9，通过主机架5连接成下部组件（下部组件上还装设液压泵站13、电控箱12及附属装置8、14、15）等。两大组件通过主机架上的滑道与平移滑架互相滑合连接，并靠铰接在主机架和平移滑架上的液压千斤顶推移上部组件切入割煤。

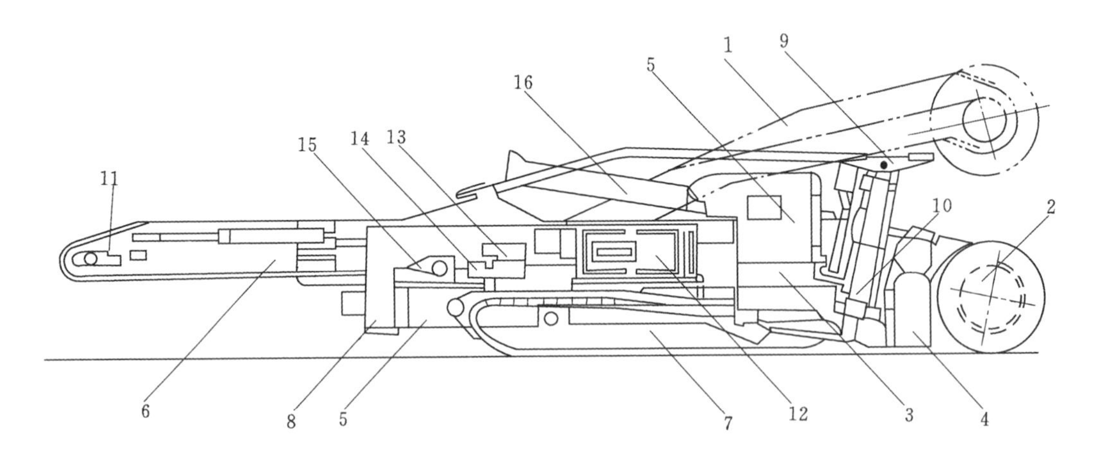

1—悬臂及电动机；2—截割滚筒及减速箱；3—滑架；4—装载机构及传动装置；5—主机架；6—刮板输送机；7—履带行走装置；8—稳固千斤顶；9—顶梁；10—锚杆钻机；11—输送机刮板链张紧装置；12—电控箱；13—液压泵站；14—润滑装置；15—供水装置；16—通风管道。

图4-3-20 ABM20型掘锚机组

一、截割机构

截割机构由截割滚筒、截割电动机、传动齿轮箱、悬臂及调高液压缸等组成，如图4-3-21所示。悬臂回转轴套3与滑架铰接，并通过销套10与调高液压缸相连接。

截割滚筒驱动电动机为1台270 kW、三相交流防爆水冷型电动机，纵向布置在悬臂壳内前端。截割滚筒传动齿轮箱共5级，2级圆柱齿轮，1级圆锥齿轮及2级行星齿轮，悬臂传动架左/右轴承传动轴11带动两侧截割滚筒工作。

截割滚筒由左右伸缩段6、中段连接螺栓8和左右侧段7组成。截割滚筒总宽度有两挡供选用，即4.9 m及5.2 m。当伸缩滚筒缩回则为4.4 m及4.7 m。左右伸缩段通过液压缸可外伸0.25 m。

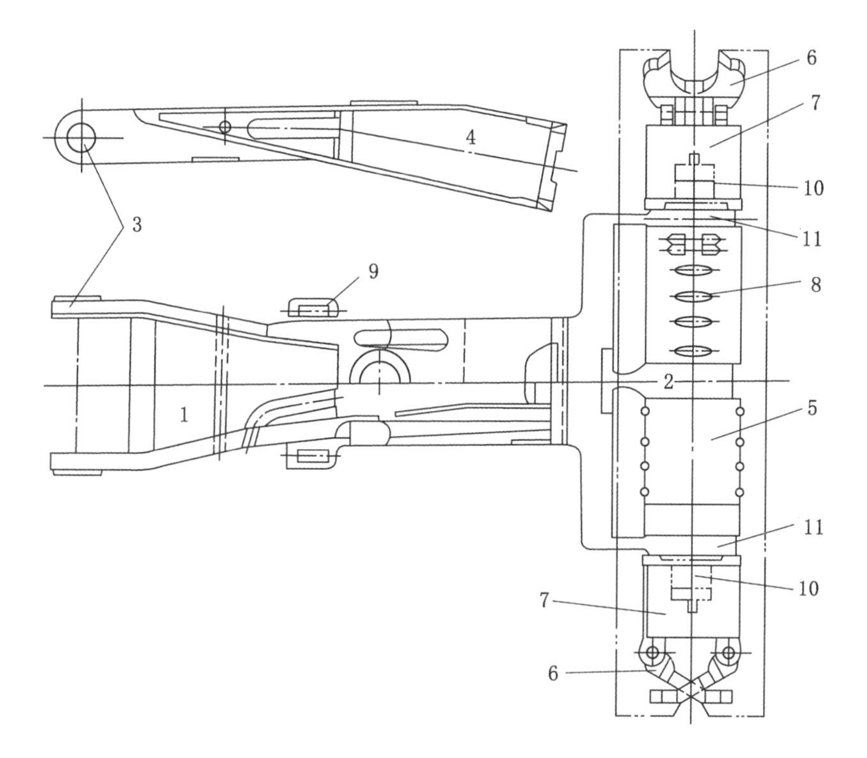

1—悬臂；2—齿轮箱；3—悬臂回转轴套；4—截割电动机护罩；
5—截割滚筒中段；6—滚筒左/右伸缩段；7—滚筒左/右侧段；8—滚筒中段连接螺栓；
9—调高液压缸轴承；10—销套；11—悬臂传动架左/右轴承。

图 4-3-21 截割机构

悬臂结构件是箱形断面，中间空心作为风流通道，其后端通过挠性接头与通风吸尘管道相连，排除滚筒割煤产生的粉尘。

二、平移滑架

平移滑架将截割机构与装运机构连为一体，并通过其下部镶在两侧的滑动支承 6 与主机架上的导轨滑道相配合，由截割机构的切入液压缸通过下中部耳板的切入液压缸轴套 3 推移滑动，如图 4-3-22 所示。配合面由润滑油嘴 8 注油润滑，截割机构通过滑架顶部两侧的悬臂轴套 2 相铰接，并通过前部的调高液压缸轴套 4 与调高液压缸连接。装运机构的刮板输送机机身则通过平移滑架顶部后端两侧的输送机滑槽 5 相连接，装运机构可在滑槽内前后移动 0.5 m。平移滑架上还装有悬臂位置同步传感器，连续向机组上的计算机提供悬臂截割滚筒的位置信号。

三、装载机构

装载机构如图 4-3-23 所示，在宽 4.2～4.8 m 的可伸缩铲板上左右各布置 2 个四爪星轮，回转扒装由截割滚筒采落的煤炭。装载机构由铲板 1，四爪星轮 2，左右伸缩板 3、7 及伸缩板液压缸 4，左右升降液压缸 5，左右电动机 6，齿轮减速器 10，链轮传动轴 9 及传动行星轮的圆锥齿轮副 12 等组成。装载机构通过斜面法兰用螺栓 11 与刮板输送机相连接，通过底滑板 8 落在主机架上前后滑动导向。铲板在伸开时最大装载宽度为 4.8 m。

左右电动机驱动装载机构和刮板输送机，用法兰连接在左右齿轮减速器外侧上端。

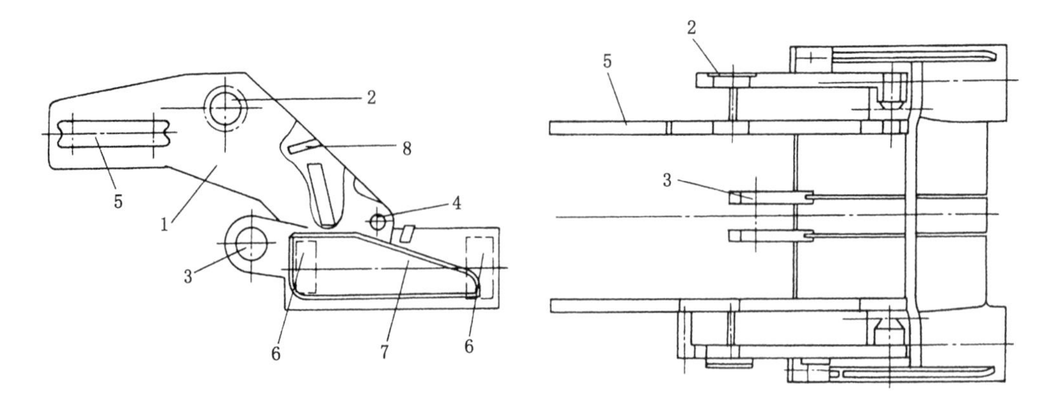

1—滑架；2—悬臂轴套；3—切入液压缸轴套；4—调高液压缸轴套；5—输送机滑槽；
6—滑动支承；7—切入装置；8—润滑油嘴。

图 4-3-22　平移滑架

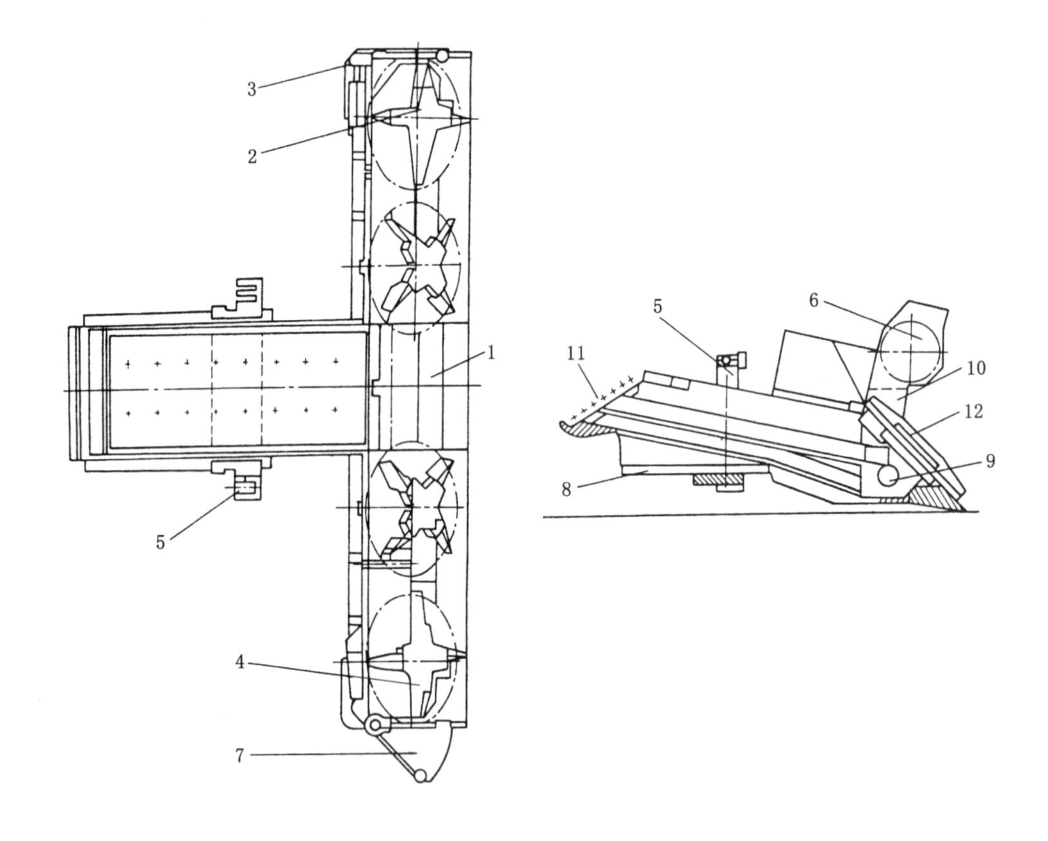

1—铲板；2—四爪星轮；3—左伸缩板；4—伸缩板液压缸；5—升降液压缸；6—电动机；
7—右伸缩板；8—底滑板；9—链轮传动轴；10—齿轮减速器；11—螺栓；12—圆锥齿轮副。

图 4-3-23　装载机构

左右齿轮减速器结构相同，立式对称布置，其内各装一对带惰轮的圆柱齿轮副，输出传动轴再分别带动各星轮的圆锥齿轮副。输出轴中部通过链轮传动单链刮板输送机。

运输机构为1台单中链可上下左右折曲的刮板输送机。与装载机构共用2台电动机，经装于铲板下的减速器输出轴带动链轮转动。

刮板输送机前端部与装载机构合为一体，经斜面法兰螺栓与中部连接。中部经两侧滑块在平移滑架的滑槽配合支撑，并可相对平移定位。

刮板输送机中部与尾部间经水平铰轴搭接，使尾部卸载端可通过升降液压缸调整。尾部与摆动段经平转盘与立轴铰接，通过摆动液压缸拉动，可使刮板输送机尾部水平左右摆动45°。

五、锚杆机构

锚杆机构由4台顶板锚杆机、2台侧帮锚杆机、2只前支撑液压缸组成的稳固装置、支护顶梁、2只底托板、2个操作平台及2套控制盘组成。

锚杆机构的液压钻机为回转式液压钻机，根据用户要求也可配套冲击回转式液压钻。钻孔直径20～50 mm，钻进转矩270～300 N·m，钻进推力15 kN，在抗压强度80 MPa岩石中钻进速度可达1 m/min。

在机组的截割滚筒与履带之间，悬臂和装运机构的两侧各装有2台打顶板锚杆的锚杆机和1只前支撑液压缸，其后面左右各装有1台侧帮锚杆机及钻臂推进装置。两外侧顶板锚杆机可左右前后摆动，两内侧锚杆机连接在左右支撑液压缸上可左右摆动，从而在5 m左右巷宽内均能方便地打孔装设锚杆，每排2～8根。2台内侧顶板锚杆机由于中部结构(悬臂及装运机构)的限制，在其巷道中心2个锚杆的最小间距(当巷高2.4 m时)为1.26 m，而2台外侧锚杆机所打外侧锚杆的间距可在3.19～4.46 m范围内调整。侧帮锚杆机装在左右操作平台上可上下摆动，在距底板0.8～1.6 m范围内，每侧每排打1～2根锚杆。锚杆机一次钻进不换钻杆的情况下可装设长度为2.1 m的锚杆(当巷高2.5 m时)。顶板锚杆机构的支撑液压缸有长短两挡，可根据所掘巷道高度选用。在使用时应特别注意滚筒切割高度，它应低于锚杆机可能的打眼安装高度，以免造成巷道支护困难。

左右2只前支撑液压缸顶部装有支护顶板的顶梁，顶梁全长3.4 m。在机组工作时自液压缸伸出撑紧顶板，既可保持锚杆机构和主机体稳固，免除滚筒割煤振动对锚杆打眼安装作业的影响，又可防护顶板冒落，保证锚杆工的操作安全。顶梁前缘距巷道迎头煤壁在未切入割煤前最小距离(即空顶距或无支护空间宽度)为1.2 m左右。此时可装第一排锚杆，距煤壁1.5 m左右。

左右前支撑液压缸的底托板通过弹簧钢板与左右履带架连接。在机组行走时，弹簧板将锚杆机构托起离地。当液压缸伸出支撑顶板时，弹簧板被压下使底托板落地。支护顶梁顶部通过与之铰接的连接架与主机架相连，保证锚杆机构在工作和升降过程中的稳定性。

六、履带行走机构

履带行走机构和掘进机履带行走机构类似。

左右齿轮减速器上均装有湿式多片制动器，该制动器为弹簧自动抱闸，液压松闸。当液压系统出现故障而使压力降低时，弹簧自动将闸片压紧进行制动，保证在坡度上可靠停车。

七、液压系统

机组共装有6台轴向柱塞液压泵，分别由2台100 kW防爆水冷电动机双端出轴驱动，其中4台泵供锚杆机和履带的液压马达(履带行走与锚杆机不同时作业)，2台泵供各液压缸及机载高压水泵。

液压系统工作压力 18～25 MPa,液压系统为开式回路,可使用矿物油(液压油)或水乙二醇等难燃液作介质。液压马达和液压千斤顶控制阀组均为电磁滑阀,可进行按钮控制和离机无线遥控。

液压系统共分 5 个液压回路:左侧履带及左侧 3 台锚杆机液压回路,右侧履带及右侧 3 台锚杆机液压回路,液压缸工作回路,增压水泵和滑润工作回路,液压先导控制与冷却回路。

第四节　全断面掘进机

全断面掘进机是工作机构旋转并连续推进,破落巷道整个断面的掘进机。其按掘进断面的形状和尺寸将刀具布置在截割机构上,通过刀具破岩并实现装岩、转载、支护等工序平行连续作业。主要用于掘进煤矿岩石巷道、铁路公路隧道,掘进断面一般为圆形,也可掘进非圆形(如矩形、椭圆形、马蹄形等)断面。全断面掘进机主要包括盾构机、岩石隧道掘进机和顶管机等。

一、工作原理

(一) 滚刀破岩原理

全断面掘进机多采用盘形滚刀破岩。盘形滚刀的结构如图 4-3-24 所示,主要由刀圈、刀体、轴承、心轴、密封装置等组成。

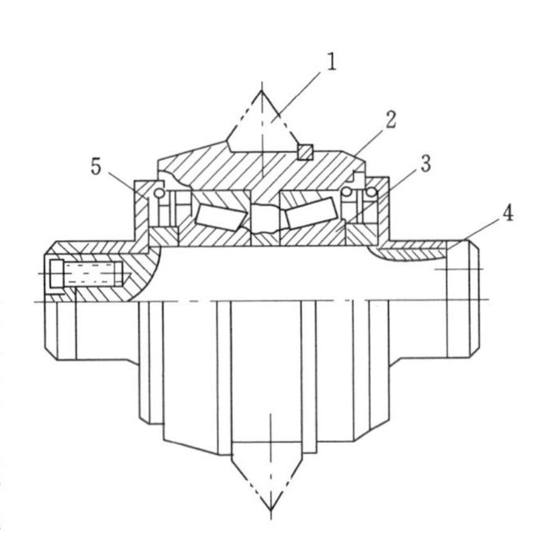

1—刀圈;2—刀体;3—轴承;4—心轴;5—密封装置。

图 4-3-24　盘形滚刀

安装于刀体上的刀圈可相对于心轴转动,为防止污物进入轴承,在刀体的两侧装有密封装置。心轴固定于刀盘的滚刀架上,使滚刀随刀盘一起转动。工作时,在刀盘推压力的作用下,刀圈被压紧在岩石上,滚刀前面的岩石被挤成粉末,形成处于三向挤压状态下的粉碎区,同时还把粉碎区外的一些岩石挤碎,形成破碎区(图 4-3-25)。在滚刀接触压力的作用下,粉碎区内的岩粉沿滚刀两侧面向外喷出。随着刀盘的转动,在工作面上形成了许多环形截槽。滚刀的楔形边在推压力的作用下,会产生平行于工作面的分力。在此分力的作用下,相邻截槽间的岩石被成片地剪碎,从而形成一圆形断面。断面的大小取决于刀盘直径。相邻截槽间的间距恰当,推压力足够,可取得良好的破岩效果。

(二) 工作方式和推进原理

全断面掘进机由主机和配套系统两大部分组成,主机用于破落岩石、装载、转载,配套系统用于运渣和支护巷道等。

主机由截割机构(刀盘)、传动装置、支撑和推进机构、机架、带式输送机、液压泵站、除尘风机和操纵室等组成,全断面掘进机的结构如图 4-3-26 所示。截割机构(刀盘)是破岩和装渣的执行机构。支撑和推进机构使掘进机迈步式向前推进并给刀盘施加推力。机架由机头架、大梁或护盾组成。出渣输送机运出岩渣,一般采用带式输送机。

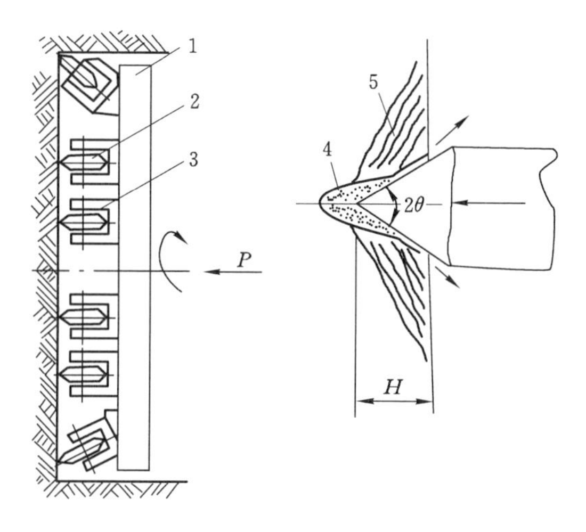

1—刀盘;2—盘形滚刀;3—刀座,4—粉碎区;5—破碎区。

图 4-3-25　盘形滚刀破岩原理

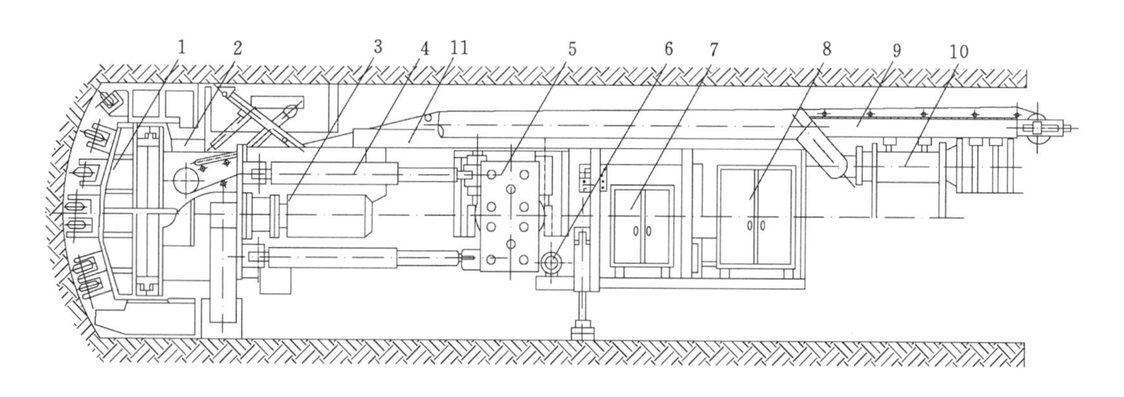

1—截割机构;2—机头架;3—传动装置;4—推进液压缸;5—水平支撑机构;
6—液压装置;7—电气设备;8—操纵室;9—带式转载机;10—除尘风机;11—大梁。

图 4-3-26　全断面掘进机

工作时,电动机通过传动装置驱动支承在机头架上的刀盘低速转动,并借助推进液压缸的推力将刀盘压紧在工作面上,使滚刀在绕心轴自转的同时,随刀盘做圆周运动,实现滚压破岩。当均布在刀盘周边的铲斗转至最低位置时,将碎落在底板上的岩碴装入铲斗内,在铲斗转至最高位置时,利用岩碴的自重将其卸入带式转载机的受料槽内,转运至尾部再卸入其他运输设备。推进液压缸和水平支撑液压缸配合作用可使掘进机实现迈步行走。安装在机头架上的导向装置可使刀盘稳定工作。利用激光指向器可及时发现掘进机推进方向的偏差,并用浮动支撑机构及时调向,以保证掘进机按预定方向向前推进。除尘风机可消除破碎岩石时所产生的粉尘,还可通过供水系统从安装在刀盘表面上的喷嘴向工作面喷雾来降低粉尘。

(三)指向和调向

现代全断面掘进机均采用激光指向装置指示掘进机的推进方向,其指向原理如图 4-3-27 所示。激光发射器挂在远处巷道的右上角,发出一定波长的红色激光束。用 300 mm×

300 mm 有机玻璃板制成的靶标上刻有方格线条，靶标 3 固定在司机室的右上方，中央有一小孔。固定在机头架右上方的靶标 4 的背面涂有红漆，可阻止红色光线通过。若掘进机按预定方向和坡度向前推进，激光束将通过装在掘进机后部的金属板 2 和靶标 3 中央的小孔照射到靶标 4 的中心点上(预先调整好)。当激光束射着点偏离该中心点时，即指示出掘进方向发生了偏差。根据射着点的位置，可判断出掘进方向向哪边偏离及偏离量的大小。

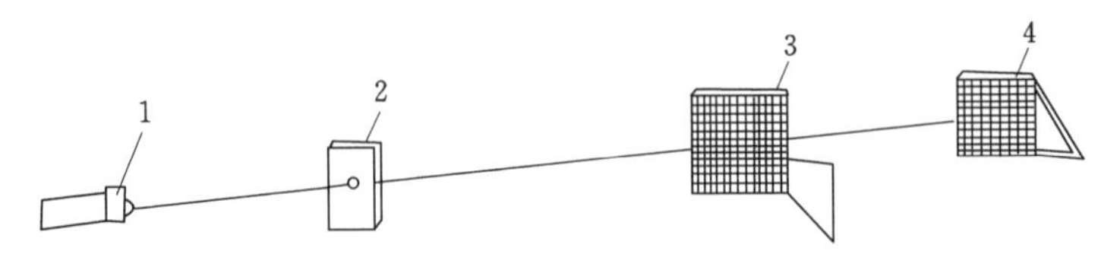

1—激光发射器；2—金属板；3，4—靶标。

图 4-3-27　激光指向原理

当发现偏差后，应及时调向以保证掘进方向的准确性。掘进机的调向包括坡度调向、水平调向和纠偏调向三种，如图 4-3-28 所示。

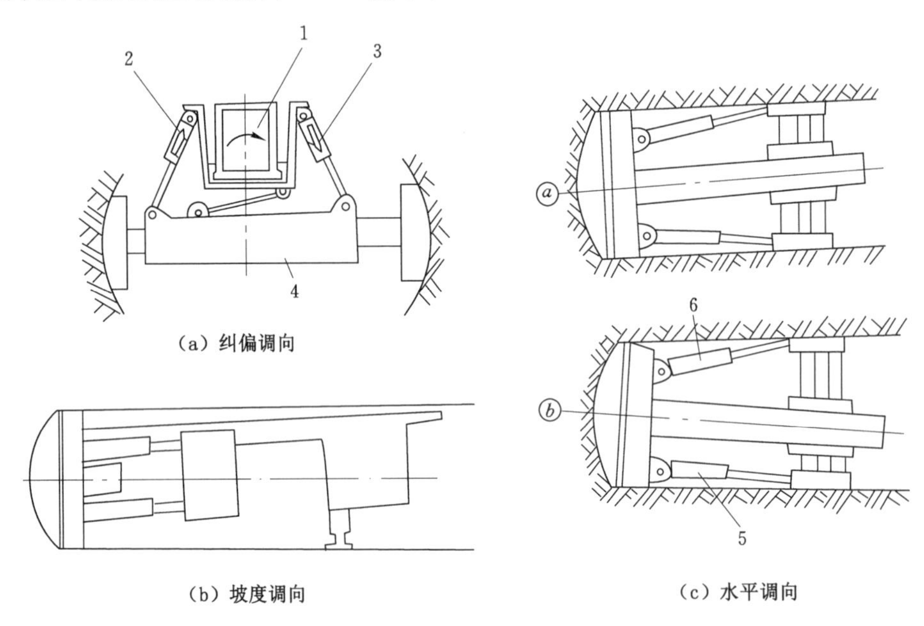

1—大梁；2，3—浮动支撑斜撑液压缸；4—水平液压缸体；5，6—左右推进液压缸。

图 4-3-28　掘进机调向

(1) 坡度调向。掘进机在换行程时，放松水平支撑，利用后支撑的伸缩调整掘进机的俯仰程度，使机器按要求的坡度推进。

(2) 水平调向。换行程时使左右两水平支撑液压缸的活塞腔连通，两个活塞杆腔一个进油，另一个回油，以改变左右活塞杆的伸出长度，刀盘以前下支承为支点转动，从而改变掘进的水平方向。

(3) 纠偏调向。掘进机在掘进中，因刀盘旋转而产生的反作用转矩，常导致掘进机绕其纵轴线倾转，在换行程时可用浮动支撑机构进行纠偏。大梁是用浮动支撑机构中的左右浮动支撑斜撑液压缸 2 和 3 浮动地连在水平液压缸体 4 上的，当后支撑撑紧后，放松水平支撑，利用左右浮动支撑斜撑液压缸把水平液压缸体调平，达到纠偏的目的，使掘进机恢复正确位置。若纠偏时掘进机是在前进中，可通过定量阀向左右浮动支撑斜撑液压缸供油，使左右浮动支撑斜撑液压缸反向动作来恢复掘进机的正确位置。

二、截割机构

全断面掘进机的截割机构，具有破岩和装载功能，简称刀盘。刀盘直径即为全断面掘进机的直径，通常为 2.5～10 m。工作时刀盘旋转并被压向工作面。刀盘上的盘形滚刀滚压破岩，碎落的岩渣掉至工作面底部，由刀盘外缘的铲斗铲起，提升到卸载槽处卸载。

按刀盘的工作面形状可分为平面、球面、截锥三种。按结构特征可分为薄型和厚型两种，其中薄型刀盘又有工作面换刀和内腔换刀两种形式。

刀盘由刀盘体、铲斗、刀具和喷水装置等组成(图 4-3-29)。刀盘体是安装铲斗、刀具和喷水装置的基架，与主机的机头架连接并传递驱动转矩及推压力。铲斗是刀盘外缘的斗状构件，随刀盘旋转而装卸物料。刀盘体与铲斗均由焊接和铸造结构件拼装而成，其形状适应刀盘的分块拼装。刀具一般用盘形滚刀，按其在刀盘体上的位置，分为中心刀、边刀和正刀。中心刀安装在刀盘芯部，结构比较紧凑，通常采用双刃型盘形滚刀成对布置，双刃彼此独立且分用主轴。边刀安装在刀盘边缘上，刀刃布置在圆弧过渡区上，承受掘进机的晃动力，并直接影响成巷断面直径。正刀是除中心刀和边刀之外的刀具，承受掘进机正面的大部分载荷。刀具布置主要是优化选择相邻刀间距，既使破碎岩石的块度大、消耗动力小，又保证刀具有足够的使用寿命。在软岩巷道掘进时，刀盘上可装截齿或截齿与盘形滚刀混装。喷水装置是把压力水引至刀盘并向工作面喷水或喷雾的机构。

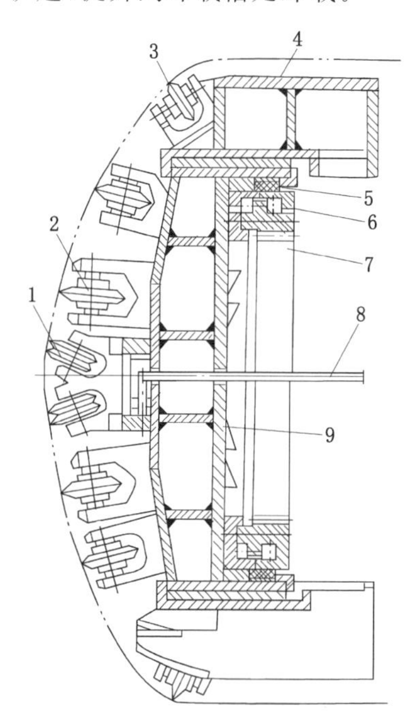

1—中心刀；2—正刀；3—边刀；
4—铲斗；5—密封圈；6—组合轴承；
7—内齿圈；8—供水管；9—刀盘。

图 4-3-29 刀盘

盘形滚刀(图 4-3-24)按刀刃数量分为单刃和多刃两种。单刃盘形滚刀只有一列刀刃，按结构又有整体式和镶齿式两类。整体式单刃盘形滚刀的刀圈由同一种合金钢制成，应用最广泛，适用岩石硬度等级的范围较大，但对于坚硬岩石，尤其是用作边刀时耐磨性欠佳。镶齿式单刃盘形滚刀是在刀圈刃口处镶嵌柱齿硬质合金，耐磨性较好。多刃盘形滚刀有两列及两列以上的刀刃，可减少刀盘上安装滚刀的数量。但当载荷相同时，由于有多列刀刃分摊，会使刀具的切深减小，掘进速度降低，且多刃盘形滚刀的多列刀刃紧靠在一起，也不利于滚刀的滚动，会加剧刀圈磨损，故较少采用。

三、配套系统

配套系统包括运渣运料系统、支护设备、激光指向系统、供电系统、安全装置、供水系统、排水系统和通风降尘系统等。这些系统的部分装置、设备安装在主机上或是主机的组成部分。

（一）运渣运料系统

运渣运料系统把岩渣运出巷道并把支护材料、预制混凝土管片、金属环形支架、刀具等运送至工作面。采用两种方式：① 矿车列车运渣运料。矿车列车进巷道时运料，出巷道时运渣。为提高调车和装渣速度，在主机后部安设随主机前移的移动式调车平台，该平台上一般铺设两条轨道，便于待装矿车和满载矿车的调车。对掘进断面较小巷道只能铺设单轨的情况下，还要在巷道内安置若干个固定调车平台，以便进出的矿车列车在此交会错车。② 可伸缩带式输送机运渣，矿车列车运料。

（二）支护设备

在主机或主机后安装各种类型的支护设备，根据巷道地质条件选用。支护形式与设备的主要类型有：锚杆安装机和混凝土喷射机，用于锚喷支护；架棚机，用于架设金属环形支架；支护机械手，用于架设预制混凝土管片。

（三）通风降尘系统

通风降尘方式主要采用外压入式，在硐口外安装几台串联在一起的轴流式通风机，产生的强大风流由悬挂巷道顶部或侧帮的风筒通入工作区。可安设一台鼓风机将新鲜空气加压吹至工作面各部位。主机上设喷雾除尘装置和防尘隔板，并在主机后部设置除尘器一台，由一台抽风机将主机前端污浊空气抽出，经除尘器滤清粉尘后排放至巷道内或排出巷道。

（四）供电系统

由中央变电所引来的万伏级高压电送入全断面掘进机电气系统。供电系统由高压供电和低压供电二级组成。高压供电部分由高压真空配电装置（安装在地面硐口或井下机电硐室）、屏蔽高压电缆、高压电缆连接器、变电站（放在配套设备上）的主负荷的高压侧开关等组成。随着主机的向前推进，高压电缆需不断延伸，在主机机尾处设电缆卷筒，以便快速连接电缆和延伸电缆。低压供电部分由变电站的低压侧、真空启动器、多回路组合开关和其他电气设备组成，给各个电动机、照明系统、信号系统供不同电压等级的低压电。

（五）供水系统

通过铺设到工作面的水管，给电动机和液压系统冷却、刀具喷雾降尘、喷射混凝土和注浆供水。

（六）安全装置

在含瓦斯的岩层中掘进，需设瓦斯报警断电仪等安全装置，以便在瓦斯含量达到一定程度时发出警报并切断总电源。

复习思考题

1. 简述悬臂式掘进机的结构组成。
2. 比较横轴式截割头与纵轴式截割头，各有何优缺点？
3. 内、外伸缩悬臂各有何特点？
4. 简述悬臂式掘进机装载机构的类型及特点。
5. 简述悬臂式掘进机液压系统的组成和工作原理。
6. 说明 EML340 型连续采煤机的截割机构传动方式。

7. 说明 EML340 型连续采煤机的装运机构形式。

8. 说明 EML340 型连续采煤机的水冷却喷雾系统原理。

9. 简述掘锚机组的组成和各部分作用。

10. 简述滚刀破岩的原理。

11. 分析全断面掘进机的指向和调向。

12. 简述刀盘的组成及分类。

13. 简述全断面掘进机的配套系统。

第四章　掘进机使用维护

第一节　掘进机操作与维护保养

凡使用掘进机的队组，从事操作、维修等有关人员均应认真学习掘进机使用维护说明书，知晓其技术特征、构造及动作原理，熟练掌握操作顺序、维修常识和调整方法及注意事项，严格执行各项规程。

一、地面试运转与拆卸

(1) 地面试运转之前，由专职电工检验电源电压是否与机器要求的供电电压相同，然后按要求接通电源。

(2) 操作司机必须由专门培训过的人员担任，其他人员不准随意操作。

(3) 开机前检查各部油量是否适当，冷却水是否充足、清洁。

(4) 开机前先点动电动机，看转向是否正确。

(5) 开机前照例要信号报警，待无关人员撤离后，方可开机。

(6) 掘进机运转时，有关人员密切注意各部位声音、温度是否正常。司机不准离开操作台，要集中精力，认真操作。

(7) 地面试运转，必须设专人指挥。

(8) 试运转完毕后，各手柄、按钮恢复原位，并将紧急停止按钮开关锁紧，切断电源。

(9) 拆卸工作由专人负责，按照使用维护说明书规定，拆卸成部件。各部螺栓、垫圈、销轴等妥善保管，以防损坏或丢失。

(10) 拆卸下的部件要轻拿轻放，内螺孔用棉纱填好。柱塞等精密件要加包装，防止在运输过程中碰损。

(11) 拆卸时，易损件、常用件都要进行测绘，以便在修配时加工复制。

(12) 重要结合面拆卸时要刻标记，为重新组装提供方便。

二、装卸与运输

(1) 掘进机下井前要按使用维护说明书中的规定分解成部件，再把部件装在平板车上下井。

(2) 装车之前先检查所用绳扣、鸭嘴等挂钩用具是否安全可靠。确认后方可使用。

(3) 装车后必须捆绑牢固，个别机件超高、超宽，另行采取措施。

(4) 重物起吊后，周围 3.0 m 之内不准人员进行其他工作。

(5) 安排专人指挥吊车司机操作，其他人员不得乱发信号。

(6) 设备车上、下斜井时，由专职挂钩工挂钩，挂钩之前详细检查钩套、绳套是否安全、齐全，设备是否确实捆紧，确认无问题后发信号开车。

(7) 水平大巷运输,需要电机车带送,设备车上不准坐人。运送设备时需专人护送,发现落道或其他情况,立即发停车信号。

(8) 运输时使用的各类绞车,使用前必须详细检查以下几个方面:

① 检查绞车基础、基座、支腿是否安全可靠。

② 检查钢丝绳是否陈旧,有无断丝、断股、破损等现象。

③ 检查绞车部件是否齐全。

④ 各按钮、手把是否灵活、可靠。

经以上检查确认安全后,方可使用绞车。

(9) 挂钩必须牢固可靠,开车司机配备专人,经考试合格持有操作证者方可担任。

(10) 绞车司机必须注意以下几点:

① 严格按信号开车,信号不清不准开车。

② 严禁站在牵引侧开车,严禁放飞车,严禁边开车边扳绳。

③ 开车时精力集中,随时观察钢丝绳的缠绕和绞车的运行情况,发现异常及时停车处理。

④ 发现绞车负荷突增,不可强拉,待停车检查处理完毕后,可恢复运行。

(11) 盘区运料巷内运送设备,必须设专人警戒,各巷口、风门、交通要道配专人警戒,保证行车不行人。

(12) 卸车时仍可用机械牵引,使用时仍按上述要求进行,严格注意人身和设备安全。

(13) 运输之前,提前按安装程序排好入井顺序。

三、井下组装

(一) 组装前准备工作

(1) 机组组装采用机械牵引起吊,组装前准备回柱绞车一台,在顶板岩层中安装两组滑轮。

(2) 使用前将回柱绞车固定牢固,不许使用撬杠固定回柱绞车,安装时不许放在浮煤浮矸上。

(3) 两组滑轮必须装在特制的滑轮架上,滑轮架间距符合规定,分别用锚杆与顶板固定,锚栓深度不小于 1.3 m。滑轮架安装后,全部用双螺帽拧紧。

(4) 安装前将巷道浮煤、浮矸等杂物清理干净。

(5) 回柱绞车用钢丝绳不得有死弯、断丝、断股或陈旧等现象,发现有钢丝绳磨损超过原直径的 10%以上时,不准继续使用。

(6) 组装前先备好鸭嘴、绳扣、螺栓等挂钩用具。

(7) 使用手动葫芦之前,应事先检查好吨位是否合适,逆止装置是否齐全完好。

(8) 备有一定数量的方木、衬板,把机器垫平,防止受力后突然倾翻。

(二) 组装顺序

(1) 主机架。

(2) 左、右履带行走机构。

(3) 装载部及其升降液压缸。

(4) 回转台及其回转液压缸。

(5) 刮板输送机。

(6) 后支承组。

(7) 油箱总成。

(8) 电控箱。

(9) 截割部及其升降液压缸。

(10) 操纵台。

(11) 泵站传动部。

(12) 随机水泵站及工具箱。

(13) 各类盖板。

(14) 各类管路、线路。

(三) 组装注意事项

(1) 严格按使用维护说明书指定顺序安装,原则上执行谁拆谁装的办法,确保组装合格,符合质量标准。

(2) 液压系统和供水系统各管接头必须擦拭干净后方可安装。

(3) 安装各连接螺栓和销轴时,螺栓和销轴上应涂少量润滑脂,防止锈蚀后无法拆卸;各连接螺栓必须拧紧,重要连接部位的螺栓拧紧力矩应符合设计要求。

(4) 安装完毕按注油要求加注润滑油。

(5) 安装完毕必须严格检查螺栓是否拧紧,油管、水管连接是否正确,U 形卡以及必要的管卡是否齐全,电动机接线端子的连线是否正确等。

(6) 装载部的扒爪安装时注意左右扒爪相差 180°,转盘安装时应注意左右相差 30°。

(7) 安装刮板输送机的从动链轮时,应保证链轮组件与圆锥减速器之间的间隙不大于1 mm。

(8) 安装主、从动链轮组时,应使每组链轮的标记孔中心在同一条母线上。

(9) 刮板输送机插入后机架立板时,应保证左右间隙均为 0.5～1 mm。

四、正常操作

(一) 开机前检查

(1) 首先检查周围的安全情况,并且注意巷道环境温度、有害气体等是否符合规定。

(2) 检查各注油点油量是否合适,油质是否清洁。

(3) 检查各接合面,螺栓是否齐全、紧固。

(4) 检查各电缆是否吊挂不良或绷得太紧,是否有外部损伤、漏电现象。更要充分注意不要被掘进机压住或卷入履带内。

(5) 所有机械、电气系统裸露部分是否都有护罩,是否安全可靠。

经以上检查确认安全无误后,方可开机。

(二) 正式运行前准备工作

(1) 先按按钮使电动机微动,以确定其运转方向是否正确。

(2) 开机前先鸣响报警,打开照明灯。

(3) 电动机空载运行 3 min,观察各部位音响、温度是否正确,有无卡阻或异常现象。

(三) 正式运行

(1) 操作手柄时要缓慢平稳,不要用力过猛。

(2) 司机严格按操作指示板操作,熟记操作方式,避免由于误操作而造成事故。

(3) 非特殊情况下,尽量不要频繁点动电动机。

(4) 输送机最大通过物料块度有限制,当有大块煤或岩石时应事先破碎后再运走。

(5) 当输送机反转时,注意不要将输送机上面的块状物卷入铲板下面。

(6) 当启动截割电动机时,应首先鸣响警铃,确认安全后再启动开车。

(7) 割煤时必须进行喷雾,确认有喷雾时方可割煤。

(8) 截割头不能同时向左又向下、向右又向下,而必须单一操作。

(9) 当机械设备和人身处于危险场合时,可直接按动紧急停止开关,此时全部电动机停止运转。

(10) 当油温升到 70 ℃以上时,应停机检查液压系统和冷却系统。

(11) 当冷却水温达 40 ℃以上时,应停机检查温升的原因。

(12) 注意前部截割头、后部转载机,不要碰倒左右支架。

(13) 当进行顶板支护或检查、更换截齿作业时,为防止截割头误转动,应将操作箱上的"支护/工作"转换开关严格地转向"支护"位置;同时应将设在司机席前方的截割电动机不能转动的"紧急停止按钮"按下,并逆时针锁紧(在此状态下,液压泵电动机还能启动,各控制阀也能操作,因此操作时必须充分注意安全)。

(14) 当掘进机行走时,必须将前部铲板和后部支腿全部抬起。

(15) 其余需按使用维护说明书指定的操作顺序和注意事项进行操作。

(四) 掘进机操作顺序

开动液压泵电动机→开动转载输送机→开动刮板输送机→开动扒爪→打开供水阀→开动截割头,以此作为开机顺序。

当没有必要开动装载时,也可以在开动液压泵电动机后,启动截割电动机。

(1) 利用截割头上下、左右移动截割,可截割出初步断面形状。如果截割断面与需要的形状和尺寸有一定的差别,可进行二次修整,以达到断面形状尺寸要求。

(2) 当截割较软煤壁时,采用左右循环依次向上的截割顺序。

(3) 当截割稍硬岩石时,可采用由下而上左右截割方法。

(4) 不管采用哪种方法,要尽可能地采用从下而上截割。

(5) 当遇有硬岩时,不应勉强截割。对有部分露头硬石时,应首先截割其周围部分,使其坠落。对大块坠岩经处理后再行装载。

(6) 掘柱窝时,应将截割头伸到最长位置,同时将铲板降到最低位置向下掘,然后在此状态下将截割头向回收缩,可将煤岩拖拉到铲板附近,以便装载。然后,还需用人工对柱窝进行清理。

(7) 如果不能熟练操作掘进机,所掘出的断面形状和尺寸与所要求的断面是有一定差距的。例如,当掘进较软煤壁时,所掘断面的尺寸往往大于所要求断面尺寸,这样就会造成掘进时间延长,以及支护材料浪费。而掘进较硬煤壁时,所掘断面尺寸往往小于要求的断面尺寸。因此,在学习掘进机操作时,应按规定的断面尺寸进行掘进,要求操作者既要熟练掌握操作掘进机的技术,又要了解工作面的具体状况。

停机操作顺序为:依次停截割电动机、外喷雾总进水阀、后支承液压缸复位、装运电动机(马达)、液压泵电动机,各操纵阀手柄至中位,断电。

（五）操作注意事项

1. 启动前注意事项

(1) 非掘进机操作者，不得操作机器。

(2) 操作者在开机前必须检查、确认周围确实安全。

(3) 必须检查、确认顶板的支护可靠性。

(4) 在每天工作前应认真检查机器状况。

2. 操作中注意事项

(1) 发现异常应停机检查，处理好后再开机。

(2) 截割头必须在空载旋转工况下才能向煤岩壁钻进。

(3) 掘进机前进或后退时，必须收起后支承，抬起铲板。

(4) 截割部工作时，若遇闷车现象应立即停车，防止截割电动机长时过载。

(5) 对大块掉落煤岩，应破碎后再进行装载。

(6) 输送机减速器中的湿式摩擦离合器，其允许打滑时间为 15 s。若在使用过程中出现打滑现象，应及时关闭截割、装运电动机，避免有关零部件损坏。

(7) 液压系统和供水系统的压力不能随意调整，需要调整时应由专职人员进行。

(8) 若油箱油温大于等于 70 ℃，此时油温指示灯亮，应停机冷却，降温后再开机工作。

(9) 若油箱油位低于工作油位，指示灯亮，应停机注油。

(10) 注意观察油箱回油滤油器上的压差指示器，若指针从绿色指到红色，即需更换滤芯。

(11) 人工加油时，须用洁净的容器，避免油质污染造成元件损坏。

(12) 若外喷雾供水压力低于 1.5 MPa，需打开水泵站中与减压器并联的球阀，以保证冷却水供应。

(13) 掘进机工作中，若遇到非正常声响和异常现象，应立即停机查明原因，排除故障后方可开机。

五、掘进机调整

掘进机总装和使用过程中，需要对行走部履带的松紧程度、输送机的张紧及液压系统压力、供水系统压力进行适当调整。

（一）履带张紧调整

左右履带部分，分别用弹簧或张紧液压缸进行张紧。当履带过于松弛时，驱动轮与履带处于非啮合状态，其原因可能是：

(1) 张紧液压缸受到异常压力，致使溢流阀动作。

(2) 张紧液压缸的密封破损，致使液压油泄漏。

(3) 履带的节距被拉长。

履带张紧程度要适当，履带张紧后要有一定的垂度，其垂度值以 50～70 mm 为宜。

（二）刮板输送机张紧

(1) 将铲板压接底板（此时履带部的支重轮处于游动状态）。

(2) 松开输送机后部的锁紧螺母。

(3) 均等地调整左右调整螺栓，使输送机下面的链条具有 70 mm 的下垂度，然后紧固锁紧螺母。

（4）如果链条过于张紧或者左右调整螺栓张紧不均，有可能造成驱动轴的弯曲、轴承损坏、液压马达超负荷等现象。

（5）当用调整螺栓调整仍不能得到预想的效果时，应取掉两个链条的各一个链环，再调至正常的张紧程度。

（三）带式输送机调整

要均衡地调整输送机后端的左右调整螺栓。如果输送带仍然弯曲，可在调整螺栓上加适当垫片。

输送带过紧会缩短输送带的使用寿命，损坏轴承，也会引起电动机的超载。

（四）液压系统压力调整

如果液压系统的压力不够，则不能充分发挥掘进机的性能。因此，在正常情况下，约 1 个月左右对液压系统的压力进行一次检查及调整。如发现速度变慢及力量不够，应调整溢流阀设定值。

（1）取下帽式螺母，将锁紧螺母松开。

（2）调整压紧螺钉，使压力达到设定值。

（3）当调至设定压力后，拧紧锁紧螺母并装好帽式螺母。

（五）供水系统压力调整

若掘进机工作过程中，需要调整内喷雾系统工作压力，可按供水系统图，开启增压泵，调整安全阀至规定压力值。若需要调整外喷雾系统工作压力，可按供水系统图，堵塞外喷雾喷嘴架上的输水管，调整安全阀压力至规定值。

六、检查及维修

日常的检查和维修是为了及时地消除事故的隐患，使掘进机能够充分地发挥其作用，特别是能早期发现各部的异常现象并采取相应的处理措施。

（一）日常维护

（1）当对电气设备及机械部分进行维护、修理时，必须切断电源，在不带电的状态下进行工作。

（2）日常维修应按日检项目内容严格遵照执行。

（3）对于有泥土和煤泥沉积的部位要定期清除。

（4）维修液压系统时要充分注意煤尘和水的注入而造成液压系统的故障，对液压油的管理务必注意：

① 防止杂物混入液压油内。

② 当发现油质不良时应尽快更换新油。

③ 按要求规定更换过滤器。

④ 保证油箱内所规定的油量。

⑤ 油冷却器内要有足够的冷却水通过，以防止油温的异常上升。

（5）维修电气系统，在欲打开防爆接触面时必须事先将外部的灰尘、煤泥清扫干净。

（6）为了防止防爆面生锈，可涂抹润滑脂。

（7）各处的盖板拆开后，不要长时间放置，特别要防止浸入水。在高温及恶劣环境下尽量不要打开盖板。

（8）发现零部件损坏、失去原有性能，一定要及时修复或更换。

(9) 处理电气故障必须由专职电工操作,确认安全后方可检查、排除故障。

(二) 日常检查

日常检查,即每天工作前的检查,其内容见表 4-4-1。

表 4-4-1　　日常检查内容

检查部位	检查内容及其处理
截割头	1. 有无截齿磨损、损坏,如有则更换截齿; 2. 齿座有无裂纹及磨损,截割头紧固螺栓是否可靠防松
伸缩部	1. 向伸缩筒加注润滑脂; 2. 如润滑油量不足,加润滑油
减速器部	1. 有无异常振动和声响; 2. 通过油位计检查油量; 3. 有无异常温升; 4. 螺栓有无松动
履带部	1. 履带的张紧程度是否正常; 2. 履带板有无损坏,螺栓有无松动; 3. 各转动轮是否转动
铲板部	1. 扒爪转动是否正常; 2. 扒爪磨损状况; 3. 连接销有无松动
刮板输送机	1. 链条张紧程度是否合适; 2. 刮板、链条的磨损、松动、破损情况; 3. 链轮的磨损情况; 4. 从动轮回转是否正常
供水系统	1. 清洗过滤器内部污物; 2. 清洗堵塞的喷嘴
管路	如有漏油处,应充分紧固接头或更换 O 形圈
油箱	1. 如油量不够,加注油; 2. 油冷却器进口侧的水量应保证油温在 10～70 ℃范围内
液压泵	1. 液压泵有无异常声响; 2. 液压泵有无异常温升
液压马达	1. 液压马达有无异常声响; 2. 液压马达有无异常温升
换向阀	1. 手柄操作位置是否正确; 2. 有无漏油

(三) 定期检查

按表 4-4-2 定期检查各项有无异常现象,并参照各部的结构及调整方法。

表 4-4-2　　定期检查内容

检查部位	检查内容	每月	每6个月	每年
截割头	1. 修补截割头的耐磨焊道	√		
	2. 更换磨损的齿座	√		
	3. 检查凸起部分的磨损	√		
伸缩部	1. 拆卸检查内部			√
	2. 检查保护筒前端的磨损	√		
截割部减速器	1. 分解检查内部		√	
	2. 换油		√	
	3. 向电动机加注润滑脂			√
	4. 螺栓有无松动	√		
铲板部	1. 检查扒爪圆盘的密封	√		
	2. 衬套有无松动	√		
	3. 修补扒爪的磨损部位			√
	4. 检查轴承的油量	√		
	5. 检查铲板上盖板的磨损		√	
铲板减速器	1. 检查中间轴和联轴节	√		
	2. 分解检查内部			√
	3. 换油		√	
主机架	1. 回转轴承紧固螺栓有无松动	√		
	2. 机架的紧固螺栓有无松动	√		
	3. 向回转轴承加注润滑脂	√		
履带架	1. 检查履带板	√		
	2. 检查张紧装置动作	√		
	3. 拆卸检查张紧装置		√	
	4. 调整履带的张紧程度	√		
	5. 拆卸检查驱动轮			√
	6. 拆卸检查支重轮及加油			√
	7. 检查张紧轮组及加油	√		
行走减速器	1. 分解检查内部		√	
	2. 换油			√
刮板输送机	1. 检查链轮的磨损	√		
	2. 检查中部槽底板的磨损及修补	√		
	3. 检查刮板的磨损	√		
	4. 检查链轮及加油		√	
刮板减速器	1. 分解检查内部			√
	2. 换油		√	

续表 4-4-2

检查部位	检查内容	每月	每6个月	每年
供水系统	1. 清洗过滤器	√		
	2. 更换水泵曲轴箱润滑油	√		
	3. 调整喷雾系统安全阀		√	
带式减速器	1. 分解检查内部			√
	2. 换油		√	
液压系统	1. 检查液压泵、电动机联轴节	√		
	2. 更换液压油		√	
	3. 更换滤芯		√	
	4. 调整溢流阀		√	
液压缸	1. 检查密封		√	
	2. 缸盖有无松动	√		
	3. 衬套有无松动		√	
	4. 缸内有无划伤、生锈		√	
电气部分	1. 检查电动机的绝缘阻抗		√	
	2. 检查控制箱内电气元件的绝缘电阻		√	
	3. 电源电缆有无损伤	√		
	4. 紧固各部螺栓	√		
	5. 电动机轴承加注润滑脂			√

第二节　掘进机常见故障处理

掘进机常见故障、原因及处理方法见表 4-4-3。

表 4-4-3　　掘进机常见故障、原因及处理方法

部件	故障	原因	处理方法
截割部	截割头不转动或电动机温升过高	过负荷，截割部或电动机内部损坏	减轻负荷，检修内部
	截齿损耗量大	钻入深度过大，截割头移动速度过快	减小钻入深度，降低牵引速度
	截割头振动大	截割岩石硬度过硬；截齿磨损严重、缺齿；悬臂液压缸铰轴处磨损严重；回转台紧固螺栓松动	减小钻进速度或截深；更换补齐截齿；更换铰轴套；紧固螺栓
装运部	刮板链不动	电动机烧坏；联轴节损坏；刮板减速器损坏；链条太松，两链张紧后长度不等而卡死；扒爪卡死或圆锥减速器损坏	检查电动机、联轴节、刮板减速器及摩擦离合器；紧链至适当程度；检查扒爪或扒爪减速器
	扒爪转速慢或不能转动	减速器内部损坏；摩擦离合器调整不当	检修内部，正确调整

续表 4-4-3

部件	故障	原因	处理方法
装运部	扒爪减速器温升过高	装载块度过大，装载量过多，减速器内部损坏	减小截割进给量，检修内部
	断链	链条节距不等，主动链轮磨损严重；刮板链过松或过紧；链轮卡进岩石	拆检链条，更换链轮，正确调整张力
行走部	驱动链轮不转	液压系统故障；液压马达损坏；减速器内部损坏	检查液压系统、液压马达；检查减速器内部
	履带速度过低	液压系统流量不足	检查油箱油位
	驱动链轮转动而履带跳链	履带过松	调整张紧液压缸，得到合适张紧力
	履带板折断	履带板或销轴损坏	更换履带板或销轴
液压系统	系统流量或系统压力不足	液压泵内部零件磨损严重；溢流阀工作不良；油位过低，油温过高；吸油过滤器或油管堵塞	检查泵性能，更换损坏零件；调整溢流阀；油箱加油；更换过滤器，清理油管
	系统温升过高，油箱发热	冷却供水不足；油箱内油量不足，油污染严重；溢流阀调整值过高；液压泵故障	检查冷却器；油箱加油或换油；调整溢流阀；检查液压泵，更换零件
	执行机构爬行	润滑不良，摩擦阻力增大；液压泵吸入空气；压力脉动大或系统压力过低；吸油口密封不严或油箱排气孔堵塞	清理脏物，改善润滑；检查油位，加油；检查溢流阀，调整压力值；排除系统内空气，更换密封件
	截割部、铲板下降过快或过慢，振动大	平衡阀调整不当	调整平衡阀
	液压泵吸不上油或流量不足	油黏度过高；泵转向不对；吸油管法兰密封圈损坏；吸油滤油器堵塞	更换油液；改变泵转向；更换吸油管、密封圈；清洗或更换吸油滤油器滤芯
	液压泵压力上不去	溢流阀调定压力不对；压力表损坏或堵塞；泵损坏；溢流阀故障	调整溢流阀压力；更换或清洗压力表；检修液压泵；清洗检修溢流阀
	泵产生噪声	吸油管及吸油滤油器堵塞；油黏度过高；吸油管吸入空气；电动机、齿轮箱、液压泵安装位置不当	清洗吸油管及吸油滤油器；更换吸油管密封圈；更换液压油；调整电动机、齿轮箱、液压泵安装位置
	溢流阀压力上不去或达不到规定值	调整弹簧失效；锁紧螺母松动；密封圈损坏；阀内阻尼孔有污物	更换调整弹簧；拧紧锁紧螺母；更换密封圈；清洗有关零件
	换向阀滑阀不能复位或定位装置不能复位	复位、定位弹簧失效；阀体与阀杆间隙内有污物；阀杆生锈；阀上操纵机构不灵活；连接螺栓拧得过紧使阀体产生变形	更换复位、定位弹簧；清洗阀体内部；调整阀上操纵机构；重新拧紧连接螺栓
	换向阀外泄漏	阀体两端O形密封圈损坏；阀体接触面间O形密封圈损坏；连接各阀片的螺栓松动	更换O形密封圈；拧紧连接螺栓
	滑阀在中位时工作机构下降	阀体与滑阀间磨损，间隙增大；滑阀位置不对中；锥形阀处磨损或被污物堵住	修复或更换阀芯；使滑阀位置保持中位；更换锥形阀或清除污物

续表 4-4-3

部件	故障	原因	处理方法
液压系统	执行机构速度过低或压力上不去	各阀间泄漏量大；滑阀行程不对；安全阀泄漏量大或补油阀未复位	拧紧连接螺栓或更换密封件；检查安全阀
	液压缸不动作	压力不足；换向阀动作不良；密封损坏；溢流阀动作不良	调整溢流阀；检修换向阀；更换密封圈；检修溢流阀
	油箱发热	溢流阀长时溢流；油量不足	检查溢流阀是否失灵；加油
	滤油器滤油不畅	油液污染严重，使用时间过长；滤油器堵塞	更换液压油；清洗或更换滤芯
供水系统	压力脉动大，管道跳动；噪声大	进水系统有空气；进液过滤器堵塞引起吸液不足；泵进排液阀弹簧断裂或阀芯蹩卡	检查系统，放尽空气；清洗过滤器；更换弹簧；清除污物
	泵柱塞密封处泄漏	密封磨损或损坏；柱塞表面拉伤	更换密封；更换柱塞及导向套
	泵运转噪声大，有撞击声	轴瓦间隙大；泵内有杂物；齿轮磨损	更换曲轴或轴瓦；清除杂物；更换齿轮
	泵曲轴箱油温过高	润滑油位过低或过高；润滑油过脏；轴瓦损坏或曲轴拉伤	调整油量；换油；换轴瓦、修理或更换曲轴
	泵站压力上不去或过高	溢流阀主阀芯蹩卡，处于开启或关闭状态	检修溢流阀
	没有外喷雾	喷嘴堵塞；供水入口过滤器堵塞；供水量不足	清理喷嘴；清理过滤器；调整供水量
	压力表指针摆动大	阻尼螺钉松紧不当	调整阻尼螺钉

复习思考题

1. 简述悬臂式掘进机的装配程序。
2. 悬臂式掘进机的组装应注意哪些事项？
3. 简述悬臂式掘进机的操作程序。
4. 简述悬臂式掘进机常见故障的原因及处理方法。

参考文献

[1]《〈煤矿安全规程〉专家解读》编委会.《煤矿安全规程》专家解读:井工煤矿[M].修订版.徐州:中国矿业大学出版社,2022.

[2]《中国煤炭工业百科全书》编委会机电卷编委会.中国煤炭工业百科全书:机电卷[M].北京:煤炭工业出版社,1997.

[3] 程居山.矿山机械[M].徐州:中国矿业大学出版社,1997.

[4] 程居山.矿山机械液压传动[M].徐州:中国矿业大学出版社,2003.

[5] 戴绍诚,李世文,李芬,等.高产高效综合机械化采煤技术与装备[M].北京:煤炭工业出版社,1998.

[6] 杜计平,孟宪锐.井工煤矿开采学[M].徐州:中国矿业大学出版社,2014.

[7] 杜计平.开采方法[M].徐州:中国矿业大学出版社,2006.

[8] 耿东锋,王启广,李琳.我国综合机械化采煤装备的现状与发展趋势[J].矿山机械,2008,36(12):1-6.

[9] 姜继海.液压传动[M].2版.哈尔滨:哈尔滨工业大学出版社,2004.

[10] 李炳文,万丽荣,柴光远.矿山机械[M].徐州:中国矿业大学出版社,2010.

[11] 李炳文,王启广.矿山机械[M].徐州:中国矿业大学出版社,2007.

[12] 李炳文,朱冬梅,马显通.单体液压支柱的现状及存在的问题[J].煤炭科学技术,2003,31(4):54-57.

[13] 李晓豁.掘进机截割的关键技术研究[M].北京:机械工业出版社,2008.

[14] 刘春生,于信伟,任昌玉.滚筒式采煤机工作机构[M].哈尔滨:哈尔滨工程大学出版社,2010.

[15] 刘建功,吴淼.中国现代采煤机械[M].北京:煤炭工业出版社,2012.

[16] 毛君,王步康,刘东才.刨煤机、螺旋钻采煤机、连续采煤机成套装备[M].徐州:中国矿业大学出版社,2008.

[17] 煤炭科技名词审定委员会.煤炭科技名词(1996)[M].北京:科学出版社,1997.

[18] 缪协兴,张吉雄,郭广礼.综合机械化固体废物充填采煤方法与技术[M].徐州:中国矿业大学出版社,2010.

[19] 宁宇.中国大采高综合机械化开采技术与装备[M].北京:煤炭工业出版社,2012.

[20] 王国法.放顶煤液压支架与综采放顶煤技术[M].北京:煤炭工业出版社,2010

[21] 王国法.高端液压支架及先进制造技术[M].北京:煤炭工业出版社,2010

[22] 王国法.高效综合机械化采煤成套装备技术[M].徐州:中国矿业大学出版社,2008

[23] 王国法.液压支架技术[M].北京:煤炭工业出版社,1999.

[24] 王国法.液压支架控制技术[M].北京:煤炭工业出版社,2010

[25] 王国法.综采成套技术与装备系统集成[M].北京:煤炭工业出版社,2016

[26] 王虹,李炳文.综合机械化掘进成套设备[M].徐州:中国矿业大学出版社,2008.

[27] 王启广,李炳文.采掘机械与支护设备[M].2版.徐州:中国矿业大学出版社,2016.

[28] 王启广,杨寅威.液压传动与采掘机械[M].徐州:中国矿业大学出版社,2013.

[29] 王启广.采掘设备使用维护与故障诊断[M].徐州:中国矿业大学出版社,2006.

[30] 魏景生,吴淼.中国现代煤矿掘进机[M].北京:煤炭工业出版社,2015.

[31] 袁树来,张立明,王克武,等.薄煤层高产高效开采技术[M].北京:煤炭工业出版社,2011.

[32] 中华人民共和国应急管理部,国家矿山安全监察局.煤矿安全规程(2022)[M].北京:应急管理出版社,2022.

[33] 朱真才,杨善国,韩振铎.采掘机械与液压传动[M].徐州:中国矿业大学出版社,2011.